MONDE CONTEMPORAIN | 2e cycle du secondaire ■ 3e année | Manuel de l'élève

Immédiat

ENVIRONNEMENT | POPULATION | POUVOIR | RICHESSE | TENSIONS ET CONFLITS

Sébastien Brodeur-Girard | Claudie Vanasse

Marc Carrier | Marie-Noëlle Corriveau-Tendland | Maxime Pelchat

Éditions Grand Duc
Groupe Éducalivres inc.
955, rue Bergar, Laval (Québec) H7L 4Z6
Téléphone : 514 334-8466 ■ Télécopie : 514 334-8387
InfoService : 1 800 567-3671

REMERCIEMENTS

Pour leur travail de vérification scientifique, l'Éditeur témoigne sa gratitude à :
M. René Blais, professeur à l'Université de Moncton ;
M. Martin Larochelle, professeur au Cégep Marie-Victorin ;
M. Jean-François Lévesque, enseignant ;
M. Daniel Massicotte (Ph. D. en histoire), professeur au Cégep Saint-Jean-sur-Richelieu.

Pour leurs judicieux conseils, remarques et suggestions à l'une ou l'autre des étapes de l'élaboration du projet, l'Éditeur tient à remercier :
M. Patrice Bastien, École Frenette, Commission scolaire de la Rivière-du-Nord ;
M. Jean-François Beaudoin, École des Trois-Saisons, Commission scolaire des Affluents ;
M. Carl Beaulieu, École de la Courvilloise, Commission scolaire des Premières-Seigneuries ;
Mme Céline Benoît, École secondaire Mont-de-Lasalle, Commission scolaire de Laval ;
M. Michel Bouchard, Juvénat Notre-Dame ;
M. Luc Boucher, École secondaire Les Etchemins, Commission scolaire des Navigateurs ;
Mme Denise Bouffard, École La Frontalière, Commission scolaire des Hauts-Cantons ;
M. Marc-André Caron, École secondaire Polybel, Commission scolaire des Patriotes ;
Mme Annie Fontaine, École secondaire Soulanges, Commission scolaire des Trois-Lacs ;
M. Fabien Gabillet, Collège St-Charles-Garnier ;
Mme Kathy Lang, Académie de Roberval, Commission scolaire de Montréal ;
Mme Sylvie Lessard, École La Frontalière, Commission scolaire des Hauts-Cantons ;
M. Claude Miville, École Pointe-Lévy, Commission scolaire des Navigateurs ;
M. Éric Ouimet, École Leblanc, Commission scolaire de Laval ;
M. Marcel Poirier, École secondaire Jean-Raimbault, Commission scolaire des Chênes ;
Mme Geneviève Renaud, École secondaire du Chêne-Bleu, Commission scolaire des Trois-Lacs ;
M. Denis Robitaille, Académie Ste-Thérèse ;
M. Michel Roy, École de la Courvilloise, Commission scolaire des Premières-Seigneuries ;
Mme Annie Sarrazin, École secondaire Mirabel, Commission scolaire de la Rivière-du-Nord ;
M. Marwan Tomeh, Polyvalente de La Baie, Commission scolaire des Rives du Saguenay ;
M. André Viens, École Le Triolet, Commission scolaire de la Région-de-Sherbrooke.

Immédiat

955, rue Bergar, Laval (Québec) H7L 4Z6
Téléphone : 514 334-8466 ▪ Télécopie : 514 334-8387
www.grandduc.com

CONCEPTION GRAPHIQUE : Pige communication
ILLUSTRATIONS : Serge Rousseau, Bertrand Lachance
CARTES GÉOGRAPHIQUES : KOREM

Nous reconnaissons l'aide financière du gouvernement du Canada par l'entremise du Programme d'aide au développement de l'industrie de l'édition (PADIÉ) pour nos activités d'édition.

Gouvernement du Québec – Programme de crédit d'impôt pour l'édition de livres – Gestion SODEC

CODE PRODUIT 3811
ISBN 978-2-7655-0315-6

Dépôt légal
Bibliothèque et Archives nationales du Québec, 2009
Bibliothèque et Archives Canada, 2009

Imprimé au Canada
3 4 5 6 7 8 9 0 S 14 13 12 11 10

TABLE DES MATIÈRES

INTRODUCTION

ENVIRONNEMENT

POPULATION

POUVOIR

RICHESSE

TENSIONS ET CONFLITS

ANNEXES

LISTE DES CARTES DANS LES CHAPITRES

Le manuel de l'élève comprend les cinq thèmes au programme de Monde contemporain : Environnement, Population, Pouvoir, Richesse et Tensions et conflits. Chaque chapitre présente le contenu essentiel à la compréhension du thème à la manière d'une encyclopédie.

La collection *Immédiat* est construite de façon que vous soyez en quête d'information et que vous la trouviez. Le manuel de l'élève fournit des renseignements tant sur l'objet d'interprétation (problème du monde contemporain) que sur l'objet de prise de position (enjeu du monde contemporain). Le contenu est donc axé sur les balises nécessaires à votre compréhension et ne nécessite pas de mise à jour à tout prix.

Chapitre d'introduction

Le manuel de l'élève *Immédiat* commence par un chapitre d'introduction qui vous permettra d'avoir toutes les assises relatives aux quatre disciplines qui cohabitent dans le programme Monde contemporain : géographie, politique, économie et histoire.

Le chapitre d'introduction comprend une section pour chaque discipline. De plus, une section sur l'éducation aux médias a été ajoutée. Vous y apprendrez comment exercer votre esprit critique à l'égard de l'information que vous trouvez dans les médias.

Introduction

Monde et géographie | Monde et politique | Monde et économie | Monde et histoire | Monde et médias | Concepts communs

LES GRANDS ENJEUX AUTOUR DES MÉDIAS

Bien qu'ils servent d'outils essentiels à la compréhension du monde contemporain et de ses réalités, les médias présentent leurs propres problématiques. En effet, le monde médiatique, qui a connu un imposant développement au cours des dernières décennies, soulève aujourd'hui plusieurs enjeux qui dépassent les frontières et qui remettent en question l'ordre établi.

En Occident, on s'interroge beaucoup sur la hausse de la consommation médiatique, particulièrement chez les jeunes, et sur ses effets à long terme. Il existe d'autres problématiques plus internationales qui peuvent influer directement sur la vision du monde qui nous est offerte par tous les types de médias.

La mission des médias

Fondamentalement, les médias remplissent deux fonctions dans une société :

- transmettre de l'information ;
- présenter du divertissement.

La première fonction est liée à la nature même d'un média, c'est-à-dire être un intermédiaire dans la transmission d'un message. Bien que cette fonction soit ancrée dans son action au sein d'une société, la notion de divertissement semble prendre une part de plus en plus importante, et ce, peu importe le média. Plusieurs saluent cette transition, puisqu'elle contribue au rayonnement de la production culturelle d'une société, alors que d'autres l'accusent d'entraîner une diminution de la quantité et de la qualité de l'information disponible pour la population. Cette diminution provoquerait inévitablement une simplification des grandes problématiques politiques, économiques et sociales dans le message médiatique adressé à la population.

La fiabilité de l'information : le travail des journalistes

Traditionnellement, l'information présentée dans les médias est principalement le fruit du travail des journalistes. Évoluant au sein d'une profession, ils et elles ont le mandat de rapporter les faits avec le plus d'objectivité possible. Leurs opinions sont présentées dans un éditorial clairement indiqué dans une section du journal ou dans le cadre d'une émission de télévision d'affaires publiques. Sur le plan international, des agences de presse, telles que Reuters, l'Agence France-Presse (AFP) et l'Associated Press (AP), servent de relais pour acheminer dans les différents médias les informations provenant des quatre coins de la planète.

24

REFLET DE L'ACTUALITÉ

a. Relevez, dans les médias, un exemple d'information et un exemple de divertissement.
b. Trouvez des articles qui démontrent la multitude d'informations présentées à propos d'une même nouvelle.
c. Nommez des entreprises publiques et des entreprises privées dans le domaine des médias.

La fiabilité de l'information : Internet

Toutefois, avec l'explosion médiatique des dernières années, notamment le développement du média interactif qu'est Internet, de plus en plus de gens peuvent devenir des « transmetteurs » d'information, en s'improvisant journalistes ou éditorialistes. Bien que plusieurs louangent les vertus de la « démocratisation » de l'information avec les forums, les blogues et les sites d'hébergement de vidéos amateurs, d'autres retiennent particulièrement deux conséquences de cette nouvelle réalité :

- la quantité de sources est devenue si grande qu'il est de plus en plus difficile de s'y retrouver, les événements devenant éphémères dans l'actualité ;
- la technologie entourant la production médiatique est maintenant accessible à un nombre croissant de personnes, ce qui éloigne peu à peu l'information des principes et de l'éthique de la profession journalistique.

La propriété des médias

On peut aujourd'hui parler du monde médiatique comme d'une industrie à part entière, puisque la production médiatique se fait au sein d'entreprises. Et comme dans la plupart des industries, certaines entreprises sont publiques, d'autres sont privées. Bien que ces dernières soient plus nombreuses à l'échelle internationale, il n'est pas rare de voir des gouvernements gérer un média en particulier dans leur pays. Devant cette situation, deux enjeux importants :

- si un État administre le pays de façon autoritaire, voire totalitaire, il risque d'agir de même dans sa gestion médiatique. Ainsi, un gouvernement peut contrôler en tout ou en partie l'information transmise à sa population. Pour cette dernière, c'est la liberté de presse et d'expression qui est en jeu. Pour le reste du monde, c'est l'information provenant de ce pays qui devient biaisée ;
- bien qu'elles remplissent les fonctions des médias, les entreprises privées restent des entreprises : pour survivre, elles doivent être rentables.

Au cours des dernières années, le désir de rentabilité a donné naissance à deux phénomènes qui touchent aussi le monde médiatique : la concentration et la convergence. Une entreprise qui achète une entreprise concurrente ou qui fusionne avec une autre est chose courante dans les médias. De plus, il est fréquent de voir un média acquérir des entreprises évoluant dans les différentes étapes de production. La problématique de la propriété des médias soulève le fait que les principaux médias sont détenus par des entreprises toujours plus grosses et plus imposantes dans l'industrie et donc, dans le choix des informations présentées à la population.

Campagne de sensibilisation sur les dangers entourant le travail de journaliste au cœur du conflit irakien.
Chaque année, l'organisme Reporters sans frontières publie un classement mondial de la liberté de la presse basé sur une cinquantaine de critères relatifs à la libre circulation de l'information.

25

Dans le chapitre d'introduction, des activités vous permettent de vous approprier certaines connaissances indispensables à la compréhension du monde d'aujourd'hui, peu importe le thème à l'étude.

En cette dernière année du secondaire, vous devez devenir autonome et développer des techniques de prise de notes. Cette rubrique, que vous retrouverez dans les situations d'apprentissage et d'évaluation (SAE), vous proposera des astuces pour vous aider.

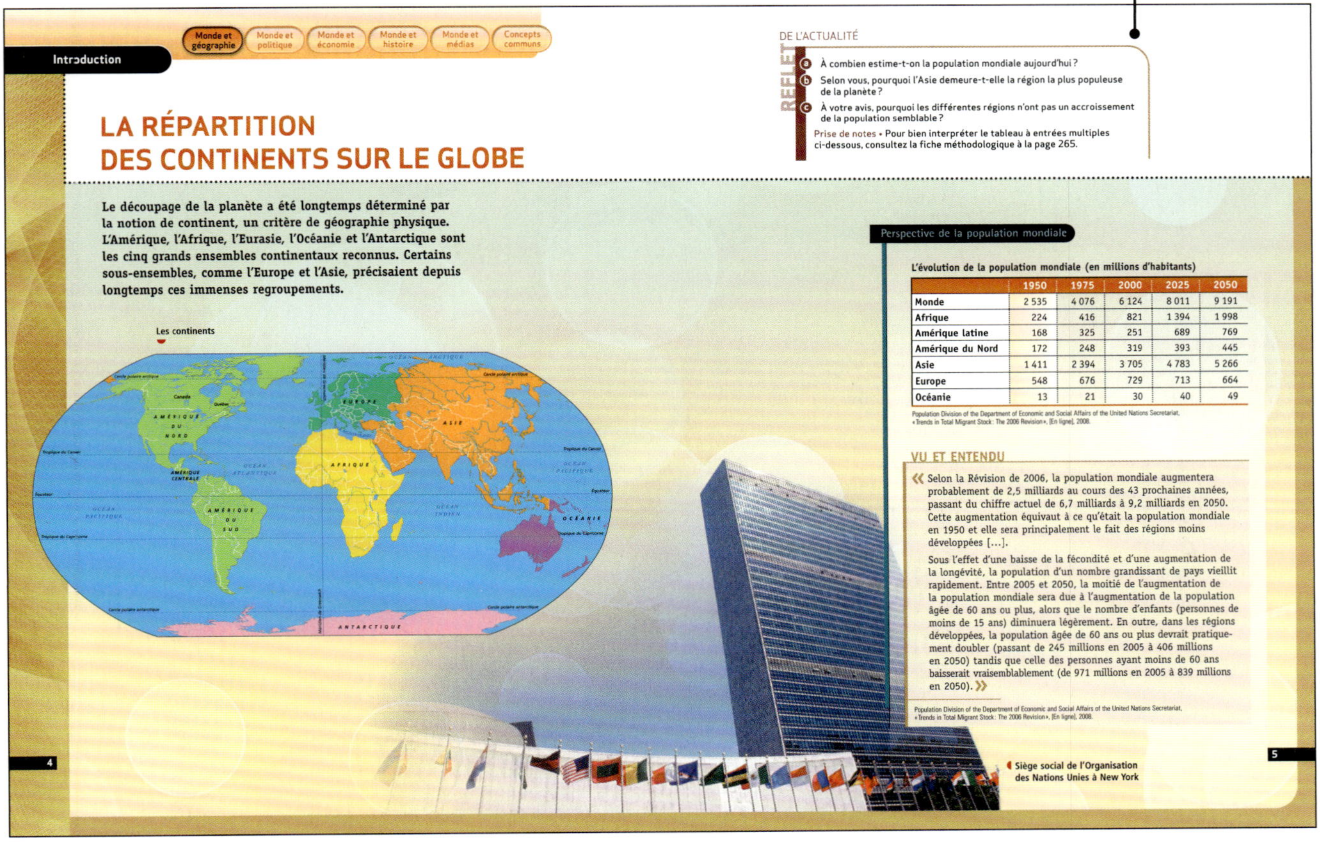

LA RÉPARTITION DES CONTINENTS SUR LE GLOBE

Le découpage de la planète a été longtemps déterminé par la notion de continent, un critère de géographie physique. L'Amérique, l'Afrique, l'Eurasie, l'Océanie et l'Antarctique sont les cinq grands ensembles continentaux reconnus. Certains sous-ensembles, comme l'Europe et l'Asie, précisaient depuis longtemps ces immenses regroupements.

Les continents

DE L'ACTUALITÉ
REFLET

a À combien estime-t-on la population mondiale aujourd'hui ?

b Selon vous, pourquoi l'Asie demeure-t-elle la région la plus populeuse de la planète ?

c À votre avis, pourquoi les différentes régions n'ont pas un accroissement de la population semblable ?

Prise de notes • Pour bien interpréter le tableau à entrées multiples ci-dessous, consultez la fiche méthodologique à la page 265.

Perspective de la population mondiale

L'évolution de la population mondiale (en millions d'habitants)

	1950	1975	2000	2025	2050
Monde	2 535	4 076	6 124	8 011	9 191
Afrique	224	416	821	1 394	1 998
Amérique latine	168	325	251	689	769
Amérique du Nord	172	248	319	393	445
Asie	1 411	2 394	3 705	4 783	5 266
Europe	548	676	729	713	664
Océanie	13	21	30	40	49

Population Division of the Department of Economic and Social Affairs of the United Nations Secretariat, «Trends in Total Migrant Stock: The 2006 Revision», [En ligne], 2008.

VU ET ENTENDU

« Selon la Révision de 2006, la population mondiale augmentera probablement de 2,5 milliards au cours des 43 prochaines années, passant du chiffre actuel de 6,7 milliards à 9,2 milliards en 2050. Cette augmentation équivaut à ce qu'était la population mondiale en 1950 et elle sera principalement le fait des régions moins développées [...].

Sous l'effet d'une baisse de la fécondité et d'une augmentation de la longévité, la population d'un nombre grandissant de pays vieillit rapidement. Entre 2005 et 2050, la moitié de l'augmentation de la population mondiale sera due à l'augmentation de la population âgée de 60 ans ou plus, alors que le nombre d'enfants (personnes de moins de 15 ans) diminuera légèrement. En outre, dans les régions développées, la population âgée de 60 ans ou plus devrait pratiquement doubler (passant de 245 millions en 2005 à 406 millions en 2050) tandis que celle des personnes ayant moins de 60 ans baisserait vraisemblablement (de 971 millions en 2005 à 839 millions en 2050). »

Population Division of the Department of Economic and Social Affairs of the United Nations Secretariat, «Trends in Total Migrant Stock: The 2006 Revision», [En ligne], 2008.

Siège social de l'Organisation des Nations Unies à New York

4 5

Chapitres couvrant les thèmes au programme

Les éléments du programme sont présentés au début de chaque chapitre pour vous permettre d'établir un lien entre ces éléments et le chapitre.

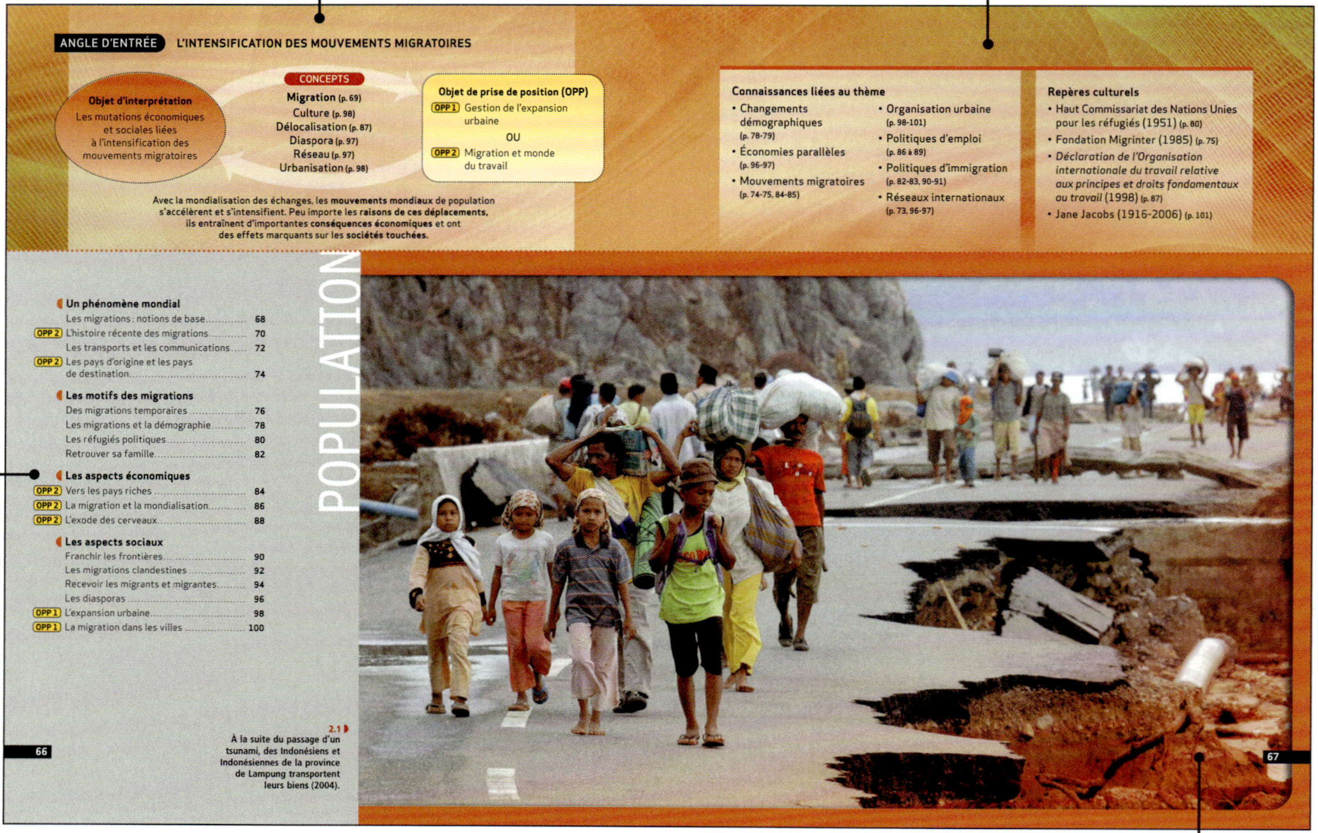

ANGLE D'ENTRÉE L'INTENSIFICATION DES MOUVEMENTS MIGRATOIRES

Objet d'interprétation
Les mutations économiques et sociales liées à l'intensification des mouvements migratoires

CONCEPTS
Migration (p. 69)
Culture (p. 98)
Délocalisation (p. 87)
Diaspora (p. 97)
Réseau (p. 97)
Urbanisation (p. 98)

Objet de prise de position (OPP)
OPP 1 Gestion de l'expansion urbaine
OU
OPP 2 Migration et monde du travail

Avec la mondialisation des échanges, les **mouvements mondiaux** de population s'accélèrent et s'intensifient. Peu importe les **raisons de ces déplacements**, ils entraînent d'importantes **conséquences économiques** et ont des effets marquants sur les **sociétés touchées**.

Connaissances liées au thème
- Changements démographiques (p. 78-79)
- Économies parallèles (p. 96-97)
- Mouvements migratoires (p. 74-75, 84-85)
- Organisation urbaine (p. 98-101)
- Politiques d'emploi (p. 86 à 89)
- Politiques d'immigration (p. 82-83, 90-91)
- Réseaux internationaux (p. 73, 96-97)

Repères culturels
- Haut Commissariat des Nations Unies pour les réfugiés (1951) (p. 80)
- Fondation Migrinter (1985) (p. 75)
- *Déclaration de l'Organisation internationale du travail relative aux principes et droits fondamentaux au travail* (1998) (p. 87)
- Jane Jacobs (1916-2006) (p. 101)

POPULATION

2.1 À la suite du passage d'un tsunami, des Indonésiens et Indonésiennes de la province de Lampung transportent leurs biens (2004).

66

67

Une table des matières détaillée présente l'organisation du chapitre. Les sections sont reprises comme titres des onglets répétés sur chaque double-page. Il est donc plus facile de repérer le contenu recherché, car, pour l'une des rares fois en univers social, les connaissances ne sont pas présentées de façon chronologique.

Chaque chapitre s'ouvre sur une image-choc ayant pour but de piquer votre curiosité et de vous amener à vous questionner.

Pour un repérage rapide de l'information, des onglets reprennent les principales sections de la table des matières.

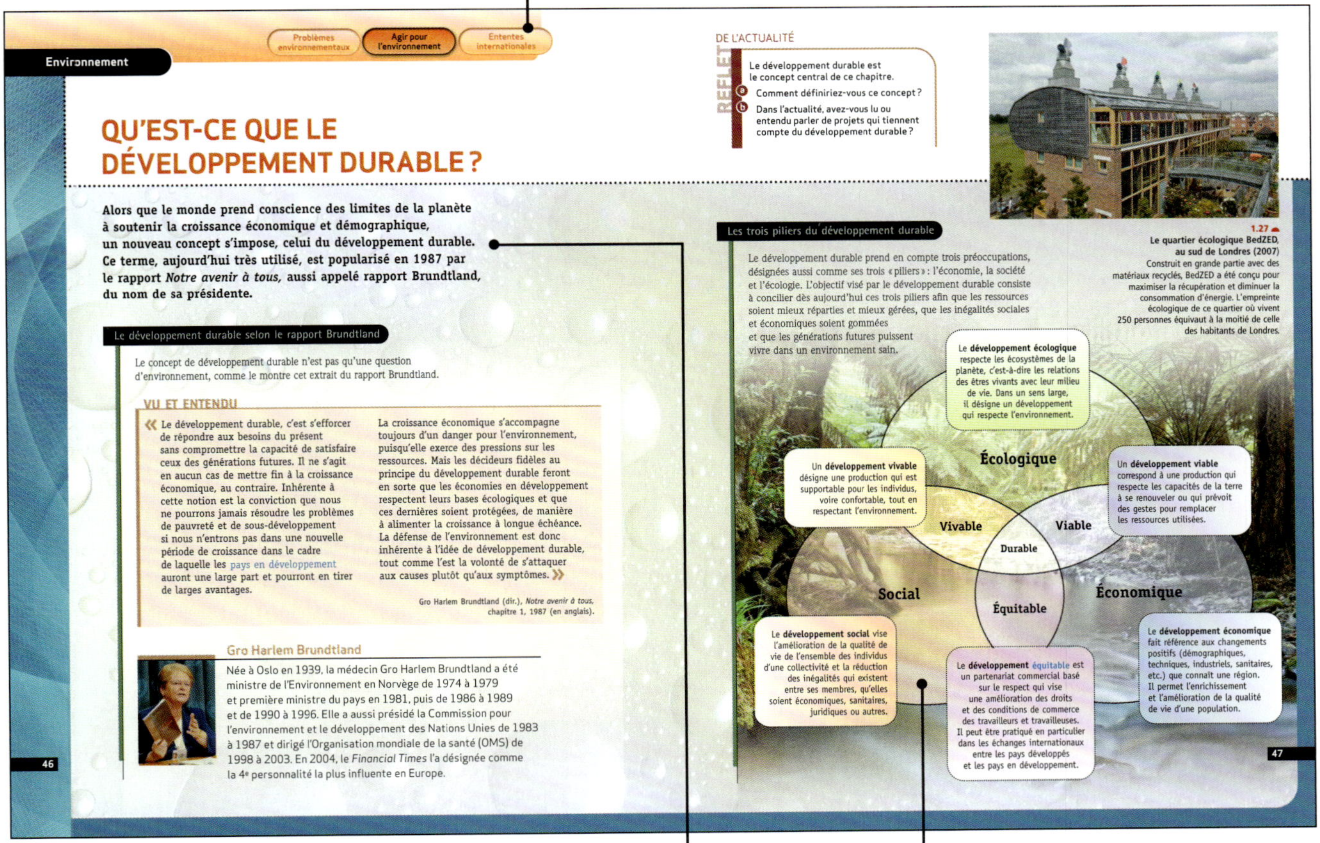
Environnement

Problèmes environnementaux | Agir pour l'environnement | Ententes internationales

QU'EST-CE QUE LE DÉVELOPPEMENT DURABLE ?

Alors que le monde prend conscience des limites de la planète à soutenir la croissance économique et démographique, un nouveau concept s'impose, celui du développement durable. Ce terme, aujourd'hui très utilisé, est popularisé en 1987 par le rapport *Notre avenir à tous*, aussi appelé rapport Brundtland, du nom de sa présidente.

Le développement durable selon le rapport Brundtland

Le concept de développement durable n'est pas qu'une question d'environnement, comme le montre cet extrait du rapport Brundtland.

VU ET ENTENDU

« Le développement durable, c'est s'efforcer de répondre aux besoins du présent sans compromettre la capacité de satisfaire ceux des générations futures. Il ne s'agit en aucun cas de mettre fin à la croissance économique, au contraire. Inhérente à cette notion est la conviction que nous ne pourrons jamais résoudre les problèmes de pauvreté et de sous-développement si nous n'entrons pas dans une nouvelle période de croissance dans le cadre de laquelle les pays en développement auront une large part et pourront en tirer de larges avantages.

La croissance économique s'accompagne toujours d'un danger pour l'environnement, puisqu'elle exerce des pressions sur les ressources. Mais les décideurs fidèles au principe du développement durable feront en sorte que les économies en développement respectent leurs bases écologiques et que ces dernières soient protégées, de manière à alimenter la croissance à longue échéance. La défense de l'environnement est donc inhérente à l'idée de développement durable, tout comme l'est la volonté de s'attaquer aux causes plutôt qu'aux symptômes. »

Gro Harlem Brundtland (dir.), *Notre avenir à tous*, chapitre 1, 1987 (en anglais).

Gro Harlem Brundtland

Née à Oslo en 1939, la médecin Gro Harlem Brundtland a été ministre de l'Environnement en Norvège de 1974 à 1979 et première ministre du pays en 1981, puis de 1986 à 1989 et de 1990 à 1996. Elle a aussi présidé la Commission pour l'environnement et le développement des Nations Unies de 1983 à 1987 et dirigé l'Organisation mondiale de la santé (OMS) de 1998 à 2003. En 2004, le *Financial Times* l'a désignée comme la 4e personnalité la plus influente en Europe.

46

REFLET DE L'ACTUALITÉ

Le développement durable est le concept central de ce chapitre.

a) Comment définiriez-vous ce concept ?

b) Dans l'actualité, avez-vous lu ou entendu parler de projets qui tiennent compte du développement durable ?

1.27

Le quartier écologique BedZED, au sud de Londres (2007)

Construit en grande partie avec des matériaux recyclés, BedZED a été conçu pour maximiser la récupération et diminuer la consommation d'énergie. L'empreinte écologique de ce quartier où vivent 250 personnes équivaut à la moitié de celle des habitants de Londres.

Les trois piliers du développement durable

Le développement durable prend en compte trois préoccupations, désignées aussi comme ses trois « piliers » : l'économie, la société et l'écologie. L'objectif visé par le développement durable consiste à concilier dès aujourd'hui ces trois piliers afin que les ressources soient mieux réparties et mieux gérées, que les inégalités sociales et économiques soient gommées et que les générations futures puissent vivre dans un environnement sain.

47

Comme le ferait le chapeau d'un article de journal, un texte d'introduction présente brièvement l'information se trouvant sur la double-page.

Le plus souvent, l'information est présentée à l'aide d'un organisateur graphique afin de faciliter votre compréhension et de stimuler votre intérêt.

L'histoire à la une

Cette section de référence présente des événements de la fin du 19e siècle jusqu'à aujourd'hui par ordre chronologique. Vous pouvez vous y référer au besoin.

Chaque article est situé dans l'espace-temps : le nom du pays, du continent et l'année sont systématiquement donnés pour chaque événement.

Une ligne du temps présente plusieurs événements historiques. Ceux qui font l'objet d'un article sont en caractères gras.

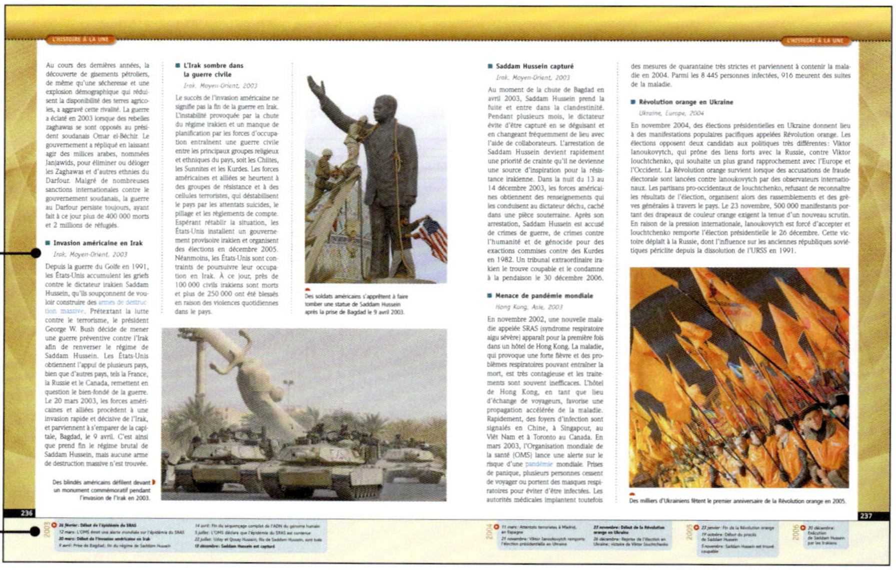

Les techniques

Les techniques suggérées dans le programme sont décrites dans cette section. Faciles à consulter, elles présentent à la fois de la théorie et une modélisation avec des documents du monde contemporain. Des fiches ont été ajoutées pour répondre aux besoins du programme Monde contemporain : regarder un téléjournal, la lecture d'un article de journal, etc.

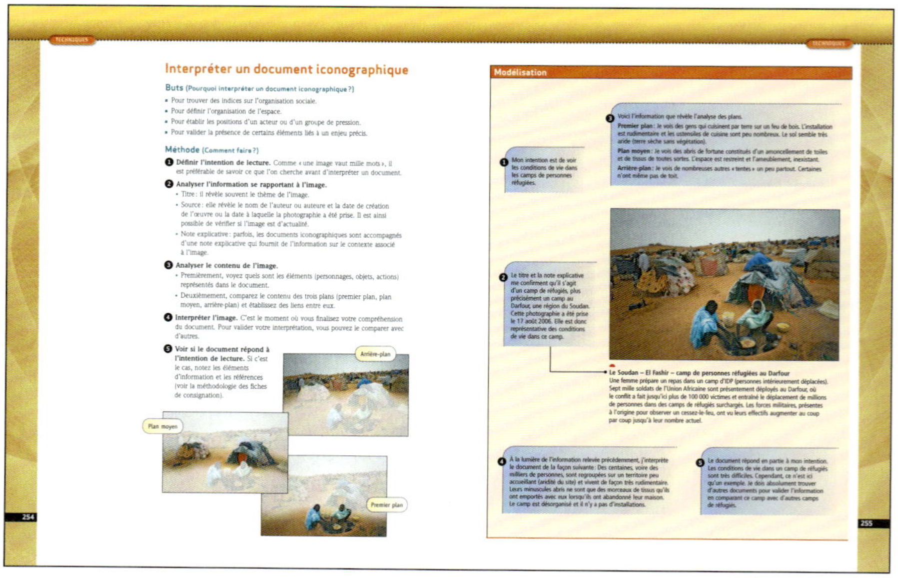

Le glossaire

Le glossaire définit les termes propres à la compréhension du monde contemporain.

L'index

L'index est indispensable pour trouver l'information recherchée, surtout quand vous avez recours au manuel de l'élève à titre de référence.

L'atlas

Les cartes présentées vous seront utiles tout au long de votre démarche de recherche, que vous consultiez le manuel de l'élève, les SAE ou les médias.

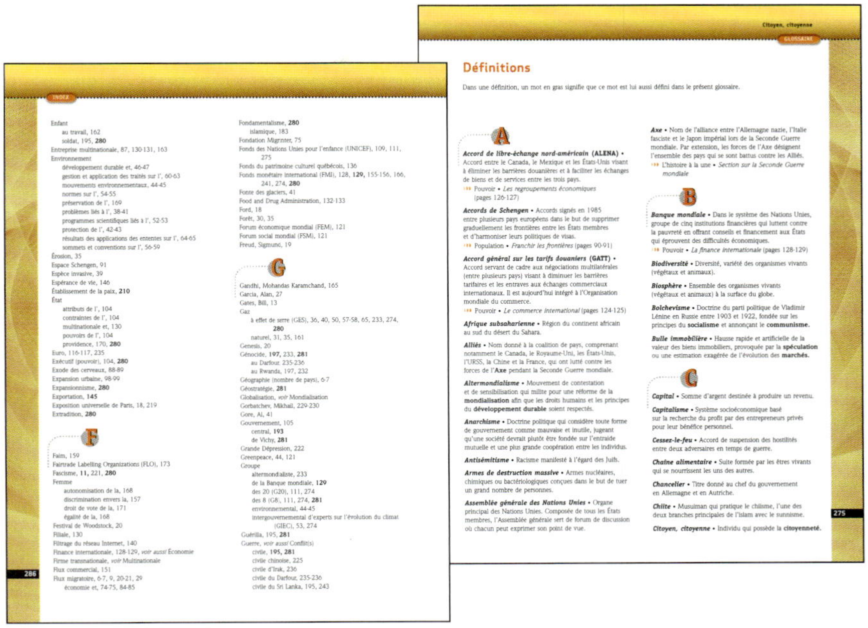

Les rubriques

REFLET DE L'ACTUALITÉ

ⓐ Comment définiriez-vous le concept de « gouvernance » ?

ⓑ Une gouvernance mondiale est-elle nécessaire ? Donnez un exemple tiré de l'actualité pour appuyer votre réponse.

Cette rubrique a deux fonctions : elle vous permet de construire votre compréhension des concepts au programme et de les transposer dans l'actualité. Dans le chapitre d'introduction seulement, d'autres connaissances peuvent faire l'objet de cette transposition.

Cette rubrique présente des citations qui vous font prendre connaissance du point de vue de différents acteurs.

VU ET ENTENDU

« À propos du microcrédit : « Une paix durable ne peut pas être obtenue sans qu'une partie importante de la population trouve les moyens de sortir de la pauvreté. »

Ole Danbolt Mjoes, président du comité des prix Nobel (2006)

FAIT DIVERS

L'INDICE BIG MAC

Créé en 1986 par la revue *The Economist*, L'INDICE BIG MAC PERMET DE MESURER LA PARITÉ DU POUVOIR D'ACHAT À TRAVERS LE MONDE. Ainsi, en février 2009, un Big Mac coûtait en moyenne 3,36 $ américains au Canada, alors que son prix était de 5,79 $ en Norvège et de 1,83 $ en Chine. Cet indice est aujourd'hui utilisé sérieusement par les économistes. Il illustre bien la mondialisation et la diffusion de la restauration rapide à l'américaine.

Cette rubrique présente des faits insolites qui vous inciteront à vouloir en savoir plus sur le sujet.

LES SITUATIONS D'APPRENTISSAGE ET D'ÉVALUATION

Les fiches reproductibles, qui se trouvent dans le guide d'enseignement, vous permettent de développer les deux compétences disciplinaires. Ces fiches présentent des documents liés à l'actualité qui peuvent être mis à jour si votre enseignant ou enseignante le désire.

Pour chaque chapitre, il y a deux blocs de tâches complexes, appelés « situation d'apprentissage et d'évaluation » (SAE).

Les liens entre le manuel de l'élève et les SAE

Dans la première SAE de chaque chapitre, le lien entre le manuel de l'élève et le matériel reproductible est clairement expliqué.

- La structure du manuel de l'élève est reprise dans la phase de réalisation : les titres des onglets qui se trouvent dans le manuel de l'élève sont repris dans l'ordre dans les SAE.

- Au début de chaque section qui reprend le titre des onglets du manuel, vous devez lire les pages correspondantes dans le manuel de l'élève. Vous y trouverez les connaissances essentielles à la construction des concepts ainsi que des connaissances liées aux repères culturels et au thème.
- Plusieurs questions portent sur des documents ou des organisateurs graphiques présentés dans le manuel de l'élève.

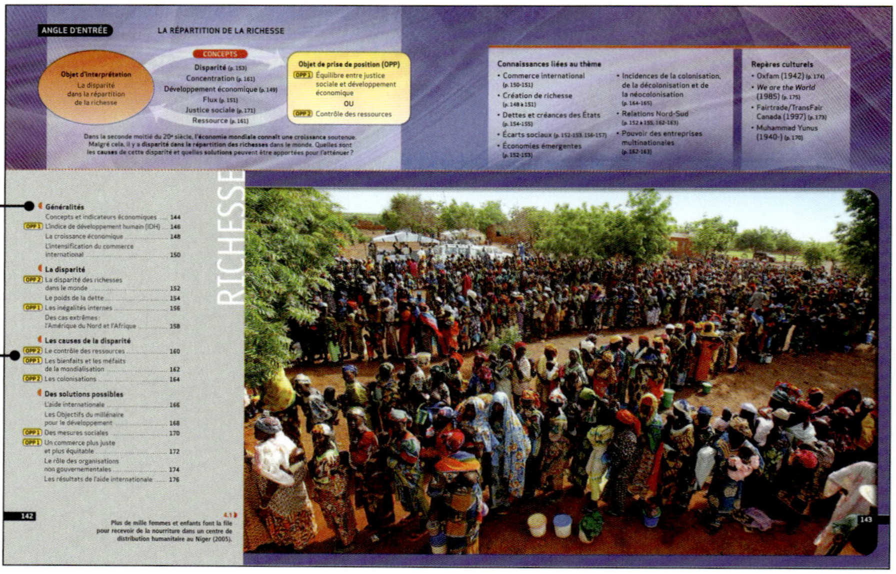

Pour la deuxième SAE, vous vous y référerez pour prendre connaissance des enjeux ou chaque fois que vous en ressentirez le besoin. Le pictogramme **OPP 1** présente les pages liées au premier objet de prise de position et le pictogramme **OPP 2**, les pages liées au deuxième objet de prise de position.

Les SAE en général

Pour chaque chapitre, deux SAE sont présentées.

La première vous permet de développer la compétence **1** *Interpréter un problème du monde contemporain.* Des études de cas font la lumière sur les différentes façons dont le problème se manifeste dans le monde et ce, à divers degrés. Cette SAE permet d'appliquer la théorie à la pratique et vous permet d'acquérir les connaissances nécessaires pour émettre votre opinion sur un enjeu.

La deuxième SAE, axée sur la compétence **2** *Prendre position sur un enjeu du monde contemporain,* vous permet de prendre position sur un enjeu et de considérer des possibilités d'actions sociales. Pour ce faire, vous devrez prendre connaissance de points de vue d'acteurs, aussi bien ceux qui ont des positions différentes, que ceux véhiculés par divers médias.

Comme les médias occupent une grande place dans le matériel *Immédiat,* les titres des trois phases d'apprentissage évoquent le monde du journalisme.

PHASE DE PRÉPARATION : L'ACCROCHE

Au début de chaque SAE, réalisez une activité qui vous permettra de faire le point sur ce que vous connaissez déjà à propos du thème. La tâche finale est présentée au début de chaque SAE afin de rendre signifiants les apprentissages réalisés.

PHASE DE RÉALISATION : À LA UNE !

Pour chaque onglet du manuel de l'élève, une question de synthèse vous permettant d'utiliser l'une des techniques au programme est posée.

Des documents variés (diagrammes, cartes géographiques, articles de journaux, caricatures, etc.) vous seront présentés afin de comprendre le problème sous tous ses angles. Les documents sont authentiques pour vous permettre une juste interprétation du problème. Chaque document ou groupe de documents est accompagné d'une ou plusieurs questions d'interprétation. Vous aurez ainsi tous les outils nécessaires pour réaliser la tâche finale proposée.

La compétence disciplinaire et le critère d'évaluation sont précisés lorsqu'une tâche permet l'évaluation des compétences. Un espace est prévu pour que l'enseignant ou enseignante puisse y noter l'évaluation de vos compétences disciplinaires.

PHASE D'INTÉGRATION ET DE RÉINVESTISSEMENT : LE TOPO OU L'ÉDITORIAL

À la fin de chaque SAE, une tâche finale originale vous permet de montrer votre compréhension du problème (Le topo) ou de prendre position sur l'objet d'interprétation (L'éditorial).

LES COMPÉTENCES ET LEURS COMPOSANTES

Compétence 1 et ses composantes

Interpréter un problème du monde contemporain

Cerner le problème
- Relever des manières dont le problème se manifeste dans le monde
- Identifier des acteurs
- Établir des faits
- Préciser le contexte

Analyser le problème
- Mettre en relation divers aspects de société
- Déterminer des causes
- Établir des conséquences
- Relever différents points de vue
- Examiner des intérêts en cause
- Reconnaître des rapports de force

Envisager le problème dans sa globalité
- Comparer des manifestations du problème
- Considérer le problème à différentes échelles
- Montrer le caractère mondial du problème

Porter un regard critique sur sa démarche
- S'interroger sur ce que la démarche a permis d'apprendre sur le problème
- Évaluer l'efficacité des stratégies utilisées
- Relever des difficultés éprouvées
- Déterminer des moyens d'améliorer sa démarche

Critères d'évaluation

1. Rigueur du raisonnement
2. Précision de la vue d'ensemble
3. Analyse critique de sa démarche

Compétence 2 et ses composantes

Prendre position sur un enjeu du monde contemporain

Examiner des points de vue relatifs à l'enjeu

- Relever différents points de vue
- Dégager des valeurs et des intérêts sous-jacents à ces points de vue
- Établir des convergences et des divergences entre ces points de vue
- Relever des pistes de solution
- Envisager certaines incidences de ces pistes de solutions

Considérer le traitement médiatique de l'enjeu

- Reconnaître les choix de certains médias dans le traitement de l'enjeu
- Dégager l'influence des médias sur son opinion

Débattre de l'enjeu

- Fonder son opinion sur des faits
- Développer son argumentation
- Manifester une ouverture à l'égard des opinions différentes de la sienne

Envisager des occasions de participation sociale

- Reconnaître des types d'actions possibles
- Identifier des instances auprès desquelles des actions peuvent être amorcées
- Établir un plan d'action

Porter un regard critique sur sa démarche

- S'interroger sur ce que la démarche a permis d'apprendre sur l'enjeu
- Évaluer l'efficacité des stratégies utilisées
- Relever des difficultés éprouvées
- Déterminer des moyens d'améliorer sa démarche

Critères d'évaluation

1. Distance critique
2. Expression d'une opinion fondée
3. Analyse critique de sa démarche

PRÉSENTATION

Le monde d'aujourd'hui est un monde en mouvement, en continuelle transformation. Pour le comprendre, vous devez être des observatrices et observateurs vigilants, mais vous devez aussi disposer d'outils d'observation adéquats. Vous devez connaître certains aspects, certains faits et événements du passé, car

INTRODUCTION

l'histoire donne parfois des réponses essentielles à la compréhension de l'actualité. Vous devez également comprendre l'espace géographique dans lequel se produisent les phénomènes actuels qui font l'objet de vos interrogations, et voir comment cet espace influe sur ces phénomènes et les transforme. Il est en outre important de voir comment ces mêmes phénomènes peuvent, à leur tour, avoir un impact sur l'aspect géographique d'un pays ou d'une région du monde et les modifier. Votre compréhension du monde contemporain ne saurait toutefois être complète sans un regard sur les aspects politique et économique. En effet, les idéologies politiques et économiques, défendues par les différents acteurs de pouvoir, influent bien plus qu'il n'y paraît sur les grandes problématiques actuelles.

LA RÉPARTITION DES CONTINENTS SUR LE GLOBE

Le découpage de la planète a été longtemps déterminé par la notion de continent, un critère de géographie physique. L'Amérique, l'Afrique, l'Eurasie, l'Océanie et l'Antarctique sont les cinq grands ensembles continentaux reconnus. Certains sous-ensembles, comme l'Europe et l'Asie, précisaient depuis longtemps ces immenses regroupements.

Les continents

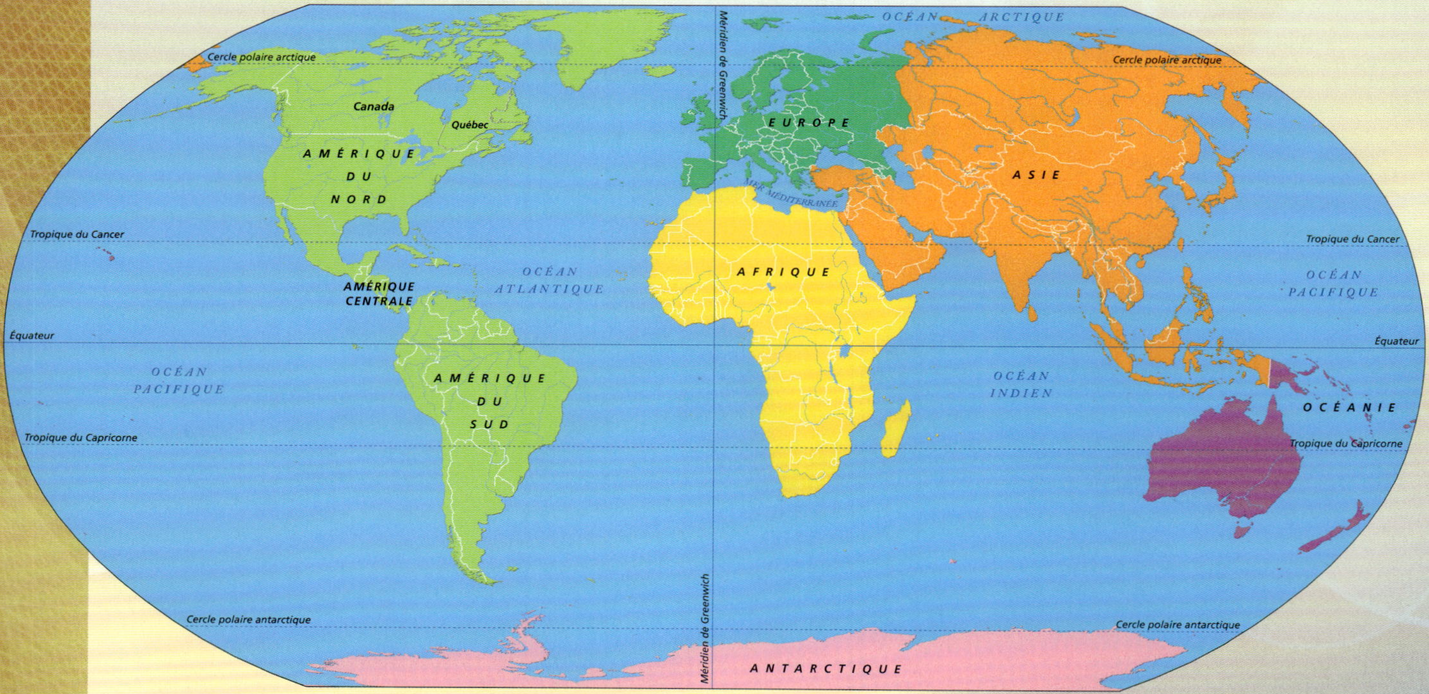

ⓐ À combien estime-t-on la population mondiale aujourd'hui ?

ⓑ Selon vous, pourquoi l'Asie demeure-t-elle la région la plus populeuse de la planète ?

ⓒ À votre avis, pourquoi les différentes régions n'ont pas un accroissement de la population semblable ?

Prise de notes • Pour bien interpréter le tableau à entrées multiples ci-dessous, consultez la fiche méthodologique à la page 265.

Perspective de la population mondiale

L'évolution de la population mondiale (en millions d'habitants)

	1950	1975	2000	2025	2050
Monde	2 535	4 076	6 124	8 011	9 191
Afrique	224	416	821	1 394	1 998
Amérique latine	168	325	251	689	769
Amérique du Nord	172	248	319	393	445
Asie	1 411	2 394	3 705	4 783	5 266
Europe	548	676	729	713	664
Océanie	13	21	30	40	49

Population Division of the Department of Economic and Social Affairs of the United Nations Secretariat, « Trends in Total Migrant Stock : The 2006 Revision », [En ligne], 2008.

VU ET ENTENDU

« Selon la Révision de 2006, la population mondiale augmentera probablement de 2,5 milliards au cours des 43 prochaines années, passant du chiffre actuel de 6,7 milliards à 9,2 milliards en 2050. Cette augmentation équivaut à ce qu'était la population mondiale en 1950 et elle sera principalement le fait des régions moins développées [...].

Sous l'effet d'une baisse de la fécondité et d'une augmentation de la longévité, la population d'un nombre grandissant de pays vieillit rapidement. Entre 2005 et 2050, la moitié de l'augmentation de la population mondiale sera due à l'augmentation de la population âgée de 60 ans ou plus, alors que le nombre d'enfants (personnes de moins de 15 ans) diminuera légèrement. En outre, dans les régions développées, la population âgée de 60 ans ou plus devrait pratiquement doubler (passant de 245 millions en 2005 à 406 millions en 2050) tandis que celle des personnes ayant moins de 60 ans baisserait vraisemblablement (de 971 millions en 2005 à 839 millions en 2050). »

Population Division of the Department of Economic and Social Affairs of the United Nations Secretariat, « Trends in Total Migrant Stock : The 2006 Revision », [En ligne], 2008.

Siège social de l'Organisation des Nations Unies à New York

LES RÉGIONS DU MONDE

Au lendemain de la Seconde Guerre mondiale, le nombre de pays dépassait à peine 70. Aujourd'hui, de nouveaux critères tiennent plus compte des facteurs humains, tels la culture, les liens économiques et l'histoire. Ces derniers redéfinissent ainsi le découpage, davantage axé sur les activités humaines sur le territoire.

Les régions du monde

L'Amérique du Nord

L'Amérique centrale et l'Amérique du Sud

L'Afrique

L'extrême-Orient et l'Asie du Nord

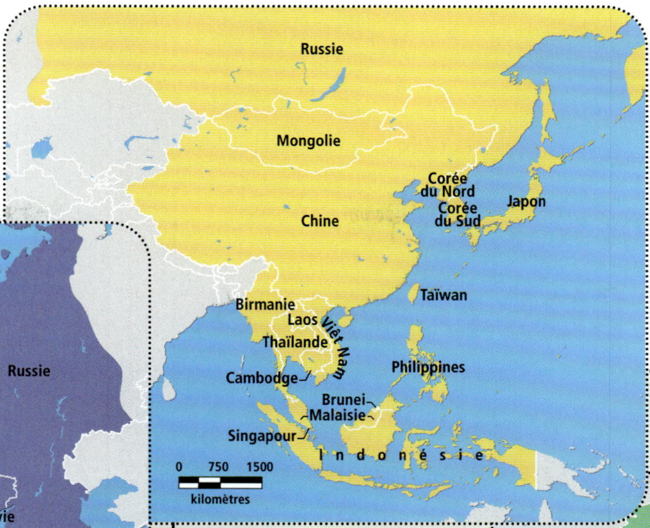

L'Europe

L'Asie centrale et du Sud

REFLET DE L'ACTUALITÉ

a Sur la carte du monde vierge que l'on vous remettra, situez correctement le plus grand nombre de pays possible.

b En feuilletant le journal d'aujourd'hui, situez les pays dont il est question.

Prise de notes • Établissez une légende pour regrouper les pays qui font partie de la même nouvelle.

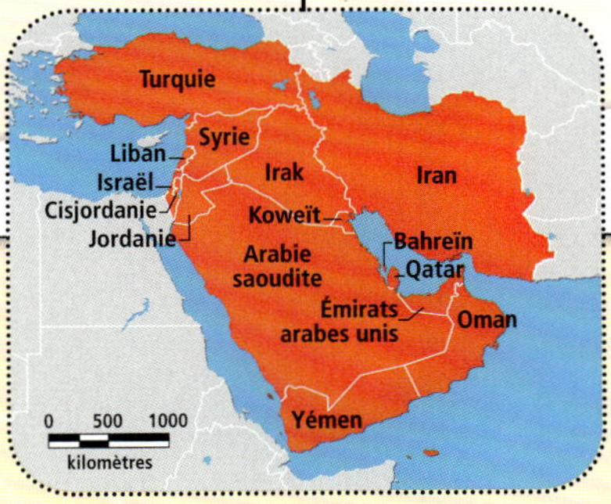

Le Proche-Orient et le Moyen-Orient

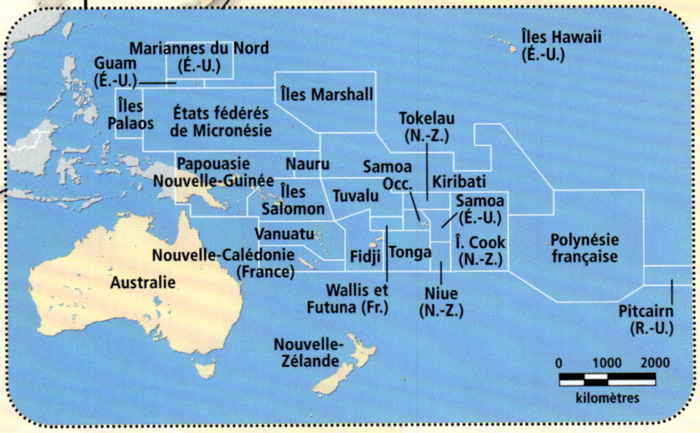

L'Océanie

DÉMOCRATIE VERSUS DICTATURE

Saisir le monde actuel et ses diverses problématiques le plus globalement possible ne peut se faire sans aborder l'aspect politique. En effet, la politique, c'est-à-dire tout ce qui a trait à l'exercice du pouvoir dans une société, provoque des situations, entraîne des actions et guide certaines décisions qui font avancer et parfois même reculer le monde d'aujourd'hui.

Lorsque, dans l'explication d'un phénomène ou la compréhension d'un problème, nous abordons l'aspect politique, nous le faisons généralement sous l'angle de l'idéologie à laquelle adhère le pays, le parti ou même l'acteur principal du cas qui est proposé.

Qu'est-ce qu'une idéologie ?

Une idéologie est un ensemble d'idées, d'opinions, de croyances qui constituent une doctrine et qui influent sur le comportement des individus ou de la collectivité qui y adhèrent. Le conservatisme, le libéralisme politique, le libéralisme économique, le nationalisme, le socialisme, le communisme, le mercantilisme, l'impérialisme, le féminisme, sont quelques exemples d'idéologies.

La démocratie et la dictature sont deux formes de régimes politiques opposés.

Démocratie

La démocratie est le gouvernement de tous et toutes ou, selon la formule de Lincoln, le gouvernement du peuple, par le peuple et pour le peuple. En d'autres mots, la démocratie est un régime politique dans lequel les citoyens et citoyennes détiennent le pouvoir.

versus

Dictature

La dictature est un régime politique dans lequel une personne ou un groupe restreint de personnes exercent tous les pouvoirs sans qu'aucune loi ou institution ne les limitent. En d'autres mots, la dictature est un régime politique dans lequel le peuple ne détient aucun pouvoir.

Que l'on se trouve dans un régime démocratique ou dans un régime dictatorial, le pouvoir s'exerce tout de même selon une idéologie, c'est-à-dire l'idéologie que le parti ou la personne au pouvoir a choisie. Par exemple, l'URSS, sous le régime de Staline, était une dictature dont l'idéologie était le communisme. Et le Royaume-Uni, sous le régime de Margaret Thatcher, était une démocratie dont l'idéologie était le conservatisme. Ces deux idéologies, de même que plusieurs autres, seront présentées plus loin.

Statue d'Abraham Lincoln à l'intérieur du *Lincoln Memorial* à Washington
Symbole de démocratie aux États-Unis, le président Lincoln a aboli l'esclavage en vigueur au 19e siècle. (Traduction du texte en haut de la statue : *Dans ce temple, comme dans le cœur des gens pour qui il a sauvé l'Union, la mémoire d'Abraham Lincoln est inscrite à jamais.*)

Manifestation à Bagdad, en Irak (2003)
Après avoir décapité la plus grande statue de Saddam Hussein, les Irakiens chantent et dansent en traînant la tête de la statue dans toute la ville. En signe d'humiliation, ils frappent la tête avec leurs souliers. Des manifestations semblables ont lieu partout en Irak à la suite de la chute du régime du dictateur qui a dirigé le pays d'une main de fer pendant 24 ans.

L'axe politique

C'est en France, au lendemain de la Révolution française en 1789, que les notions de gauche et de droite sont apparues dans le vocabulaire politique. En effet, au moment des discussions sur la limitation du pouvoir royal, les partisans du changement étaient assis du côté gauche de la salle alors que les partisans du *statu quo* se trouvaient du côté droit. Ainsi est née la distinction entre la gauche et la droite. Depuis, ces deux notions ont été mieux définies, de façon à pouvoir y rattacher les différentes idéologies politiques.

gauche

On trouve à gauche les partis qui partagent ou qui ont en commun certaines valeurs telles que la promotion du progrès social et des réformes, la liberté et l'égalité. Les partis de gauche sont généralement des partis qui critiquent l'ordre social établi et qui démontrent un vif désir de le transformer. On les qualifie de progressistes en raison de cette volonté de changement. Le progressisme s'oppose donc au conservatisme. Ainsi, les partisans de la limitation du pouvoir du roi à la suite de la Révolution française étaient des progressistes, tout comme le sont aujourd'hui les partisans des idéologies de gauche telles que le socialisme et le communisme.

centre

On trouve au centre les partis qui partagent ou qui ont en commun certaines valeurs telles que la défense des libertés individuelles d'une part et la redistribution des richesses d'autre part. Les partis de centre sont généralement des partis qui défendent l'égalité et la liberté de même que le respect de certaines traditions. On trouve au centre les idéologies qui se veulent un juste milieu entre le progressisme et le conservatisme, telle que le libéralisme.

droite

On trouve à droite les partis qui partagent ou qui ont en commun certaines valeurs telles que la défense des traditions et le rejet des changements brusques, surtout en ce qui a trait à la société et à l'économie. Les partis de droite sont généralement des partis qui défendent l'ordre social établi et qui démontrent un vif désir de le préserver. On les qualifie de conservateurs en raison de cette volonté de ne rien changer. Le conservatisme s'oppose donc au progressisme. Ainsi, les partisans du maintien intégral du pouvoir du roi à la suite de la Révolution française étaient des conservateurs, tout comme le sont aujourd'hui les partisans des idéologies de droite telles que le conservatisme et le fascisme.

Séance de la nuit du 4 au 5 août (1789)
Ce dessin de Charles Monnet gravé par Isidore Stanislas Helman représente les députés de la jeune Assemblée nationale française en plein débat autour de la question de l'abolition des droits féodaux.

LES IDÉOLOGIES

Manifestation en Californie (2001)
Lors des négociations au sujet de la ZLEA en 2001, des manifestants masqués défilent sous la bannière du Bloc noir, une association d'origine européenne ouvertement anarchiste, prônant la destruction matérielle pour nuire aux riches entreprises.

L'anarchisme et le communisme

Anarchisme ▪ Idéologie qui défend des pratiques antiautoritaires. Les partisans et partisanes de l'anarchisme nient le principe d'autorité et refusent les contraintes de toutes sortes. Le but de l'anarchisme est de fonder une société sans domination, où tous les individus participent à la gestion et dans laquelle toute règle et toute autorité sont supprimées.

Communisme ▪ Idéologie inspirée des idées de Karl Marx, qui préconise une société sans propriété privée au sein de laquelle l'ensemble des ressources, des richesses et des entreprises sont nationalisées, c'est-à-dire qu'elles appartiennent à l'État. Le but du communisme est donc de valoriser le bien commun et le profit de la collectivité.

Timbre cubain (1974)
Photographie commémorant la rencontre à Cuba des deux dirigeants communistes. On reconnaît à droite, Fidel Castro (Cuba) et à gauche, Léonid I. Brejnev (URSS).

extrême gauche — **gauche**

Le socialisme et l'écologisme

Socialisme ▪ Idéologie dont le but est de promouvoir la justice sociale par l'élimination des inégalités et, par le fait même, des classes sociales. Le socialisme fait également la promotion du progrès social. *Exemple :* Le Parti socialiste français, fondé en 1905, fait toujours partie du paysage politique français. Il a été dirigé par Lionel Jospin de 1981 à 1988, puis de 1995 à 1997. Toujours sous la bannière du Parti socialiste, Lionel Jospin a occupé le poste de premier ministre de la France de 1997 à 2002, sous la présidence de Jacques Chirac, représentant de la droite libérale. Il s'agissait donc d'un gouvernement de cohabitation.

Écologisme ▪ Idéologie dont le but est de tenir compte, dans l'action politique et économique, des enjeux écologiques ou environnementaux pour préserver, sauvegarder ou même restaurer l'environnement. *Exemple :* Le Parti vert du Canada a été fondé en 1983 pour promouvoir l'idéologie de l'écologisme sur la scène politique fédérale. Dans le cadre des élections fédérales de 2008, le Parti vert a pu participer, pour la première fois, au débat télévisé des chefs, aux côtés du Parti conservateur du Canada, du Parti libéral du Canada, du Nouveau Parti démocratique et du Bloc québécois.

Benito Mussolini s'adressant à la foule à Rome, en Italie.

Le libéralisme

Idéologie dont le but est de promouvoir la liberté des individus et un rôle limité de l'État. Ainsi, selon cette idéologie, l'un des principaux rôles de l'État serait justement de maintenir et de protéger les libertés individuelles. On distingue le libéralisme politique (protéger les libertés individuelles) du libéralisme économique (limiter l'intervention de l'État). Il est à noter que certains partisans et partisanes du libéralisme se positionnent à droite de l'axe politique. Il s'agit généralement des partisans du libéralisme économique. *Exemple:* Le Parti libéral du Canada, fondé au moment de la Confédération le 1er juillet 1867, se réclame du libéralisme. Depuis sa création jusqu'en 2008, il a été dirigé par 14 chefs dont 12 ont occupé la fonction de premier ministre du Canada.

Le fascisme

Idéologie inspirée du mouvement fasciste de Benito Mussolini, qui rejette le socialisme, la défense des libertés individuelles et le libéralisme. Bien que le terme soit employé pour désigner plusieurs mouvements partageant ces valeurs, il ne désigne que l'expérience italienne de 1922 à 1945. *Exemple:* Le fascisme italien de 1922 à 1945, instauré par Benito Mussolini. L'homme politique résume ainsi l'idéologie qu'il a établie: « Tout dans l'État, rien hors de l'État, rien contre l'État ».

centre — **droite** — **extrême droite**

Le conservatisme

Idéologie qui se porte à la défense des valeurs traditionnelles (par exemple au Québec, les valeurs prônées par la morale catholique: le sens de la famille et du devoir) ou qui prône leur retour. Cette idéologie s'oppose au progressisme, généralement associé à la gauche. *Exemple:* Surnommée la « Dame de fer », Margaret Thatcher est la première et seule femme à avoir dirigé le Parti conservateur britannique, de 1975 à 1990. Elle est devenue première ministre du Royaume-Uni en 1979 et a conservé son poste jusqu'en 1990.

Margaret Thatcher

REFLET DE L'ACTUALITÉ

Sur les feuilles que l'on vous remettra, vous trouverez des exemples tirés de l'actualité.

a) Trouvez l'idéologie dominante représentée par chaque exemple.

b) Placez celle-ci sur l'axe gauche-droite.

Prise de notes • En lisant les textes, soulignez les passages qui vous paraissent importants et encerclez les concepts qui se rattachent à une idéologie.

LES SYSTÈMES ÉCONOMIQUES

La politique et l'économie sont deux disciplines intimement liées, car elles permettent toutes deux d'étudier le comportement et l'influence des États sur les problématiques et les enjeux actuels. Ainsi, la science économique étudie l'intervention des États sur l'activité économique, comme la science politique étudie l'intervention des États dans l'exercice du pouvoir.

Les agents économiques

Les pays peuvent être classés dans trois grandes catégories selon le mode d'organisation et de fonctionnement de l'activité qu'ils préconisent. Ces catégories sont appelées des systèmes et leurs caractéristiques influent sur la production, les relations entre les différents agents économiques et le fonctionnement du marché du travail.

À l'instar des idéologies politiques, ces systèmes économiques tiennent lieu d'idéologies économiques et peuvent aussi être placés sur un axe gauche-droite, selon leurs caractéristiques.

extrême gauche — **gauche**

L'économie planifiée

Des Cubains et Cubaines font la file devant un magasin d'État pour se procurer de la nourriture (vers 1991-1994).
À l'entrée, une affiche de propagande vante les mérites des héros du conflit de la baie des Cochons en 1961.

L'économie planifiée est un système économique prônant la nationalisation des moyens de production. Dans ce type d'économie, c'est l'État qui détermine ce qu'il faut produire, les quantités à produire et à qui bénéficiera cette production. Ce système rassemble les idéologies économiques de gauche puisqu'il se caractérise par l'intervention marquée de l'État dans la sphère économique et le peu de place laissée à l'entreprise privée, voire son absence.

Avant la fin de la guerre froide en 1990, c'est le système d'économie planifiée qui était appliqué en URSS. En 2008, ce système existe toujours à Cuba. C'est donc l'État qui détermine la production et qui réglemente le marché du travail. Les magasins d'alimentation, entre autres, appartiennent à l'État et sont soumis à des règles strictes. Les citoyens et les citoyennes ont généralement des coupons de rationnement pour se procurer de la nourriture.

Le barrage Robert-Bourassa (1991)
La construction de ce barrage a débuté dans les années 1970.

L'économie mixte

L'économie mixte est un système économique dans lequel la liberté d'entreprise doit dominer sur l'intervention de l'État. L'État n'est toutefois pas exclu puisqu'il doit réglementer, voire nationaliser, certaines entreprises ou ressources pour promouvoir l'atteinte d'objectifs économiques précis. Ce système rassemble les idéologies économiques de centre puisqu'il préconise un compromis entre celles de gauche et celles de droite, c'est-à-dire que l'intervention de l'État n'est pas exclue dans la promotion des initiatives économiques individuelles.

Le Québec a un système d'économie mixte. En effet, l'entreprise et l'initiative privées sont encouragées, mais l'État joue tout de même un rôle important dans l'économie. La nationalisation de l'hydroélectricité, au cours de la Révolution tranquille des années 1960, en est un bon exemple. Aujourd'hui, Hydro-Québec est encore une société d'État et le seul fournisseur d'hydroélectricité de la province.

centre — droite — extrême droite

La libre entreprise

La libre entreprise est un système économique dans lequel la propriété privée des moyens de production est non seulement valorisée mais même fortement encouragée. Dans ce type d'économie, ce sont les lois du marché (l'offre et la demande) qui déterminent ce qu'il faut produire, les quantités à produire et à qui bénéficiera cette production. Ce système rassemble les idéologies économiques de droite puisqu'il se caractérise par la prédominance de l'initiative privée dans la sphère économique et une faible intervention de l'État (voire une non-intervention).

Bill Gates

Les États-Unis représentent bien le système de la libre entreprise. En effet, l'initiative privée constitue le moyen d'atteindre le rêve américain. Dans un pays qui applique ce type de système économique, n'importe qui peut créer sa petite entreprise et devenir un géant. À cet égard, Bill Gates est un exemple éloquent : après avoir lancé une petite entreprise de logiciels informatiques à l'âge de 20 ans, il est devenu le leader mondial en la matière avec sa compagnie.

LES LOIS DU MARCHÉ OU L'OFFRE ET LA DEMANDE

Dans les systèmes économiques de libre entreprise et d'économie mixte, les lois du marché, ou l'offre et la demande, sont essentielles. En effet, le prix d'un bien ou d'un service est fixé en fonction de l'offre et la demande.

L'offre
L'offre est la quantité d'un bien ou d'un service qu'un producteur est prêt à vendre à un prix donné.

La demande
La demande est la quantité d'un bien ou d'un service qu'un consommateur est prêt à acheter à un prix donné.

Les lois de l'offre et la demande
En combinant l'offre et la demande ou ce que les producteurs et les consommateurs et consommatrices veulent, il est possible de fixer le prix des biens et des services selon quatre règles ou quatre lois : ce sont les lois du marché ou les lois de l'offre et la demande.

L'offre augmente et la demande reste stable

Sur le marché économique, lorsque l'offre augmente et que la demande reste stable, cela provoque un surplus du bien ou du service offert. Ce surplus entraîne une baisse du prix du bien ou du service.

Exemple : À l'automne, lorsque les pomiculteurs font leurs récoltes, il y a une abondance de pommes. Par conséquent, l'offre augmente. Toutefois, dans les supermarchés, les consommateurs ne demandent pas plus de pommes : la demande demeure donc stable. Pour vendre ses pommes, le producteur devra accepter de baisser le prix de ses pommes.

L'offre augmente

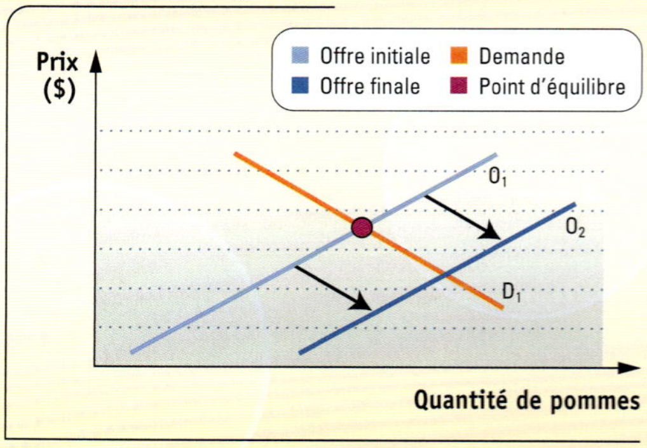

DE L'ACTUALITÉ

REFLET

Sur la feuille que l'on vous remettra, vous trouverez des exemples tirés de l'actualité.

Associez chacun des exemples à l'un des graphiques de l'offre et de la demande.

L'offre diminue et la demande reste stable

Sur le marché économique, lorsque l'offre diminue et que la demande reste stable, cela provoque une rareté du bien ou du service offert. Cette rareté entraîne une hausse du prix du bien ou du service.

Exemple: Lors du choc pétrolier de 1979, l'offre de pétrole a subitement baissé dans les pays occidentaux en raison de la révolution iranienne. Les exportations de pétrole ont alors grandement diminué, provoquant la flambée des prix du pétrole jusqu'en 1981.

L'offre diminue

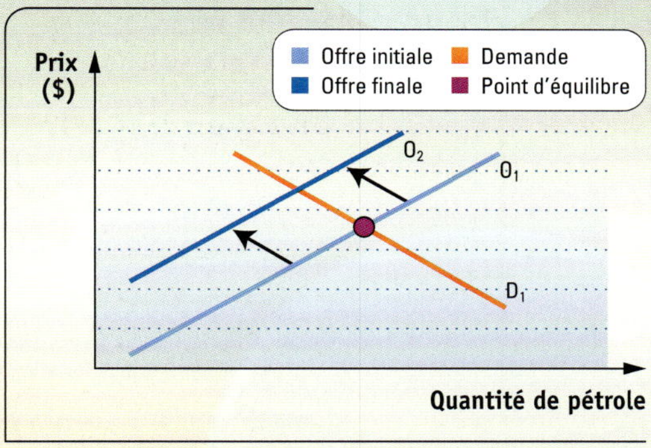

La demande augmente et l'offre reste stable

Sur le marché économique, lorsque la demande augmente et que l'offre reste stable, cela provoque une rareté du bien ou du service demandé. Cette rareté entraîne une hausse du prix du bien ou du service.

La demande augmente

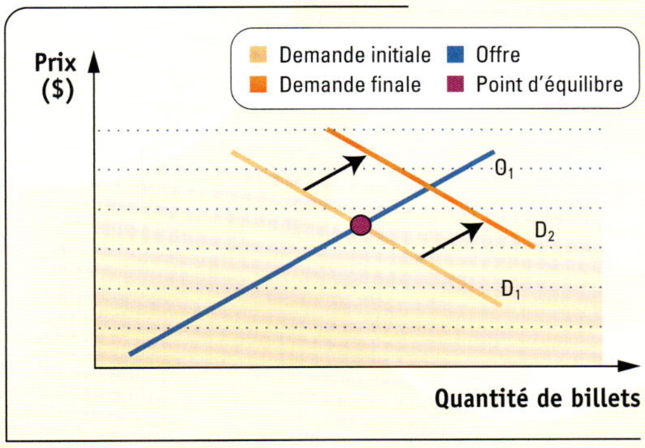

Exemple: Lors des derniers passages à Montréal d'une vedette très populaire, les billets pour son spectacle se sont vendus en un temps record. Toutefois, certaines personnes ont réussi à se procurer des billets à prix fort sur des sites Internet de revente.

La demande diminue et l'offre reste stable

Sur le marché économique, lorsque la demande diminue et que l'offre reste stable, cela provoque un surplus du bien ou du service demandé. Ce surplus entraîne une baisse du prix du bien ou du service.

La demande diminue

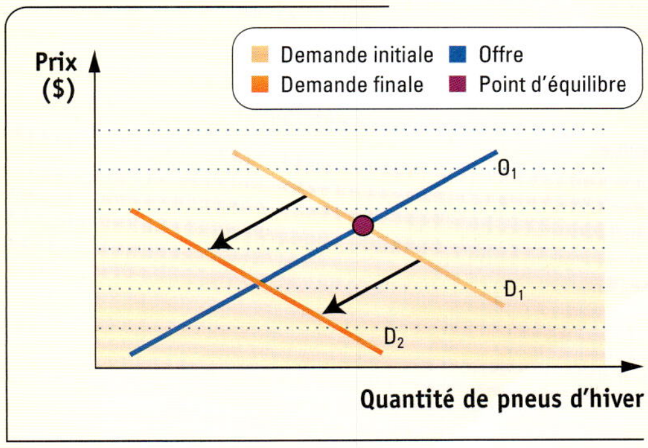

Exemple: Au mois de février, en plein cœur de la saison hivernale, la demande pour les pneus d'hiver est en baisse puisque les automobilistes les ont déjà achetés. Les entreprises qui ont toujours des pneus d'hiver en stock et qui veulent s'en départir doivent baisser leur prix pour attirer la clientèle.

LES REPÈRES HISTORIQUES

L'exploration du monde actuel et de ses enjeux nécessite l'apport de l'histoire. Combinée aux autres disciplines des sciences humaines (géographie, économie, politique, etc.), la perspective historique demeure essentielle pour comprendre les origines des problématiques et des enjeux d'aujourd'hui.

Les périodes comme repères historiques

Au fil de l'évolution de la discipline, les spécialistes de l'histoire se sont dotés d'outils pour classer les faits et les phénomènes humains dans le temps, afin de mieux les analyser et les comprendre. Un de ces outils est la division de la chronologie des événements en périodes, ou en époques.

Ce découpage a pour objectif de poser des repères pour mieux se situer dans la chronologie des événements. Ces repères sont choisis par les historiens et historiennes, qui privilégient les moments de rupture, c'est-à-dire des événements qui entraînent des changements majeurs au sein d'une ou de plusieurs sociétés. Une suite d'événements entre deux repères forme une période historique.

La domination des sociétés industrielles

1914 — Début de la Première Guerre mondiale

Les guerres mondiales

1945 — Fin de la Seconde Guerre mondiale

Un homme devant une aciérie en Pennsylvanie (1907)

Le cimetière militaire américain de Colleville-sur-Mer, en France, en mémoire des soldats morts pendant la Seconde Guerre mondiale (1996).

Des dizaines d'antennes satellites sont installées sur les balcons d'un immeuble à Marseille, en France (2004).

Qu'est-ce que le monde contemporain ?

L'époque contemporaine est probablement la période la plus difficile à subdiviser, puisque les événements sont chronologiquement près de nous. Comme le recul historique nécessaire à la définition objective d'une période est minime, l'établissement des points de rupture risque d'être empreint de notre situation actuelle.

Néanmoins, la notion de « monde contemporain » nous ramène à la définition la plus répandue du concept « contemporain », au sens où les événements inclus dans la période ont des conséquences directes sur le monde actuel.

La guerre froide et l'émergence du tiers monde | 1991 | **Le village planétaire**

Effondrement de l'URSS

Assemblée générale de l'ONU (1954)

LES HÉRITAGES DE CHAQUE PÉRIODE (I)

La domination des sociétés industrielles

Le tournant du 20e siècle est marqué par la domination des sociétés industrielles. Grâce aux avancées techniques et technologiques suscitées par l'industrialisation, ces sociétés ont une longueur d'avance sur le reste du monde.

Toutefois, leur domination, tant sur le plan politique qu'économique, nourrit les tensions déjà existantes entre les grandes puissances d'Europe. La démocratisation des empires européens et la naissance des nationalismes créent les conditions nécessaires au déclenchement de la Grande Guerre qui mettra fin à cette première période.

Héritage scientifique et culturel de la période

Au tournant du 20e siècle, les grandes puissances européennes dominent politiquement et économiquement. En effet, comme elles pratiquent une politique impérialiste, elles peuvent contrôler le développement de leurs colonies à leur avantage. Elles investissent leurs capitaux pour exploiter les richesses des colonies. La domination des puissances européennes s'explique aussi par leur avance technologique.

Le siècle s'ouvre avec l'Exposition universelle de Paris en 1900 et se poursuit avec des progrès scientifiques importants, telle la théorie de la relativité d'Einstein qui établit une quatrième dimension, l'espace-temps, en 1905. Il est à noter qu'avant la Première Guerre mondiale, tous les prix Nobel sont remis à des chercheurs européens, ce qui montre bien le bouillonnement d'idées dans cette région du monde.

Sur le plan technique, les progrès permettent l'apparition de la production en série, notamment dans les usines de Ford, de même que la traversée de la Manche en avion dès 1909. Sur le plan culturel, on tourne les premiers films qui marquent la naissance de l'industrie cinématographique.

La situation n'est pourtant pas aussi reluisante qu'elle le semble. En effet, les nombreuses rivalités entre les puissances européennes empêchent les dirigeants de comprendre que leur domination est de plus en plus menacée. Ces rivalités entraînent les pays européens dans la Première Guerre mondiale. Ce conflit sans précédent laisse la voie libre aux États-Unis pour surpasser les puissances européennes.

Ligne d'assemblage de la compagnie Ford (vers 1913)
Au début du 20e siècle, les États-Unis s'industrialisent rapidement et leurs avancées scientifiques et techniques leur permettent de rivaliser avec l'Europe. La compagnie Ford, par exemple, révolutionne le domaine de la construction automobile en série en créant une ligne d'assemblage dans son usine de Détroit.

Mise au point du premier ordinateur électronique analogique du monde (1946)
La construction de l'ENIAC (Electronic Numerical Integrator Analyser and Computer) avait commencé en 1943.

Les guerres mondiales

Incapables de préserver leur fragile équilibre, les grandes puissances européennes entrent dans un conflit sans précédent, qui marque le début de cette deuxième période. Par le jeu des alliances et des liens coloniaux, elles entraînent le monde entier dans une guerre féroce.

Au sortir de ce premier conflit, la recherche d'un nouvel équilibre est bouleversée par la pire crise économique de l'histoire et la remise en cause des systèmes politiques et économiques traditionnels. Ce contexte ouvre la porte aux idéologies d'extrême droite et mènera au déclenchement de la Seconde Guerre mondiale.

Héritage scientifique et culturel de la période

La période des deux grandes guerres mondiales a laissé des traces indélébiles sur les sociétés. Les pertes en vies humaines et les conséquences économiques de ces conflits ont laissé de profondes cicatrices. Néanmoins, des avancées scientifiques majeures et un bouillonnement culturel dont nous observons encore aujourd'hui les retombées ont aussi marqué cette période.

En sciences, Albert Einstein publie sa théorie de la relativité en 1916 et reçoit le prix Nobel de physique en 1921. Au cours de cette même période, Sigmund Freud développe la psychanalyse tandis que Pierre et Marie Curie mènent des recherches sur la radioactivité. Dans les années 1920, les découvertes se multiplient: certaines simplifient la vie quotidienne (les aliments surgelés en 1925) d'autres divertissent (la télévision en 1926) et d'autres encore permettent de soigner (la pénicilline en 1929). Les années 1930 sont marquées par la pire crise économique de l'histoire, mais elles permettent aussi le développement de théories économiques avec les travaux de John Maynard Keynes (interventionnisme étatique) et des avancées dans le domaine du transport avec le dépôt du premier brevet de motoneige par J.-A. Bombardier en 1937. À l'aube de la Seconde Guerre mondiale, le premier calculateur programmable est conçu et malgré le conflit qui marque la première moitié de la décennie 1940-1950, les découvertes scientifiques se poursuivent: théorie du Big Bang (1940); utilisation de la cortisone et invention de la bombe aérosol et de la brocheuse (1941); première réaction atomique en chaîne contrôlée (1942); début de la construction du premier ordinateur électronique analogique, l'ENIAC, (1943); découverte de l'ADN (1944); invention du four à micro-ondes (1945).

Sur le plan culturel, cette période est marquée notamment par la consommation de masse, apparue au cours des années folles et provoquée par la vente à crédit et la spéculation boursière. C'est également au cours de cette période que le cinéma se développe davantage et devient source de divertissement pour une part de plus en plus grande de la population. De plus, les premières émissions de radio quotidiennes sont diffusées à partir des années 1920.

Albert Einstein, physicien juif allemand, lors de sa naturalisation en tant que citoyen américain, en octobre 1940.
En 1939, Einstein écrit une lettre au président américain Roosevelt, lettre qui sera à l'origine du projet Manhattan sur la fabrication d'une bombe atomique. En 1945, en comprenant que les États-Unis veulent utiliser la bombe atomique, il écrit de nouveau à Roosevelt pour tenter de l'en dissuader. Après la Seconde Guerre mondiale, il milite pour le désarmement atomique mondial.

LES HÉRITAGES DE CHAQUE PÉRIODE (II)

La guerre froide et l'émergence du tiers monde

Deux superpuissances émergent de la Seconde Guerre mondiale et dominent désormais le monde : les États-Unis et l'URSS. Toutefois, les deux grands ne partagent pas les mêmes idées. En fait, ils sont aux antipodes et se livrent une guerre idéologique qui marque cette troisième période.

Autre phénomène notable des lendemains de guerre, les colonies revendiquent leur indépendance. Elles veulent se libérer des anciennes métropoles européennes et provoquent une vague de décolonisation soutenue par les États-Unis et l'URSS qui y voient l'occasion de rallier de nouveaux pays à leur camp. Plusieurs colonies refusent de se soumettre à la domination d'une nouvelle puissance, provoquant ainsi l'émergence du tiers monde.

Héritage scientifique et culturel de la période

Sur le plan scientifique, l'opposition idéologique des États-Unis, pays capitaliste, et de l'URSS, pays communiste, entraîne la prolifération des armes, notamment les armes nucléaires. C'est aussi au cours de cette période que sont créés l'Organisation du Traité de l'Atlantique Nord (collaboration entre les forces armées américaines et celles de l'Europe de l'Ouest) et le pacte de Varsovie (initiative soviétique en réponse à la création de l'OTAN), qui permettront d'augmenter l'armement des deux camps ennemis. Pendant cette même période, et sous l'impulsion de la rivalité entre les États-Unis et l'URSS, l'homme aura son premier contact avec la Lune : d'abord un contact radar (1946), puis une photographie de sa face cachée (1959) et bien sûr, le premier pas sur la Lune (1969). Toutefois, le développement scientifique ne se résume pas aux progrès qui découlent des rivalités de la guerre froide. Cette période nous a légué un imposant héritage dont le plus évident est certainement l'ordinateur.

La sonde soviétique *Luna 3*
Lancée par l'URSS en 1959, cette sonde a pris les premiers clichés de la face cachée de la Lune.

Sur le plan culturel, la période de l'après-guerre est marquée par plusieurs nouveautés. Dans le domaine de la musique, cette période a vu émerger et évoluer des artistes qui ont tous et toutes, à leur façon, influencé leur art : Elvis Presley, Jerry Lee Lewis, Rolling Stones, Beatles, Led Zeppelin, Black Sabbath, Genesis, Ramones, Bob Marley, U2, Madonna, Prince et plusieurs autres. C'est aussi dans cette période que l'on assiste à de grands festivals comme celui de Woodstock, point culminant de la culture hippie, en 1969, et au lancement de la chaîne de télévision musicale MTV en 1981.

Après la Seconde Guerre mondiale, le cinéma connaît un développement rapide. Au cours de cette période, le genre western reste très présent et la comédie musicale connaît un renouveau avec des classiques comme *Un jour à New York* et *Chantons sous la pluie*. C'est également une période faste pour les films épiques tels que *Les dix commandements* et *Ben Hur*. Les années 1970 voient paraître une vague de films sur la guerre du Viêt Nam tandis que les années 1980 repoussent les limites de la cohabitation à l'écran de véritables interprètes et de personnages de dessins animés avec des productions telles que *Qui veut la peau de Roger Rabbit ?*

La chute du mur de Berlin (1989)
Des milliers d'Allemands sont rassemblés pour célébrer la fin du communisme symbolisée par la chute du mur de Berlin.

Le village planétaire

La chute de l'URSS marque la fin de la troisième période et l'annonce d'un nouveau rapport de forces dans les relations entre les pays à la suite de cette longue guerre froide. Les États-Unis, désormais la seule puissance économique, imposent leur modèle partout dans le monde.

Pour créer un équilibre mondial, notamment dans les échanges économiques, plusieurs pays se regroupent au sein d'associations économiques. Les traités de libre-échange et les accords de plus en plus nombreux entre les pays provoquent un nouveau phénomène qui marque cette quatrième et dernière période : la mondialisation.

Héritage scientifique et culturel de la période

Au cours de cette période, les avancées scientifiques sont très nombreuses. L'observation et l'exploration spatiales se poursuivent et mènent les missions jusque sur la planète Mars (1997). Dans la deuxième moitié des années 1990, la science fait un grand bond avec le clonage. Internet, tel que nous le connaissons aujourd'hui, est apparu au début des années 1990. Cette avancée technologique a révolutionné le monde des télécommunications en permettant, entre autres, l'échange de courriels entre les utilisateurs et utilisatrices de la messagerie électronique. Dans la même lignée, c'est toute la communication mobile qui s'est développée, permettant le transfert d'images, de textes et de paroles sans fil. En outre, depuis l'année 2000, le système de localisation GPS est accessible au grand public.

Sur le plan culturel, le cinéma fait une place de plus en plus importante aux films indépendants et multiculturels avec des productions qui font bonne figure au box-office mondial, telles que *Fahrenheit 9/11* et *Le fabuleux destin d'Amélie Poulin*. Le 7e art bénéficie aussi des avancées de la technologie HD (haute définition).

Au cours de cette période, la musique connaît un éclatement avec la vague du grunge, les débuts du trip-hop, la présence toujours importante du hip-hop, du rap et le développement de la musique électronique. On ne peut nier l'importance culturelle d'Internet particulièrement dans la transmission de la musique.

REFLET DE L'ACTUALITÉ

Sur la feuille que l'on vous remettra, vous trouverez des événements historiques importants.

a) Situez-les sur une ligne du temps.

b) Associez chacun des événements à un thème du programme.

Prise de notes • Pour vous aider, consultez au besoin la section *L'histoire à la une* à la fin du manuel.

La brebis Dolly (1997)
En 1996, le docteur Ian Wilmut réussit en Écosse le premier clonage d'un mammifère, la brebis Dolly. En 2007, le premier primate est cloné avec succès, laissant entrevoir la possibilité de la réussite prochaine du clonage humain.

LA COMMUNICATION DE MASSE

Depuis le début du 21e siècle, la circulation de l'information ne cesse de s'intensifier et de s'accélérer. À travers les nouvelles relatant les faits marquant l'actualité et le divertissement, les artisans du monde médiatique brossent un portrait réel ou fictif du monde autour de nous. Bien sûr, ils et elles ont un rôle social important à jouer dans notre conception du monde, de notre milieu immédiat jusqu'aux quatre coins de la planète.

La transmission d'un message

À la base de toute communication, on considère qu'il y a trois éléments essentiels et indissociables : l'**émetteur**, le **message**, le **récepteur**.

L'émetteur La personne qui désire transmettre une information à un destinataire. → **Le message** L'information en elle-même. → **Le récepteur** La personne qui reçoit l'information (destinataire).

Un média sert d'intermédiaire dans un processus de communication. Le mot « média » est la forme plurielle du mot latin *medium* qui signifie « milieu ».

L'émetteur → **Le média** Véhicule du message → **Plusieurs récepteurs**

? SAVIEZ-VOUS QUE…

Situé au cœur de New York, Times Square demeure un des principaux lieux de convergence du média de l'affichage, présentant une multitude d'enseignes animées au moyen des technologies les plus récentes.

Times Square

Un domaine en constante mutation

Les médias eux-mêmes se transforment au gré des avancées technologiques. Au fil du temps, ils sont passés du support papier au format numérique, sans oublier la transmission par différents types d'ondes. Cette évolution des méthodes de transmission facilite la circulation des informations et des idées. C'est pourquoi la quantité d'informations mises à notre portée s'est accrue de façon exponentielle.

L'affichage : la simplicité du message

Utilisé particulièrement dans le domaine de la publicité, l'affichage est toujours aussi efficace pour transmettre de l'information puisqu'il ne nécessite pas le recours à la langue. Un dessin, un symbole ou une image peuvent être ainsi compris dans plusieurs sociétés sans se heurter à la barrière linguistique. Aujourd'hui, la technologie numérique permet de passer de l'affichage statique à l'affichage dynamique.

SAVIEZ-VOUS QUE...

L'Asie demeure le principal centre de production de presse au monde. Selon l'Association mondiale des journaux, il circule aujourd'hui en Chine près de 100 millions de journaux quotidiennement. La Chine est suivie par l'Inde et le Japon.

Étalage de journaux en Chine (1994)

La presse : en long et en large

Contrairement à l'affichage, pour comprendre les journaux, il faut non seulement savoir lire, mais il faut aussi connaître la langue dans laquelle les articles sont rédigés. Les premiers journaux s'adressaient donc aux élites scolarisées de la société. Comme l'éducation s'est grandement démocratisée, les journaux ont occupé une place de plus en plus grande dans la diffusion de l'information. Avec le développement de la photographie, les journaux s'imposent comme le média par excellence pour transmettre les informations à un large public. Aujourd'hui, la presse regroupe non seulement tous les types de journaux (quotidiens, hebdomadaires, mensuels), mais aussi les périodiques (revues et magazines).

La radio : le média instantané

La radio est encore plus démocratique que la presse puisqu'il n'est pas nécessaire de savoir lire pour comprendre le message. Il suffit de connaître la langue parlée. Ce média est un important élément d'ouverture sur le monde, de même qu'un grand vecteur culturel, la diffusion de la musique se liant rapidement à son développement. De plus, son côté instantané dans la transmission du message en fait un média toujours actuel.

SAVIEZ-VOUS QUE...

À Ramallah dans la bande de Gaza, une station de radio a été ouverte en 2007 afin d'offrir un lieu commun dans la recherche d'un dialogue entre Palestiniens et Israéliens.

Le cinéma : fiction ou réalité

Bien qu'il soit aujourd'hui considéré comme une lucrative industrie culturelle de divertissement, le cinéma demeure un média puissant, où l'information trouve encore une place privilégiée, en particulier dans le documentaire.

La télévision : la boîte à images dans nos maisons

La télévision réinvente complètement le modèle médiatique en simplifiant et en concentrant de plus en plus le message. Le destinataire n'a pratiquement pas besoin de connaître la langue : une image vaut mille mots. Grâce au développement technologique des communications par satellite, la télé est passée, au tournant des années 1990, à l'ère du direct, de l'instantané. Elle est ainsi devenue une source d'information incontournable avec ses stations de nouvelles en continu, qui présentent toute la journée des images en direct des quatre coins du globe, et une puissante industrie, une plaque tournante du marketing et du divertissement.

SAVIEZ-VOUS QUE...

La Russie compte plus de 7 000 stations de télévision à travers le pays.

La polyvalence d'Internet

Le dernier-né des médias est aussi important que ses prédécesseurs : il les a même tous avalés. En effet, Internet est à la fois oral et écrit ; c'est un amalgame du son et de l'image. Il permet le direct, de même que l'archivage des informations à l'infini, sans compter que les utilisateurs et utilisatrices de ce média peuvent passer du statut de récepteur à celui d'émetteur, ce qui est une révolution en soi. Internet évolue à une vitesse vertigineuse, forçant ainsi la transformation des autres moyens de diffusion de masse qui doivent s'adapter à la nouvelle réalité du tournant du 21e siècle. Les journaux, la radio, la télévision et même le cinéma sont contraints d'évoluer à la fois en tant que médias et en tant qu'émetteurs sur Internet.

SAVIEZ-VOUS QUE...

Avec près de 90 % de sa population ayant accès à Internet, la Norvège est l'un des pays les plus branchés de la planète.

Une grande foire informatique à Hamar, en Norvège (2006)

LES GRANDS ENJEUX AUTOUR DES MÉDIAS

Bien qu'ils servent d'outils essentiels à la compréhension du monde contemporain et de ses réalités, les médias présentent leurs propres problématiques. En effet, le monde médiatique, qui a connu un imposant développement au cours des dernières décennies, soulève aujourd'hui plusieurs enjeux qui dépassent les frontières et qui remettent en question l'ordre établi.

En Occident, on s'interroge beaucoup sur la hausse de la consommation médiatique, particulièrement chez les jeunes, et sur ses effets à long terme. Il existe d'autres problématiques plus internationales qui peuvent influer directement sur la vision du monde qui nous est offerte par tous les types de médias.

La mission des médias

Fondamentalement, les médias remplissent deux fonctions dans une société :

- transmettre de l'information ;
- présenter du divertissement.

La première fonction est liée à la nature même d'un média, c'est-à-dire être un intermédiaire dans la transmission d'un message. Bien que cette fonction soit ancrée dans son action au sein d'une société, la notion de divertissement semble prendre une part de plus en plus importante, et ce, peu importe le média. Plusieurs saluent cette transition, puisqu'elle contribue au rayonnement de la production culturelle d'une société, alors que d'autres l'accusent d'entraîner une diminution de la quantité et de la qualité de l'information disponible pour la population. Cette diminution provoquerait inévitablement une simplification des grandes problématiques politiques, économiques et sociales dans le message médiatique adressé à la population.

La fiabilité de l'information : le travail des journalistes

Traditionnellement, l'information présentée dans les médias est principalement le fruit du travail des journalistes. Évoluant au sein d'une profession, ils et elles ont le mandat de rapporter les faits avec le plus d'objectivité possible. Leurs opinions sont présentées dans un éditorial clairement indiqué dans une section du journal ou dans le cadre d'une émission de télévision d'affaires publiques. Sur le plan international, des agences de presse, telles que Reuters, l'Agence France-Presse (AFP) et l'Associated Press (AP), servent de relais pour acheminer dans les différents médias les informations provenant des quatre coins de la planète.

REFLET

a Relevez, dans les médias, un exemple d'information et un exemple de divertissement.

b Trouvez des articles qui démontrent la multitude d'informations présentées à propos d'une même nouvelle.

c Nommez des entreprises publiques et des entreprises privées dans le domaine des médias.

La fiabilité de l'information : Internet

Toutefois, avec l'explosion médiatique des dernières années, notamment le développement du média interactif qu'est Internet, de plus en plus de gens peuvent devenir des « transmetteurs » d'information, en s'improvisant journalistes ou éditorialistes. Bien que plusieurs louangent les vertus de la « démocratisation » de l'information avec les forums, les blogues et les sites d'hébergement de vidéos amateurs, d'autres retiennent particulièrement deux conséquences de cette nouvelle réalité :

- la quantité de sources est devenue si grande qu'il est de plus en plus difficile de s'y retrouver, les événements devenant éphémères dans l'actualité ;
- la technologie entourant la production médiatique est maintenant accessible à un nombre croissant de personnes, ce qui éloigne peu à peu l'information des principes et de l'éthique de la profession journalistique.

La propriété des médias

On peut aujourd'hui parler du monde médiatique comme d'une industrie à part entière, puisque la production médiatique se fait au sein d'entreprises. Et comme dans la plupart des industries, certaines entreprises sont publiques, d'autres sont privées. Bien que ces dernières soient plus nombreuses à l'échelle internationale, il n'est pas rare de voir des gouvernements gérer un média en particulier dans leur pays. Devant cette situation, deux enjeux importants :

- si un État administre le pays de façon autoritaire, voire totalitaire, il risque d'agir de même dans sa gestion médiatique. Ainsi, un gouvernement peut contrôler en tout ou en partie l'information transmise à sa population. Pour cette dernière, c'est la liberté de presse et d'expression qui est en jeu. Pour le reste du monde, c'est l'information provenant de ce pays qui devient biaisée ;
- bien qu'elles remplissent les fonctions des médias, les entreprises privées restent des entreprises : pour survivre, elles doivent être rentables.

Au cours des dernières années, le désir de rentabilité a donné naissance à deux phénomènes qui touchent aussi le monde médiatique : la concentration et la convergence. Une entreprise qui achète une entreprise concurrente ou qui fusionne avec une autre est chose courante dans les médias. De plus, il est fréquent de voir un média acquérir des entreprises évoluant dans les différentes étapes de production. La problématique de la propriété des médias soulève le fait que les principaux médias sont détenus par des entreprises toujours plus grosses et plus imposantes dans l'industrie et donc, dans le choix des informations présentées à la population.

Campagne de sensibilisation sur les dangers entourant le travail de journaliste au cœur du conflit irakien.
Chaque année, l'organisme Reporters sans frontières publie un classement mondial de la liberté de la presse basé sur une cinquantaine de critères relatifs à la libre circulation de l'information.

QU'EN SAVEZ-VOUS ?

L'étude du monde contemporain est proposée selon cinq thèmes. Chacun d'eux nécessite le développement d'un concept en particulier. L'utilisation de ces concepts est incontournable afin de se représenter concrètement la complexité de l'enjeu auquel ils sont reliés.

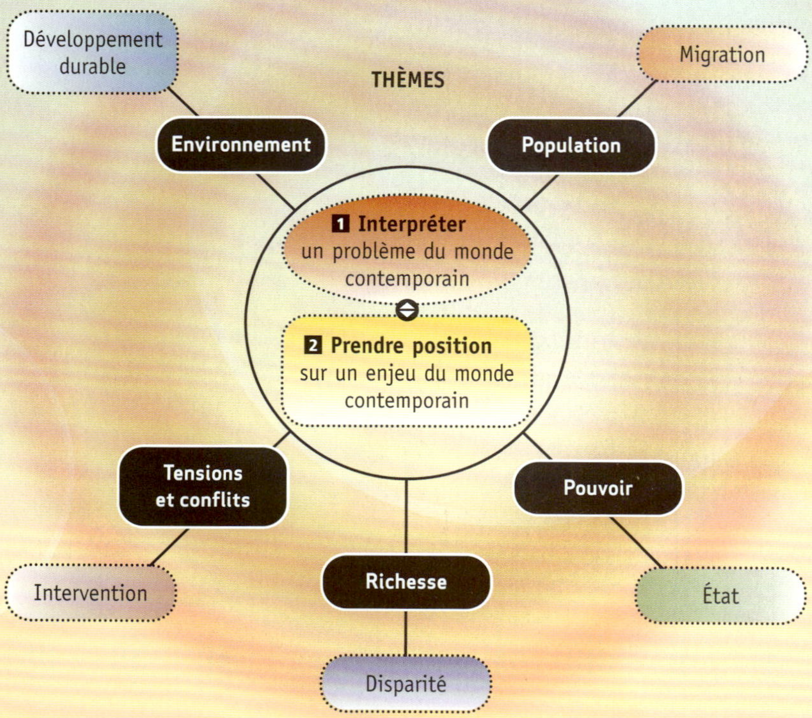

Ces thèmes ne sont toutefois pas hermétiques. Au contraire, certains concepts peuvent être concernés dans l'analyse de n'importe quelle réalité du monde actuel. Trois concepts sont ainsi communs aux cinq thèmes présentés :

- **INTERDÉPENDANCE**
- **MONDIALISATION**
- **POUVOIR**

REFLET DE L'ACTUALITÉ

a. Donnez une définition de chacun de ces trois concepts communs.
b. Observez les images et associez-les aux concepts communs.
c. Au besoin, revoyez chacune des définitions.

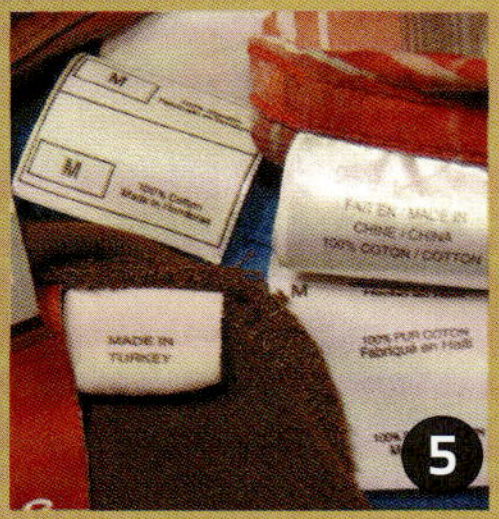

Description des photographies

1. Le ministre des affaires étrangères péruvien Jose Garcia Belaunde et le ministre du commerce chinois Chen Deming signent en 2008 un accord de libre-échange sous les yeux de leur chef d'État respectif, le président péruvien Alan Garcia et le président chinois Hu Jintao.
2. L'actrice d'origine australienne et ambassadrice du Fonds de développement des Nations Unies pour la femme, Nicole Kidman, présente, en compagnie du secrétaire général de l'ONU Ban Ki-moon, le rapport de la campagne 2008 à propos de la violence à l'égard des femmes.
3. Un cireur de chaussures travaille devant un café Internet au centre-ville de la capitale égyptienne Le Caire. Plus de huit millions de personnes sont maintenant branchées en Égypte, et ce nombre ne cesse d'augmenter chaque année (2008).
4. En 2005, les Italiens se donnent rendez-vous à Rome pour le *Live 8*, le plus grand événement musical jamais organisé. Cette série de spectacles a été présentée dans dix villes, sur quatre continents, afin de promouvoir la campagne de sensibilisation «Abolissons la pauvreté», principalement tournée vers l'Afrique.
5. Des étiquettes de vêtements montrent la diversité des pays de fabrication dans l'industrie du textile. Cette industrie demeure le moteur économique pour bon nombre de pays sur la planète.
6. Dans la capitale turque Ankara, un jeune garçon dépose le bulletin de vote de son père lors des élections présidentielles de 2007.
7. Des manifestants et manifestantes marchent dans les rues de Manille aux Philippines afin de protester contre le Forum économique mondial qui se tient en Suisse. Cette manifestation fait partie d'une initiative du Forum social mondial, un organisme créé pour faire contrepoids au forum économique (2008).

ANGLE D'ENTRÉE

LA GESTION DE L'ENVIRONNEMENT

Objet d'interprétation
Les choix économiques, politiques et sociaux dans la gestion de l'environnement

CONCEPTS

Développement durable (p. 47)
Consommation (p. 33)
Dépendance (p. 35)
Régulation (p. 55)
Responsabilité (p. 51)

Objet de prise de position (OPP)
OPP 1 Utilisation et consommation des ressources
OU
OPP 2 Harmonisation des normes environnementales

L'exploitation et la consommation des ressources entraînent d'importants **problèmes environnementaux** dont la **gestion** nécessite des **actions** et des choix économiques, politiques et sociaux. En raison de leur **enjeu planétaire**, ces actions doivent être menées sur le plan mondial, notamment par des **ententes internationales.**

ENVIRONNEMENT

1.1 Une fillette jouant dans une rivière polluée de la République Dominicaine (2005).

Connaissances liées au thème

- Accords internationaux (p. 58 à 65)
- Changements climatiques (p. 40-41)
- Consommation de masse (p. 32-33)
- Groupes environnementaux (p. 44-45)
- Intervention des États (p. 51, 54-55)
- Organisations internationales (p. 54 à 57)

Repères culturels

- *Notre avenir à tous* (rapport Brundtland, 1987) (p. 46)
- *Action 21* (1992) (p. 57)
- Protocole de Kyoto (1998) (p. 57, 58, 60-61, 63)
- *Une vérité qui dérange*, de Al Gore (2006) (p. 41)

LES RESSOURCES NATURELLES

L'augmentation de la consommation d'énergie et de la production de biens manufacturés ainsi que l'accroissement de la population mondiale, qui est passée de un milliard en 1800 à 6,5 milliards en 2006, ont entraîné l'exploitation intensive des ressources naturelles de la planète (aussi appelées matières premières). L'humanité est en effet totalement dépendante des ressources de la planète pour assurer sa survie et combler ses besoins primaires tels que l'alimentation, le logement, l'eau et l'énergie.

L'eau

Bien que l'eau couvre 70 % de la Terre, seule une infime partie de ce pourcentage est utilisable pour la consommation et l'irrigation. Chaque année, environ 4 000 km³ d'eau douce servent à ces fins.

Indispensables à la vie, les ressources en eau douce sont inégalement réparties sur la planète. Neuf pays, dont le Canada et les États-Unis, détiennent 60 % des ressources en eau douce renouvelable alors que les pays arides et semi-arides n'en ont que 2 %. **Dans le monde, une personne sur cinq n'a pas accès à l'eau potable (2002).** Une trentaine de pays, la plupart situés en Afrique et au sud de l'Asie centrale, souffrent d'une pénurie d'eau douce, c'est-à-dire que leurs réserves sont inférieures à 1 000 m³ par personne.

1.2 Prélèvements globaux d'eau par secteur (1960-2003)

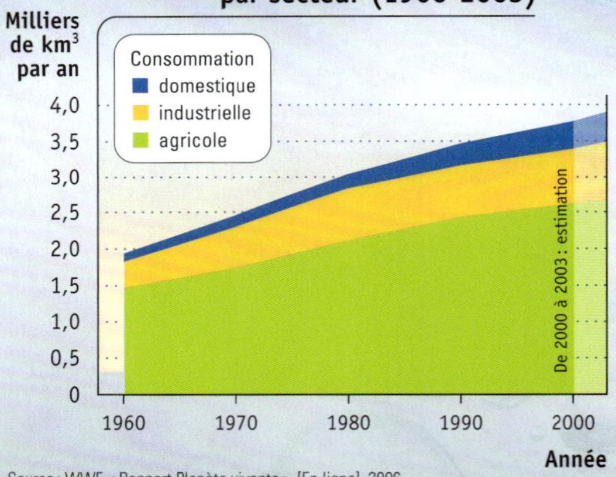

Source : WWF, « Rapport Planète vivante », [En ligne], 2006.

1.3
Le déboisement de la forêt amazonienne (2004)
On estime qu'à chaque minute qui s'écoule, la forêt amazonienne, la plus vaste forêt du monde, perd l'équivalent de la surface d'un terrain de football.

Les forêts

On considère que les forêts couvrent environ 4 milliards d'hectares de la surface terrestre. À eux seuls, la Russie, le Brésil, le Canada et les États-Unis en possèdent plus de la moitié alors que dans 64 pays, la forêt occupe moins de 10 % du territoire, notamment en Afrique du Nord et en Asie de l'Ouest.

L'être humain exploite les forêts pour transformer le bois en meubles, en papier, en bois de construction ou en bois de chauffage. Il coupe aussi les arbres pour créer de nouvelles terres agricoles. **Ainsi, entre 2000 et 2005, la forêt a diminué en moyenne de 7,3 millions d'hectares par année, soit environ 200 km² par jour.**

1.4
Une ferme de saumons en Colombie-Britannique (années 1990)
Aux pêcheries naturelles s'ajoute la production de l'aquaculture (l'élevage de poissons) qui atteignait 48,15 millions de tonnes en 2005, un volume 30 fois plus élevé qu'en 1960.

L'agriculture

Depuis les années 1960, la production agricole a augmenté en moyenne de 2,3 % par année, ce qui est plus rapide que la croissance démographique. Ainsi, la production de céréales, de sucre, de légumes, d'œufs et de viande a connu des augmentations importantes. Cette croissance est toutefois inégale : alors qu'elle a été forte en Asie de l'Est et dans le Pacifique, elle a été très faible en Afrique subsaharienne. Globalement, la consommation alimentaire s'est améliorée et les régimes alimentaires se sont diversifiés, mais il n'en demeure pas moins que **963 millions de personnes souffrent de sous-alimentation dans le monde (2008).**

1.5
Irrigation d'un champ de coton en Californie (1998)
Au début du 21e siècle, les terres arables couvrent environ 1 400 millions d'hectares et plus de 275 millions d'hectares sont irrigués.

Les pêcheries

La pêche a connu une forte croissance depuis les années 1960. Aujourd'hui, plus d'un million de chalutiers sillonnent les océans, équipés de sondes électroniques perfectionnées destinées à repérer les poissons et de filets gigantesques pouvant atteindre 300 mètres de long. **En 45 ans, le volume total de poissons pêchés a pratiquement triplé, atteignant 93,25 millions de tonnes en 2005.** Le poisson constitue un élément essentiel de l'alimentation de nombreux pays. Par exemple, en Asie, il compte pour près du tiers des protéines animales consommées par la population.

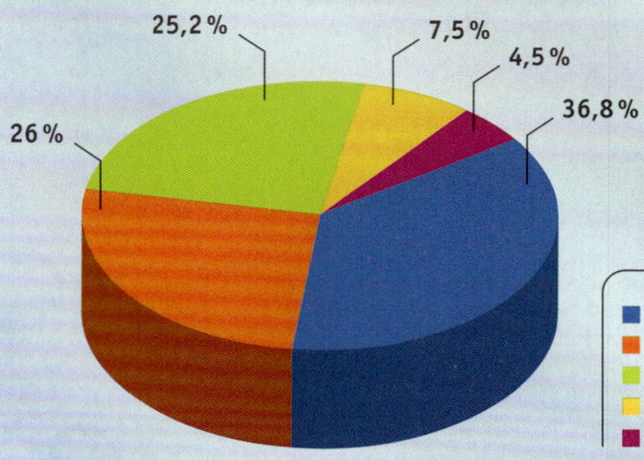

1.6
Sources de l'énergie consommée dans le monde en 2001

Source : International Energy Association, [En ligne], 2005.

Les énergies fossiles

Depuis la révolution industrielle, l'humanité base son développement sur l'utilisation des énergies fossiles, c'est-à-dire le charbon, le gaz naturel et le pétrole. Ces ressources proviennent de la décomposition de la faune et de la flore qui existaient sur la Terre il y a des millions d'années et qui ont été piégées dans le sous-sol de la planète. **Soixante-quinze pour cent des 80 millions de barils de pétrole produits quotidiennement proviennent d'une quinzaine de pays, dont l'Arabie saoudite, la Russie, les États-Unis, l'Iran et la Chine.** Les pays développés sont de loin les plus grands consommateurs d'énergie, mais les pays en développement, notamment la Chine et l'Inde, en utilisent de plus en plus. Dans le monde, un tiers de cette énergie est consommée par l'industrie et un quart par les transports.

LA CONSOMMATION DE MASSE

Depuis la Seconde Guerre mondiale, la consommation a fait un bond prodigieux, particulièrement dans les pays développés. L'industrialisation et le développement des technologies permettent en effet la production en série d'une grande variété de biens qui procurent tout le confort de la vie moderne. Cette consommation de masse est soutenue par la croissance des revenus et la facilité d'accès au crédit.

Une consommation de masse

Au cours des dernières décennies, le revenu moyen de la population mondiale s'est grandement accru. En fait, entre 1980 et 2007, il a plus que triplé, passant de 2 760 $ à 9 852 $ par année (à parité). Ces revenus nourrissent une société de consommation qui achète des biens et des services non seulement pour combler ses besoins essentiels (alimentation, logement, santé, etc.), mais aussi pour satisfaire son plaisir et assurer son confort. Les gens achètent beaucoup plus que ce qui est nécessaire à leurs besoins réels et remplacent leurs biens au gré des modes et des technologies, souvent sans attendre que ceux-ci soient vraiment usés ou inutilisables. À grand renfort de publicité, les entreprises capitalistes leur vendent tout ce qu'il faut pour satisfaire leurs moindres désirs dans les magasins à grande surface, les centres commerciaux ou dans Internet. Grâce à la globalisation de l'économie, à la concurrence des marchés et à la force de la demande, les prix sont généralement compétitifs, du moins pour les populations des pays développés.

REFLET DE L'ACTUALITÉ

a) À la lecture de ces pages et des deux pages précédentes, comment définiriez-vous le concept de « consommation » ?

b) Vous reconnaissez-vous dans cette définition ?

c) Les médias présentent souvent des nouvelles ayant trait à la consommation. Donnez un exemple qui se rattache à la consommation des ressources liées à l'environnement.

Une consommation inégale

Les habitants et habitantes de la planète n'ont pas tous le même niveau de consommation, loin de là. Dans les pays industrialisés, le revenu national brut (RNB) par personne était de 36 657 $ par année en 2007, alors qu'il s'élevait à peine à 1 173 $ dans les 50 pays les moins développés. De tels écarts de revenus entraînent des différences notables dans les habitudes de consommation. Par exemple, la population canadienne, qui comptait 32 millions d'individus en 2007, a dépensé 31,3 milliards de dollars cette même année pour ses vêtements et ses chaussures, alors que les 27 millions de Péruviens et Péruviennes en 2007 ont dépensé 3,6 milliards de dollars pour se vêtir et se chausser. Par ailleurs, la consommation des ménages en France se chiffrait à 826 milliards de dollars en 2005 alors que celle de l'Inde était de 385 milliards de dollars. Pourtant, la population indienne est 18,6 fois plus nombreuse que la population française.

S'ils en avaient les moyens, la plupart des habitants des pays en développement consommeraient de la même manière que ceux des pays riches, ce qui condamnerait l'avenir de la Terre. Il faudrait en effet cinq ou six planètes pour soutenir le niveau de vie de la population mondiale si tous les Terriens vivaient comme les États-Uniens, qui sont les plus grands consommateurs du monde.

1.7 La consommation aux États-Unis, en Chine et au Nigeria (2007)

	États-Unis	Chine	Nigeria
Population totale	301 621 000	1 319 982 596	147 980 000
Revenu national brut par habitant (à parité)	46 040 $US	2 360 $US	1 770 $US
Dépenses liées aux vêtements et chaussures	429,8 milliards $US	95,8 milliards $US	7,2 milliards $US
Dépenses liées aux appareils électroniques (sauf les téléphones cellulaires)	162 milliards $US	11,8 milliards $US	0,4 milliard $US
Dépenses liées à l'alcool et au tabac	205,6 milliards $US	31,4 milliards $US	2,5 milliards $US
Dépenses liées aux fournitures de maison	456,9 milliards $US	57,1 milliards $US	4,1 milliards $US
Dépenses liées aux loisirs	881 milliards $US	34,2 milliards $US	2,3 milliards $US
Parc automobile (pour 1 000 habitants)	824	28	Non disponible
% d'abonnés au téléphone (lignes fixes et mobiles)	139 %	69 %	28 %
% d'utilisateurs d'Internet	73 %	16 %	6,8 %

Sources : Banque mondiale et Euromonitor International, cités par le *New York Times*, [En ligne], 2008.

LA SUREXPLOITATION DES RESSOURCES

L'exploitation actuelle des ressources naturelles dépasse de 25 % les capacités de la Terre à se renouveler et à absorber la pollution générée par l'activité humaine. D'ici quelques décennies, si rien ne change, l'humanité devra faire face à l'épuisement de la planète, surtout que la population mondiale devrait atteindre près de 9 milliards vers 2050.

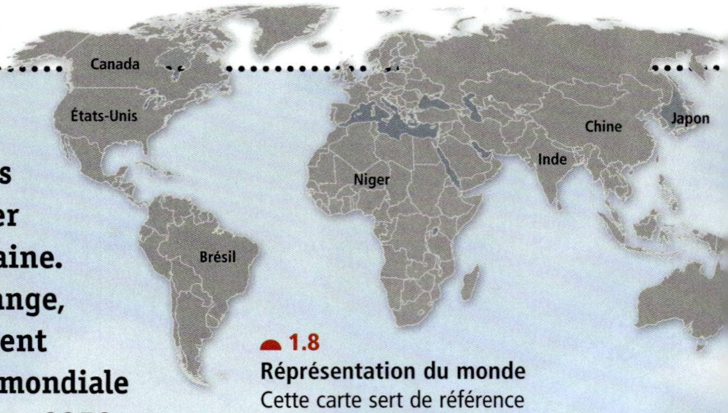

1.8
Représentation du monde
Cette carte sert de référence pour l'analyse de la carte 1.9.

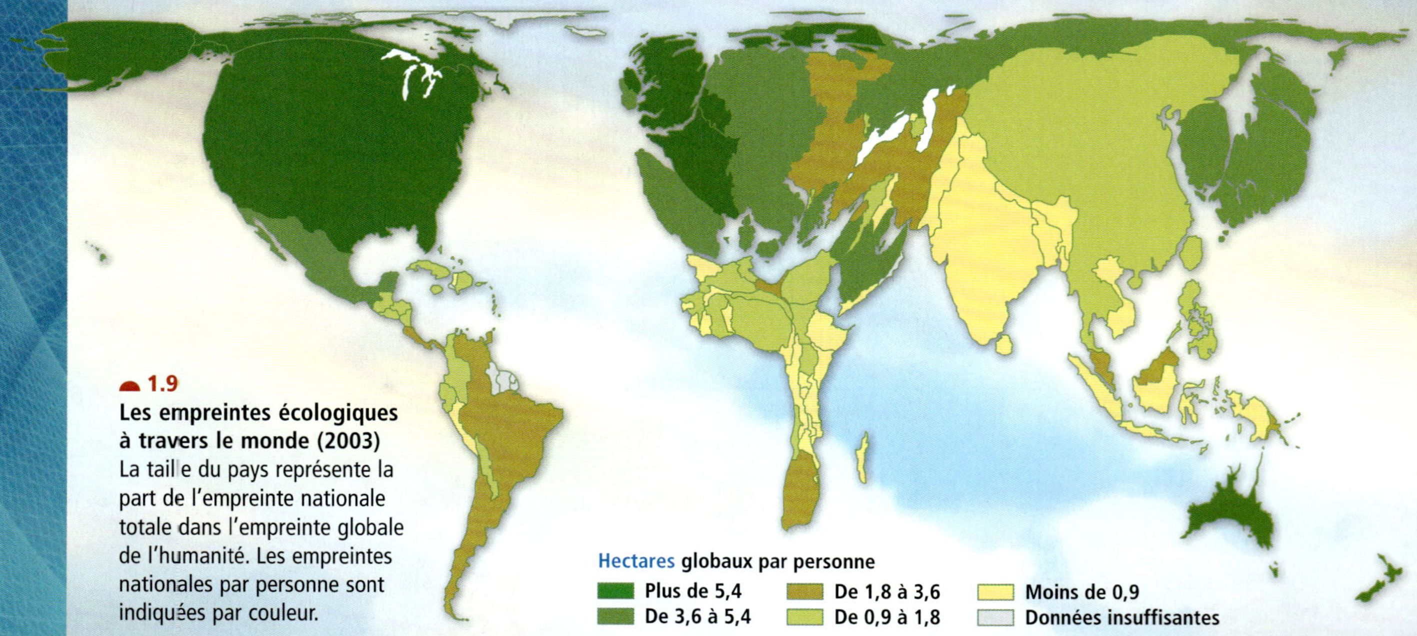

1.9
Les empreintes écologiques à travers le monde (2003)
La taille du pays représente la part de l'empreinte nationale totale dans l'empreinte globale de l'humanité. Les empreintes nationales par personne sont indiquées par couleur.

Source : WWF, « Rapport Planète vivante », *World Wide Fund for Nature*, [En ligne], 2006.

L'empreinte écologique

Le *World Wide Fund for Nature* (WWF) a créé un indice qui fournit une estimation de la pression que les activités humaines exercent sur l'environnement : l'empreinte écologique. Calculée en unités de surface, l'empreinte écologique mesure les surfaces nécessaires pour répondre à la consommation d'une personne en terres cultivées, en prairies, en pâturages, en zones de pêche et de forêts. Elle inclut également les surfaces nécessaires pour absorber le gaz carbonique émis par la combustion des ressources fossiles (pétrole, gaz naturel et charbon). La carte de l'empreinte écologique des pays met en évidence la disparité de la consommation entre les pays développés et les pays en développement.

a Comment le concept de « dépendance » peut-il se définir dans le thème de l'environnement ?

b Quelle conséquence cela a-t-il présentement ?

Les pêcheries

À cause de la surpêche et de la pollution des mers, les stocks de poissons et de crustacés sont en train de s'épuiser. En 2007, 1 200 espèces de poissons étaient menacées d'extinction, soit 39 % des espèces existantes. De nombreuses espèces de poissons prédateurs, moins abondantes dans l'océan, ont été surexploitées, notamment le saumon de l'Atlantique, le thon, le hareng ou la morue. Enfin, les immenses filets utilisés capturent environ un quart de spécimens non recherchés qui sont rejetés à l'eau.

L'eau douce

Au 20e siècle, la consommation d'eau s'est multipliée par 10. Par conséquent, le volume d'eau disponible chaque année est passé d'une moyenne de 16 800 m^3 par personne en 1950 à 7 300 m^3 en 2000. Si l'on tient compte de la croissance démographique, au rythme où vont les choses, ce volume devrait diminuer à 5 100 m^3 par personne en 2025. À cause de l'inégale répartition des ressources en eau douce, 3 milliards de personnes souffriront alors de stress hydrique, c'est-à-dire qu'elles auront moins de 1 700 m^3 d'eau par année.

Les forêts

Au cours des derniers siècles, l'être humain a détruit environ la moitié des forêts naturelles de la Terre. Ainsi, aux États-Unis, près de 90 % des forêts vierges ont été défrichées, alors que l'Afrique a perdu 80 % des siennes et que 50 % des forêts tropicales de l'Asie ont été anéanties. L'exploitation des forêts menace non seulement la survie de centaines d'espèces végétales, mais aussi celle de nombreux insectes et animaux qui voient leur habitat détruit ou considérablement modifié.

Les sols

Alors que les besoins en nourriture devraient tripler d'ici 2050, la qualité des sols consacrés à l'agriculture et à l'élevage se dégrade et la superficie des terres cultivables diminue. En effet, l'érosion du sol par le vent et l'eau emporte chaque année 25 milliards de tonnes de terre. Cette érosion est accélérée par une mauvaise gestion des sols, notamment par le surpâturage, le déboisement et le défrichement des terres qui font disparaître le couvert végétal. De plus, la surexploitation de la terre, dans des régions où les engrais sont peu utilisés, épuise les nutriments du sol et réduit leur fertilité.

Les énergies fossiles

Au rythme où l'être humain consomme les combustibles fossiles, il est certain que ces ressources viendront à manquer dans un avenir rapproché. Compte tenu de la difficulté à évaluer les réserves des combustibles fossiles, les spécialistes ne s'entendent pas sur la date du pic pétrolier, c'est-à-dire le moment où la production atteindra son maximum avant de décroître. Pour les plus pessimistes, ce pic sera atteint vers 2010-2015 pour le pétrole et vers 2030 pour le gaz naturel. Seules les réserves de charbon, qui sont considérables, pourraient durer encore plusieurs décennies, mais ce combustible est de loin le plus polluant.

LA POLLUTION

La croissance de la consommation, de l'urbanisation et de l'industrialisation engendre de la pollution qui affecte tous les écosystèmes, que ce soit l'eau, l'air ou la terre. En outre, la production des déchets qui augmente sans cesse force les sociétés à apprendre à gérer ces quantités d'ordures pour éviter d'être submergées.

La gestion des déchets

Depuis les années 1980, la production de déchets municipaux s'est accrue plus rapidement que la population. Dans les pays industrialisés, chaque personne produisait en moyenne 580 kg d'ordures par année en 2005, soit une augmentation de 120 kg par rapport à 1985. Cette production est inégale, mais les pays les plus développés économiquement arrivent le plus souvent en tête de liste. Dans les pays qui s'industrialisent rapidement, la croissance rapide des déchets constitue un véritable problème de gestion. Par exemple, en Chine, depuis le milieu des années 1990, le volume des ordures ménagères augmente de 8 à 10 % par année et bien des villes ne possèdent pas de dispositifs d'élimination adéquats.

Or, les déchets sont sources de pollution, surtout s'ils sont mal gérés. Ainsi, les décharges dégagent du méthane, un gaz à effet de serre (GES) particulièrement nocif. De plus, elles peuvent polluer le sol et les nappes phréatiques, car les produits toxiques qu'elles contiennent s'infiltrent dans la terre, notamment le mercure contenu dans les piles ou le plomb de la peinture. Quant aux incinérateurs, ils rejettent des poussières toxiques et des métaux lourds dans l'atmosphère, et les cendres qu'ils produisent – appelées mâchefer – peuvent contaminer les sols.

La valorisation des déchets

Toutefois, les déchets peuvent être utiles si l'énergie qu'ils produisent en brûlant est récupérée ou s'ils sont triés et recyclés. Ce type de gestion durable est de plus en plus courant, particulièrement dans les pays développés qui possèdent les moyens financiers pour mettre sur pied les infrastructures nécessaires. Par exemple, en Europe de l'Ouest, le taux de recyclage du papier et du carton est passé de 40 % en 1992 à 64 % en 2005, alors que la récupération du verre est passée de 51 % à 65 % dans les mêmes années.

1.10 La composition des déchets municipaux (en %)

	Canada	Corée du Sud	Mexique
Papiers et cartons	47	24	15
Matières organiques	24	28	51
Plastique	3	8	6
Verre	6	5	6
Métaux	13	7	3
Textiles et autres	8	28	18

Source : OCDE, « Données OCDE sur l'environnement », [En ligne], 2008.

DU PLASTIQUE INDIGESTE

FAIT DIVERS

Le plastique se dégrade très lentement et se morcelle en minuscules particules que les oiseaux et les animaux marins confondent avec le plancton dont ils se nourrissent. Cela affecte toute la chaîne alimentaire, puisque le plastique est indigestible. Selon l'organisme écologique Greenpeace, L'INGESTION DE PLASTIQUE TUERAIT UN MILLION D'OISEAUX ET 100 000 MAMMIFÈRES MARINS CHAQUE ANNÉE.

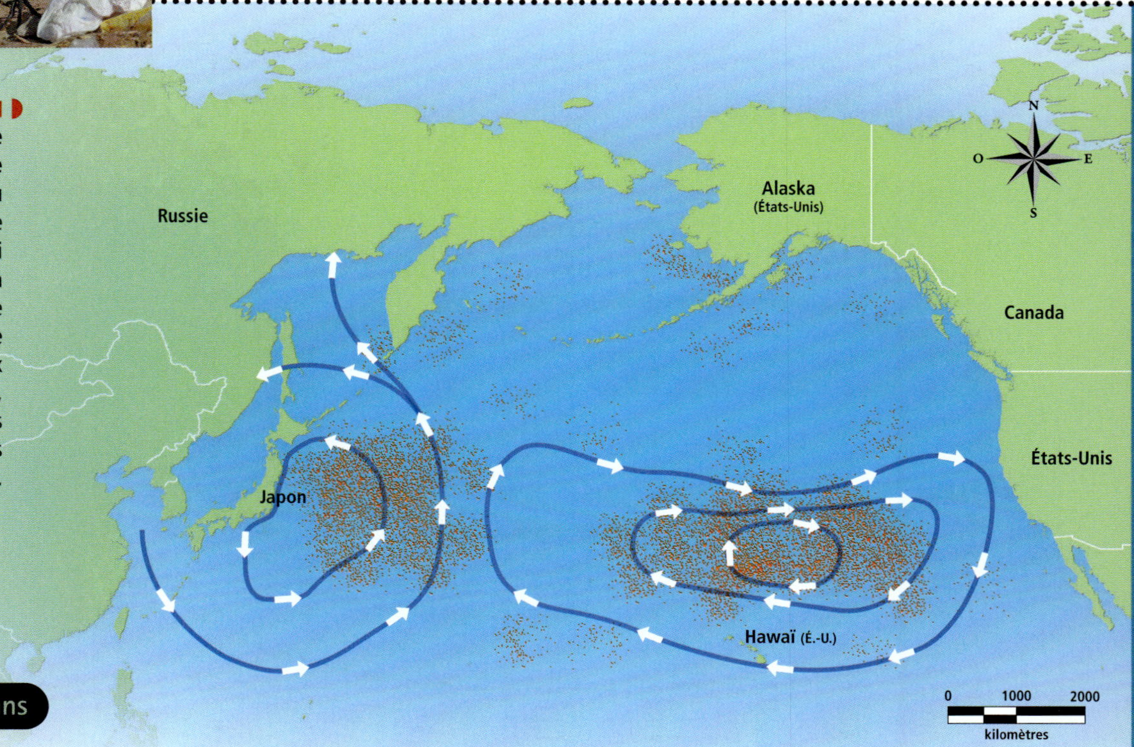

1.11

Les grandes plaques de déchets de l'océan Pacifique
Les plaques de déchets du Pacifique totalisent un poids de 3,5 millions de tonnes. Celle qui se trouve entre Hawaï et la Californie a une superficie deux fois plus grande que l'État du Texas. Ces deux grandes plaques de déchets, dont la superficie a triplé depuis les années 1990, occupent près de 3,5 millions de km².

La pollution des océans

L'activité humaine a des effets dévastateurs sur le milieu marin et sur les organismes vivants qui l'habitent. Ainsi, les naufrages des pétroliers et les accidents qui surviennent sur les plateformes pétrolières situées en haute mer déversent des milliers de tonnes de pétrole. Ces marées noires engluent le plancton, les oiseaux et les mammifères marins, et polluent les plages. En outre, des polluants de toutes sortes atteignent la mer par les fleuves et les rivières, et sont aussi transportés par l'atmosphère. Quant aux engrais utilisés pour l'agriculture, riches en azote et en phosphate, ils fournissent au milieu marin un surplus d'éléments nutritifs qui entraîne une prolifération d'algues. Ce phénomène, appelé eutrophisation, réduit la quantité d'oxygène dans l'eau et provoque une asphyxie du milieu aquatique.

Entraînés par les courants marins, les déchets jetés dans l'océan se retrouvent souvent très loin de leur point d'entrée. Cela est particulièrement vrai pour les matières plastiques qui prennent entre 500 et 1 000 ans à se dégrader. Or, 10 % des 100 millions de tonnes de plastique fabriqué annuellement se retrouvent dans les océans. Après avoir flotté pendant plusieurs années, ces déchets s'accumulent dans deux zones au nord-est de l'océan Pacifique. Les courants marins y forment un immense vortex dans lequel les déchets plastiques tourbillonnent.

DES PROBLÈMES GLOBAUX

La biosphère terrestre fonctionne comme un vaste système dynamique : chaque élément qui la compose est en constante interaction avec les autres. C'est pourquoi la plupart des problèmes environnementaux (pollution, destruction de milieux naturels, etc.) ont des effets qui dépassent les frontières des États et peuvent toucher l'ensemble de la planète.

Des mesures insuffisantes

Peu d'États sont complètement insensibles aux problèmes écologiques, d'autant plus que ceux-ci peuvent avoir des conséquences économiques importantes. La plupart des pays ont donc développé une certaine réglementation, souvent sous forme de lois, qui leur permet de mieux prévenir les abus environnementaux.

Ces lois n'ont cependant qu'un effet limité à l'échelle planétaire puisqu'elles sont appliquées sur le territoire d'un seul État. Ainsi, un pays qui réglemente ses émissions de soufre (un élément chimique à l'origine des pluies acides) risque tout de même d'être affecté par des précipitations toxiques si tous ses voisins continuent de polluer l'atmosphère. Un manque de coordination sur le plan environnemental peut également avoir des effets économiques négatifs. Par exemple, un pays qui refuse d'adopter les normes de pollution automobile de ses voisins pourrait ne plus avoir le droit de leur vendre des voitures.

VU ET ENTENDU

Protéger son voisin

En 1972, les délégués de la première grande conférence internationale sur l'environnement ont défini les principes qui devraient gouverner les relations entre les États à propos des questions environnementales :

« Conformément à la Charte des Nations Unies et aux principes du droit international, les États ont le droit souverain d'exploiter leurs propres ressources selon leur politique d'environnement et ils ont le devoir de faire en sorte que les activités exercées dans les limites de leur juridiction ou sous leur contrôle ne causent pas de dommage à l'environnement dans d'autres États ou dans des régions ne relevant d'aucune juridiction nationale. »

Déclaration finale de la Conférence des Nations Unies sur l'environnement (1972)

1.12
Zone contaminée dans la région de Tchernobyl, en Ukraine (1998)

Quelques problèmes qui concernent l'ensemble de la planète

Les pluies acides

Les grands centres industriels d'Allemagne et du sud de l'Europe émettent dans l'atmosphère une grande quantité de produits toxiques. Ceux-ci retombent plus tard sur les lacs et les forêts de Scandinavie (Europe du Nord) sous forme de pluies acides, ce qui affecte gravement la faune et la flore. Ce phénomène est également très présent en Chine et en Amérique, où l'est du Canada est affecté par les précipitations acides provenant du centre des États-Unis.

Les espèces invasives

Introduites par l'être humain, accidentellement ou volontairement, certaines espèces animales et végétales exotiques prolifèrent rapidement et livrent alors une forte concurrence à la faune et à la flore locales. Elles contribuent à réduire considérablement la biodiversité de certaines régions. Quelques exemples bien connus d'espèces invasives sont la moule zébrée, la perche du Nil, l'algue *Caulerpa taxifolia*, l'étourneau et le chat domestique.

1.13
Moules zébrées (2005)

Les pêcheries internationales

Les océans constituent une zone internationale dont les ressources peuvent être exploitées par tous les pays. En 2006, près de 92 millions de tonnes de poissons y ont été pêchées. Certains scientifiques estiment que si le rythme de pêche actuel se maintient, tous les stocks de poissons seront disparus d'ici 2050. Déjà, le taux de destruction des grands poissons prédateurs, tels les thons, les morues ou les requins, dépasserait 90 %.

La catastrophe de Tchernobyl

Le 26 avril 1986, un accident dans le réacteur nucléaire de la centrale de Tchernobyl, en Ukraine (alors partie de l'URSS), provoque la formation d'un immense nuage radioactif. Porté par les vents, ce nuage traverse toute l'Europe, contaminant à divers degrés les sols, les cours d'eau, la végétation et les animaux qui s'en nourrissent. Les effets de cette catastrophe se sont fait sentir jusqu'en Irlande et dans le nord de la Scandinavie.

1.14
Le trou de la couche d'ozone au-dessus de l'Antarctique (2000)

La couche d'ozone

Présente dans la haute atmosphère, la couche d'ozone enrobe la Terre. Elle absorbe la majeure partie des rayons ultraviolets du Soleil, qui sont dangereux pour les organismes vivants. Depuis la fin des années 1970, on a constaté un amincissement de la couche d'ozone et même sa disparition saisonnière complète aux pôles. Les CFC, des gaz essentiellement attribuables à l'activité humaine, sont la principale cause de cet amincissement.

La pêche au thon (1989)
1.15

LE RÉCHAUFFEMENT CLIMATIQUE

Les activités humaines produisent une grande quantité de polluants qui sont libérés dans l'atmosphère. Ces gaz ont des effets néfastes qui vont jusqu'à provoquer le réchauffement de la planète. Les effets de ce phénomène touchent tous les pays, aussi bien les plus riches que les plus pauvres, même si ces derniers sont les plus susceptibles d'en souffrir en raison de leurs plus faibles capacités à y réagir.

1.16
Pollution industrielle en Russie (1991)

Quand la planète se réchauffe

Depuis 1850, la température moyenne du globe est en constante augmentation. Selon la grande majorité des scientifiques, le réchauffement climatique se maintiendra et même s'amplifiera au cours des prochaines décennies. La température moyenne de la planète devrait ainsi augmenter de 1,8 à 4 degrés Celsius d'ici la fin du 21e siècle.

Le réchauffement climatique est principalement causé par la présence dans l'atmosphère de gaz à effet de serre (GES), qui laissent passer le rayonnement solaire mais emprisonnent la chaleur émise par la surface terrestre. Il existe plusieurs gaz à effet de serre. Parmi ceux qui sont libérés par les activités humaines, on trouve le dioxyde de carbone (CO_2), le méthane, le protoxyde d'azote (N_2O) et les chlorofluorocarbures (CFC).

Les centrales énergétiques, l'industrie, les moyens de transport, la production agricole et l'extraction de combustibles fossiles tels que le charbon, le pétrole ou le gaz naturel contribuent tous largement aux émissions de GES dans l'atmosphère, et donc au réchauffement climatique.

1.17 **L'augmentation de la température**

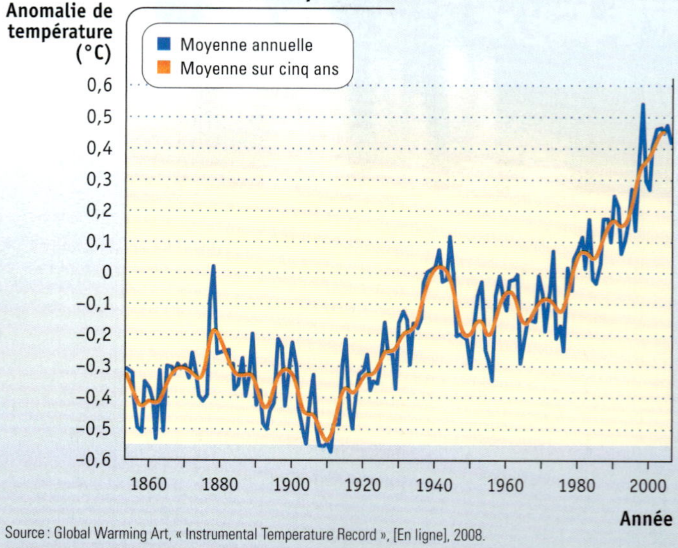

Source : Global Warming Art, « Instrumental Temperature Record », [En ligne], 2008.

Al Gore

Ancien vice-président des États-Unis, Al Gore se consacre maintenant à la lutte contre le réchauffement climatique. Il est la voix principale du documentaire *Une vérité qui dérange* du réalisateur David Guggenheim. Sorti en 2006, ce film explique les principaux enjeux qui découlent du réchauffement climatique. En 2007, Al Gore a reçu le prix Nobel de la paix pour son travail de sensibilisation, conjointement avec le Groupe intergouvernemental d'experts sur l'évolution du climat (GIEC).

Quelques conséquences possibles du réchauffement climatique

La fonte des glaciers et de la calotte polaire

En raison du réchauffement du climat, on constate une nette diminution de la couverture neigeuse partout sur la planète. Ainsi, depuis le début du 20e siècle, la surface totale des glaciers a diminué de 50 %. La banquise polaire est particulièrement affectée : plusieurs scientifiques estiment que les eaux de l'Arctique seront pratiquement libres de glace à la fin de l'été d'ici la deuxième moitié du 21e siècle.

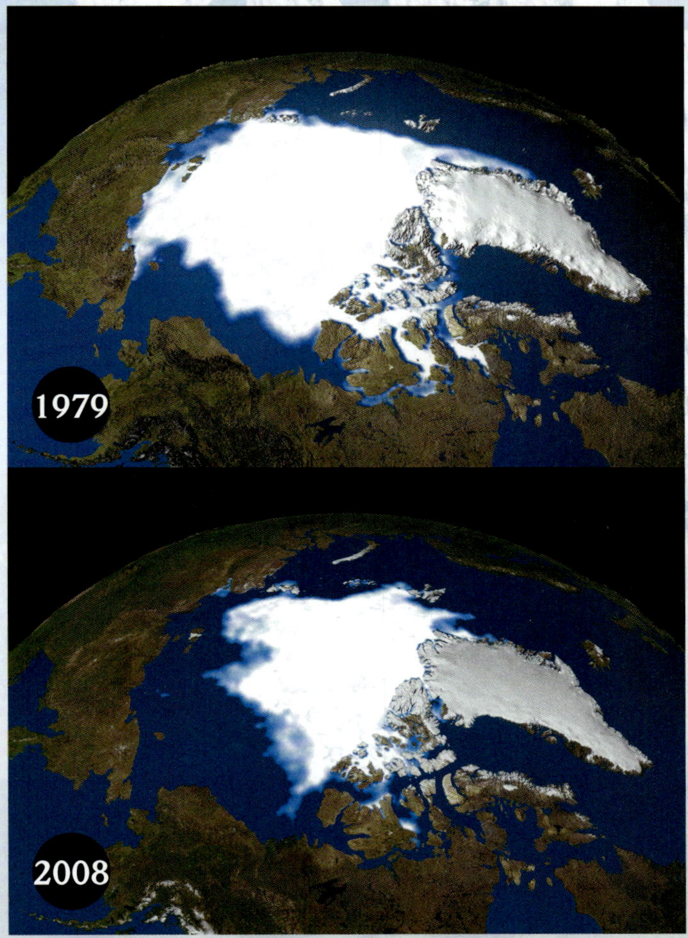

1.18
Extension minimale de la banquise polaire

La montée des eaux

Le réchauffement des eaux entraîne une augmentation globale du volume des océans auquel s'ajoute l'eau provenant de la fonte de la calotte polaire. On prévoit ainsi que le niveau de la mer devrait être haussé de 18 à 59 cm d'ici 2100. Cette situation menace plus de 30 % des zones côtières humides de la planète et augmente considérablement les risques d'inondations. Des villes telles que Venise (Italie) ou Dhaka (Bangladesh) sont particulièrement vulnérables.

L'accroissement des accidents climatiques

Les vagues de chaleur devraient être de plus en plus fréquentes, entraînant une hausse des problèmes de santé et de la mortalité qui y sont associés. L'intensité des cyclones tropicaux (ouragans et typhons) devrait également augmenter. Dans les régions tempérées, les précipitations seront plus fréquentes et plus intenses. À l'inverse, dans les régions tropicales, elles diminueront considérablement, aggravant les problèmes de désertification.

La diminution de la biodiversité

Les transformations climatiques menacent de nombreux écosystèmes, affectant ainsi la biodiversité de la planète. Certaines espèces animales et végétales dont les capacités d'adaptation sont plus grandes pourraient voir leur aire de répartition augmenter, mais la majorité des espèces sera affectée de manière négative. De 20 à 30 % des animaux et des plantes pourraient même disparaître.

UNE PRISE DE CONSCIENCE

Dès la seconde moitié du 19e siècle, un premier mouvement de préservation de la nature voit le jour dans les sociétés industrielles occidentales. Toutefois, les actions mises en œuvre sont généralement isolées. Ce n'est qu'après la Seconde Guerre mondiale qu'une véritable prise de conscience quant à l'impact de l'activité humaine sur l'environnement émerge.

Les pionniers

Au 19e siècle, le monde occidental commence à s'intéresser aux richesses de la nature et à y voir un antidote à la vie des grandes villes industrielles, pour la plupart insalubres. En Amérique du Nord et en Europe, des mouvements locaux naissent afin de préserver les sites naturels, la forêt et certaines espèces animales menacées par l'action de l'être humain. C'est ainsi qu'est créé en 1872 le premier parc national du monde, celui de Yellowstone aux États-Unis. Toutefois, l'heure est plus à l'étude et à la contemplation de la nature qu'à la protection de l'environnement, et les actions des naturalistes sont surtout locales.

Le mouvement environnementaliste de l'après-guerre

Après l'explosion des bombes nucléaires à Hiroshima et à Nagasaki en 1945, il est clair que l'humanité a franchi un seuil technologique qui peut menacer la survie même de la biosphère. Dans le contexte de la guerre froide qui suit la Seconde Guerre mondiale, la militarisation de la science accroît d'autant plus ce sentiment d'insécurité. En outre, l'explosion de la société de consommation, combinée à une importante croissance démographique mondiale, inquiète de plus en plus la communauté scientifique.

Plusieurs de ses membres commencent à alerter l'humanité sur les limites de la planète à soutenir le rythme galopant du développement économique et de l'accroissement de la population mondiale. Les ressources, prédisent-ils, viendront à manquer. De plus, les études menées par les scientifiques mesurent les impacts négatifs de l'activité humaine sur l'environnement et constatent la dégradation de celui-ci. À partir des années 1950, les conférences et les symposiums internationaux sur ces questions se multiplient et le discours de la communauté scientifique se fait plus alarmiste.

1.19
La Terre se levant à la surface de la Lune (1968).
Dans les années 1960, les images de la Terre vue de l'espace font paraître notre planète plus petite et plus vulnérable. Elles font prendre conscience de la fragilité de la Terre.

David Suzuki

Canadien d'origine japonaise, David Suzuki est un généticien bien connu pour son travail de communicateur scientifique et son activisme écologique. Il a animé de nombreuses émissions radiophoniques et télévisuelles, dont la série *The nature of things* (La nature des choses), rédigé plusieurs ouvrages vulgarisés sur l'environnement et reçu de nombreux prix. Il est également à l'origine de la Fondation David Suzuki qui a pour but de protéger l'environnement par la science et l'éducation.

Des publications qui font du bruit

À partir des années 1960, certaines publications scientifiques connaissent un grand retentissement et touchent non seulement les milieux savants, mais aussi les politiciens et le grand public. C'est le cas du livre *Printemps silencieux* de la biologiste états-unienne Rachel Carson, publié en 1962. Considéré comme le premier succès populaire de la conscience écologique, l'ouvrage traite des effets de la pollution sur la nature, et plus particulièrement des effets des pesticides sur l'environnement. Il contribue à faire interdire le pesticide DDT aux États-Unis en 1972 et provoque une sérieuse prise de conscience.

1.20
Une zone d'exploitation contrôlée (ZEC) en Mauricie
Au Québec, le documentaire choc *L'erreur boréale* de Richard Desjardins dénonce les effets néfastes de l'exploitation abusive des forêts par les grandes compagnies papetières. En réponse à ce film qui fait beaucoup de bruit, le gouvernement québécois a institué une commission d'enquête sur l'état et la gestion des forêts.

Le premier rapport du Club de Rome (un groupe de réflexion international) diffusé en 1972 est un autre ouvrage qui ébranle fortement le monde occidental. Ce rapport, intitulé *Halte à la croissance ?*, utilise un modèle qui combine par ordinateur cinq paramètres, dont les ressources naturelles, la population mondiale et la pollution, et démontre les limites de la croissance économique et démographique de l'humanité. Si le rythme de cette croissance se maintient, les ressources naturelles viendront inévitablement à manquer et la Terre sera incapable d'absorber toute la pollution générée par l'humanité. Aussi, le rapport prédit-il l'effondrement du système mondial au plus tard au cours du 21e siècle. De telles publications incitent la classe dirigeante et la population à prendre des mesures pour éviter la catastrophe écologique.

VU ET ENTENDU

« Vouloir "corriger la nature" est une arrogante prétention, née des insuffisances d'une biologie et d'une philosophie qui sont encore à l'âge du Neandertal, où l'on pouvait croire la nature destinée à satisfaire le bon plaisir de l'homme. [...] Le malheur est qu'une aussi primitive pensée dispose actuellement des moyens d'action les plus puissants, et qu'en orientant ses armes contre les insectes, elle les pointe aussi contre le monde. »

Rachel CARSON, *Printemps silencieux*, 1962.

LES MOUVEMENTS ENVIRONNEMENTAUX

Alors que la communauté scientifique diffuse des informations alarmantes sur la dégradation de l'environnement, des mouvements s'organisent pour protéger la nature, faire pression auprès des gouvernements et sensibiliser la population aux problèmes environnementaux. Aujourd'hui, il existe des milliers d'organisations de ce type.

1.21
John Muir (1902)

Le Sierra Club

Fondé par John Muir à San Francisco en 1892, le Sierra Club est la première organisation non gouvernementale (ONG) de protection de la nature. À l'origine, le club se consacre à l'exploration et à la sauvegarde des espaces sauvages d'Amérique du Nord, particulièrement ceux de la Sierra Nevada, dans l'est de la Californie. Toujours actif aujourd'hui, le Sierra Club, qui regroupe 1,3 million de membres, a élargi ses objectifs. En plus de protéger les espaces sauvages de la planète, il souhaite promouvoir un usage responsable des ressources naturelles afin de protéger et de restaurer la qualité de l'environnement, et il utilise pour ce faire tous les moyens juridiques possibles.

Greenpeace

Greenpeace est une association indépendante et pacifiste dont les actions visent à attirer l'attention de l'opinion internationale afin de protéger l'environnement. Son origine remonte à 1971, lorsque des militants s'embarquent à Vancouver sur un vieux bateau de pêche afin d'empêcher les essais nucléaires que les États-Unis veulent mener sur l'île d'Amchitka, en Alaska. Aujourd'hui, Greenpeace est présent dans 40 pays et regroupe près de 3 millions de personnes. Ses membres accomplissent parfois des actions périlleuses pour parvenir à leurs fins, pénétrant par exemple dans des zones d'essais nucléaires, se plaçant entre le harpon et la baleine ou bouchant des conduits d'évacuation de produits toxiques.

Quatre des fondateurs de Greenpeace avant d'embarquer pour l'île d'Amchitka (1971)
1.22

1.24
Manifestation de cyclistes à Budapest à l'occasion de la journée sans voiture (2007)

1.23
Wangari Maathai

Le mouvement Ceinture verte

En 1977, Wangari Maathai fonde le mouvement Ceinture verte qui travaille au reboisement du Kenya afin de prévenir l'érosion des sols et de préserver la biodiversité du pays. En 30 ans, les femmes du Kenya qui soutiennent le mouvement ont planté plus de 20 millions d'arbres et développé quelque 30 000 pépinières. En outre, 80 000 emplois ont été créés, la plupart pour les femmes. D'autres pays d'Afrique, tels l'Éthiopie, l'Ouganda ou le Zimbabwe, ont adopté les mêmes méthodes de reboisement. La fondatrice du mouvement est devenue en 2004 la première Africaine à recevoir le prix Nobel de la paix.

L'écoterrorisme

Le mouvement écoterroriste ou écoguerrier désigne diverses associations d'activistes écologistes qui vont jusqu'à recourir à la violence, s'il le faut, pour préserver l'environnement. Par exemple, les écoterroristes occupent les chantiers qui sont à leurs yeux contestables pour forcer l'arrêt des travaux, ou s'installent sur des plateformes de fortune dans les arbres pour en empêcher la coupe. Le groupe Sea Shepherd, fondé en 1977 par Paul Watson, se consacre à la protection des océans. Ses membres vont jusqu'à aborder en pleine mer les navires qui se livrent à la chasse aux baleines et aux phoques, ou à la pêche aux requins.

1.25
Paul Watson à bord de son navire, l'*Ocean Warrior* (Guerrier de l'océan), (2000)

Les partis verts

Dans de nombreux pays, les préoccupations écologiques provoquent la formation de partis politiques dont les objectifs sont la protection de la nature et la promotion de la paix dans le monde. La majorité de ces partis politiques prennent le nom de « Parti vert ». Le premier d'entre eux a été créé en Nouvelle-Zélande en 1972. Toutefois, ce n'est que dans les années 1990 que des membres de partis verts commencent à siéger dans les gouvernements.

Pour mettre de l'avant des principes communs, les représentants et représentantes de 80 partis écologistes du monde ont signé en 2001 la Charte des Verts mondiaux. Cette charte reconnaît six principes fondamentaux : la sagesse écologique, la justice sociale, le développement durable, la non-violence, la démocratie participative et le respect de la diversité.

Pour le moment, les partis verts ne font élire qu'un petit nombre de députés à travers le monde. Néanmoins, le pourcentage croissant des votes qu'ils recueillent démontre que l'environnement est devenu un enjeu important pour les populations. Les politiciens et politiciennes doivent maintenant tenir compte de cet aspect dans leurs programmes politiques.

1.26
Indulis Emsis (2004)
En 1993, Indulis Emsis est nommé ministre de l'Environnement en Lettonie et devient ainsi le premier écologiste à occuper un poste de ministre.

QU'EST-CE QUE LE DÉVELOPPEMENT DURABLE ?

Alors que le monde prend conscience des limites de la planète à soutenir la croissance économique et démographique, un nouveau concept s'impose, celui du développement durable. Ce terme, aujourd'hui très utilisé, est popularisé en 1987 par le rapport *Notre avenir à tous,* aussi appelé rapport Brundtland, du nom de sa présidente.

Le développement durable selon le rapport Brundtland

Le concept de développement durable n'est pas qu'une question d'environnement, comme le montre cet extrait du rapport Brundtland.

VU ET ENTENDU

« Le développement durable, c'est s'efforcer de répondre aux besoins du présent sans compromettre la capacité de satisfaire ceux des générations futures. Il ne s'agit en aucun cas de mettre fin à la croissance économique, au contraire. Inhérente à cette notion est la conviction que nous ne pourrons jamais résoudre les problèmes de pauvreté et de sous-développement si nous n'entrons pas dans une nouvelle période de croissance dans le cadre de laquelle les pays en développement auront une large part et pourront en tirer de larges avantages. La croissance économique s'accompagne toujours d'un danger pour l'environnement, puisqu'elle exerce des pressions sur les ressources. Mais les décideurs fidèles au principe du développement durable feront en sorte que les économies en développement respectent leurs bases écologiques et que ces dernières soient protégées, de manière à alimenter la croissance à longue échéance. La défense de l'environnement est donc inhérente à l'idée de développement durable, tout comme l'est la volonté de s'attaquer aux causes plutôt qu'aux symptômes. »

Gro Harlem Brundtland (dir.), *Notre avenir à tous,* chapitre 1, 1987 (en anglais).

Gro Harlem Brundtland

Née à Oslo en 1939, la médecin Gro Harlem Brundtland a été ministre de l'Environnement en Norvège de 1974 à 1979 et première ministre du pays en 1981, puis de 1986 à 1989 et de 1990 à 1996. Elle a aussi présidé la Commission pour l'environnement et le développement des Nations Unies de 1983 à 1987 et dirigé l'Organisation mondiale de la santé (OMS) de 1998 à 2003. En 2004, le *Financial Times* l'a désignée comme la 4e personnalité la plus influente en Europe.

DE L'ACTUALITÉ

REFLET

Le développement durable est le concept central de ce chapitre.

ⓐ Comment définiriez-vous ce concept ?

ⓑ Dans l'actualité, avez-vous lu ou entendu parler de projets qui tiennent compte du développement durable ?

1.27

Le quartier écologique BedZED, au sud de Londres (2007)

Construit en grande partie avec des matériaux recyclés, BedZED a été conçu pour maximiser la récupération et diminuer la consommation d'énergie. L'empreinte écologique de ce quartier où vivent 250 personnes équivaut à la moitié de celle des habitants de Londres.

Les trois piliers du développement durable

Le développement durable prend en compte trois préoccupations, désignées aussi comme ses trois « piliers » : l'économie, la société et l'écologie. L'objectif visé par le développement durable consiste à concilier dès aujourd'hui ces trois piliers afin que les ressources soient mieux réparties et mieux gérées, que les inégalités sociales et économiques soient gommées et que les générations futures puissent vivre dans un environnement sain.

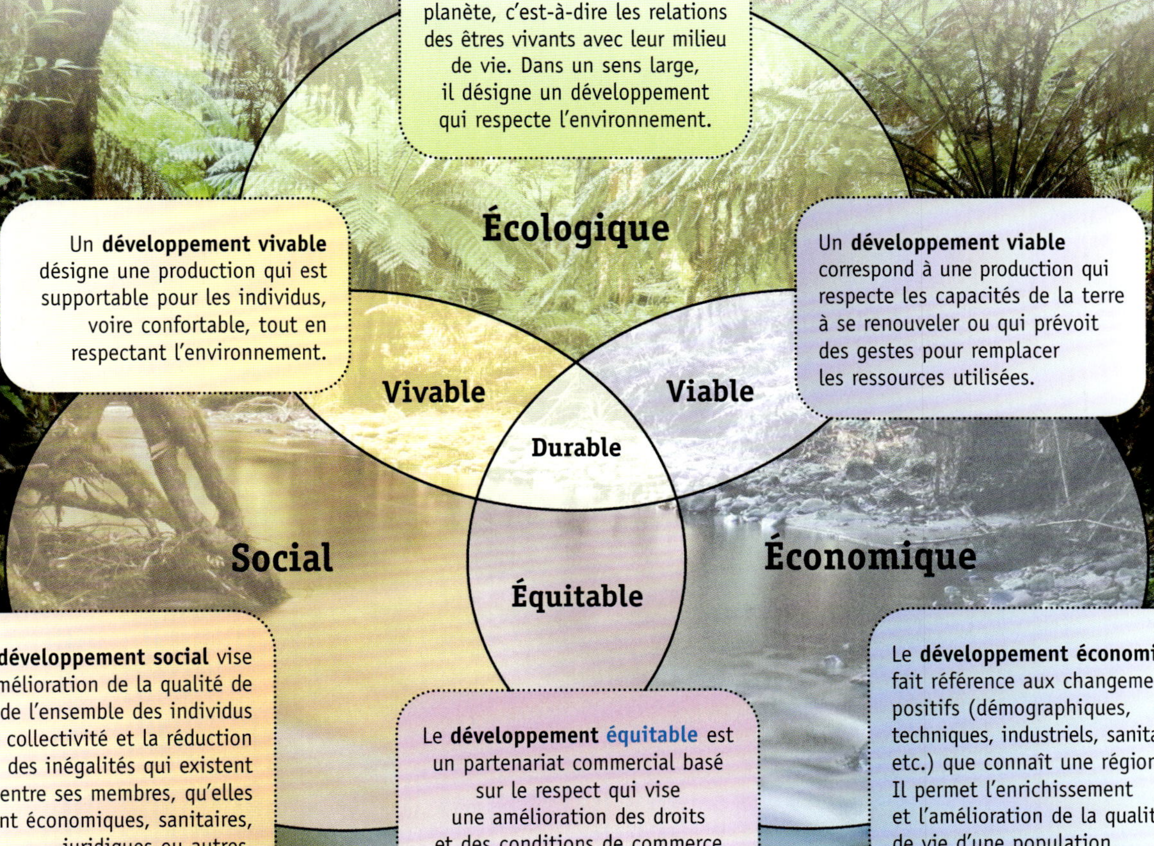

Le **développement écologique** respecte les écosystèmes de la planète, c'est-à-dire les relations des êtres vivants avec leur milieu de vie. Dans un sens large, il désigne un développement qui respecte l'environnement.

Un **développement vivable** désigne une production qui est supportable pour les individus, voire confortable, tout en respectant l'environnement.

Un **développement viable** correspond à une production qui respecte les capacités de la terre à se renouveler ou qui prévoit des gestes pour remplacer les ressources utilisées.

Le **développement social** vise l'amélioration de la qualité de vie de l'ensemble des individus d'une collectivité et la réduction des inégalités qui existent entre ses membres, qu'elles soient économiques, sanitaires, juridiques ou autres.

Le **développement équitable** est un partenariat commercial basé sur le respect qui vise une amélioration des droits et des conditions de commerce des travailleurs et travailleuses. Il peut être pratiqué en particulier dans les échanges internationaux entre les pays développés et les pays en développement.

Le **développement économique** fait référence aux changements positifs (démographiques, techniques, industriels, sanitaires, etc.) que connaît une région. Il permet l'enrichissement et l'amélioration de la qualité de vie d'une population.

DES CHOIX À FAIRE

Les sociétés doivent faire des choix pour prévenir la dégradation de leur milieu de vie et favoriser le développement durable de la Terre. Ces choix sont difficiles puisque toutes les options présentent des avantages et des inconvénients et que toutes ont des coûts économiques et environnementaux qu'il faut considérer. La question de l'énergie est un bon exemple. Il existe en effet de nombreuses sources d'énergie: le pétrole, le charbon, le gaz naturel, la géothermie, l'énergie hydroélectrique, l'énergie solaire, etc. Considérons diverses sources d'énergie.

L'énergie hydroélectrique

Il s'agit de l'énergie produite par les cours d'eau (fleuves, rivières, chutes d'eau, etc.) qui est convertie en électricité grâce à des turbines et à des alternateurs.

Avantages

- L'hydroélectricité est une énergie renouvelable et propre. Elle se régénère sans arrêt et produit peu de polluants et de gaz à effet de serre (GES).
- Les coûts de maintenance des centrales hydroélectriques sont relativement faibles, car les centrales sont construites pour durer longtemps.
- Lors de la construction des barrages, il est possible d'intégrer des composantes pour compenser les effets négatifs sur l'environnement, par exemple des «échelles à poissons» qui permettent aux espèces migratoires de remonter les rivières.

Inconvénients

- L'hydroélectricité nécessite des sites d'eau exploitables qui sont répartis inégalement sur la planète.
- Les coûts de construction des centrales hydroélectriques sont élevés.
- Les aménagements nécessaires à l'exploitation de l'énergie hydroélectrique, particulièrement les barrages, transforment les paysages et fragilisent les écosystèmes. Par exemple, la migration de certaines espèces de poissons, tels le saumon et l'anguille, est stoppée par les barrages.
- La construction de grands barrages peut nécessiter d'importants déplacements de population et noyer de grandes surfaces de terres cultivées.

L'énergie éolienne

Il s'agit de l'énergie produite par le vent qui est transformée en électricité par un dispositif aérogénérateur telle l'éolienne.

Avantages

- Les éoliennes fournissent une énergie propre, qui ne produit pas de déchets.
- Cette énergie est renouvelable.
- Le coût de fonctionnement des éoliennes est peu élevé.
- Cette énergie est accessible dans tous les pays, peu importe les ressources naturelles dont ils disposent.

Inconvénients

- Les éoliennes produisent une pollution sonore.
- Elles modifient le paysage naturel.
- Leurs capacités sont inconstantes, car les vents sont variables et incontrôlables.

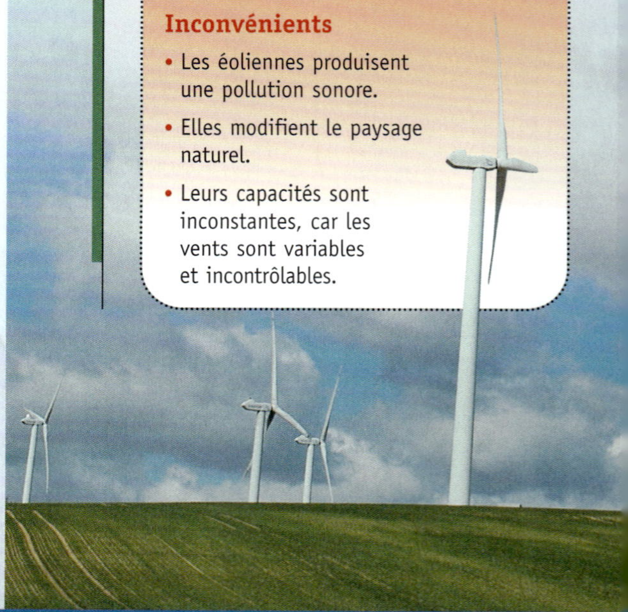

1.28
Le geyser Strokkur en Islande
En Islande, où l'on trouve de nombreux volcans et geysers, l'énergie produite par la chaleur de la Terre est largement exploitée. Ce type d'énergie renouvelable, appelé géothermie, est encore peu développé dans le monde.

L'énergie nucléaire

Il s'agit de l'énergie libérée par la fission des atomes d'uranium, c'est-à-dire la division des atomes en noyaux plus petits.

Avantages

- L'énergie nucléaire est une énergie propre, dans la mesure où les centrales nucléaires ne dégagent pas de gaz à effet de serre.
- L'uranium produit beaucoup plus d'énergie que le pétrole ou le charbon. À l'heure actuelle, un kilogramme d'uranium produit 50 000 kWh alors qu'un litre de pétrole n'en produit que 6 kWh.
- Les ressources en uranium de la planète sont relativement abondantes. Estimées à 17 millions de tonnes, elles pourraient durer 300 ans selon le niveau de consommation actuelle.
- Les pays qui utilisent l'énergie nucléaire ont une moins grande dépendance énergétique envers les pays producteurs de pétrole, dont plusieurs sont situés dans des régions du monde politiquement instables.

Inconvénients

- L'utilisation de l'énergie nucléaire comporte des risques d'accidents graves qui peuvent avoir d'importantes retombées radioactives. Ces retombées sont nuisibles pour la population comme pour l'environnement.
- La gestion des déchets nucléaires est problématique, surtout pour les plus radioactifs et ceux qui demeurent nocifs pendant de nombreuses années. Certains pays les enfouissent à plusieurs centaines de mètres, dans des couches géologiques stables.
- Les ressources en uranium de la planète ne sont pas inépuisables.
- Les centrales nucléaires pourraient faire l'objet d'attaques terroristes destinées à récupérer le combustible pour en faire des bombes atomiques.

L'énergie solaire

Il s'agit de l'énergie dispensée par le rayonnement du soleil, qui peut être transformée en chaleur et en électricité.

Avantages

- L'énergie solaire est renouvelable, car elle est inépuisable.
- Il s'agit d'une énergie propre qui ne dégage ni polluants ni gaz à effet de serre.
- Cette énergie est accessible dans tous les pays, peu importe les ressources naturelles dont ils disposent.
- Une fois que les systèmes de production d'énergie solaire sont installés, l'énergie produite ne coûte rien. L'entretien est peu coûteux.
- L'énergie solaire est bien adaptée à l'usage domestique et ne nécessite aucun raccordement à un système centralisé.

Inconvénients

- La fabrication des panneaux photovoltaïques (panneaux solaires) relève de la haute technologie, ce qui entraîne des coûts assez élevés.
- Les installations solaires dépendent évidemment de l'ensoleillement. Il faut donc recourir à d'autres types d'énergie pour les remplacer lorsqu'il fait nuit ou que la température est nuageuse, ou prévoir un système pour emmagasiner l'énergie solaire.
- Les technologies développées pour combler ces lacunes sont encore trop coûteuses pour être vraiment intéressantes.

PRIORISER L'ENVIRONNEMENT : L'EXEMPLE DE L'AUTOMOBILE

Pour être efficaces, la protection de l'environnement et le développement durable exigent la participation de l'ensemble de la société et une modification des habitudes de vie. Des mesures concrètes doivent être prises non seulement par tous les paliers de gouvernement, mais aussi par les entreprises et les individus. Les efforts accomplis pour réduire la pollution causée par les automobiles constituent un bon exemple des actions possibles pour protéger l'environnement.

Sur le plan individuel

Chaque personne peut contribuer à réduire les émissions de polluants en se déplaçant à pied ou en utilisant les transports en commun, le covoiturage ou la bicyclette. De plus, ceux et celles qui possèdent des automobiles peuvent se procurer des modèles de voitures moins polluants, entretenir leur moteur régulièrement et réduire leur vitesse de conduite. Un ensemble de gestes individuels peuvent donc concourir à la protection de l'environnement commun.

1.29
Vélib', le système de vélos en libre-service mis en place à Paris en 2007.

Dans l'industrie

Les constructeurs de véhicules automobiles ont un rôle important à jouer dans la réduction des polluants atmosphériques. Grâce aux technologies qu'ils développent, ils mettent sur le marché des véhicules qui émettent moins de gaz à effet de serre (GES) et répondent ainsi à la demande d'un grand nombre de consommateurs intéressés à se procurer des véhicules plus propres.

Pour ce faire, ils créent des voitures qui utilisent moins de carburant en mettant au point des moteurs qui consomment moins, en dessinant des modèles plus aérodynamiques ou encore des modèles plus petits et plus légers. Par exemple, un groupe industriel indien a dévoilé, en janvier 2008, un modèle de voiture qui ne pèse que 530 kg. Toutefois, la solution idéale pour réduire la pollution causée par les automobiles réside dans l'électricité. De nombreuses entreprises investissent dans le développement de batteries puissantes qui pourraient être rechargées rapidement et stocker assez d'énergie pour parcourir des distances intéressantes. Ces obstacles technologiques, qui ont longtemps freiné la mise en marché de voitures électriques, commencent à être surmontés parallèlement à l'augmentation de la demande.

1.30
Une voiture hybride (2003)
Les voitures hybrides combinent un moteur électrique et un moteur à combustion, ce qui réduit les émissions de polluants.

COMPENSEZ VOS ÉMISSIONS DE CARBONE

FAIT DIVERS

Pour compenser leurs émissions de gaz à effet de serre (GES), **LES PARTICULIERS ET LES ENTREPRISES PEUVENT COFINANCER DES PROJETS DE DÉVELOPPEMENT DURABLE AILLEURS DANS LE MONDE PAR LE BIAIS D'ORGANISMES ÉCOLOGIQUES.** Il peut s'agir d'investir dans la plantation d'arbres, dans la protection des forêts ou dans le développement d'énergies renouvelables en installant des panneaux solaires ou des éoliennes, par exemple. Un grand nombre de ces projets sont mis en œuvre dans les pays en développement.

À l'échelle municipale

Les villes, où vit la moitié de la population mondiale, sont aux prises avec des problèmes de pollution automobile majeurs. C'est pourquoi les métropoles les plus importantes considèrent la réduction de cette pollution comme une priorité et adoptent des mesures concrètes pour améliorer la situation. Cela peut passer par le développement des transports en commun, la mise en place de voies réservées au covoiturage, la construction de stationnements incitatifs aux abords des stations de métro situées en banlieue, la réduction du nombre de stationnements, l'augmentation du coût des stationnements dans les villes, le développement du réseau des pistes cyclables ou l'usage des véhicules électriques ou hybrides pour le réseau de transports en commun.

À l'échelle régionale ou nationale

Les régions et les États peuvent agir pour contribuer à réduire la pollution causée par les automobiles. Ainsi, ils peuvent adopter des lois pour obliger les constructeurs automobiles à mettre en marché des véhicules qui respectent les normes d'émissions de gaz à effet de serre. C'est d'ailleurs ce qu'a fait l'Union européenne à la fin des années 1990.

Les gouvernements peuvent également interdire l'utilisation de l'essence avec plomb, un carburant particulièrement polluant. Ils peuvent accorder des avantages fiscaux aux particuliers et aux entreprises qui acquièrent des automobiles moins polluantes. Ils peuvent subventionner la recherche et le développement de technologies pour encourager la mise en marché de véhicules plus propres. Par exemple, en juillet 2008, les gouvernements israélien, français et portugais ont signé un accord avec des fabricants automobiles afin que des voitures électriques soient développées et commercialisées à grande échelle sur leurs territoires.

REFLET DE L'ACTUALITÉ

a Comment définiriez-vous le concept de « responsabilité » ?

b Donnez des exemples, tirés de l'actualité, de moyens qui favorisent la régulation en matière d'environnement.

DES VILLES AUX SOLUTIONS ORIGINALES

FAIT DIVERS

À Londres et à Milan, l'accès au centre-ville est devenu payant pour les voitures. À Berlin, Cologne et Hanovre, les voitures les plus polluantes n'ont tout simplement pas accès au centre-ville et cela, grâce à un système de vignettes de couleur qui permet de classer les véhicules en fonction du degré de pollution qu'ils émettent. À Athènes, Séoul et Beijing, les villes ont recourt ponctuellement à la circulation alternée : **L'AUTORISATION DE CIRCULER EST DONNÉE ALTERNATIVEMENT AUX VOITURES DONT LE NUMÉRO DE PLAQUE SE TERMINE PAR UN CHIFFRE PAIR OU IMPAIR.** Enfin, à Québec, les visiteurs peuvent utiliser gratuitement des écolobus entièrement électriques qui relient les principales attractions touristiques de la ville.

1.31

Un écolobus de la ville de Québec (2008)

En service depuis mai 2008, les écolobus de Québec ont une autonomie de 12 heures et ne coûtent que 3,25 $ à recharger, soit 3¢ du kilomètre.

OBTENIR UN CONSENSUS

Malgré l'évidente importance des enjeux environnementaux, il s'écoule souvent bien du temps entre l'identification d'un problème et sa reconnaissance publique. Les longs débats sur la réalité du danger et l'ampleur du problème peuvent retarder une véritable prise de décision.

Alerter l'opinion publique par la science et l'information

En raison de l'ampleur et de la complexité des problèmes environnementaux, il est souvent difficile d'obtenir rapidement un consensus sur les actions à entreprendre pour les régler. Il n'est pas toujours aisé d'identifier clairement les causes d'un problème environnemental et de déterminer si elles sont d'origine naturelle ou humaine. Par ailleurs, les préoccupations environnementales ne touchent pas tout le monde également. Certaines personnes y sont moins sensibles que d'autres, soit parce qu'elles ont des priorités différentes, des intérêts personnels contraires ou simplement par manque d'information.

Au cours des années 1960 et 1970, les écologistes ont compris que les questions environnementales ne seraient véritablement prises en considération que si elles étaient présentées de manière crédible. Pour ce faire, ils et elles ont encouragé le recours systématique aux recherches scientifiques ainsi que la libre circulation des informations sur le sujet.

De nombreuses organisations internationales intéressées à l'environnement ont créé des programmes scientifiques qui permettent de recueillir de nouvelles données afin de mieux connaître les enjeux environnementaux, de rassembler les recherches effectuées par d'autres groupes scientifiques ou de diffuser l'information dans le grand public.

1.32
Catastrophe de Seveso, en Italie (1976)
En 1976, une usine de produits chimiques du nord de l'Italie laisse s'échapper un vaste nuage de gaz toxiques qui cause d'importants dommages environnementaux. Cette catastrophe encourage l'Union européenne à développer une réglementation plus sévère à l'égard des sites industriels.

1.33 Quelques exemples de programmes scientifiques internationaux

Programme scientifique	Organisme responsable	Objectif
Veille météorologique mondiale (VMM)	Organisation météorologique mondiale (OMM)	Enregistrer les observations météorologiques à travers la planète, surveiller les principaux événements météorologiques, comme les cyclones tropicaux, etc.
Commission océanographique intergouvernementale (COI)	Organisation des Nations Unies pour l'éducation, la science et la culture (UNESCO)	Aider au partage des connaissances et des technologies liées aux océans, surveiller l'augmentation du niveau des mers, etc.
Programme mondial de recherche sur le climat (PMRC)	Conseil international pour la science (CIS) et OMM	Étudier la prédictibilité des climats, déterminer les effets des activités humaines sur le climat, etc.

1.34

Déversement de l'*Exxon Valdez* (1989)
En 1989, le pétrolier *Exxon Valdez* s'échoue sur les côtes de l'Alaska et provoque une importante marée noire. Ce n'est qu'à la suite de cet accident que les États-Unis apportent des changements importants à leurs normes de sécurité pour le transport maritime.

Le principe de précaution

Souvent, les gouvernements et l'opinion publique s'intéressent aux problèmes environnementaux seulement lorsque les dégâts causés à la nature sont évidents et irréversibles, par exemple lors de déversements pétroliers ou de coupes à blanc excessives. Plusieurs environnementalistes déplorent le fait qu'on se contente de réagir aux catastrophes et préconisent plutôt une action préventive lorsque cela est possible.

Ils et elles font ainsi appel au principe de précaution officiellement adopté lors du Sommet de la Terre de 1992, selon lequel :

> « L'absence de certitudes, compte tenu des connaissances scientifiques et techniques du moment, ne doit pas retarder l'adoption de mesures effectives et proportionnées visant à prévenir un risque de dommages graves et irréversibles à l'environnement à un coût économiquement acceptable. »

En d'autres termes, s'il n'est pas prouvé hors de tout doute qu'une activité ou un projet ne causera aucun dommage à l'environnement, il est préférable d'y renoncer.

La réglementation de l'Union européenne qui restreint la culture des organismes génétiquement modifiés (OGM) en raison de la méconnaissance de leurs effets à long terme est un bon exemple de l'application du principe de précaution.

Le débat sur le réchauffement climatique et le GIEC

1.35
Station météorologique en Slovaquie

Dès la fin des années 1970, l'Organisation météorologique mondiale (OMM) s'inquiète de la tendance au réchauffement planétaire qu'elle perçoit dans ses statistiques météorologiques. Ce réchauffement est-il attribuable à un processus climatique naturel contre lequel on ne peut rien faire, ou est-il causé par les activités humaines, ce qui permettrait d'agir pour éventuellement le contrôler ?

Afin de répondre à cette question difficile, un organisme scientifique neutre et objectif a été fondé en 1988 : le Groupe d'experts intergouvernemental sur l'évolution du climat (GIEC). Le GIEC ne produit pas lui-même de recherche originale. Il compile plutôt tous les travaux scientifiques pertinents afin de dresser un tableau des connaissances mondiales sur la question du réchauffement climatique. Les rapports généraux du GIEC représentent ainsi l'opinion de la majorité de la communauté scientifique internationale. Ils permettent aux gouvernements et aux organismes internationaux de se faire une idée claire et précise, afin de prendre des mesures appropriées.

HARMONISER LES NORMES ENVIRONNEMENTALES

Comme les problèmes environnementaux touchent l'ensemble de la planète, les États n'ont d'autre choix que de collaborer les uns avec les autres s'ils veulent être véritablement efficaces. Ils doivent trouver des moyens de coordonner leurs actions afin d'harmoniser les normes et les mécanismes de gestion de l'environnement.

Une action mondiale cohérente

Chaque État reste libre de développer ses propres solutions pour faire face aux grands enjeux environnementaux, mais une action mondiale unie et cohérente est aussi nécessaire. Celle-ci peut prendre diverses formes, par exemple le développement de standards environnementaux mondiaux ou l'élaboration d'ententes diplomatiques internationales.

Des standards internationaux

Afin de coordonner les actions internationales, il peut être utile d'élaborer des normes et des mécanismes de gestion de l'environnement standardisés, c'est-à-dire qui sont les mêmes partout. Cela facilite grandement l'échange d'information, un élément non négligeable lorsque vient le moment d'évaluer la gravité d'une situation et de choisir la meilleure solution.

Certaines grandes organisations internationales, telles l'Union internationale pour la conservation de la nature ou les diverses agences des Nations Unies, peuvent ainsi fournir des références neutres, acceptables pour tous. L'adoption de ces références se fait sur une base volontaire, ce qui laisse aux États une certaine souplesse pour les utiliser selon leurs besoins particuliers.

Un ours polaire
Espèce classée vulnérable par l'UICN, l'ours polaire est devenu un symbole des problèmes causés par le réchauffement climatique.
1.36

UICN — L'UNION INTERNATIONALE POUR LA CONSERVATION DE LA NATURE

Fondée en 1948, l'Union internationale pour la conservation de la nature (UICN) est la principale organisation non gouvernementale qui se consacre à la préservation du patrimoine naturel. Elle est surtout connue pour sa fameuse « liste rouge » qui répertorie et classifie plusieurs milliers d'espèces animales et végétales en danger dans le monde. Mise à jour périodiquement, cette liste est considérée comme l'une des références les plus objectives dans ce domaine. De nombreux pays s'en inspirent afin de développer leurs propres lois nationales de protection de la faune et de la flore.

L'UICN utilise les recherches les plus récentes afin de classer les animaux et les végétaux en huit catégories.

Espèce éteinte
Espèce éteinte à l'état sauvage
Espèce en danger critique d'extinction
Espèce en danger
Espèce vulnérable
Espèce quasi menacée
Préoccupation mineure
Données insuffisantes

DE L'ACTUALITÉ

REFLET

ⓐ Comment définiriez-vous le concept de « régulation » ?

ⓑ Donnez des exemples tirés de l'actualité de moyens qui favorisent la régulation en matière d'environnement.

Des ententes internationales

L'harmonisation des normes environnementales mondiales peut passer par la signature d'ententes internationales, qui prennent la forme de traités diplomatiques négociés entre États. Ces traités obligent tous les signataires à adhérer à des normes communes qu'ils s'engagent à faire respecter chez eux. Le plus souvent, cela consiste à édicter des lois nationales qui reprennent les termes de l'entente. En raison des contraintes politiques et juridiques qu'elle impose à chaque État, cette méthode est moins souple que l'adoption de simples standards internationaux. Elle offre toutefois une meilleure garantie des résultats.

Divers types de traités

Les traités conclus peuvent être bilatéraux (entre deux pays), ou multilatéraux (ouverts à plusieurs pays). Certains États peuvent même s'associer afin de développer une politique environnementale commune. C'est le cas par exemple de l'Union européenne, qui possède de nombreuses ententes environnementales applicables dans tous les pays qui la composent.

Les sujets des traités peuvent être très diversifiés. Certains portent sur des problématiques locales précises, comme l'Accord sur la conservation des petits cétacés de la mer Baltique et de la mer du Nord, qui vise la protection des baleines au nord de l'Europe. D'autres ont une portée beaucoup plus générale, comme la Convention sur la diversité biologique, qui cherche à protéger la grande variété des formes de vie sur la Terre. En raison de leur large visée, ces traités plus généraux sont souvent plus difficiles à négocier.

1.37 Le Danube à Budapest, en Hongrie (2005)

Un panda géant
Considéré comme une espèce en danger, le panda géant est devenu l'un des principaux symboles de la protection de la nature. Son habitat naturel en Chine a même été classé au patrimoine mondial de l'UNESCO.
1.38

AU-DELÀ DES FRONTIÈRES

FAIT DIVERS

Les problèmes environnementaux qui dépassent les frontières d'un seul pays présentent un véritable défi puisque leur règlement nécessite la collaboration de plusieurs États. AINSI, UN COURS D'EAU POLLUÉ QUI TRAVERSE PLUSIEURS PAYS NE PEUT ÊTRE ASSAINI QUE SI TOUS LES ÉTATS CONCERNÉS PARTICIPENT À SON ÉPURATION. Cela peut être particulièrement complexe dans le cas d'un fleuve comme le Danube, qui s'étire sur près de 2 900 km et qui traverse une dizaine de pays européens. C'est pourquoi plusieurs traités internationaux ont été rédigés afin de délimiter les droits et les devoirs de chaque État dans différentes situations environnementales problématiques.

LES SOMMETS DE LA TERRE DES NATIONS UNIES

En tant qu'organisation où sont représentés presque tous les États, les Nations Unies offrent un cadre naturel à l'élaboration de solutions mondiales pour les problèmes environnementaux. Plusieurs conférences internationales majeures, appelées Sommets de la Terre, ont ainsi été organisées sous la direction de cet organisme.

Premier Sommet de la Terre

Convoquée à Stockholm à l'initiative du gouvernement de la Suède, la Conférence des Nations Unies sur l'environnement humain (aussi connue sous le nom de Sommet de la Terre), est la première grande conférence internationale portant sur les enjeux environnementaux. Avec pour devise « Une seule Terre », elle a grandement contribué à une prise de conscience mondiale des problèmes écologiques.

Le Programme des Nations Unies pour l'environnement (PNUE)

L'un des principaux résultats de la Conférence de Stockholm est la fondation du Programme des Nations Unies pour l'environnement (PNUE). Le PNUE est le principal organisme chargé des questions environnementales au sein des Nations Unies. En collaboration avec de nombreux partenaires, il encourage la coopération pour la protection de l'environnement et le développement durable. Son personnel offre une importante expertise technique et administrative pour l'élaboration et la gestion des ententes internationales sur l'environnement.

1972

Commission mondiale sur l'environnement et le développement
1983

Publication du rapport Brundtland, *Notre avenir à tous*
1987

1.39
Nairobi, Kenya (1989)
L'installation du siège du PNUE dans cette ville africaine lui permet d'être plus proche des questions environnementales qui touchent les pays en développement.

VU ET ENTENDU

« Défendre et améliorer l'environnement pour les générations présentes et à venir est devenu pour l'humanité un objectif primordial […] »

Déclaration finale de la Conférence des Nations Unies sur l'environnement (1972)

1.40 Autochtone kayapo du Brésil (1992)
Plusieurs groupes autochtones ont profité du deuxième Sommet de la Terre au Brésil pour faire valoir leurs revendications et protester contre la destruction de la forêt amazonienne.

VU ET ENTENDU

« Le droit au développement doit être réalisé de façon à satisfaire équitablement les besoins relatifs au développement et à l'environnement des générations présentes et futures. »

Déclaration de Rio sur l'environnement et le développement (1992)

Deuxième Sommet de la Terre

Plusieurs milliers de personnes, dont une centaine de chefs d'État, ont participé à cette conférence internationale, qui s'est tenue à Rio de Janeiro (Brésil). Cette rencontre a été couronnée de succès avec la production de plusieurs déclarations de principes et d'ententes internationales.

Programme Action 21

Adopté lors du Sommet de la Terre de 1992, le programme Action 21 (action pour le 21e siècle) propose quelque 2 500 recommandations afin de mettre en application les principes du développement durable. Il s'attaque tant aux problèmes environnementaux qu'à la lutte contre la pauvreté et à l'amélioration des conditions de santé dans le monde. Ce programme volontaire peut aussi être appliqué localement. Plusieurs municipalités et communautés se sont d'ailleurs dotées d'un plan Action 21, parfois mieux connu sous le nom anglais d'Agenda 21.

Convention-cadre des Nations Unies sur les changements climatiques (CCNUCC)

Négociée au Sommet de la Terre de 1992, cette convention signée par 192 pays (en 2009) représente la première grande tentative pour s'attaquer au problème du réchauffement climatique dans le cadre des Nations Unies. Elle vise à stabiliser les concentrations de gaz à effet de serre (GES) dans l'atmosphère pour éviter les perturbations climatiques. Cet accord établit des objectifs communs, mais il ne contient pas de stratégies d'action proprement dites. Celles-ci doivent être discutées et approuvées dans des protocoles supplémentaires, comme le protocole de Kyoto signé en 1997.

1992 — 1997 Protocole de Kyoto — 2000 Objectifs du Millénaire pour le développement — 2002

Troisième Sommet de la Terre

Avec plus de 60 000 participants et participantes, le troisième Sommet de la Terre qui s'est tenu à Johannesburg, en Afrique du Sud, est la plus grande rencontre jamais organisée par les Nations Unies. Dix ans après le Sommet de Rio, cette conférence visait à compléter le programme mis sur pied en 1992 et faisait un bilan des efforts environnementaux internationaux. Malgré l'adoption d'un plan d'action général, son succès est obscurci par l'absence de participation du gouvernement des États-Unis.

VU ET ENTENDU

« Notre maison brûle et nous regardons ailleurs. [...] La Terre et l'humanité sont en péril, et nous en sommes tous responsables. »

Jacques Chirac, président de la France, au Sommet de Johannesburg (2002)

UNE PANOPLIE D'ENTENTES

Les Nations Unies constituent un cadre évident pour les discussions internationales sur l'environnement. Toutefois, le rôle exact de cet organisme est très variable. Ainsi, certaines ententes peuvent être négociées sans aucune implication de la part des Nations Unies.

Le protocole de Kyoto

Un exemple d'entente conclue sous l'égide des Nations Unies

Le protocole de Kyoto est né de la volonté d'appliquer à l'aide de mesures concrètes les grands principes énoncés dans la Convention-cadre des Nations Unies sur les changements climatiques (CCNUCC). Après de difficiles négociations qui ont eu lieu à Kyoto, au Japon, un accord a été conclu le 11 décembre 1997. Les signataires s'engageaient à réduire de 5,2 % par rapport au niveau de 1990 les émissions mondiales de six gaz à effet de serre (GES) avant 2012.

La convention de Vienne et le protocole de Montréal

Un exemple d'ententes conclues entre plusieurs pays, administrées ensuite par les Nations Unies

En 1985, la reconnaissance des dommages causés à la couche d'ozone par certains gaz provoque la réunion de plusieurs États qui signent la Convention de Vienne sur la protection de la couche d'ozone. Cette convention-cadre convient de la nécessité de limiter les activités humaines qui endommagent la couche d'ozone. Toutefois, des mesures concrètes pour interdire ces substances dangereuses ne sont prises que dans le cadre d'un accord complémentaire, le protocole de Montréal, entré en vigueur en 1989. Négociés entre les gouvernements, la convention de Vienne et le protocole de Montréal sont pourtant administrés par le Programme des Nations Unies pour l'environnement (PNUE).

La Convention internationale pour la régulation de la chasse à la baleine et aux grands cétacés

Un exemple d'entente indépendante des Nations Unies

Signée en 1946, cette convention met sur pied un organisme administratif, la Commission baleinière internationale (CBI), chargé de s'assurer de la conservation de toutes les espèces de baleines. En 1986, cette Commission impose un moratoire toujours en vigueur sur la chasse à la baleine. Certains pays poursuivent toutefois des activités de chasse à des fins commerciales (Norvège et Islande) ou scientifiques (Japon), ce qui crée certaines tensions avec les États qui s'y opposent.

1.41 Baleine à bosse en Antarctique
En 1994, la CBI crée autour du continent antarctique une réserve marine où toute forme de chasse commerciale à la baleine est strictement interdite.

1.42 Démonstration en faveur du protocole de Kyoto à Montréal (2005)

Une entente internationale pour protéger un territoire vierge

Un territoire neutre où les États collaborent librement entre eux afin de promouvoir la science et le respect de l'environnement? Non, il ne s'agit pas d'une utopie mais bien de… l'Antarctique. Ce froid continent sans population permanente est la seule région du globe qui ne possède aucun gouvernement et qui n'appartient officiellement à aucun pays.

Même si plusieurs États réclament la propriété d'une partie de ce territoire, leurs revendications sont suspendues et sans effet depuis l'entrée en vigueur du Traité sur l'Antarctique, en 1961. Les principaux pays intéressés par l'Antarctique se sont alors réunis afin de faire de ce territoire une zone réservée à la recherche scientifique, où toute activité militaire, en particulier les tests nucléaires, est interdite.

À l'origine, le Traité sur l'Antarctique visait surtout à établir la neutralité du continent pour qu'il serve à des fins scientifiques. Toutefois, on a rapidement compris la nécessité de préserver la nature pratiquement vierge de toute intervention humaine de ce territoire exceptionnel. Plusieurs mesures ont alors été adoptées afin de protéger l'environnement antarctique. L'ensemble de ces conventions et protocoles forme le Système du Traité sur l'Antarctique.

1.43 L'Antarctique

LE SYSTÈME DU TRAITÉ SUR L'ANTARCTIQUE

Principales conventions et protocoles formant le Système du Traité sur l'Antarctique:

- *Traité sur l'Antarctique* (entré en vigueur en 1961)
- *Mesures convenues pour la conservation de la faune et de la flore de l'Antarctique* (1982)
- *Convention sur la protection des phoques de l'Antarctique* (1978)
- *Convention sur la conservation de la faune et de la flore marines de l'Antarctique* (1982)
- *Protocole relatif à la protection de l'environnement en Antarctique* (1998): aussi connu sous le nom de protocole de Madrid, ce traité fait de l'Antarctique une réserve naturelle dévolue à la paix et à la science. Il interdit toute activité minière autre que scientifique.

LA GESTION DES ENTENTES

La négociation d'un accord international ne se limite pas à l'obtention d'un consensus sur les objectifs à atteindre. Il faut aussi s'entendre sur la mise en application du traité, c'est-à-dire les moyens par lesquels il entrera en vigueur et la manière dont il sera géré par la suite.

De la signature à l'entrée en vigueur

Pour qu'une entente internationale entre en vigueur, elle doit d'abord être officiellement signée par toutes les parties qui désirent s'y soumettre. Cette signature se fait sur une base volontaire : on ne peut ouvertement forcer un État à signer un traité contre son gré.

Certaines ententes entrent en vigueur dès leur signature, mais la plupart sont d'abord soumises à certaines conditions.

- Les traités internationaux doivent le plus souvent être ratifiés après avoir été signés, c'est-à-dire qu'ils doivent être approuvés par les dirigeants du pays signataire. Dans les pays démocratiques, cela signifie le plus souvent que le traité, comme toute autre loi, doit être accepté par les représentants élus du peuple. On évite ainsi que les dirigeants d'un pays ne négocient des accords contraires à la volonté du peuple.
- Souvent, les traités multilatéraux contiennent une clause qui précise qu'un certain nombre de pays doit avoir ratifié le document avant qu'il entre en vigueur.

Un exemple : le protocole de Kyoto

Ce protocole devait entrer en vigueur 90 jours après avoir été ratifié par un minimum de 55 pays collectivement responsables d'au moins 55 % des émissions mondiales de CO_2. La ratification du protocole par la Russie à la fin de 2004 a finalement permis d'atteindre cet objectif et le protocole est entré en vigueur le 30 novembre 2005, lors de la conférence de Montréal. Près de huit ans se sont écoulés entre les premières signatures du protocole et sa mise en application.

1.44 La ville de Kyoto, où a été signé le protocole du même nom (2006).

1.45
Rencontre des ministres de l'environnement lors du sommet du G8 (2007).

La gestion d'un traité

Après avoir été signé et ratifié, un traité doit être mis en application. Pour cela, il est souvent nécessaire de créer divers organes administratifs, comme un bureau central ou une convention (réunion) des signataires. Celle-ci peut se tenir régulièrement pour faire le point sur la mise en application du traité, discuter des problèmes qui se posent et proposer des modifications s'il y a lieu.

D'autres organismes peuvent également être créés selon les besoins particuliers de chaque entente. Il peut s'agir par exemple d'un comité scientifique, d'un comité légal ou d'un organisme chargé d'amasser des fonds internationaux pour aider les pays moins riches à mettre la convention en vigueur. Tous ces groupes collaborent afin de s'assurer que le traité soit appliqué tel que prévu.

Un exemple : le protocole de Kyoto

Comme le protocole de Kyoto se rattache à la Convention-cadre sur les changements climatiques (CCNUCC), il partage avec cette dernière plusieurs organes : une conférence annuelle des signataires, un secrétariat central installé à Bonn, en Allemagne, un comité chargé de fournir des conseils sur les questions scientifiques et technologiques et un comité spécialisé dans les questions de mise en vigueur. Le protocole a aussi ses propres organes pour gérer certains aspects particuliers de l'entente.

Le rôle du Programme des Nations Unies pour l'environnement

Dans le cas des ententes internationales qui concernent l'environnement, l'organisme administratif chargé de gérer et d'appliquer un traité est souvent placé sous la direction du Programme des Nations Unies pour l'environnement (PNUE). Le personnel du PNUE possède en effet une solide expérience dans ce domaine et est reconnu pour son impartialité en raison de son appartenance aux Nations Unies. Le PNUE est donc responsable de la gestion de plusieurs conventions et protocoles internationaux.

Quelques organismes de gestion de traité placés sous l'autorité du PNUE :

- le Secrétariat de la Convention de Bâle sur le contrôle des mouvements transfrontaliers des déchets ;
- le Secrétariat de la Convention sur la biodiversité biologique (CBD) ;
- le Secrétariat de la Convention sur le commerce international des espèces menacées (CITES) ;
- le Secrétariat de la Convention sur les espèces migratoires (CMS) ;
- le Secrétariat de l'ozone (convention de Vienne et protocole de Montréal) ;
- le Secrétariat de la Convention de Stockholm sur les polluants organiques persistants (POP).

LES PROBLÈMES D'APPLICATION

Les intérêts particuliers de chaque État peuvent être divergents et la plupart des ententes internationales reposent sur la bonne volonté des signataires. C'est pourquoi il peut être difficile non seulement de mettre ces traités en application, mais également de les faire respecter.

Le refus de signer

Les ententes internationales ne représentent pas toujours la solution idéale pour régler les problèmes environnementaux, car il arrive fréquemment que des États refusent d'y adhérer.

Toutes sortes de raisons peuvent motiver ce refus : manque d'intérêt, engagements contraires, préférence pour une autre solution, etc. Ce sont toutefois les arguments d'ordre économique qui reviennent le plus souvent. Ainsi, un pays qui tire d'importants revenus de l'industrie pétrolière sera souvent moins enclin à signer une entente qui vise à diminuer la consommation mondiale de pétrole.

Par ailleurs, d'autres États craignent de perdre partiellement leur autonomie s'ils se soumettent à des règles internationales. C'est ainsi que les intérêts particuliers de chaque État peuvent en venir à s'opposer à l'intérêt général de la planète.

À qui la faute ?

Les pays développés, fortement industrialisés, sont à l'origine d'une grande partie des problèmes environnementaux. Plusieurs pays en développement estiment qu'ils ont droit eux aussi de faire croître leur économie, même si cela entraîne des conséquences néfastes sur l'environnement. Ils réclament l'application du principe de « pollueur-payeur », c'est-à-dire que ceux qui sont responsables de la pollution devraient également être responsables de corriger la situation.

En pratique toutefois, la collaboration de tous les États est nécessaire pour régler les problèmes environnementaux. Afin de tenir compte de cette situation, les traités internationaux appliquent souvent le principe de « responsabilité commune mais différenciée ». Selon ce principe, tous les pays sont responsables de la bonne santé de la planète mais certains doivent fournir des efforts supplémentaires en raison de leurs responsabilités historiques et de leurs plus grandes capacités financières.

1.46
Un troupeau devant une usine de ciment en Égypte (1992)
Les traités environnementaux offrent souvent des conditions avantageuses aux pays peu industrialisés en raison de leur plus faible responsabilité dans la situation environnementale actuelle et de leur besoin de poursuivre leur développement économique.

1.47 Nombre de signataires de quelques traités environnementaux

	Nombre de signataires originaux	Nombre de participants en 2009
Convention de Vienne pour la protection de la couche d'ozone (1985)	28	194
Protocole de Montréal (1987)	46	194
Convention-cadre des Nations Unies sur les changements climatiques (1992)	165	192
Protocole de Kyoto (1997)	84	182
Convention de Stockholm sur les polluants organiques persistants (2001)	152	159

Des sanctions

Les pays ne sont pas tous en mesure de respecter les traités qu'ils ont signés et ratifiés. Ce manquement peut être involontaire et s'expliquer par des problèmes économiques ou l'irréalisme des engagements qui ont été pris. Dans ce cas, la tolérance est le plus souvent de mise et les autres États tentent d'aider les fautifs en leur fournissant une aide technique, scientifique ou financière.

Il arrive toutefois qu'après avoir été avisé de son infraction, le pays coupable refuse de se plier au traité. La plupart des ententes internationales prévoient explicitement ce qu'il faut faire dans une telle situation. Elles recommandent le plus souvent de recourir d'abord à la diplomatie pour tenter de convaincre le pays rebelle. Il faut lui faire comprendre qu'il va à l'encontre de la volonté de la majorité des États et qu'il perd ainsi sa crédibilité internationale.

Si cette intervention est insuffisante, il peut être nécessaire de soumettre le différend à une autorité internationale préalablement choisie, telle la Cour internationale de justice qui siège à La Haye, aux Pays-Bas, pour qu'il soit jugé. Si le récalcitrant refuse de reconnaître le jugement, la communauté internationale peut décider d'appliquer des sanctions directes, par exemple des sanctions économiques telles que l'imposition de pénalités commerciales au pays fautif.

Un exemple : le protocole de Kyoto

Le protocole de Kyoto prévoit que les pays qui n'arrivent pas à respecter leur engagement à diminuer leurs émissions de gaz à effet de serre devront se rattraper en réduisant leurs émissions de 30 % de plus. En outre, tant qu'ils n'auront pas rétabli leur situation, ils ne pourront pas participer aux mécanismes d'échange et d'aide prévus dans l'accord.

LES RÉSULTATS OBTENUS

Depuis maintenant plusieurs décennies, les lois nationales et les ententes internationales à propos de l'environnement se multiplient. Toute cette activité législative a-t-elle un réel effet positif sur l'environnement ? Les grands principes défendus sont-ils de simples vœux pieux ou ont-ils des résultats concrets ?

Des ententes efficaces ?

Il est difficile de porter un jugement global sur l'efficacité des actions qui ont été entreprises afin d'améliorer la situation environnementale de la planète. Dans la plupart des cas, ces mesures commencent à peine à être appliquées : il est donc trop tôt pour évaluer si, au bout du compte, elles seront un succès ou non.

De plus, divers critères peuvent être retenus pour juger de leur pertinence. Il est ainsi possible d'évaluer de manière stricte et concrète le rôle que ces ententes jouent dans l'amélioration des conditions environnementales. Il est aussi possible d'examiner plutôt leur contribution à la diffusion des préoccupations écologiques à travers la planète. Par exemple, une conférence internationale peut ne pas aboutir à un véritable plan d'action mais tout de même contribuer grandement à la reconnaissance publique d'un certain problème écologique.

L'environnement partout

L'importance croissante des questions environnementales dans les discussions internationales semble indiquer que les diverses politiques sur ce sujet ont eu un effet positif. En effet, avant les années 1980, les considérations écologiques étaient le plus souvent traitées comme des problèmes particuliers, réservés aux spécialistes. Depuis, l'environnement est devenu un sujet incontournable, intégré à tous les débats internationaux, peu importe leur sujet.

Ainsi, les ententes commerciales incluent maintenant très souvent des dispositions particulières pour s'assurer du respect des normes environnementales. C'est le cas par exemple de l'Accord de libre-échange nord-américain (ALENA), qui contient plusieurs articles portant sur l'harmonisation des normes environnementales entre les pays participants.

LA GUERRE VERTE ?

FAIT DIVERS

Aujourd'hui, même les activités guerrières sont sujettes aux préoccupations environnementales. On a en effet réalisé qu'elles étaient souvent à l'origine de graves catastrophes écologiques. La guerre du Viêt Nam en offre un triste exemple. **DANS L'ESPOIR DE FAIRE SORTIR LES SOLDATS QUI SE CACHAIENT DANS LES BOIS, LES ÉTATS-UNIS ONT DÉVERSÉ DES MILLIONS DE LITRES D'HERBICIDE SUR LES FORÊTS VIETNAMIENNES.** Ils ont ainsi détruit un riche milieu naturel, empoisonné toute la chaîne alimentaire et causé de nombreuses maladies.

1.48
Épandage d'herbicide lors de la guerre du Viêt Nam (1965)

Des résultats : de l'échec à la réussite

Plusieurs ententes internationales restent simplement de bonnes intentions et n'ont que peu d'effets concrets. C'est le cas par exemple de la Convention sur la lutte contre la désertification, adoptée lors du Sommet de la Terre de 1992. Les États signataires ont été incapables de s'entendre sur une politique d'action clairement définie, si bien que le phénomène de la désertification continue aujourd'hui à prendre de l'ampleur. Selon l'UNESCO, près du tiers des terres sont maintenant menacées. Chaque année, les déserts continuent à s'étendre, réduisant les terres disponibles pour l'agriculture et menaçant les populations voisines.

Il existe des traités environnementaux qui, sans être de véritables échecs, ne sont pas non plus de francs succès. C'est le cas par exemple du protocole de Kyoto. Plusieurs des pays signataires ont fait de grands efforts pour atteindre les objectifs de réduction des gaz à effet de serre qu'ils s'étaient fixés tandis que d'autres n'y sont pas parvenus. La situation est donc en progression, mais elle pourrait s'améliorer encore davantage.

Certains traités internationaux sont des succès incontestables et contribuent fortement à améliorer les conditions environnementales de la planète.

Le protocole de Montréal en est sans doute le meilleur exemple. Près de 20 ans après son entrée en vigueur en 1989, les 194 signataires, c'est-à-dire la quasi-totalité des États de la planète, ont effectivement grandement diminué leur utilisation de gaz qui contribuaient à détruire la couche d'ozone. L'arrêt total de leur production est prévu pour 2010 et un bon nombre de scientifiques estiment que, grâce à ces efforts, la couche d'ozone devrait retrouver, entre 2055 et 2065, l'état dans lequel elle était en 1980.

Désertification au Mali (2005)
1.49

ANGLE D'ENTRÉE **L'INTENSIFICATION DES MOUVEMENTS MIGRATOIRES**

Objet d'interprétation

Les mutations économiques et sociales liées à l'intensification des mouvements migratoires

CONCEPTS

Migration (p. 69)
Culture (p. 98)
Délocalisation (p. 87)
Diaspora (p. 97)
Réseau (p. 97)
Urbanisation (p. 98)

Objet de prise de position (OPP)

OPP 1 Gestion de l'expansion urbaine

OU

OPP 2 Migration et monde du travail

Avec la mondialisation des échanges, les mouvements mondiaux de population s'accélèrent et s'intensifient. Peu importe les raisons de ces déplacements, ils entraînent d'importantes conséquences économiques et ont des effets marquants sur les sociétés touchées.

POPULATION

2.1 À la suite du passage d'un tsunami, des Indonésiens et Indonésiennes de la province de Lampung transportent leurs biens (2004).

Connaissances liées au thème

- Changements démographiques (p. 78-79)
- Économies parallèles (p. 96-97)
- Mouvements migratoires (p. 74-75, 84-85)
- Organisation urbaine (p. 98-101)
- Politiques d'emploi (p. 86 à 89)
- Politiques d'immigration (p. 82-83, 90-91)
- Réseaux internationaux (p. 73, 96-97)

Repères culturels

- Haut Commissariat des Nations Unies pour les réfugiés (1951) (p. 80)
- Fondation Migrinter (1985) (p. 75)
- *Déclaration de l'Organisation internationale du travail relative aux principes et droits fondamentaux au travail* (1998) (p. 87)
- Jane Jacobs (1916-2006) (p. 101)

LES MIGRATIONS : NOTIONS DE BASE

Au cours des dernières décennies, le phénomène migratoire a connu une intensification notable. Depuis 1980, le nombre de migrants et migrantes s'accroît de 2 à 3 millions chaque année, comparativement à 600 000 dans les années 1960. Pourtant, la population migrante représente moins de 3 % de la population mondiale.

2.2 ▶ Nombre de migrants et migrantes internationaux dans le monde (1960-2005)

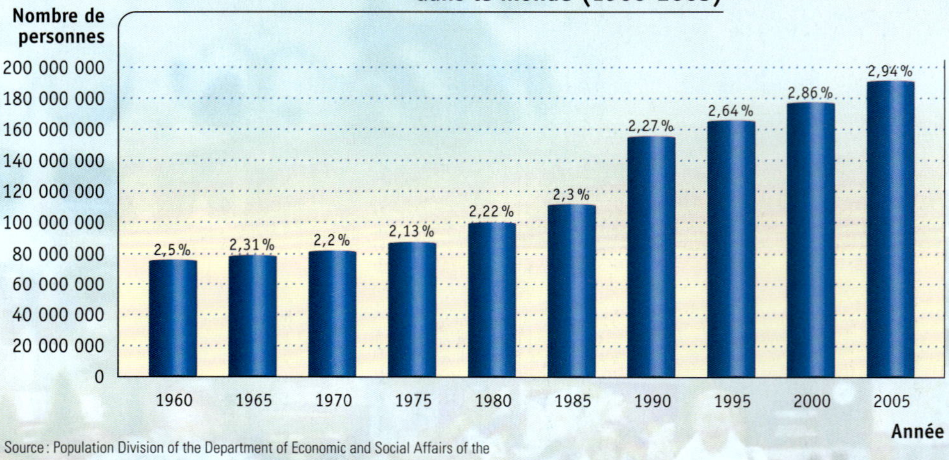

Source : Population Division of the Department of Economic and Social Affairs of the United Nations Secretariat, « Trends in Total Migrant Stock : The 2005 Revision », [En ligne], 2008.

Proportion de la population migrante par rapport à la population mondiale

Les types de migrations

Migrations		Migrations
définitives	⇔	temporaires
légales	⇔	clandestines
locales	⇔	internationales
volontaires	⇔	forcées

Immigration
Arrivée dans un pays de personnes qui désirent s'y installer.

Émigration
Départ de personnes qui souhaitent s'installer dans un nouveau pays.

Solde migratoire

Nombre des arrivées (immigrants)
− Nombre des départs (émigrants)

Solde migratoire ou immigration nette

DE L'ACTUALITÉ

REFLET

La migration est le concept central de ce chapitre.

a) Comment définiriez-vous ce concept ?

b) Dans l'actualité, avez-vous lu ou entendu une nouvelle concernant la migration ?

2.3
Des Roms de Roumanie (1990)
Jusqu'à récemment, les Roms (aussi connus sous le nom de Gitans ou de Tziganes) étaient des artisans nomades.

Le profil des migrants et migrantes

Âge ▪ La majorité des migrants et migrantes sont jeunes : ils ont en moyenne entre 20 et 40 ans. Beaucoup migrent alors qu'ils sont au début de leur vie active ou de leur carrière professionnelle, ou pour entreprendre des études supérieures ou pour se mettre en ménage.

Sexe ▪ Les femmes représentent presque la moitié des migrants (49,6 % en 2005). Leur nombre est un peu plus élevé dans les pays développés que dans les pays en développement, notamment parce que les pays industrialisés leur offrent plus de possibilités.

État civil ▪ Une part importante des jeunes hommes qui s'installent à l'étranger sont célibataires, surtout ceux qui migrent pour des raisons professionnelles. Les femmes migrent plus souvent dans le cadre des politiques de regroupement familial. Avec leurs enfants, elles vont rejoindre leur mari ou leur conjoint déjà installé à l'étranger.

Profession ▪ Depuis quelques années, le nombre de travailleurs qualifiés qui migrent à l'étranger s'accroît, et le phénomène ne touche pas seulement les pays industrialisés. Toutefois, les femmes qui rejoignent leur conjoint à l'étranger sont souvent moins qualifiées professionnellement.

Les populations nomades

Le nomadisme, de plus en plus rare aujourd'hui, demeure le mode de vie privilégié de plusieurs peuples. La plupart des nomades sont des éleveurs qui pratiquent la transhumance, c'est-à-dire la migration saisonnière du bétail d'un pâturage à un autre. Ils suivent des itinéraires précis, établis depuis fort longtemps. Toutefois, certains circuits traditionnels sont désormais impraticables parce qu'ils chevauchent plusieurs pays et qu'il est devenu difficile de traverser les frontières d'un pays à l'autre. La plupart des nomades se contentent donc de migrer d'une région à une autre à l'intérieur d'un même pays.

2.4
Pasteurs touaregs d'Afrique du Nord (2003)

L'HISTOIRE RÉCENTE DES MIGRATIONS

Les migrations remontent au début de l'humanité. En effet, les données archéologiques démontrent que les êtres humains sont apparus en Afrique et qu'ils se sont dispersés à travers la planète. Toutefois, au cours de la période contemporaine, la mobilité des populations s'est accélérée et les flux migratoires se sont diversifiés.

2.5
Inspection des immigrants à Ellis Island (1920)
De 1892 à 1954, les immigrants et immigrantes qui arrivent à New York doivent d'abord débarquer sur Ellis Island, une île à proximité de Liberty Island où se dresse la statue de la Liberté. Les autorités examinent les papiers des nouveaux arrivants et s'assurent qu'ils ne sont pas porteurs de maladies contagieuses avant de les laisser entrer aux États-Unis.

19e siècle – début du 20e siècle : les migrations transocéaniques

Jusqu'à la crise économique des années 1930, les grands mouvements migratoires se déroulent à sens unique, partant de l'Europe vers les Amériques et, dans une moindre mesure, vers l'Australie et la Nouvelle-Zélande. De 1821 à 1932, plus de 50 millions d'Européens quittent ainsi leur pays pour s'installer sur les terres peu peuplées du Nouveau Monde, généralement de manière permanente. Le développement de ces immenses terres requiert un grand nombre de travailleurs alors que de nombreux pays européens sont surpeuplés. Ces mouvements migratoires contribuent à répandre les cultures européennes à travers la planète.

1821 — 1900 — 1930

La crise économique et la Seconde Guerre mondiale : un temps d'arrêt

Pendant la crise économique des années 1930 et la Seconde Guerre mondiale (1939-1945), le phénomène migratoire marque un temps d'arrêt. Durant la crise, la hausse spectaculaire et généralisée du chômage limite les possibilités d'établissement dans les pays neufs. En effet, pour limiter l'immigration et protéger les emplois locaux, de nombreux pays, dont le Canada et les États-Unis, adoptent des mesures, tel l'établissement de quotas et de critères d'admission selon l'origine ou les qualifications professionnelles. La Seconde Guerre mondiale empêche la reprise des mouvements migratoires puisque les populations sont mobilisées par le conflit et que le transport par bateau s'avère trop dangereux.

2.6
En 1945, des soldats américains reviennent d'Europe après deux ans de combats.

L'IMMIGRATION CANADIENNE

En tant que colonie anglaise, le Canada a longtemps privilégié la venue de Britanniques et, plus largement, l'immigration d'Européens et d'Européennes. Au 20e siècle, le Canada, tout comme les États-Unis, a adopté des mesures pour limiter l'immigration de gens venant de certaines régions du monde, notamment de l'Asie et de l'Afrique. Par exemple, en 1927, le Canada a reçu 144 000 immigrants et immigrantes, dont 60 000 des îles Britanniques. **SEULEMENT 2 CHINOIS, 4 ARABES ET … 13 AMÉRINDIENS ONT ÉTÉ AUTORISÉS À IMMIGRER!**

FAIT DIVERS

2.7
Des réfugiés vietnamiens appelés « boat people » (1978). Après la défaite des États-Unis contre le Nord Viêt Nam en 1975, plus d'un million de Vietnamiens fuient le régime communiste sur des bateaux de fortune.

De l'après-guerre aux années 1970 : un flux migratoire Nord-Sud

À la fin du conflit mondial, l'immigration vers les Amériques reprend. Entre 1950 et 1970, près de 10 millions d'Européens et d'Européennes quittent le vieux continent. Toutefois, les migrations s'articulent surtout selon un axe Nord-Sud. Les migrants et migrantes quittent les pays en développement du Sud (Asie du Sud, Afrique, Amérique latine) pour chercher des emplois dans les pays industrialisés du Nord qui connaissent alors un essor économique important.

Enfin, dans les années 1945-1960, la décolonisation provoque d'importants mouvements de population. Par exemple, la partition des Indes britanniques force quelque sept millions d'Indiens musulmans à partir vers le Pakistan et entraîne le reflux de six millions d'hindous vers l'Inde. De plus, après l'accession à l'indépendance, les ressortissants étrangers regagnent leur métropole par milliers.

1945 1950 1970 2000

Depuis les années 1970 : une immigration multiforme

Depuis les années 1970, de nouveaux pôles d'attraction émergent, orientant le flux migratoire selon un axe Sud-Sud qui s'ajoute à l'axe Nord-Sud. Dans les pays du golfe Persique, le boom pétrolier requiert une main-d'œuvre abondante qui provient des pays arabes voisins, mais aussi de l'Inde, du Pakistan et de l'Asie du Sud-Est. En Afrique du Sud et dans certains pays d'Afrique de l'Ouest (Nigeria, Côte d'Ivoire, Sénégal), le développement de l'industrie minière et des cultures d'exportation attire de nombreux travailleurs des pays africains voisins, plus pauvres.

À la fin des années 1980, la chute du bloc communiste entraîne l'apparition d'un nouvel axe migratoire Est-Ouest. Des dizaines de milliers de ressortissants des anciens pays communistes émigrent vers l'Occident, en Europe de l'Ouest et en Amérique du Nord.

LES TRANSPORTS ET LES COMMUNICATIONS

L'évolution des transports depuis le 19e siècle a un impact majeur sur les mouvements migratoires. Les déplacements s'effectuent avec une rapidité croissante vers des lieux de plus en plus éloignés à des coûts qui tendent à baisser. Les itinéraires empruntés par les passagers se diversifient.

Les moyens de transport

Les transports maritimes

À compter des années 1840, les navires à voile sont progressivement remplacés par des paquebots à vapeur, plus sûrs et plus rapides. Ces navires, qui transportent des passagers, assurent la liaison entre l'Europe et le Nouveau Monde ainsi qu'entre les principales villes de la Méditerranée. Ils relient la Grande-Bretagne à New York en une quinzaine de jours.

Le chemin de fer

Apparu dans les années 1830, le chemin de fer révolutionne le transport terrestre des passagers. L'utilisation du rail et de la locomotive à vapeur permet en effet de multiplier le nombre de voyageurs et d'accroître la vitesse du transport. Les voies ferrées favorisent l'intensification des migrations régionales, notamment en Europe, mais elles sont aussi utiles aux migrants et migrantes internationaux qui peuvent plus facilement se disperser dans un pays d'accueil à partir de la ville d'arrivée.

L'automobile

Mises au point dans les dernières décennies du 19e siècle, les voitures à essence sont produites en série au début du siècle suivant. La demande croissante d'automobiles et l'amélioration des techniques de production entraînent bientôt une baisse du prix de ces véhicules qui se répandent rapidement. Ce moyen de transport permet une souplesse et une rapidité dans les déplacements de population, ce qui favorise particulièrement les migrations temporaires à l'intérieur des continents et des pays.

L'avion

Après la Seconde Guerre mondiale, l'avion, utilisé jusque-là surtout à des fins militaires, commence à transporter des passagers civils sur de grandes distances. D'importantes baisses de tarifs, stimulées par la concurrence et par la forte demande, rendent l'avion accessible à un grand nombre de migrants et migrantes, principalement à partir des années 1980. Cela modifie sensiblement la répartition des pays d'accueil et l'intensité du flux migratoire. Désormais, il est possible de voyager partout dans le monde et de faire facilement des allers-retours.

2.8
Le train à vapeur de la ligne Liverpool-Manchester, au Royaume-Uni (fin du 19e siècle)

Un Boeing 747

2.9

LES TRANSPORTS AÉRIENS

FAIT DIVERS

Le transport aérien s'est considérablement démocratisé au cours des 50 dernières années. En 1950, on comptait 24 millions de passagers ; aujourd'hui, on en compte près de 2 milliards. Quotidiennement, 20 000 avions effectuent plus de 80 000 vols, ce qui équivaut à UN ATTERRISSAGE ET UN DÉCOLLAGE À CHAQUE SECONDE.

L'évolution des technologies de communication facilite les migrations. Les migrants et migrantes peuvent obtenir plus facilement des renseignements sur les pays susceptibles de les accueillir.

La diffusion de l'information

Au 19e siècle, les gens qui pensent à émigrer disposent de peu de sources de renseignements sur les pays qui les intéressent : articles et publicités dans les journaux, affiches et brochures de propagande diffusées par les gouvernements qui veulent encourager l'immigration, lettres et télégrammes de leurs proches partis avant eux. Puis, avec l'invention du téléphone, il devient possible d'entrer en contact directement avec les institutions et les gens du pays d'accueil, facilitant ainsi la planification de l'établissement dans le nouveau pays.

Au 20e siècle, la radio et la télévision permettent d'en apprendre plus sur les différents pays d'accueil. Les documentaires et les émissions d'information fournissent des renseignements sur la société, la culture et la politique des pays étrangers.

Aujourd'hui, le réseau Internet facilite grandement la vie des migrants et migrantes qui peuvent y trouver une foule de renseignements, télécharger les formulaires administratifs, louer un appartement à distance, chercher un emploi, etc.

2.10

Une affiche de propagande pour l'immigration au Canada dans les années 1920

Le maintien des réseaux

La rapidité et la performance accrue des moyens de communication contribuent grandement au maintien d'un réseau social entre les compatriotes expatriés et les gens demeurés dans le pays d'origine. Ce réseau est précieux pour les migrants et migrantes. Ceux et celles qui sont déjà sur place peuvent fournir divers renseignements aux futurs immigrants et immigrantes et faire certaines démarches.

De plus, il arrive fréquemment que des membres du réseau accueillent les nouveaux arrivants chez eux et les aident à se trouver un logement et un emploi.

2.11

Un téléphone de la fin du 19e siècle

Faits saillants

Vers 1450 ■ Invention de l'imprimerie par Johannes Gutenberg
1609 ■ Premier journal imprimé en Allemagne
1837 ■ Invention du télégraphe électrique par Samuel Morse
1876 ■ Invention du téléphone par Alexander Graham Bell
1895 ■ Première projection publique d'un film par les frères Lumière à Paris
1906 ■ Première émission de radio aux États-Unis
1926 ■ Première démonstration d'un téléviseur par John Baird
1962 ■ Premier satellite de télécommunication lancé dans l'espace
Début des années 1990 ■ Utilisation du réseau Internet par le grand public

LES PAYS D'ORIGINE ET LES PAYS DE DESTINATION

De nos jours, les lieux d'origine et de destination des immigrants et immigrantes sont très diversifiés. En général, les pays prospères sont ceux qui attirent le plus les populations immigrantes alors que les pays en développement fournissent les plus forts contigents d'émigrants et émigrantes.

Les principaux pays dont le solde migratoire est négatif (2000-2005)
2.12

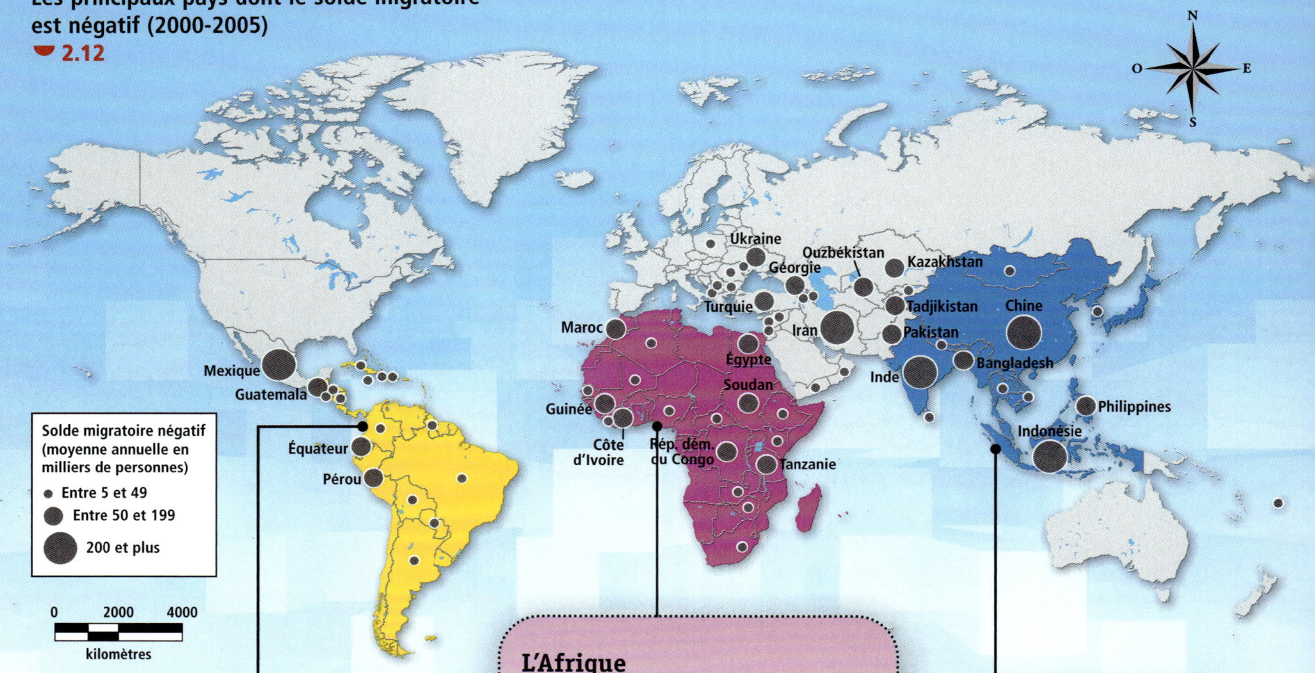

L'Amérique latine

Autrefois terre d'immigration, l'Amérique latine a perdu son attrait en raison de l'augmentation considérable de sa population, de l'instabilité politique qui y règne et des crises économiques qui ont frappé certains de ses pays. Les ressortissants latino-américains émigrent majoritairement dans les pays industrialisés, principalement les États-Unis, et, dans une moindre mesure, dans certains pays d'Europe et au Japon.

L'Afrique

Les migrations africaines se déroulent surtout à l'intérieur du continent. Quelques pays dotés de ressources premières, dont l'Afrique du Sud ou la Namibie, attirent les populations des pays voisins. De plus, les conflits politiques provoquent de nombreux déplacements de population. L'Afrique est ainsi le continent qui compte le plus grand nombre de réfugiés politiques.

L'Asie

Bon nombre de travailleuses et travailleurs qualifiés quittent l'Inde, le Japon ou la Corée du Sud pour travailler ou étudier en Amérique du Nord ou en Australie. D'autres pays asiatiques tels que les Philippines ou l'Indonésie fournissent une main-d'œuvre non qualifiée qui émigre vers des pays limitrophes où l'économie est plus florissante, notamment le Japon.

Source : Population Division of the Department of Economic and Social Affairs of the United Nations Secretariat, « International Migration », [En ligne], 2006.

LA FONDATION
MIGRINTER

- Fondée en 1985 par Gildas Simon, la fondation Migrinter est un centre de recherche spécialisé dans les migrations internationales. Établi à Poitiers, en France, ce centre offre de la formation aux étudiants et étudiantes des cycles universitaires supérieurs et constitue également une source importante de renseignements et de publications sur le phénomène migratoire.

Les États-Unis, le Canada et l'Océanie

Les pays du Nouveau Monde sont ceux qui attirent le plus d'immigrants et d'immigrantes, surtout pour des raisons économiques. Les États-Unis, qui comptent 38 millions de résidents nés à l'étranger (2006), se classent au premier rang mondial. En Australie, en Nouvelle-Zélande et au Canada, le pourcentage de la population immigrante est très élevé, soit environ 20 %.

Les principaux pays dont le solde migratoire est positif (2000-2005)
2.13

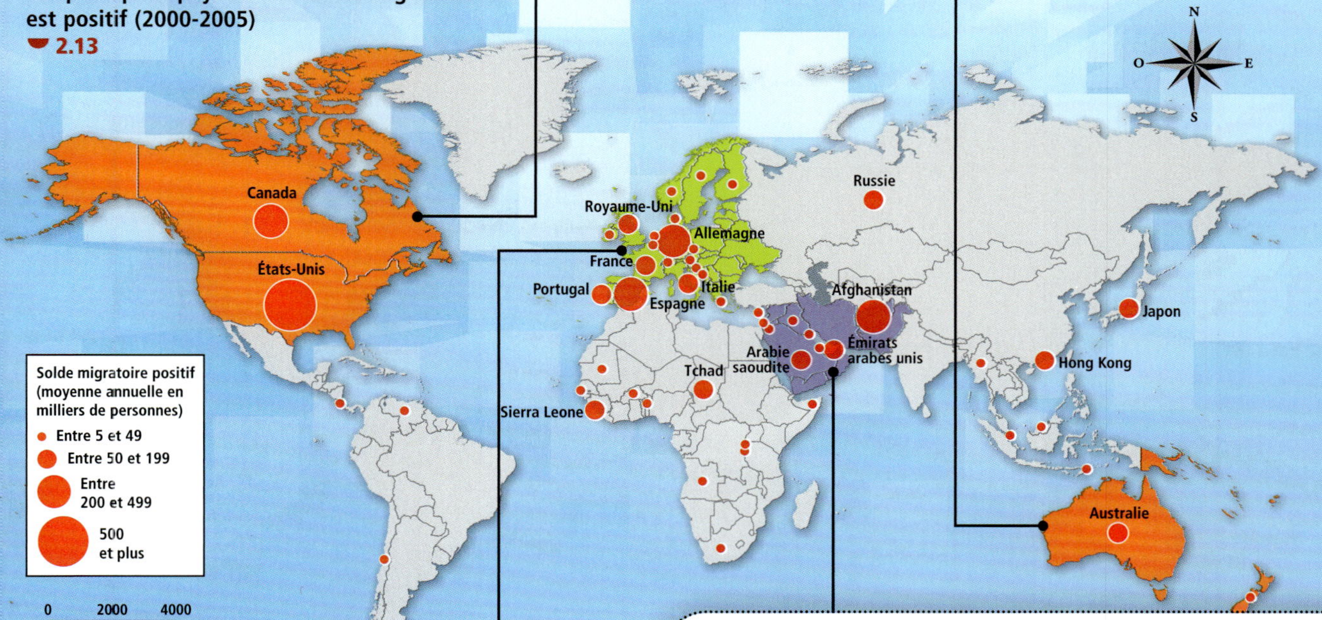

L'Europe

On observe d'importants mouvements de population dans la communauté européenne : les gens des pays de l'Est émigrent vers les pays de l'Ouest. En outre, plus de 16 millions d'étrangers et d'étrangères venant de la Turquie, du Maghreb et, dans une moindre mesure, de l'Afrique subsaharienne et de l'Asie, vivent en Europe. L'Allemagne et la France sont les pays qui reçoivent la plus forte population immigrante.

Le Moyen-Orient

Les pays producteurs de pétrole attirent une abondante main-d'œuvre étrangère. Les travailleurs les plus qualifiés viennent surtout des pays de l'Occident alors que les moins qualifiés arrivent des Philippines, de l'Inde, de la Syrie ou de l'Égypte. Leur nombre est si élevé qu'ils constituent la majorité de la population du Koweït ou de celle des Émirats arabes unis. Ils ne sont pas encouragés à s'établir définitivement.

Source : Population Division of the Department of Economic and Social Affairs of the United Nations Secretariat, « International Migration », [En ligne], 2006.

DES MIGRATIONS TEMPORAIRES

Il y a 100 ans, les migrants et migrantes qui traversaient l'Atlantique venaient généralement en Amérique pour s'y établir définitivement. Aujourd'hui, grâce à l'évolution des moyens de transport et à leur plus grande accessibilité, la population est beaucoup plus mobile et les migrations temporaires sont en constante augmentation.

Les migrations définitives et les migrations temporaires

De multiples raisons expliquent les déplacements temporaires : emploi saisonnier, contrat de travail à durée déterminée, voyages d'affaires, voyages de tourisme, séjours d'étude, etc. Les migrations temporaires peuvent durer de quelques jours à quelques années.

La distinction entre migration temporaire et migration définitive n'est pas toujours aussi tranchée qu'on pourrait le croire. En effet, les séjours de courte durée se transforment parfois en migration définitive. Par exemple, les jeunes qui étudient à l'étranger peuvent accepter un emploi dans leur pays d'accueil ou rencontrer une personne avec qui ils ou elles décident de s'installer pour fonder une famille.

Il est difficile de mesurer avec précision l'ampleur du phénomène des migrations temporaires. Les contrats de travail de courte durée peuvent être exécutés illégalement et le nombre de personnes en cause est impossible à calculer. Toutefois, il existe des programmes gouvernementaux pour faciliter l'embauche légale de la main-d'œuvre étrangère. Ainsi, le Canada délivre des visas à des milliers de Latino-Américains et Latino-Américaines qui viennent en été participer aux récoltes dans les fermes maraîchères. En 2006, le Québec en a reçu plus de 4 000, dont une grande majorité de Mexicains et Mexicaines.

2.14

Une remise de diplômes à l'Université Harvard (2003)

Les universités qui ont les meilleures réputations attirent davantage les étudiantes et étudiants étrangers. Ainsi, en 2004, l'Université Harvard aux États-Unis en comptait près de 3 500.

Les mobilités étudiantes

Depuis quelques années, les mobilités étudiantes sont en forte croissance, surtout au sein de la population étudiante universitaire des cycles supérieurs. Selon l'UNESCO, le nombre d'étudiants et d'étudiantes qui font une partie de leurs études à l'extérieur de leur pays natal est passé de 1,75 million à 2,5 millions entre 1999 et 2004. L'obtention d'un diplôme étranger est un atout précieux dans le cheminement professionnel et est de plus en plus reconnu sur le marché du travail.

Le plus fort contingent de la population étudiante étrangère vient de l'Asie, notamment de la Chine. Toutefois, proportionnellement, les étudiantes et étudiants africains sont les plus mobiles : aux cycles supérieurs, un sur cinq part étudier à l'étranger. Dans l'ensemble, les pays anglophones sont ceux qui reçoivent le plus d'étudiants et d'étudiantes, à commencer par les États-Unis qui accueillent 23 % de ce contingent.

LES ÉTUDIANTES ET ÉTUDIANTS ÉTRANGERS AU CANADA

FAIT DIVERS

Le Canada, comme l'ensemble des pays développés, est touché par l'internationalisation des études universitaires. En 2006, le pays a reçu 70 000 étudiantes et étudiants étrangers inscrits à temps plein et 13 000 à temps partiel. **C'EST PRESQUE TROIS FOIS PLUS QU'EN 1996.** Un peu moins du quart de cette population étudiante vient de Chine. Le reste de la population étudiante étrangère vient principalement des États-Unis, puis de la France et de l'Inde.

2.15
Des retraités en Floride
Le terme « snowbirds » (oiseaux des neiges) est souvent utilisé pour désigner les Canadiens et Canadiennes qui quittent le pays pendant l'hiver afin de passer quelques mois dans des endroits plus chauds.

La migration des retraités

Avec l'accroissement de l'espérance de vie en bonne santé et la mise en place de régimes de retraite, un nouveau phénomène est apparu dans les pays développés : la migration des retraités. Disposant de moyens financiers suffisants et d'un bon pouvoir d'achat, de nombreuses personnes à la retraite choisissent un nouveau lieu de résidence.

Plusieurs retraités ne migrent pas définitivement, se contentant de passer quelques mois par année à l'extérieur du pays. Les milliers de Québécois et Québécoises qui partent pour la Floride, la Californie ou le Mexique pendant les mois d'hiver en sont un bon exemple. En Floride, les « snowbirds » sont si nombreux que des journaux québécois y sont distribués et que les Caisses populaires Desjardins y ont implanté trois succursales.

L'intensification du tourisme

Au cours des dernières décennies, le tourisme (vacances et voyages d'affaires) a connu un essor sans précédent. Selon l'Organisation mondiale du tourisme (OMT), le nombre de touristes internationaux enregistrés dans le monde est passé de 436 millions en 1990 à 903 millions en 2007. L'OMT prévoit en outre que ce nombre augmentera de 5,4 % annuellement pour atteindre 1,6 milliard en 2020.

Parmi les destinations touristiques les plus courues, l'Europe occupe la première place, attirant plus de la moitié des voyageurs (54,4 % en 2006). Un peu plus de la moitié des touristes internationaux font des voyages d'agrément alors que moins de ⅕ des voyageurs font des voyages d'affaires.

2.16 Tourisme récepteur (1990-2006)

Source : World Tourism Organization, « International Tourism Receipt (Euro and $US) », [En ligne], 2008.

LES MIGRATIONS ET LA DÉMOGRAPHIE

Selon l'ONU, la démographie aurait une influence sur les mouvements migratoires dans le monde. On constate en effet que les migrants et migrantes viennent majoritairement de pays où la croissance démographique est élevée et se dirigent vers des pays dont la population vieillit.

La croissance démographique

La croissance démographique exprime la variation d'une population dans le temps. Elle se calcule de la manière suivante :

Croissance naturelle (natalité – mortalité)
\+ Solde migratoire (immigration – émigration)

Croissance démographique

Un résultat négatif indique que la population décline, ce qui est le cas pour un bon nombre de pays développés. Ainsi, selon l'ONU, l'Allemagne, l'Italie et le Japon auront en 2050 une population inférieure à ce qu'elle est aujourd'hui. En revanche, la population de l'Afghanistan, du Burundi et de l'Ouganda devrait tripler d'ici 2050.

Le vieillissement de la population

En plus de voir leur population décroître, la plupart des pays développés sont aux prises avec le vieillissement de leur population. Depuis la révolution industrielle, le taux de mortalité de ces pays a considérablement diminué grâce aux progrès de la médecine. L'espérance de vie s'y est accrue de manière spectaculaire, atteignant 75 ans au début du 21e siècle.

Parallèlement, les taux de fertilité ont sensiblement chuté. Avec une moyenne de 1,6 enfant par femme (2005), les pays développés ne peuvent assurer le remplacement des générations. Par conséquent, le nombre de jeunes diminue alors que le nombre de personnes âgées ne cesse d'augmenter.

La démographie et les mouvements migratoires

Dans les pays développés, le ratio entre les personnes en âge de travailler (15-64 ans) et les personnes retraitées diminue à cause du vieillissement de la population. Cela signifie qu'il y a de moins en moins de travailleurs et de travailleuses pour payer pour les pensions de retraite et les soins médicaux des personnes plus âgées dont le nombre s'accroît. En outre, les pays développés risquent de manquer de main-d'œuvre dans de nombreux secteurs de leur économie. Pour surmonter ces problèmes, ils encouragent les migrations de remplacement, c'est-à-dire l'immigration de personnes en âge de travailler.

À l'inverse, les pays en développement où les taux de croissance démographique sont élevés sont surpeuplés, créant ainsi des problèmes de chômage. De nombreuses personnes émigrent dans les pays développés pour y chercher du travail et de meilleures conditions de vie. Souvent, cet apport migratoire s'avère insuffisant pour contrer le vieillissement de la population des pays développés. Toutefois, dans quelques pays comme le Canada, la Belgique ou la Suède, le nombre des immigrantes et immigrants reçus est deux fois plus élevé que la croissance naturelle de la population.

Représentation du monde
Cette carte sert de référence pour l'analyse de la carte 2.18.
2.17

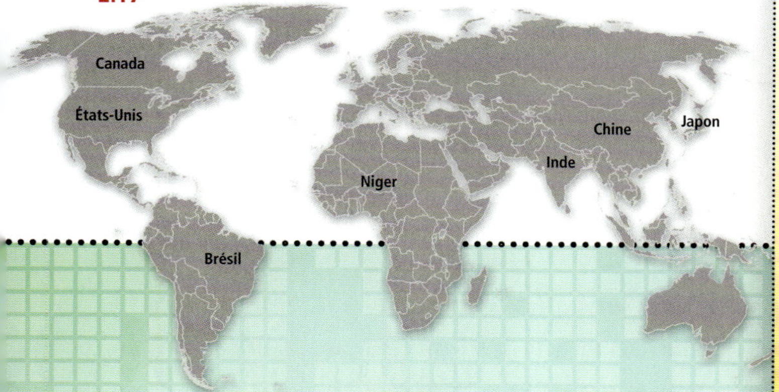

Le Québec

Le Québec connaît une situation semblable à celle des autres pays développés. Sa population vieillira au cours des prochaines décennies à cause du faible taux de fertilité des Québécoises (1,62 enfant par femme en 2007) et de l'espérance de vie élevée (80,6 ans en 2007). Le nombre de personnes âgées de plus de 80 ans devrait quadrupler d'ici 2050 et la population commencera à décroître vers 2031.

Le Japon

La population japonaise est la plus vieille du monde : la moyenne d'âge était de 42,9 ans en 2005. À cause du très bas taux de fertilité (1,27 enfant par femme) et de l'espérance de vie très élevée (82,6 ans), la population du Japon vieillit et décroît. Selon l'ONU, elle devrait diminuer de 5,5 millions d'ici 2050.

La croissance démographique dans le monde (2000-2025)
2.18

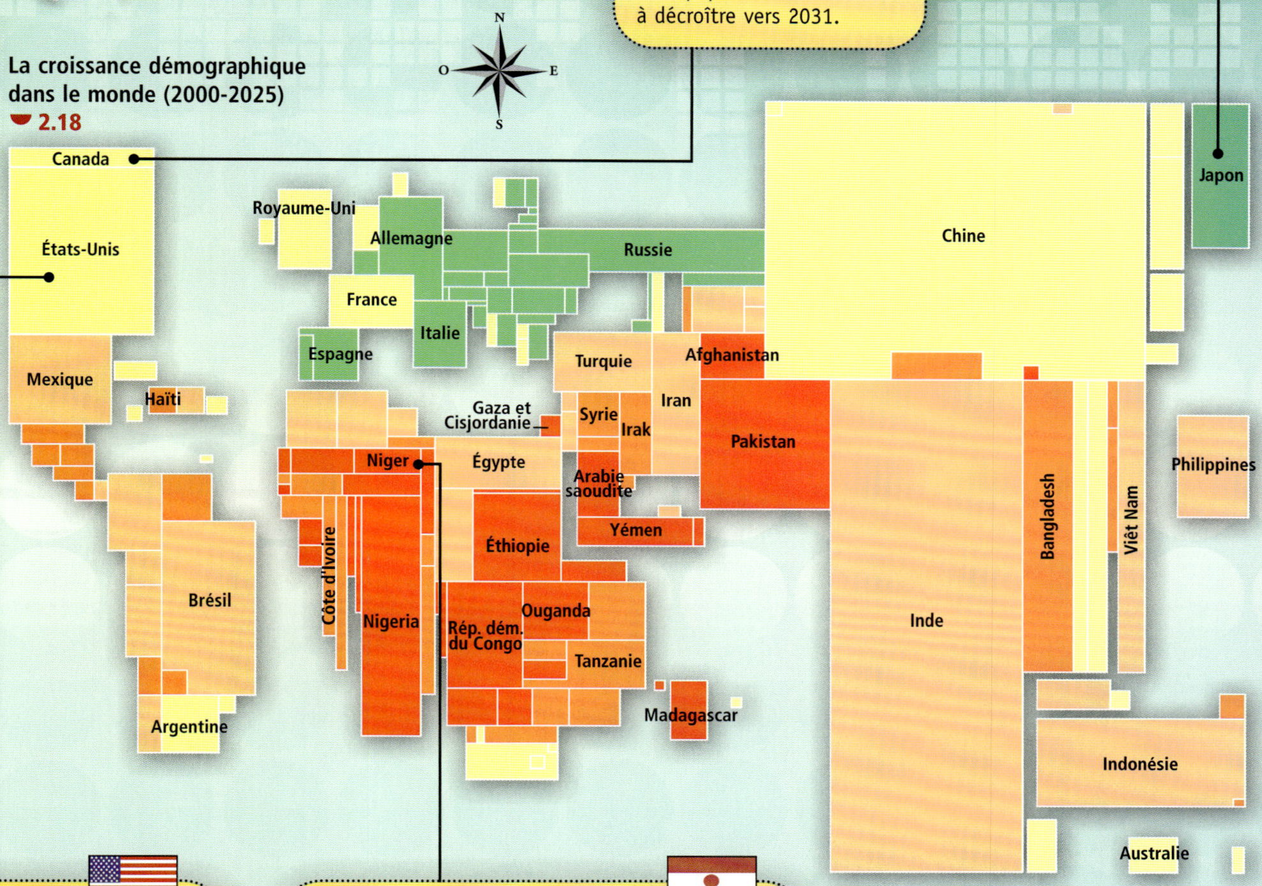

Les États-Unis

Les États-Unis comptent parmi les rares pays développés où la population est en croissance. Le taux de fertilité, qui se situe légèrement au-dessus de deux enfants par femme, permet le remplacement des générations. De plus, le pays reçoit le plus grand nombre d'immigrants et immigrantes au monde, soit en moyenne 1,2 million par année entre 2000 et 2005.

Le Niger

Pays peu développé de l'Afrique de l'Ouest, le Niger a un des taux de fertilité les plus élevés dans le monde, les femmes ayant en moyenne 7,19 enfants (2005). Sa population est l'une des plus jeunes du monde : l'âge moyen est de 16 ans. D'ici 2050, la population nigérienne devrait presque quadrupler.

Source : Population Division of the Department of Economic and Social Affairs of the United Nations Secretariat, World Population Prospect : The 2006 Revision», [En ligne], 2007.

LES RÉFUGIÉS POLITIQUES

Plusieurs immigrants et immigrantes ne quittent pas leur pays par choix. La guerre ou une situation politique tendue mettant leur vie en danger les forcent à abandonner leur domicile et à solliciter la protection d'un pays étranger. Ces personnes sont considérées comme des réfugiés.

Qu'est-ce qu'une personne réfugiée ?

Le Haut Commissariat des Nations Unies pour les réfugiés considère comme réfugiée toute personne remplissant l'une ou l'autre des conditions suivantes :

- une personne qui se trouve hors du pays dont elle a la nationalité ou dans lequel elle a sa résidence habituelle ;
- une personne qui craint avec raison d'être persécutée du fait de sa race, de sa religion, de sa nationalité, de son appartenance à un certain groupe social ou de ses opinions politiques ;
- une personne qui ne peut ou, par crainte, ne veut se réclamer de la protection de son pays d'origine ou y retourner.

La protection des réfugiés est garantie par la Convention de Genève relative au statut des réfugiés de 1951 et par le Protocole relatif au statut des réfugiés de 1967. Les pays signataires de ces ententes internationales (plus de 147 en 2008) s'engagent à accorder le droit d'asile aux réfugiés et à ne pas les expulser vers un pays où ils craignent d'être persécutés.

2.19

Des réfugiés kurdes ayant quitté l'Irak pour la Turquie (1991). En 2007, on estimait qu'environ 50 % des réfugiés étaient de sexe féminin et que 45 % avaient moins de 18 ans.

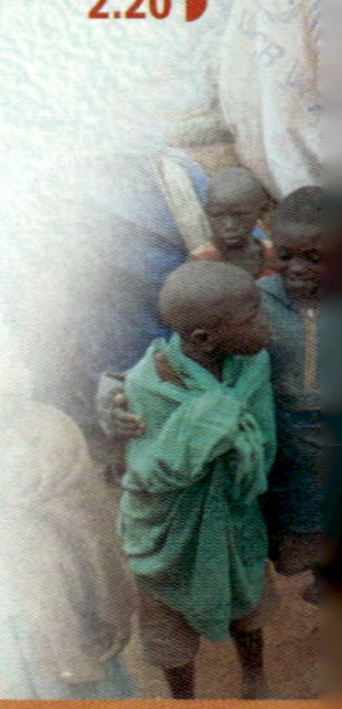

Des réfugiés rwandais (1994) Des Rwandais ont trouvé refuge dans un camp en Tanzanie pendant la guerre civile au Rwanda.

2.20

Le Haut Commissariat des Nations Unies pour les réfugiés (HCR)

Le Haut Commissariat des Nations Unies pour les réfugiés (HCR) est la principale organisation internationale qui s'occupe des réfugiés. Le HCR a été constitué en 1950 par l'Assemblée générale des Nations Unies afin de répondre aux besoins des nombreux réfugiés européens créés par la Seconde Guerre mondiale. Son mandat s'est par la suite élargi à tous les réfugiés internationaux ainsi qu'aux personnes déplacées à l'intérieur de leur propre pays. Le HCR veille à ce que les réfugiés soient bien traités et les aide également à retourner chez eux ou à s'intégrer dans un nouveau pays. Le travail exceptionnel du HCR a été souligné à deux reprises par l'attribution du prix Nobel de la paix, en 1954 et en 1981.

Le dalaï-lama Tenzin Gyatso

Le dalaï-lama Tenzin Gyatso est l'un des plus célèbres réfugiés politiques. L'occupation du Tibet par la Chine en 1950 a incité plusieurs Tibétains à quitter leur pays. Tenzin Gyatso, chef spirituel du Tibet, a suivi ce mouvement en 1959 parce qu'il craignait les représailles de la Chine devant une révolte du peuple tibétain. Réfugié en Inde, il dirige depuis ce temps un gouvernement en exil. Aujourd'hui, environ 100 000 réfugiés tibétains sont installés en Inde et des milliers d'autres ont immigré ailleurs dans le monde.

Le sort des réfugiés

La très grande majorité des gens qui fuient la guerre ou une situation politique instable trouvent refuge dans un pays voisin du leur. La plupart souhaitent être rapatriés dans leur contrée d'origine le plus tôt possible. Dans certains cas, cela se révèle trop long ou tout bonnement impossible, si bien que plusieurs réfugiés préfèrent se réinstaller ailleurs. Ils sont alors intégrés à la société du pays qui les a accueillis ou déplacés dans un autre pays qui les accepte comme réfugiés. Ils pourront alors obtenir la nationalité de ce nouveau pays.

2.21 Réfugiés et déplacés internes par région (2006)

Région	Réfugiés internationaux	Personnes déplacées à l'intérieur de leur pays
Afrique	2 607 600	5 373 000
Asie	4 537 800	3 879 100
Europe	1 612 400	542 200
Amérique latine et Caraïbes	40 600	3 000 000
Amérique du Nord	995 300	–
Océanie	84 000	–
Total	9 877 700	12 794 300

Source : UNHCR, « Statistical Yearbook 2006 – Trends in Displacement, Protection and Solutions », [En ligne], 2007.

Les gens qui fuient la guerre ne veulent ou ne peuvent pas tous quitter leur pays. Ils deviennent alors des réfugiés sur leur propre territoire.

2.22 Le nombre de réfugiés internationaux selon les années

Source : UNHCR, « La Convention de 1951 relative au statut des réfugiés – questions et réponses » Genève, [En ligne], 2007.

Les camps de réfugiés

Lorsqu'un conflit entraîne des déplacements de population, des camps de réfugiés sont généralement établis. Ces camps comblent les besoins élémentaires : un endroit pour dormir, des commodités hygiéniques, de la nourriture et des soins médicaux. Ces installations sont habituellement prévues pour de courtes durées, le temps que les réfugiés puissent rentrer chez eux. Lorsque les séjours se prolongent, les conditions de vie dans les camps peuvent devenir très difficiles en raison des épidémies, des conditions sanitaires déplorables ou de la violence constante.

RETROUVER SA FAMILLE

Beaucoup d'États reconnaissent aux immigrants et immigrantes le droit de vivre avec leur famille. Ils facilitent le regroupement des conjoints, des parents et des enfants afin que tous puissent cohabiter ensemble. Une partie importante de l'immigration est ainsi composée de personnes qui viennent retrouver leurs proches déjà établis dans un nouveau pays.

Réunir une famille : un cas typique
2.23

LES RÉFUGIÉS CLIMATIQUES

FAIT DIVERS

D'ici quelques années, les conséquences du réchauffement de la planète entraîneront un nouveau type d'immigrants : les réfugiés climatiques. Selon les estimations des Nations Unies, LE NOMBRE DE RÉFUGIÉS CLIMATIQUES POURRAIT ATTEINDRE 150 MILLIONS D'ICI 2050. Certains pays, comme les îles Tuvalu dans le Pacifique, pourraient même être complètement évacués en raison de la montée des eaux...

2.24
Tremblement de terre en Iran (1990)

Qui est admissible ?

Les membres de la famille admissibles au regroupement familial peuvent varier selon les pays. Par exemple, un citoyen ou un résident permanent du Canada âgé d'au moins 18 ans peut parrainer les personnes étrangères suivantes dans le cadre du regroupement familial :

- l'époux, le conjoint de fait ou le partenaire conjugal âgé de 16 ans ou plus ;
- les parents ;
- les grands-parents ;
- les enfants à charge ;
- les enfants de moins de 18 ans qui seront adoptés ;
- les frères, les sœurs, les neveux, les nièces ou les petits-enfants orphelins, qui sont âgés de moins de 18 ans et qui sont célibataires ;
- si personne ne fait partie de la liste ci-dessus, quiconque ayant un lien de parenté.

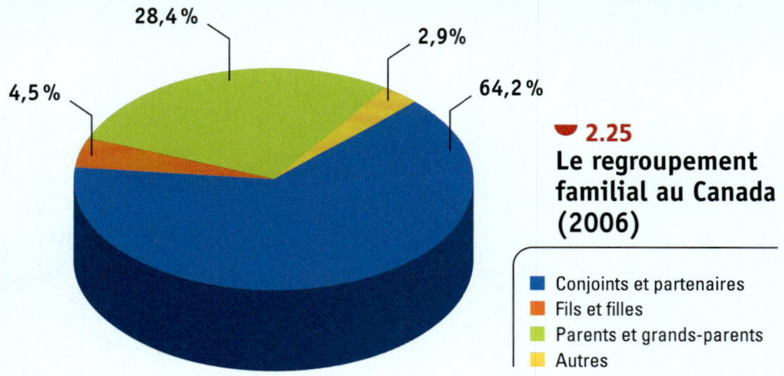

2.25
Le regroupement familial au Canada (2006)

Source : Citoyenneté et immigration canadienne, « Faits et chiffres 2006 – Aperçu de l'immigration : résidents permanents et temporaires », *Citoyenneté et Immigration Canada*, [En ligne], 2007.

Les femmes et les enfants ne forment pas nécessairement la grande majorité des candidats au regroupement familial. Ainsi, en 2006 au Canada, les femmes représentaient 60 % des personnes admissibles au regroupement familial et les enfants de moins de 15 ans, 10 %.

Un autre motif de migration : les catastrophes naturelles

Les déplacements de population peuvent être attribuables à des catastrophes naturelles. Certains événements épisodiques, tels un ouragan, un tremblement de terre, un raz-de-marée, une inondation ou une éruption volcanique peuvent obliger les gens à quitter leur demeure pour un certain temps. Le plus souvent, les gens réintègrent leur domicile une fois le danger écarté. Toutefois, d'autres événements peuvent avoir des conséquences permanentes, forçant la population à émigrer définitivement.

2.26
Inondations à La Nouvelle-Orléans après le passage de l'ouragan Katrina (2005)

VERS LES PAYS RICHES

Les pays d'accueil et les pays d'origine s'opposent tant sur le plan démographique que sur le plan économique. La majorité des migrants et migrantes quittent des pays pauvres pour aller chercher du travail dans les pays industrialisés où l'économie est florissante.

L'économie et les flux migratoires

Pour les pays en développement, le départ d'une partie de la population constitue une solution aux problèmes de surpopulation et de chômage. Dans ces pays, où les véritables structures industrielles et commerciales sont inexistantes, le niveau de production est insuffisant pour fournir du travail à l'ensemble de la population.

Comme il n'existe pas d'assurance chômage, les gens sans travail n'ont aucun revenu et consomment peu, ralentissant ainsi la production nationale, déjà faible. Pour sortir de ce cercle vicieux, beaucoup choisissent de quitter leur pays pour trouver ailleurs de meilleures conditions de vie. La plupart de ces personnes ont peu de compétences professionnelles.

L'impact des migrations sur l'économie

En plus de contribuer à régler les problèmes de chômage dans les pays en développement, les migrations ont un effet positif sur l'économie de ces pays. Selon la Banque mondiale, 60 % des migrants et migrantes envoient de l'argent dans leur pays d'origine. En 2007, les transferts de fonds en provenance des pays en développement étaient évalués à 240 milliards de dollars américains. Toutefois, cette situation peut créer une situation de dépendance pour les pays en développement.

L'arrivée d'une main-d'œuvre non qualifiée comble les besoins créés par le vieillissement de la population dans les pays d'accueil. Par ailleurs, les migrants et migrantes occupent des emplois précaires et mal rémunérés, peu recherchés par les gens du pays. À moyen et long terme, l'immigration a un effet positif sur la croissance économique puisque les migrants et migrantes consomment des biens et paient des taxes et des impôts dans leur pays d'accueil.

Les principaux flux migratoires et les PIB par personne
▼ 2.27

L'Amérique latine

Attirés par l'eldorado américain, des milliers de Latino-Américains et de Latino-Américaines ont migré vers les États-Unis. En 2000, ils représentaient 70 % des ressortissants étrangers aux États-Unis, dont plus de la moitié sont des Mexicains ou des Mexicaines. Les pays qui jouissent d'une meilleure situation économique, tels le Costa Rica, le Paraguay ou le Venezuela, attirent aussi de nombreux migrants et migrantes.

2.28
Arrivée à New York d'immigrants et d'immigrantes attirés par le rêve américain (vers 1930).

L'Asie

La diversité des niveaux de développement dans les pays asiatiques explique la mobilité des populations. Les pays les plus prospères économiquement, tels le Japon, la Corée du Sud, la Malaisie et Singapour, attirent la main-d'œuvre non qualifiée des pays plus pauvres (Philippines, Indonésie, Chine).

L'Afrique subsaharienne

En Afrique, la pauvreté est extrême. Selon le classement de la Banque mondiale, 34 des 49 pays les moins développés sont sur le continent africain. Cette pauvreté incite de nombreux Africains et Africaines à émigrer.

Source des données sur les PIB: L'État du monde, *Encyclopédie de L'État du monde*, [En ligne], 2008.

Source des données sur les flux migratoires: Catherine Withol de Wenden, *Atlas des migrations dans le monde. Réfugiés ou migrants volontaires*, Paris, Éditions Autrement, 2005, p. 7.

LA MIGRATION ET LA MONDIALISATION

La globalisation de l'économie a un impact sur la mobilité des populations. Elle conduit non seulement à l'intensification des échanges de marchandises mais aussi à une plus grande mobilité de la main-d'œuvre qualifiée ou non.

La globalisation de l'économie

Au cours des dernières décennies, l'économie mondiale s'est transformée avec le développement du commerce international, la déréglementation des marchés financiers, la diminution du coût de transport des marchandises, la diffusion de l'information en temps réel et la création d'espaces de libre-échange économique tels que l'Amérique du Nord (ALENA) ou la Communauté européenne (CE).

La globalisation de l'économie a accru considérablement la concurrence internationale. Dans les pays en développement et les pays nouvellement industrialisés (comme Taïwan, Singapour ou la Corée du Sud), les salaires sont beaucoup plus bas que dans les pays développés. Le coût des biens et des services est moins élevé et plus difficile à concurrencer pour les entreprises des pays développés.

Délocalisation et sous-traitance

Pour demeurer compétitives, de nombreuses entreprises déménagent leurs usines ou confient une partie de leur production en sous-traitance dans des pays où la main-d'œuvre coûte moins cher. Ce phénomène touche particulièrement le secteur manufacturier, comme l'illustre l'exemple européen (voir le graphique ci-dessous). Toutefois, le secteur des services est de plus en plus affecté par les délocalisations et la sous-traitance. Ainsi, de nombreux centres d'appels sont transférés à l'étranger, où la main-d'œuvre est meilleur marché.

Ce phénomène ne touche plus seulement les emplois non qualifiés. Plusieurs pays où l'économie se développe, telles la Chine et l'Inde, présentent de grandes capacités technologiques et disposent maintenant d'une main-d'œuvre qualifiée qui reçoit des salaires plus bas.

2.29 Pertes d'emplois attribuables aux délocalisations par secteur dans l'Union européenne en 2005

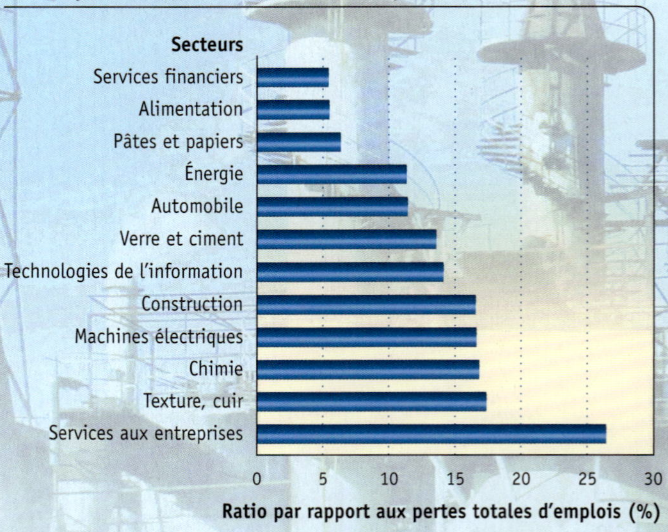

Source : Organisation de coopération et de développement économiques, « Les délocalisations et l'emploi. Tendances et impacts », Les Éditions OCDE, [En ligne], 2007, p. 94.

2.30
Un centre d'appel à Bangalore, en Inde (2004)

L'INDE, UNE PUISSANCE INFORMATIQUE

FAIT DIVERS

Chaque année, l'Inde forme 250 000 ingénieurs informatiques. Cette main-d'œuvre qualifiée, souvent anglophone, attire de nombreuses compagnies étrangères qui paient DES SALAIRES QUATRE OU CINQ FOIS MOINS ÉLEVÉS QU'EN AMÉRIQUE DU NORD OU EN EUROPE. Par exemple, une multinationale, représentant le plus grand groupe informatique en Inde, comptait 53 000 employés dans ce pays en 2007.

REFLET DE L'ACTUALITÉ

ⓐ Comment définiriez-vous le concept de « délocalisation » ?

ⓑ Donnez un exemple de délocalisation.

ⓒ En avez-vous vu un exemple récent dans l'actualité ?

L'impact sur la mobilité des populations

Les multinationales qui délocalisent leurs centres de production ne déplacent pas l'ensemble de leurs employés. Cependant, de nombreux cadres et techniciens sont envoyés, de leur propre gré, dans les filières étrangères, souvent pour des contrats à durée déterminée. De plus, l'ouverture d'un centre de production entraîne souvent des migrations régionales. Dans les pays développés, les pertes d'emplois liées aux délocalisations peuvent aussi provoquer la mobilité des travailleurs et travailleuses qui se retrouvent au chômage. Ils et elles doivent parfois partir ailleurs pour occuper un nouvel emploi.

La réglementation internationale du travail

Pour être plus compétitives, certaines entreprises cherchent à accroître leur productivité et à abaisser leurs coûts de production en se préoccupant peu des conditions de travail de leurs employés ou en employant des enfants et des immigrants illégaux qu'elles sous-payent. Pour empêcher cela et garantir le respect des droits fondamentaux, l'Organisation internationale du travail (OIT), qui compte 182 États membres (2008), a énoncé des principes et des droits fondamentaux au travail que les gouvernements et les employeurs des pays membres s'engagent à faire respecter.

VU ET ENTENDU

« Adoptée en 1998, la Déclaration de l'Organisation internationale du travail relative aux principes et droits fondamentaux au travail est l'expression de l'engagement des gouvernements, des organisations d'employeurs et des organisations de travailleurs de promouvoir les valeurs humaines fondamentales – valeurs qui sont de première importance pour notre vie économique et sociale.

Ces principes et droits sont :

- la liberté d'association et la reconnaissance effective du droit de négociation collective ;
- l'élimination de toute forme de travail forcé ou obligatoire ;
- l'abolition effective du travail des enfants ;
- l'élimination de la discrimination en matière d'emploi et de profession. »

Source : OIT, À propos de la *Déclaration relative aux principes et droits fondamentaux au travail*, 1998.

L'EXODE DES CERVEAUX

La mondialisation des marchés entraîne une compétition féroce entre les pays qui désirent attirer les travailleurs et travailleuses les plus instruits et les mieux qualifiés. Un nombre croissant de personnes qui font partie de l'élite intellectuelle et qui œuvrent dans des domaines tels que la médecine, le génie ou l'informatique quittent leur pays chaque année. C'est ce que l'on appelle l'exode des cerveaux.

Les causes

Plusieurs facteurs incitent les élites intellectuelles à quitter leur pays. Dans les pays moins développés, les possibilités d'éducation et de perfectionnement sont souvent limitées. De nombreux étudiants et étudiantes partent donc à l'étranger pour aller chercher une meilleure formation ou pour avoir accès à des technologies inexistantes dans leur pays.

Plusieurs décident ensuite de demeurer à l'étranger à cause de la rareté des emplois dans leur pays d'origine et des conditions de travail difficiles. Ils préfèrent s'installer là où les perspectives de carrière leur semblent les plus intéressantes.

Par ailleurs, les pays développés cherchent de plus en plus à recruter une main-d'œuvre étrangère qualifiée. L'essor économique exige en effet un nombre croissant de travailleuses et travailleurs spécialisés et la main-d'œuvre locale ne suffit pas à combler les besoins. Plusieurs gouvernements ont d'ailleurs instauré des politiques d'immigration favorisant l'arrivée et l'intégration des élites intellectuelles.

Toutefois, de nombreux obstacles subsistent, telle la reconnaissance des diplômes. Bon nombre d'immigrants et d'immigrantes constatent que leurs certifications professionnelles ne sont pas reconnues par leur pays d'accueil et se voient contraints de reprendre une partie de leurs études.

L'émigration des diplômés postsecondaires (2000)
Les pays retenus ici sont ceux dont la population compte au moins cinq millions de personnes. Plusieurs micro-États, qui sont particulièrement touchés par ce phénomène en raison de leur faible population, auraient aussi pu être ajoutés.
2.31

L'ÉLITE INTELLECTUELLE EN DEMANDE

FAIT DIVERS

L'EXODE DES CERVEAUX EST UN PHÉNOMÈNE FORT ANCIEN. Déjà, l'empereur Charlemagne (vers 742-814) s'était entouré des meilleurs lettrés d'Europe pour favoriser un renouveau de la culture et un essor des écoles dans son empire : Alcuin, originaire d'Angleterre, Pierre de Pise, originaire d'Italie, Théodulf d'Orléans, originaire d'Espagne, etc.

Les conséquences

Les conséquences de l'exode des cerveaux sont encore assez mal connues en raison du peu d'études qui y sont consacrées. L'impact de ce phénomène serait très variable, dépendant grandement de la situation particulière de chaque pays. Les contrées industrialisées qui jouissent déjà d'une importante main-d'œuvre qualifiée seraient ainsi beaucoup moins affectées que les pays moins développés.

Les chercheurs et chercheuses les plus optimistes soulignent que les immigrantes et immigrants qualifiés peuvent faciliter le transfert de technologies et de connaissances vers leur pays d'origine, permettant ainsi de rehausser le niveau d'éducation. Cette main-d'œuvre pourrait aussi contribuer positivement à l'économie du pays en y envoyant des fonds et en participant à la mise en place d'un réseau d'échange d'idées, de marchandises, etc.

D'autres soulignent toutefois que les émigrants et émigrantes ne retournent pas tous dans leur pays d'origine et que, souvent, leurs capacités sont définitivement perdues pour ce pays. C'est pourquoi plusieurs organismes internationaux, telle la Conférence des Nations Unies sur le commerce et le développement (CNUCED), militent pour une circulation des compétences plutôt que pour un simple exode des compétences.

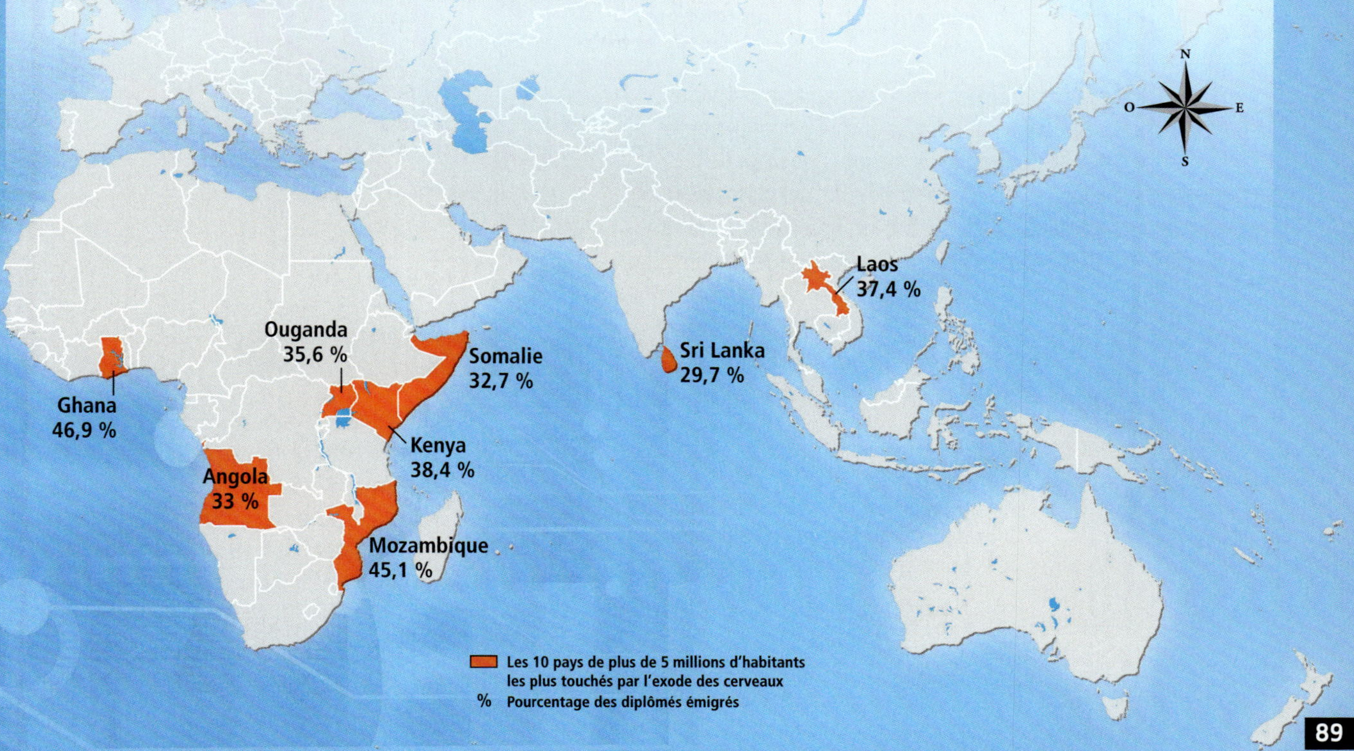

Source : Çaglar Ösden et Maurice Schiff, dir., International Migration, «Remittances and Brain Drain», World Bank et Palgrave Macmillan, [En ligne], 2006, p. 176.

FRANCHIR LES FRONTIÈRES

Les États sont délimités par des frontières qui empêchent la libre circulation entre les pays. Toute personne qui voyage doit se plier aux exigences des gouvernements pour franchir les frontières et obtenir le droit de séjourner légalement dans un pays. Ces réglementations permettent aux États de contrôler l'immigration sur leur territoire.

Des règles légales

Chaque pays établit ses propres règles relativement à l'accueil des étrangers. Généralement, les ressortissants et ressortissantes de pays qui entretiennent de bonnes relations diplomatiques sont reçus plus facilement que ceux des pays qui sont en mauvais termes. Dans ce dernier cas, d'autres conditions peuvent être imposées, par exemple l'obtention d'un visa particulier. Certaines personnes considérées comme indésirables peuvent même se voir interdire l'entrée du pays.

Habituellement, les étrangers ne peuvent séjourner dans un pays que pour un temps limité. De plus, ils ne jouissent pas de tous les droits de la population du pays. Ainsi, un visiteur qui ne possède qu'un visa de tourisme n'a pas le droit de travailler dans un autre pays. Les immigrants qui veulent devenir citoyens à part entière doivent se conformer aux conditions et directives de leur pays d'accueil.

Ouverture de la frontière entre la Pologne et l'Allemagne (2007)
Des centaines de personnes célèbrent l'expansion de l'espace Schengen.
2.32

2.33
Passeport
Le passeport est une pièce d'identité nécessaire pour franchir la plupart des frontières internationales.

2.34
Visa
En plus du passeport, de nombreux pays exigent un visa. Il existe divers types de visas : visa de tourisme, de travail, d'étudiant, etc.

Les frontières

Les frontières ont plusieurs fonctions. Elles peuvent servir de barrière pour empêcher une invasion armée. Elles permettent de contrôler le transport des marchandises ainsi que la perception des taxes et des droits de douane. Finalement, elles facilitent une surveillance étroite de l'immigration puisque tous les étrangers qui entrent dans un pays doivent franchir la frontière à un point autorisé. Les autorités peuvent ainsi s'assurer que les voyageurs répondent à tous les critères exigés.

FRANCHIR LE MUR

FAIT DIVERS

ÉVASIONS réussies vers Berlin-Ouest : environ 5 000

Nombre de **VICTIMES** du mur : au moins 136

2.35
Le mur de Berlin en 1962

Une frontière fermée : le mur de Berlin

Les États utilisent divers moyens pour contrôler leurs frontières. Certains érigent des murs pour empêcher la libre circulation des personnes, par exemple le mur de Berlin.

Après la Seconde Guerre mondiale (1939-1945), l'Allemagne s'est retrouvée divisée en deux : un État capitaliste à l'ouest et un État communiste à l'est. Enclavée en Allemagne de l'Est, la ville de Berlin a été elle-même séparée en deux. Pour empêcher la population de Berlin-Est de fuir vers Berlin-Ouest, où les conditions économiques et politiques étaient meilleures, les autorités communistes ont décidé en 1961 d'ériger un immense mur. D'une longueur de 155 kilomètres, ce mur entourait complètement Berlin-Ouest. Étroitement surveillé, il a constitué une barrière presque infranchissable jusqu'en 1989. La chute du régime communiste et la réunification des deux Allemagnes en 1990 ont entraîné sa destruction.

Des frontières ouvertes : l'espace Schengen

Certains pays renforcent les contrôles à leur frontière tandis que d'autres les diminuent afin de faciliter la circulation des personnes. La création de l'espace Schengen en Europe est un bel exemple d'ouverture des frontières.

L'espace Schengen est un territoire sans frontière créé par les pays signataires de l'accord de Schengen. Cet accord, qui porte le nom du petit village à la frontière de la France, de l'Allemagne et du Luxembourg où il a été signé en 1985, prévoit la suppression graduelle des frontières entre les États membres ainsi qu'une harmonisation de leurs politiques pour les visas. En contrepartie, une surveillance étroite est exercée sur les frontières extérieures de ces pays, et il existe une plus grande coopération policière entre les pays pour lutter contre le trafic d'armes et de stupéfiants. À la fin de l'année 2008, l'espace Schengen rassemblait 25 pays européens et permettait la libre circulation de plus de 400 millions de personnes.

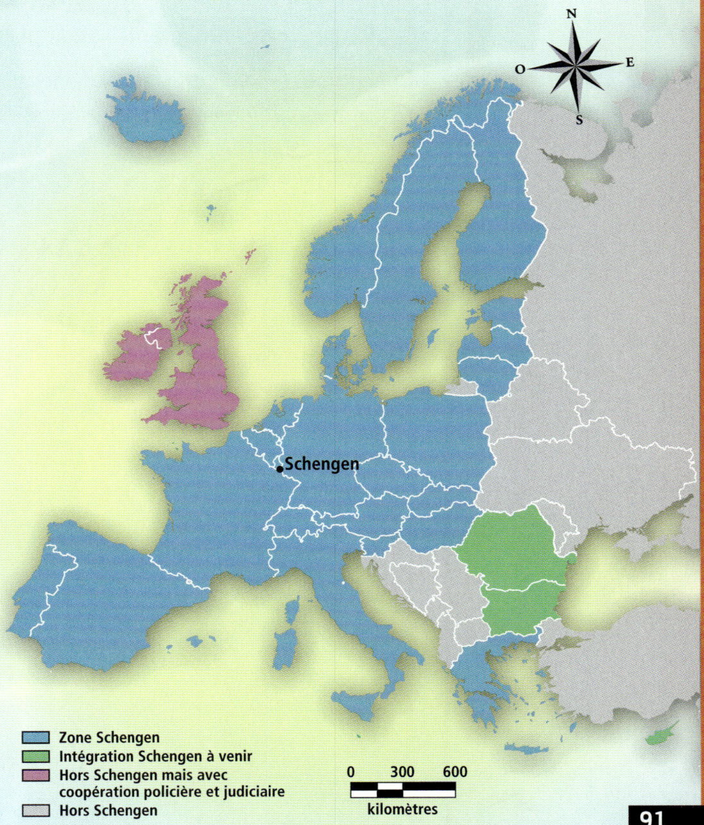

2.36
L'espace Schengen (2008)

LES MIGRATIONS CLANDESTINES

La très grande majorité des immigrants et immigrantes qui s'installent dans un nouveau pays suivent les règles imposées par l'État qui les accueille. Toutefois, certains omettent de se conformer aux règles. Leur séjour est alors considéré comme illégal, ce qui les oblige à vivre clandestinement.

Les caractéristiques des migrations clandestines

Il est très difficile d'évaluer l'ampleur des migrations clandestines. En raison de l'irrégularité de leur situation, ces immigrants et immigrantes sont habituellement très discrets. On considère toutefois que leur nombre augmente depuis le milieu des années 1970, notamment dans les régions plus développées, telles l'Europe ou l'Amérique du Nord. En 2006, on estime qu'il y avait au total entre 22 et 44 millions d'immigrantes et immigrants clandestins. Cela ne représente toutefois que de 10 à 20 % de l'ensemble des immigrants et immigrantes de la planète.

Le phénomène de l'immigration clandestine est directement lié à l'adoption de politiques d'immigration de plus en plus restrictives. Les immigrants et immigrantes qui ne répondent pas aux critères du pays d'accueil tentent parfois de s'y installer illégalement. Certains traversent secrètement les frontières tandis que d'autres utilisent de faux papiers pour passer les douanes.

Toutefois, la très grande majorité des immigrantes et immigrants clandestins franchissent les frontières légalement. Le plus souvent, ils se procurent un visa pour un séjour de courte durée, comme un visa de tourisme, qui leur donne le droit de séjourner dans le pays pendant un certain temps, mais ne respectent pas la durée du séjour. Ils demeurent dans le pays et deviennent alors illégaux.

2.37 Les immigrants et immigrantes aux États-Unis (2005)

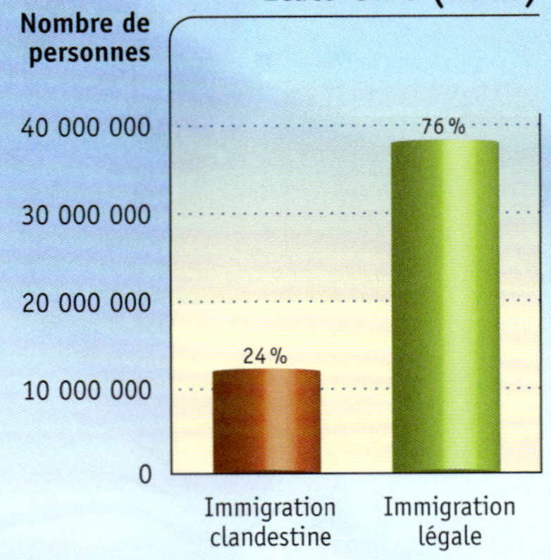

Source : Jeffrey S. Passel, « Estimates of the Size and Characteristics of the Undocumented Population », *Pew Hispanic Center*, [En ligne], 2006.

2.38 La frontière mexicano-américaine (1993)

UNE FRONTIÈRE SOUS SURVEILLANCE

FAIT DIVERS

Selon les estimations, **LES ÉTATS-UNIS COMPTERAIENT PLUS DE 12 MILLIONS D'IMMIGRANTES ET IMMIGRANTS CLANDESTINS**, le taux le plus élevé de la planète. La majorité de ces immigrants viennent du Mexique, le pays voisin qui partage une frontière longue de plus 3 000 kilomètres avec les États-Unis. Afin de lutter contre cet important flux migratoire, le gouvernement états-unien cherche à renforcer la surveillance de cette frontière à l'aide de caméras, de patrouilles plus fréquentes, de barbelés et de murs.

2.39

Tijuana, au Mexique (1994)
Des immigrantes et immigrants clandestins attendent leur transport vers Los Angeles, aux États-Unis.

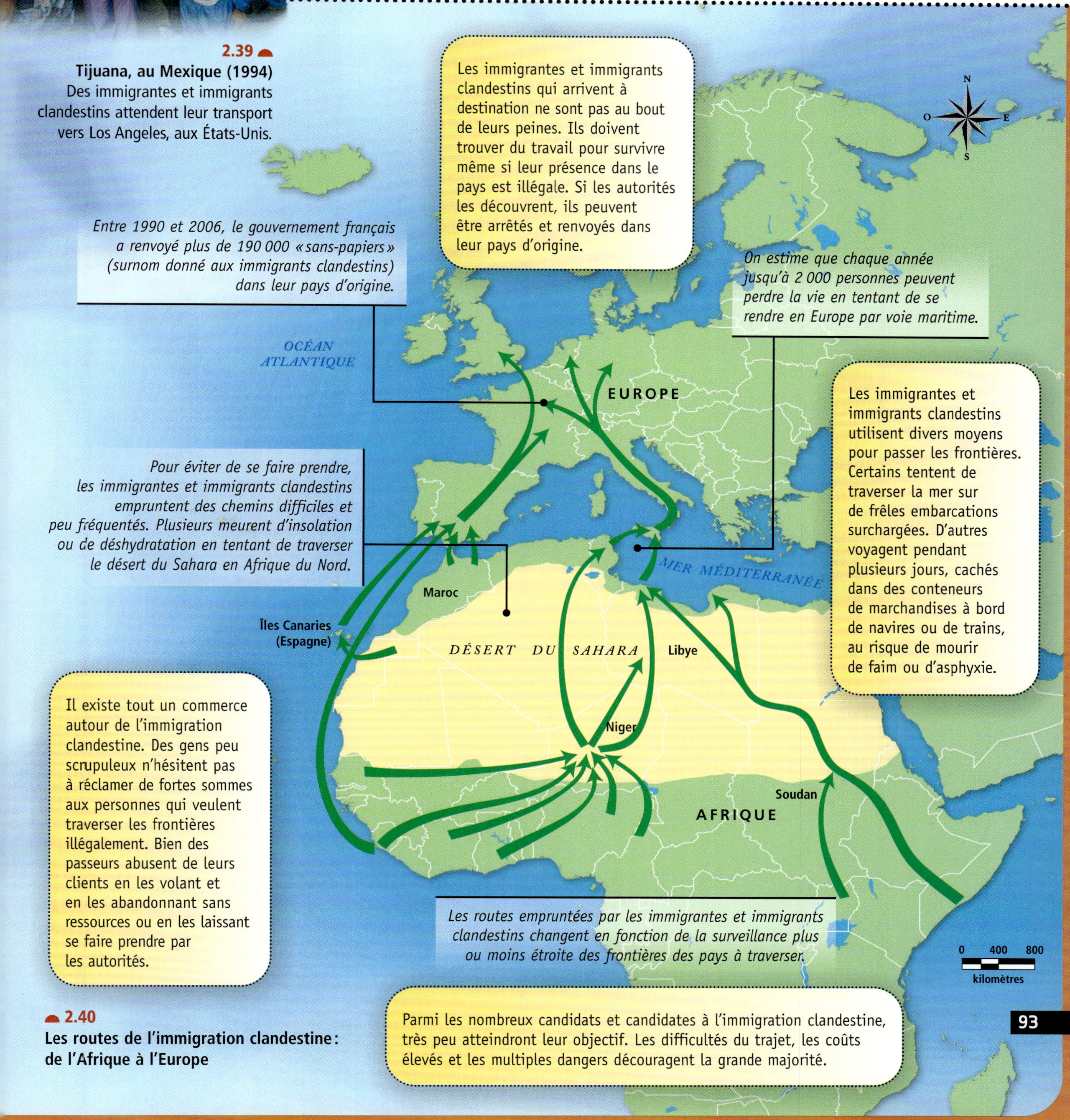

2.40

Les routes de l'immigration clandestine : de l'Afrique à l'Europe

RECEVOIR LES MIGRANTS ET MIGRANTES

Les immigrants et immigrantes transportent avec eux tout un bagage culturel : langue, religion, cuisine, traditions, manières de penser et d'agir, etc. Ils doivent apprendre à concilier cette culture avec celle du nouveau pays où ils ont élu domicile. Certains gouvernements encouragent les personnes immigrantes à s'assimiler rapidement à la culture dominante tandis que d'autres les incitent plutôt à préserver leur culture d'origine.

Monument au multiculturalisme, à Toronto
2.41

Intégrer les immigrants et immigrantes

Chaque pays possède sa propre politique d'intégration des personnes immigrantes, basée sur différents modèles.

Le melting-pot ▪ Cette expression a longtemps été utilisée pour décrire la politique états-unienne d'intégration des immigrants et immigrantes. Selon ce modèle, le mélange de toutes les cultures dans un même creuset (*melting-pot*) permettrait l'apparition d'une nouvelle culture homogène. Aujourd'hui, une majorité de chercheurs et chercheuses remettent ce modèle en cause en raison de son simplisme et de son idéalisme.

VU ET ENTENDU

« [...] sur ce continent – refuge de toutes les nations – l'énergie des Irlandais, Allemands, Suédois, Polonais et Cosaques, et de toutes les tribus [nations] européennes, et des Africains, et des Polynésiens, construiront une nouvelle race, une nouvelle religion, un nouvel État, une nouvelle littérature... »

Ralph Waldo Emerson, philosophe et poète américain (1845)

La ségrégation ▪ Selon ce modèle, les personnes immigrantes devraient conserver leur propre culture sans chercher à participer à celle du pays d'accueil. Ils sont aussi encouragés à vivre séparément du reste de la société. Ce modèle se retrouve surtout dans des sociétés qui font preuve de xénophobie et qui ne souhaitent pas intégrer les immigrants et immigrantes.

VU ET ENTENDU

« Nous ne voulons pas déclencher une guerre entre les Bahreïnis [citoyens du Bahreïn] et les étrangers, mais les travailleurs [étrangers] devraient être installés dans des endroits spéciaux. »

Murtadha Bader, conseiller municipal de la ville de Manama au Bahreïn, pays du golfe Persique (2004)

L'interculturalisme ■ Les tenants de l'interculturalisme tolèrent, voire encouragent, la diversité culturelle, sans pour autant considérer que toutes les cultures doivent être traitées également. Ils privilégient en effet la promotion d'une culture commune dominante. Ce modèle reflète la politique québécoise d'intégration des minorités.

VU ET ENTENDU

« [...] l'interculturalisme québécois institue le français comme langue commune des rapports interculturels, cultive une orientation pluraliste, très sensible à la protection des droits, [...] met un accent particulier sur l'intégration et préconise la pratique des interactions. »

Gérard Bouchard et Charles Taylor, co-présidents de la Commission sur les accommodements raisonnables (2008)

Le multiculturalisme ■ Les partisans et partisanes du multiculturalisme considèrent qu'il faut traiter toutes les cultures sur un pied d'égalité et qu'il faut même chercher à les préserver. Selon ce modèle, la juxtaposition de toutes les cultures, forme une sorte de « mosaïque culturelle » qui peut contribuer au développement d'une identité commune. Il s'agit du modèle officiellement retenu au Canada.

VU ET ENTENDU

« Tous les groupes ethniques ont le droit de préserver et d'enrichir la culture et les valeurs qui leur sont propres. En disant que nous avons deux langues officielles, nous ne disons pas que nous avons deux cultures officielles, et aucune culture particulière n'est plus officielle qu'une autre. »

Pierre-Elliott Trudeau, premier ministre du Canada (1971)

L'assimilation ■ Selon le modèle de l'assimilation, les immigrants et immigrantes devraient abandonner complètement leur culture d'origine afin d'adopter le plus tôt possible celle du pays d'accueil. Les différentes cultures sont ainsi fortement dévalorisées au profit d'une seule culture dominante jugée supérieure. Les sociétés qui adoptent ce modèle sont généralement peu ouvertes à l'immigration.

VU ET ENTENDU

« [...] refusons l'installation sur notre sol de masses musulmanes inassimilables. Fidèles aux principes républicains, nous devons organiser le départ des immigrés qui ne peuvent ou ne veulent pas s'assimiler à la communauté nationale. »

Henry de Lesquen, président du Club de l'Horloge, une association française d'extrême droite (2002)

2.42
Des élèves d'une école multiethnique à Londres (2006)

D'immigrant à citoyen

Les personnes immigrantes qui veulent s'établir dans un nouveau pays doivent franchir plusieurs étapes avant de devenir des citoyens à part entière. Il est habituellement nécessaire d'obtenir d'abord le statut de résident permanent, ce qui donne le droit de demeurer indéfiniment dans le pays et d'y travailler.

Les gouvernements décident s'ils accordent ou non ce statut en fonction d'un certain nombre de critères. Ainsi, certains gouvernements privilégient les immigrants et immigrantes d'une culture ou d'une origine particulière. Parmi les autres critères possibles, citons la situation financière, les langues parlées, la scolarité, les qualités professionnelles et l'absence d'un dossier criminel.

Après avoir obtenu le statut de résident permanent, les immigrants et immigrantes peuvent poursuivre leurs démarches afin d'être naturalisés. Pour obtenir leur naturalisation, ils doivent remplir de nouvelles conditions, incluant généralement l'obligation d'avoir habité le pays pendant un certain nombre d'années, de maîtriser suffisamment une des langues officielles et de connaître minimalement la culture du pays.

LES DIASPORAS

Les membres d'une même communauté qui vivent à l'étranger ont tendance à se regrouper et à entretenir un fort sentiment communautaire. Ils conservent des liens étroits avec leur pays d'origine, peu importe les raisons pour lesquelles ils l'ont quitté. Ils forment ainsi un vaste réseau que l'on appelle une diaspora.

Un réseau international

Les immigrants et immigrantes qui s'installent dans un nouveau pays restent attachés à leur contrée d'origine. Ils y ont encore des amis, de la famille ou des contacts professionnels. Beaucoup d'entre eux espèrent pouvoir retourner un jour dans leur pays d'origine.

Ces liens privilégiés avec le pays d'origine peuvent se perpétuer sur plusieurs générations, d'autant plus que les immigrants transmettent souvent à leurs enfants leur langue, leur religion et leurs coutumes. Les descendants des migrants continuent ainsi à cultiver un sentiment d'appartenance au pays d'origine de leurs ancêtres.

Une diaspora est formée par l'ensemble des gens qui partagent une identité ethnique commune et qui continuent à entretenir des liens basés sur cette identité. Ces liens permettent d'établir un réseau international qui peut prendre diverses formes : relations commerciales, envoi de fonds au pays d'origine, entraide économique, échanges culturels, etc. Les membres d'une diaspora se regroupent souvent en association afin de défendre leurs intérêts collectifs.

Parmi les grandes diasporas, on trouve les diasporas juive, irlandaise, italienne, chinoise, arménienne, turque et libanaise. Les diasporas les plus anciennes ont tendance à disparaître peu à peu, à mesure que les émigrés se fondent dans la population de leur nouveau pays.

2.43 Les 10 pays les plus dépendants des revenus migratoires (2004)

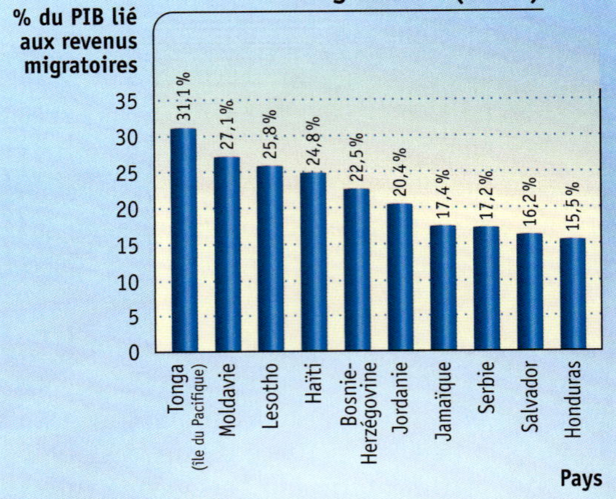

Source : The International Bank for Reconstruction and Development / The World Bank, « Global Economic Prospect. Economic Implications of Remittances and Migrations : 2006 », Washington, [En ligne], 2006, p. 90.

La diaspora et les transferts de fonds

En aidant à préserver l'identité des immigrants et immigrantes, la diaspora joue un important rôle culturel. De plus, elle joue un rôle économique. En effet, les émigrants installés dans des pays prospères envoient souvent de l'argent à leurs proches restés dans leur pays d'origine. Ces fonds peuvent représenter des sommes considérables. Ainsi, en 2007, les migrants indiens ont envoyé plus de 27 milliards de dollars américains dans leur pays d'origine. La santé économique de plusieurs petits pays dépend en bonne partie de ces sommes, comme on peut le constater dans le tableau ci-dessus.

REFLET DE L'ACTUALITÉ

a) Comment définiriez-vous le concept de « diaspora » ?

b) Nommez une diaspora autre que la diaspora juive.

c) Comment définiriez-vous le concept de « réseau » ?

LA DIASPORA IRLANDAISE

FAIT DIVERS

Tout au long de l'histoire, l'émigration massive de certains peuples a entraîné le développement de diasporas. Ainsi, les historiens et historiennes évaluent qu'ENTRE 45 ET 85 % DE LA POPULATION IRLANDAISE A QUITTÉ L'IRLANDE AU MILIEU DU 19e SIÈCLE. Aujourd'hui, on estime à près de 80 millions le nombre de descendants de ces émigrants, soit plus de 13 fois la population actuelle de l'Irlande.

La diaspora juive : un exemple

Le mot grec *diaspora* signifie « dispersion ». À l'origine, ce terme était utilisé pour parler de la dissémination du peuple juif à travers le monde dans l'Antiquité. Par extension, on l'utilise maintenant pour désigner la dispersion d'un peuple ou d'une communauté. La diaspora juive est l'une des plus anciennes : de nombreux Juifs furent déportés d'Israël vers la Perse (l'actuel Iran) dès 722 avant notre ère. Après la conquête de la Palestine par les Romains au premier siècle avant notre ère, les Juifs ont commencé à quitter cette région en grand nombre.

Deux branches se sont alors développées : les Juifs séfarades, en Afrique du Nord et en Espagne, et les Juifs ashkénazes, d'abord en Europe de l'Ouest, puis en Europe de l'Est et en Russie. Victimes d'oppression et de racisme, de nombreux Juifs sont venus s'installer dans les pays du Nouveau Monde. Après l'horreur de l'Holocauste durant la Seconde Guerre mondiale, l'État d'Israël a été créé en 1948. De nombreux Juifs venus de partout se sont installés dans ce nouvel État, mais la diaspora juive demeure toujours l'une des plus importantes.

2.44 La diaspora juive (2007)

Pays	Population
Israël	5 393 000
États-Unis	5 275 000
France	490 000
Canada	374 000
Royaume-Uni	295 000
Russie	225 000
Argentine	184 000
Allemagne	120 000
Australie	104 000
Brésil	96 000
Ukraine	77 000
Afrique du Sud	72 000

Les Juifs dans le monde (2007)
2.45

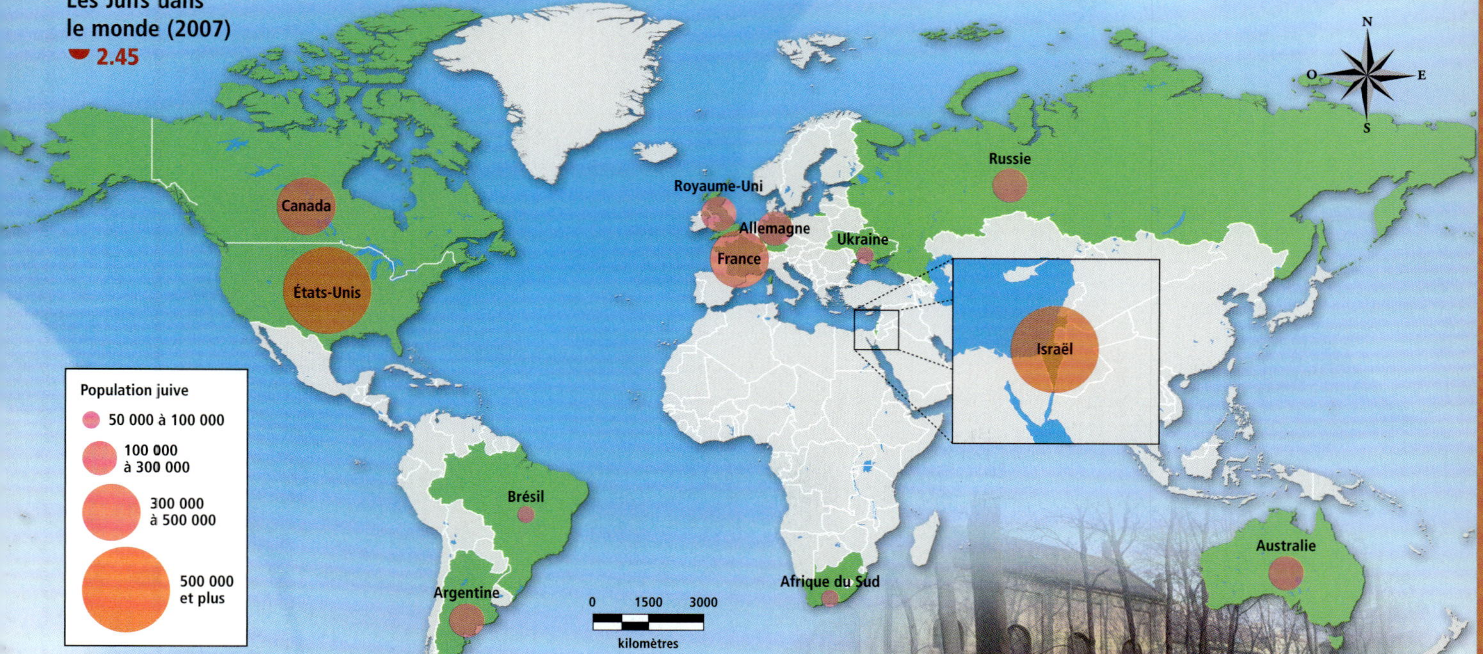

Source : The Jewish People Policy Planning Institute, Annual Assessment 2007 Societal Aspects », Jerusalem, [En ligne], 2007.

2.46
Vieux cimetière juif de Prague, en République tchèque
La communauté juive de Prague était l'une des plus importantes avant d'être anéantie par les persécutions nazies au cours de la Seconde Guerre mondiale.

L'EXPANSION URBAINE

Urbanisation et migration sont deux phénomènes étroitement liés. La formation et la croissance des villes sont en effet attribuables en bonne partie à l'afflux de la population venant des milieux ruraux environnants. Par ailleurs, les immigrantes et immigrants internationaux s'installent majoritairement dans les villes.

Un siècle d'urbanisation

Le 20e siècle a été marqué par un vaste mouvement d'urbanisation. En 1900, à peine 13 % de la population mondiale habitait dans une ville. En 2005, près de la moitié (49 %) des 6,5 milliards d'habitants et habitantes de la planète demeurent en milieu urbain.

Les pays les plus développés sont généralement les plus urbanisés. Ainsi, en Amérique du Nord (incluant le Mexique), près de 80 % de la population est citadine. Le taux mondial d'urbanisation devrait donc continuer à augmenter au cours des prochaines années en raison de la croissance économique des pays moins développés.

REFLET DE L'ACTUALITÉ

- **a** En quoi consiste l'urbanisation ?
- **b** Y a-t-il une ville qui fait présentement la manchette pour la rapidité de son développement ?
- **c** Selon vous, quel lien y a-t-il entre la migration et la culture ?
- **d** Citez un exemple tiré de l'actualité.

2.47 Les 10 principales agglomérations urbaines (en millions d'habitants)

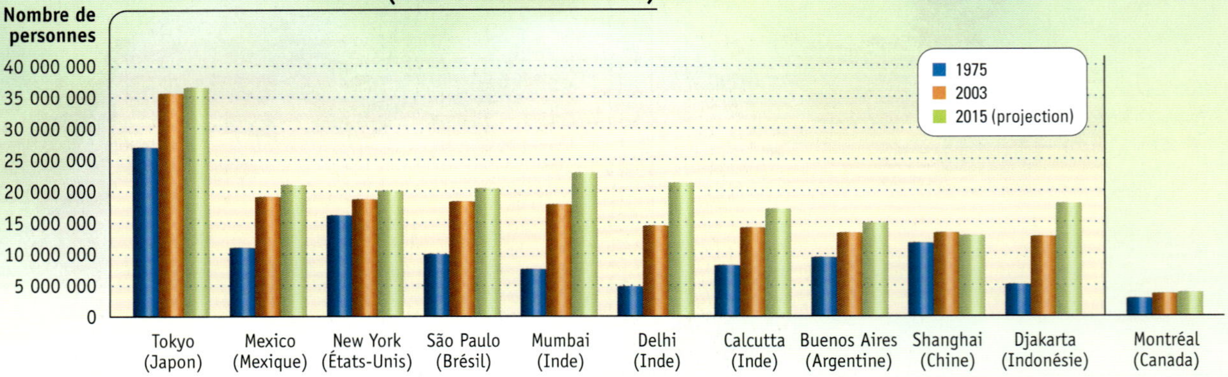

Source : Population Division of the Department of Economic and Social Affairs of the United Nations Secretariat, « Urban Agglomerations 2003 », [En ligne], 2004.

Non seulement les villes sont-elles plus nombreuses, mais elles sont aussi plus importantes. En 1950, 80 villes comptaient une population de plus d'un million et une seule, New York, comptait une population de plus de 10 millions. Cinquante ans plus tard, près de 400 agglomérations dépassent le million et parmi elles, 19 ont une population de plus de 10 millions.

2.48
Photomontage montrant une vue nocturne de la Terre.
Les nombreux points lumineux révèlent la présence des villes. Ceux dont la luminosité est plus intense indiquent les zones urbaines industrialisées.

Des villes en pleine croissance

À mesure que la population mondiale se concentre dans les villes, celles-ci prennent une ampleur inégalée, tant en densité de population qu'en superficie. Ainsi, la densité de population dans le quartier de Marine Lines à Mumbai, en Inde, est de 114 000 personnes au kilomètre carré. Dans certaines régions très peuplées, la croissance des villes est telle qu'elles finissent par s'agglutiner. Elles forment alors ce que l'on appelle une mégalopole (du grec *mega-*, « grand » et *polis*, « ville »). Par exemple, sur la côte est des États-Unis, il est possible de voyager de la ville de Boston à la ville de Washington sans jamais quitter le milieu urbain. Plus de 55 millions de personnes habitent cette mégalopole surnommée « Bos-Wash ».

Des villes multiethniques

Le cas de São Paulo au Brésil

Comme elles accueillent un grand nombre d'immigrants et immigrantes, les villes offrent souvent un visage ethnique beaucoup plus diversifié que les milieux ruraux. Le cas de São Paulo (Brésil), une des plus grandes agglomérations de la planète, en est un bon exemple. Fondée au 16e siècle par des religieux portugais, la population de São Paulo se compose rapidement d'un mélange de colons européens et d'esclaves africains. À partir de la fin du 19e siècle, l'immigration s'intensifie et se diversifie. Entre 1880 et 1980, la ville accueille 2,5 des 5,5 millions d'immigrants et immigrantes au Brésil. Aujourd'hui, on y trouve entre 90 et 100 groupes ethniques différents, dont la plus importante communauté japonaise hors du Japon.

2.49 Les principaux groupes ethniques de São Paulo (2008)

Groupes ethniques	Population
Italiens	6 000 000
Portugais	3 000 000
Africains	2 000 000
Arabes (Libanais et Syriens)	1 000 000
Allemands	400 000
Japonais	326 000
Chinois	120 000
Juifs	70 000
Espagnols, Boliviens, Grecs, Coréens	50 000 et plus

Source : Governo de Estado de São Paulo, « Memorial do imigrante », [En ligne], 2006.

Ces chiffres incluent les immigrants et leurs descendants.

2.50
Vue de São Paulo, au Brésil

LA MIGRATION DANS LES VILLES

La très grande majorité des immigrants et immigrantes s'installent dans les villes. Leur arrivée contribue grandement à la croissance urbaine. La diversité des personnes immigrantes enrichit le paysage culturel des villes. Toutefois, leur intégration n'est pas toujours aisée et ils constituent souvent l'une des catégories sociales les plus pauvres.

Quartiers ethniques

Les immigrants et immigrantes qui arrivent dans une nouvelle ville s'installent souvent à proximité de leurs compatriotes. C'est ainsi qu'avec le temps, des quartiers ethniques se développent autour d'une communauté. Ces enclaves facilitent l'arrivée de nouveaux immigrants, mais elles peuvent ralentir leur intégration au reste de la société.

Centre-ville

Les immigrants et immigrantes s'installent fréquemment à proximité des centres industriels et commerciaux. Ces zones densément peuplées ont souvent été abandonnées par les résidents plus aisés qui habitent à l'extérieur de la ville et qui viennent travailler au centre-ville.

2.51
Centre-ville de Tokyo

Quartiers aisés

Les quartiers aisés se trouvent souvent en retrait du centre de la ville. Ils sont moins densément peuplés et on y trouve plus d'espaces verts. Sauf les plus riches, les immigrants et immigrantes ne s'installent généralement pas dans ces quartiers dès leur arrivée.

2.52
Banlieue nord-américaine

Bidonvilles

Situés en périphérie des villes, les bidonvilles abritent les gens les plus pauvres, en particulier les nouveaux immigrants. Souvent, ces quartiers très densément peuplés n'ont ni électricité, ni eau courante ni système d'égouts. En outre, bien souvent, il n'y a pas de collecte des ordures.

2.53
Bidonville à Bombay

VU ET ENTENDU

« Comme les êtres humains, les villes possèdent des personnalités. Chacune offre un mélange unique d'histoire, de localisation, de trames culturelles et de modes de vie. Certaines sont laides tout en étant attirantes, d'autres sont superbes mais insipides. »

Ignacy Sachs, économiste polonais naturalisé français (1988)

2.54
Quartier chinois de Philadelphie

2.55
Jane Jacobs

Planifier le développement urbain

Certaines personnes considèrent qu'il est préférable de planifier le développement urbain de manière précise et détaillée. D'autres pensent plutôt qu'il faut laisser les différents quartiers d'une ville se développer librement pour conserver une dimension humaine. Cette dernière thèse est celle défendue par Jane Jacobs (1916-2006), urbaniste née aux États-Unis et immigrée au Canada à la fin des années 1960. Son ouvrage *Déclin et survie des grandes villes américaines* est l'un des plus importants en matière d'urbanisme.

L'attrait de la ville

Les immigrants et immigrantes choisissent majoritairement de s'installer dans les villes parce que celles-ci sont des pôles économiques importants. Les chances de trouver un emploi y sont meilleures que dans les milieux ruraux. De plus, les villes offrent davantage de commodités et de services. Par exemple, elles sont généralement mieux desservies en matière d'établissements d'enseignement ou de soins de santé. Il est également plus facile pour les personnes immigrantes de s'intégrer à la population urbaine, déjà nombreuse et diversifiée. De manière générale, le rythme de la vie citadine semble exercer une forte attraction.

L'impact de l'immigration urbaine

L'arrivée massive d'immigrants et immigrantes dans une ville peut créer divers problèmes. Ces nouveaux arrivants, habituellement peu fortunés, doivent trouver un logement. Ils s'installent souvent dans des quartiers surpeuplés et défavorisés tels que les bidonvilles. Ces zones urbaines se développent fréquemment de façon désordonnée et les autorités municipales doivent alors veiller à y implanter des infrastructures durables. Par ailleurs, l'afflux d'immigrants peut contribuer à accroître le taux de chômage si la main-d'œuvre disponible dépasse le nombre d'emplois offerts. Dans certains cas, la présence d'une nombreuse population immigrante peut inquiéter la population locale et susciter des tensions raciales.

Bidonville à Jakarta (1995)
Les bidonvilles sont une forme de développement urbain non contrôlé.
2.56

ANGLE D'ENTRÉE

LES POUVOIRS DES ÉTATS

Objet d'interprétation
La redéfinition des pouvoirs des États

CONCEPTS

État (p. 105)
Droit international (p. 119)
Gouvernance (p. 107)
Intégration (p. 127)
Souveraineté (p. 105)
Uniformisation (p. 135)

Objet de prise de position (OPP)

OPP 1 Capacité d'action des États

OU

OPP 2 Souveraineté des États et regroupements économiques ou politiques

Dans le contexte de la mondialisation, les États adhèrent à un nombre croissant d'ententes internationales. Cela entraîne une **redéfinition de leurs pouvoirs politiques, économiques et culturels**, qu'ils doivent maintenant partager sur le plan international.

POUVOIR

3.1
Ban Ki-moon, le secrétaire général de l'ONU, lors de la 63e assemblée générale de l'Organisation qui se déroulait au siège social à New York (2008).

Connaissances liées au thème

- Accords internationaux et multilatéraux (p. 112-113, 126-127)
- Entreprises multinationales (p. 130-131)
- Groupes d'influence (p. 120-121)
- Institutions internationales (p. 106 à 113, 138-139)
- Mondialisation des marchés (p. 122 à 125, 130-131)
- Politiques culturelles, économiques et environnementales (p. 122-123, 128-129, 134 à 141)
- Regroupements politiques (p. 112 à 117)
- Zones économiques (p. 126-127)

Repères culturels

- Organisation des Nations Unies (1945) (p. 106 à 109)
- Sommet des Grands (1975) (p. 111)
- Traité de Maastricht (1992) (p. 115)
- Zone franche portuaire de Dongjiang (2006) (p. 123)

QU'EST-CE QU'UN ÉTAT ?

Les États sont les principaux acteurs des relations internationales. Ils jouent un rôle majeur dans la plupart des échanges mondiaux. Les pouvoirs dont ils jouissent affectent directement la plupart des activités humaines, mais ces pouvoirs ne sont pas absolus. Ils sont limités par des principes théoriques et des réalités pratiques.

Les pouvoirs des États

Pouvoir	Pouvoir législatif	Pouvoir exécutif	Pouvoir judiciaire
Rôle	Décider	Exécuter	Interpréter
Fonction	Créer, modifier et adopter les lois qui permettent de gérer un pays.	Mettre en œuvre et faire appliquer les lois qui ont été décidées par le pouvoir législatif.	Résoudre les disputes en interprétant les lois.

Les trois pouvoirs sont exercés de manière différente selon les États. Par exemple, dans un régime autoritaire, le chef du gouvernement peut posséder à la fois les pouvoirs législatif, exécutif et judiciaire. En revanche, dans une démocratie comme le Canada, ces pouvoirs sont séparés entre plusieurs institutions largement indépendantes les unes des autres.

Les pouvoirs des États sont aussi soumis à de nombreuses contraintes.

3.2 **Le palais du Reichstag, siège de l'assemblée parlementaire d'Allemagne**

Relations extérieures (avec d'autres pays)

Le droit international stipule que les États ne peuvent intervenir librement dans les affaires intérieures des autres États. Toutefois, ils sont libres de tenter de les convaincre ou de les influencer par le dialogue, à l'aide de promesses ou de menaces. Par exemple, en 1986, les États-Unis ont imposé d'importantes sanctions commerciales à l'Afrique du Sud afin de l'inciter à changer ses lois concernant l'apartheid.

Affaires intérieures (dans un même pays)

En théorie, les États sont libres d'exercer leurs pouvoirs dans leurs affaires intérieures. Toutefois, en pratique, cet exercice est sujet à certaines limites. Ainsi, les États s'imposent souvent eux-mêmes des contraintes par l'intermédiaire de lois votées par les gouvernements. Par exemple, de nombreux pays possèdent une constitution écrite qui détermine la manière dont ils doivent être gouvernés ainsi que les limites des pouvoirs de leurs gouvernements. Par ailleurs, d'autres États peuvent influer plus ou moins directement sur la politique d'un État.

COMBIEN Y A-T-IL D'ÉTATS ?

FAIT DIVERS

En se basant sur les principaux critères définis par le droit international, **ON COMPTE EN 2009 PLUS DE 193 ÉTATS SOUVERAINS RECONNUS INTERNATIONALEMENT,** dont 192 sont membres des Nations Unies (le Vatican possède un statut d'observateur, sans être membre à part entière). Une dizaine d'autres pays, tels que Taïwan, le Kosovo et les territoires palestiniens, fonctionnent en pratique comme des États souverains, mais ils ne sont pas encore reconnus internationalement.

Les principaux attributs d'un État selon le droit international

Un territoire

Tout État doit pouvoir affirmer des droits exclusifs sur un territoire. Ce territoire inclut un espace terrestre, délimité par des frontières, ainsi que tout lac ou cours d'eau qui s'y trouve. De plus, selon le droit international, les États étendent leur autorité de manière exclusive sur les mers et les océans qui bordent leurs côtes jusqu'à une distance de 12 milles marins (22,2 km). Quant à l'espace aérien d'un État, il s'élève jusqu'à 80 km de hauteur.

Une population

Un État ne peut exister sans une composante humaine, c'est-à-dire une population. Celle-ci peut comprendre un certain nombre de personnes étrangères, mais elle se compose surtout de gens qui possèdent la nationalité de l'État.

Un gouvernement

Un État doit posséder un système de gouvernement susceptible d'exercer l'autorité et le pouvoir sur son territoire. De plus, ce gouvernement doit être en mesure de représenter l'État sur le plan international. Chaque État peut déterminer la structure de son système gouvernemental (unitaire, fédéral ou confédéral) et la nature de son régime politique (présidentiel, parlementaire, monarchie constitutionnelle ou absolue, dictature militaire, etc.)

Une personnalité juridique internationale

Un État doit posséder une personnalité juridique internationale, c'est-à-dire un statut reconnu qui le rend susceptible de détenir des droits et des obligations sur le plan international. Cette personnalité juridique permet à l'État proprement dit de se distinguer de son gouvernement. Ainsi, lorsque le gouvernement d'un pays change (ce qui arrive fréquemment dans les démocraties après des élections), l'État lui-même continue à exister et à être reconnu internationalement.

La souveraineté

Chaque État exerce une pleine souveraineté sur son territoire, c'est-à-dire qu'il y détient de manière entière et exclusive l'autorité et le pouvoir. Selon le droit international, aucun État n'a le droit d'intervenir dans les affaires intérieures d'un autre État.

Une reconnaissance internationale

Ce critère n'est pas indispensable à l'existence d'un État, mais il facilite grandement sa participation aux relations internationales. Un État qui n'est pas reconnu par les autres pays est habituellement contraint à l'isolement et au dépérissement.

REFLET DE L'ACTUALITÉ

- **a** À la lecture de ces pages, comment définiriez-vous le concept central du chapitre : l'« État » ?
- **b** Définissez dans vos propres mots le concept de « souveraineté ».
- **c** Donnez un exemple tiré de l'actualité qui porte sur la souveraineté d'un État.

3.3 Le Capitole, siège du pouvoir législatif aux États-Unis

LES NATIONS UNIES

Au cours des 19e et 20e siècles, les échanges internationaux ont connu une croissance fulgurante, tant sur le plan économique que sur les plans politique, social ou culturel. L'Organisation des Nations Unies (ONU) est née du désir d'aider à la régulation de ces échanges, en instaurant une forme de coopération mondiale permanente.

À l'origine des Nations Unies...

Un précurseur : la Société des Nations

Fondée en 1920, la Société des Nations avait pour objectif de maintenir la paix et la stabilité dans le monde afin d'éviter une répétition des horreurs de la Première Guerre mondiale (1914-1918).

- **Son principal défaut :** Elle n'est pas une organisation universelle. Les États-Unis en particulier n'en ont jamais fait partie et elle n'a jamais compté plus de 58 membres à la fois.
- **Un succès mitigé :** La Société des Nations n'a réussi à régler que quelques conflits mineurs. Le déclenchement de la Seconde Guerre mondiale (1939-1945) démontre son échec.

Une nouvelle organisation mondiale : l'ONU

Alors que la Seconde Guerre mondiale fait rage, les chefs des pays alliés contre l'Axe se rencontrent afin de jeter les bases d'une nouvelle institution internationale plus efficace : l'Organisation des Nations Unies.

- **Une charte fondatrice :** Au printemps de l'année 1945, la charte constitutive de la nouvelle organisation est signée par 51 États. L'Organisation des Nations Unies voit officiellement le jour le 24 octobre 1945.
- **Un siège social :** Achevé en 1952, le siège social de l'ONU est situé à New York, aux États-Unis. Il abrite les principaux organes de l'institution, notamment l'Assemblée générale et le Conseil de sécurité.

VU ET ENTENDU

La Charte des Nations Unies

Les Nations Unies forment une organisation universelle, c'est-à-dire ouverte à tous les pays qui acceptent et appliquent les principes de sa Charte. Elles ne constituent pas un gouvernement mondial et chaque État membre conserve son entière souveraineté. Les Nations Unies encouragent toutefois la coopération internationale dans une multitude de domaines.

« Les buts des Nations Unies sont les suivants :

1. Maintenir la paix et la sécurité internationale [...].
2. Développer entre les nations des relations amicales fondées sur le respect du principe de l'égalité de droits des peuples et de leur droit à disposer d'eux-mêmes [...].
3. Réaliser la coopération internationale en résolvant les problèmes internationaux d'ordre économique, social, intellectuel ou humanitaire, en développant et en encourageant le respect des droits de l'homme et des libertés fondamentales pour tous, sans distinction de race, de sexe, de langue ou de religion [...] »

Article 1 de la Charte des Nations Unies

REFLET DE L'ACTUALITÉ

ⓐ Comment définiriez-vous le concept de « gouvernance » ?

ⓑ Une gouvernance mondiale est-elle nécessaire ? Donnez un exemple tiré de l'actualité pour appuyer votre réponse.

3.4 Le siège social de l'ONU, à New York

Les principaux organes des Nations Unies 3.5

Le Secrétariat

Le secrétaire général est à la tête de toute la bureaucratie des Nations Unies. Responsable du bon fonctionnement de l'organisation, il joue souvent le rôle de médiateur dans les conflits internationaux. La personne nommée à ce poste doit faire preuve d'une grande neutralité politique, ce qui rend son choix difficile. C'est l'Assemblée générale qui procède à sa nomination, sur recommandation du Conseil de sécurité, pour un mandat de cinq ans, renouvelable.

Le Conseil de sécurité

Le Conseil de sécurité est formé de 5 membres permanents ayant un droit de *veto* (Chine, États-Unis, France, Royaume-Uni et Russie) et de 10 membres non permanents, qui sont élus pour 2 ans. Le Conseil est chargé de maintenir la paix et la sécurité internationale, par l'usage de la force armée si nécessaire. Ses décisions ont un caractère obligatoire.

Le Conseil de tutelle

Cet organe est chargé de protéger et d'administrer certains territoires qui ne sont pas encore autonomes. Il est inactif depuis 1994, date de l'accession à l'indépendance du dernier territoire placé sous sa tutelle, les îles Palaos dans le Pacifique.

L'Assemblée générale

Composée de tous les États membres (192 en 2009), l'Assemblée générale sert de forum de discussion où chacun peut exprimer son point de vue. L'Assemblée peut émettre des résolutions non contraignantes ou, autrement dit, de simples recommandations. Lors des votes, chaque État dispose d'une voix. Les questions les plus importantes (paix, budget, admission de nouveaux membres) doivent être adoptées à la majorité des deux tiers.

Le Conseil économique et social (CES)

Le CES est l'organe de l'ONU responsable des questions économiques, sociales et culturelles, ainsi que de celles relatives au domaine de l'éducation, de la santé et des droits de l'homme. Il est constitué de 54 États membres élus par l'Assemblée générale pour un mandat de 3 ans. Ses recommandations ne sont pas obligatoires.

La Cour internationale de justice

Siégeant dans la ville de La Haye (Pays-Bas), la Cour internationale de justice se prononce sur les différends internationaux qui lui sont soumis. Tous les États membres peuvent y avoir recours, mais ils doivent alors se soumettre aux décisions des 15 juges issus de pays différents, élus par l'Assemblée générale et le Conseil de sécurité.

Les institutions spécialisées

En plus de ses six organes principaux, les Nations Unies possèdent de nombreuses institutions spécialisées dans tous les domaines.

LE SYSTÈME DES NATIONS UNIES

Le système des Nations Unies comprend une multitude de commissions, de programmes, de fonds, d'agences spécialisées, d'instituts de recherche et d'organisations associées touchant tous les domaines de la coopération internationale. Voici quelques-uns de ces organes, parmi les plus importants.

3.6
Des Casques bleus des Nations Unies (1995)

Sécurité

Haut Commissariat des Nations Unies pour les réfugiés (HCR)
Siège : Genève (Suisse)
Date de fondation : 1950
Objectif : Assurer la protection internationale des réfugiés.

Agence internationale de l'énergie atomique (AIEA)
Siège : Vienne (Autriche)
Date de fondation : 1957
Objectif : Encourager le développement de l'énergie nucléaire à des fins pacifiques et limiter ses applications militaires.

Département des opérations de maintien de la paix (DOMP)
Siège : New York (États-Unis)
Date de fondation : 1992
Objectif : Coordonner les différentes opérations menées par les forces multinationales de maintien de la paix des Nations Unies (Casques bleus).

Économie

Organisation internationale du travail (OIT)
Siège : Genève (Suisse)
Date de fondation : 1919
Objectif : Développer des politiques promouvant le travail décent en tenant compte du point de vue des gouvernements, des chefs d'entreprises et des travailleurs et travailleuses.

Fonds monétaire international (FMI)
Siège : Washington (États-Unis)
Date de fondation : 1945
Objectif : Encourager la coopération monétaire internationale et veiller à la stabilité économique mondiale.

Groupe de la Banque mondiale (BM)
Siège : Washington (États-Unis)
Date de fondation : 1945
Objectif : Les cinq institutions qui forment le groupe de la Banque mondiale luttent contre la pauvreté en offrant conseils et financement aux États qui éprouvent des difficultés économiques.

3.7
V. Narry Kim, lauréate 2008 du prix pour les femmes en sciences
Ce prix est décerné conjointement par l'UNESCO et un groupe industriel français.

Culture et éducation

Organisation des Nations Unies pour l'éducation, la science et la culture (UNESCO)
Siège : Paris (France)
Date de fondation : 1945
Objectif : Encourager la collaboration entre les nations dans les domaines de l'éducation, de la science, de la culture, des communications et de l'information.

Université des Nations Unies (UNU)
Siège : Tokyo (Japon)
Date de fondation : 1973
Objectif : Encourager la recherche universitaire internationale sur les grands problèmes mondiaux de survie, de développement et de bien-être de l'humanité.

Environnement

Programme des Nations Unies pour l'environnement (PNUE)
Siège : Nairobi (Kenya)
Date de fondation : 1972
Objectif : Promouvoir la coopération internationale dans le domaine de l'environnement.

Développement

Fonds des Nations Unies pour l'enfance (UNICEF)
Siège : New York (États-Unis)
Date de fondation : 1946
Objectif : Améliorer la condition des enfants dans le monde. Ses principaux champs d'action sont l'éducation pour les enfants des deux sexes, la vaccination, la protection des enfants contre la violence, l'exploitation et les abus, la promotion de la santé chez les nouveau-nés et le combat contre le sida.

Conférence des Nations Unies pour le commerce et le développement (CNUCED)
Siège : Genève (Suisse)
Date de fondation : 1964
Objectif : Encourager le développement du commerce international de manière équitable pour tous les pays.

Programme des Nations Unies pour le développement (PNUD)
Siège : New York (États-Unis)
Date de fondation : 1965
Objectif : Principal organisme chargé des projets de développement des Nations Unies. Ses principaux domaines d'intervention sont la lutte contre la pauvreté, la prévention des crises humanitaires, la gestion durable des ressources et la promotion de la démocratie.

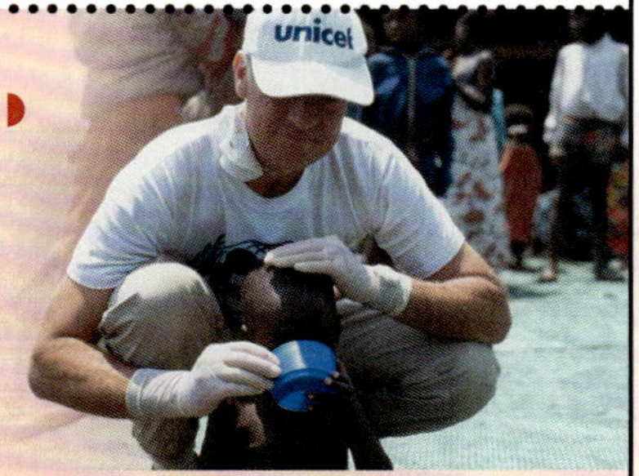

3.8 Un travailleur de l'UNICEF prend soin d'un enfant au Zaïre (1994).

Santé

Organisation des Nations Unies pour l'alimentation et l'agriculture (FAO)
Siège : Rome (Italie)
Date de fondation : 1945
Objectif : Procurer la sécurité alimentaire pour tous en améliorant la productivité agricole, l'accès à la nourriture et les conditions de vie des populations rurales.

Organisation mondiale de la santé (OMS)
Siège : Genève (Suisse)
Date de fondation : 1948
Objectif : Contribuer à amener tous les peuples du monde au plus haut niveau de santé possible.

Programme alimentaire mondial (PAM)
Siège : Rome (Italie)
Date de fondation : 1963
Objectif : Fournir de l'aide alimentaire aux personnes souffrant de famines.

3.9
Crise alimentaire en Haïti (2008)
Des Haïtiennes se partagent des denrées alimentaires envoyées par le PAM.

Justice

Cour pénale internationale (CPI)
Siège : La Haye (Pays-Bas)
Date de fondation : 2002
Objectif : Juger les individus accusés de crimes graves, incluant les génocides, les crimes de guerre et les crimes contre l'humanité.

Transport et communications

Union internationale des télécommunications (UIT)
Siège : Genève (Suisse)
Date de fondation : 1865
Objectif : Encourager la coopération internationale dans le développement des télécommunications.

Organisation de l'aviation civile internationale (OACI)
Siège : Montréal (Canada)
Date de fondation : 1947
Objectif : Développer des normes relatives à l'aviation civile pour rendre le transport aéronautique international plus sécuritaire.

Organisation maritime internationale (OMI)
Siège : Londres (Royaume-Uni)
Date de fondation : 1948
Objectif : Développer une réglementation maritime internationale et prévenir la pollution des milieux marins.

LES SOMMETS INTERNATIONAUX

Les divers organes des Nations Unies offrent un cadre intéressant pour la coopération internationale. Toutefois, plusieurs États ressentent le besoin de développer d'autres stratégies d'échange et de collaboration, mieux adaptées à leurs besoins particuliers. Les sommets internationaux en sont un bon exemple.

Des discussions à l'échelle internationale

De tout temps, les États ont organisé ponctuellement des rencontres internationales entre plusieurs pays afin de discuter de problèmes spécifiques. Au cours des décennies qui ont suivi la Seconde Guerre mondiale, certaines rencontres ont commencé à se tenir régulièrement et ont fini par donner lieu à des événements plus structurés, tel le G8. Ces sommets internationaux demeurent toutefois très souples, s'adaptant aux situations et aux besoins particuliers. Contrairement aux organisations internationales, ils ne possèdent pas une administration permanente et indépendante.

Des rencontres restreintes

L'Assemblée générale des Nations Unies permet à chaque pays, sans égard à sa taille ou à sa richesse, de s'exprimer tandis que les sommets internationaux réunissent un moins grand nombre d'États, qui possèdent des intérêts communs. Dans ces conditions, il est plus facile de discuter et de s'entendre. Les sommets sont l'occasion d'échanger sur une variété de sujets d'actualité, par exemple lors des rencontres du G8, ou sur certains thèmes particuliers, comme dans les rencontres du Club de Paris. Aussi élaborées soient-elles, ces réunions demeurent de simples forums de discussion. Les décisions qui y sont prises n'ont aucun caractère obligatoire et les États participants demeurent libres d'y donner suite ou non.

3.10

En haut : **Rencontre des dirigeants du G8 en Russie (2006)**

En bas : **Les sommets du G8 sont souvent l'occasion de manifestations contre les politiques des gouvernements des pays membres (2003).**

LE JUNIOR 8 (J8)

FAIT DIVERS

Depuis 2005, l'UNICEF organise chaque année **LE JUNIOR 8 OU J8, UN SOMMET PARALLÈLE AU G8, DESTINÉ AUX JEUNES DE 13 À 17 ANS.** Des délégations étudiantes des huit pays membres du G8 ainsi qu'une dizaine de participants provenant de pays en développement se rencontrent pendant une semaine afin de discuter des enjeux thématiques retenus pour le G8 officiel. Ces débats sont suivis par la rédaction d'une déclaration commune que les jeunes présentent ensuite aux chefs d'État qui participent au G8.

Quelques exemples de sommets internationaux

Le Groupe des huit (G8)

Qui ? ▪ Le G8 réunit huit pays parmi les plus puissants économiquement. À eux seuls, ces États représentent environ les deux tiers du produit mondial brut (PMB) même s'ils abritent un peu moins de 15 % de la population mondiale.

Quand ? ▪ Afin de faire face aux difficultés économiques du début des années 1970, un premier sommet, le Sommet des Grands, réunissant l'Allemagne, les États-Unis, la France, l'Italie, le Japon et le Royaume-Uni est organisé en 1975. Le Canada se joint au groupe l'année suivante, puis la Russie en 1998.

Pourquoi ? ▪ Le G8 est un forum de discussion où sont étudiées et débattues les grandes questions internationales de l'heure, tels l'économie, la défense, l'éducation, le développement ou l'environnement. Les thèmes particuliers changent chaque année.

Comment ? ▪ Chaque année, les dirigeants des pays membres du G8 se réunissent pendant deux ou trois jours dans l'un des pays membres. D'autres pays ou organisations internationales peuvent également être invités.

Les membres du G8

Allemagne, Canada, États-Unis, France, Italie, Japon, Royaume-Uni, Russie

3.11

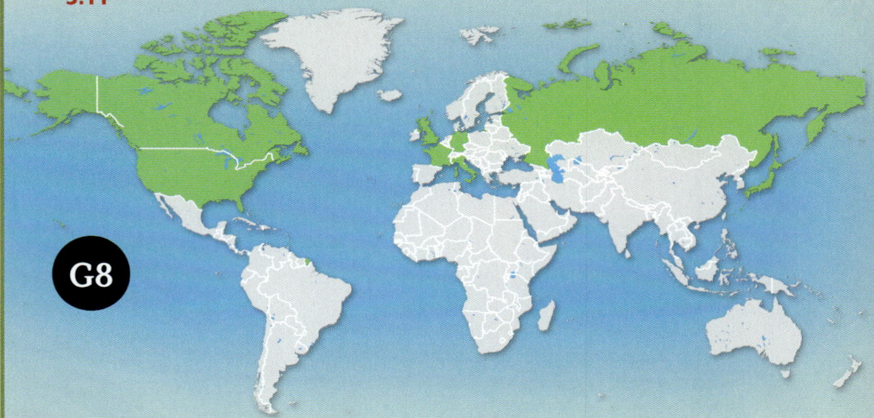

Les membres du G20

Allemagne, Afrique du Sud, Arabie saoudite, Argentine, Australie, Brésil, Canada, Chine, Corée du Sud, États-Unis, France, Inde, Indonésie, Italie, Japon, Mexique, Royaume-Uni, Russie, Turquie et Union européenne

3.12

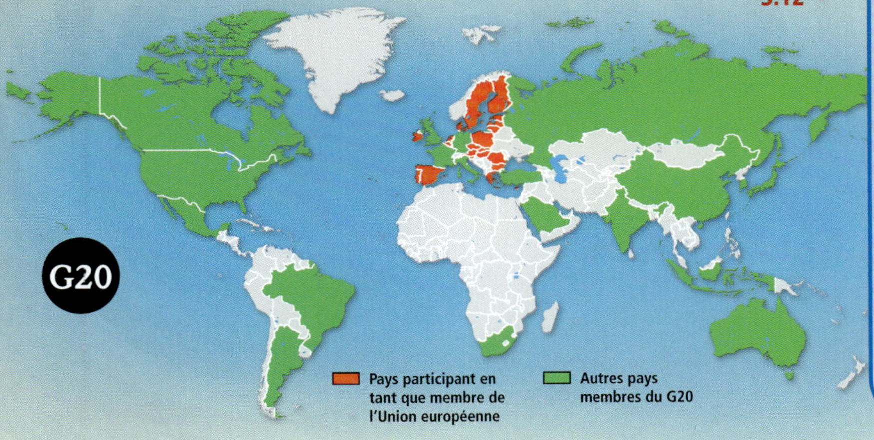

Le Groupe des 20 (G20)

Qui ? ▪ Le G20 comprend les pays industrialisés membres du G8, 11 autres pays à l'économie émergente ainsi qu'un représentant de l'Union européenne. Ensemble, ces participants représentent plus de 90 % du produit mondial brut, environ 80 % du commerce international et les deux tiers de la population mondiale.

Quand ? ▪ Le G20 a été créé en 1999 afin de faire face aux crises financières des années 1990.

Pourquoi ? ▪ Le G20 est d'abord un forum de concertation économique. Il se veut plus représentatif que le G8, car il tient compte du poids économique de plusieurs pays en pleine croissance, comme la Chine, le Brésil ou l'Inde.

Comment ? ▪ Les réunions du G20 sont annuelles et réunissent les ministres des Finances et les directeurs des banques centrales des États membres. Des rencontres exceptionnelles auxquelles participent les chefs d'État peuvent également être organisées.

LES ORGANISATIONS INTERGOUVERNEMENTALES

Afin de renforcer leur capacité d'action, la plupart des États indépendants acceptent de s'associer avec d'autres pays. Cette collaboration peut s'établir par la signature de traités, par des rencontres informelles (par exemple à l'occasion des sommets internationaux) ou par une adhésion à des organisations intergouvernementales structurées.

L'union fait la force

3.13
Rencontre des dirigeants de la Communauté des États indépendants (CEI), un groupe régional de pays faisant autrefois partie de l'URSS (2000).

Aujourd'hui, il existe de nombreuses organisations intergouvernementales plus ou moins spécialisées. Certaines, comme les Nations Unies, ont une mission à caractère universel. D'autres réunissent seulement les États d'une certaine région dans le cadre d'activités précises (militaires, économiques, culturelles, etc.).

Les États qui font partie de ces organisations jouissent de certains avantages. Les membres d'un même groupe entretiennent habituellement des relations privilégiées entre eux et peuvent profiter de certains bénéfices prédéterminés. Par exemple, les membres d'une alliance militaire se prêteront assistance s'ils sont attaqués par un ennemi, tandis que ceux qui appartiennent à un même groupe économique pourront commercer entre eux à des tarifs préférentiels. Ces avantages entraînent toutefois certaines obligations. Ainsi, les États acceptent de déléguer partiellement leur pouvoir souverain à l'organisation dont ils font partie.

LE CANADA À L'INTERNATIONAL

Le Canada participe à de nombreuses organisations intergouvernementales telles que :

- Les Nations Unies
- Le Commonwealth of Nations
- L'Organisation internationale de la francophonie (OIF)
- L'Organisation des États américains (OEA)
- L'Organisation du traité de l'Atlantique Nord (OTAN)
- L'Accord de libre-échange nord-américain (ALENA)
- L'Organisation de coopération et de développement économique (OCDE)
- L'Organisation mondiale du commerce (OMC)
- La Coopération économique Asie-Pacifique (APEC)

FAIT DIVERS

3.14
Le premier ministre du Canada Stephen Harper devant les drapeaux des pays membres lors du Sommet de la Francophonie (2008)

L'Organisation internationale de la francophonie (OIF)

Qui ? ▪ Cette organisation comprend 56 États et gouvernements membres au sein desquels la langue française jouit d'un statut particulier.

Quand ? ▪ Fondée en 1970.

Pourquoi ? ▪ Accroître la coopération entre les pays de culture francophone.

Comment ? ▪ L'OIF possède plusieurs organismes spécialisés et organise le Sommet de la Francophonie tous les deux ans pour discuter d'économie et de politique internationale.

Le Commonwealth of Nations

Qui ? ▪ Cette organisation comprend 53 États qui ont déjà fait partie de l'Empire britannique.

Quand ? ▪ Fondée en 1926.

Pourquoi ? ▪ Promouvoir la démocratie, les droits humains, la paix et la liberté de commerce.

Comment ? ▪ Le Commonwealth of Nations possède plusieurs organismes spécialisés et organise différentes activités tels les Jeux du Commonwealth tous les quatre ans et la Réunion des chefs de gouvernement du Commonwealth tous les deux ans pour discuter d'économie et de politique internationale.

Deux exemples d'organisations intergouvernementales à caractère culturel
3.15

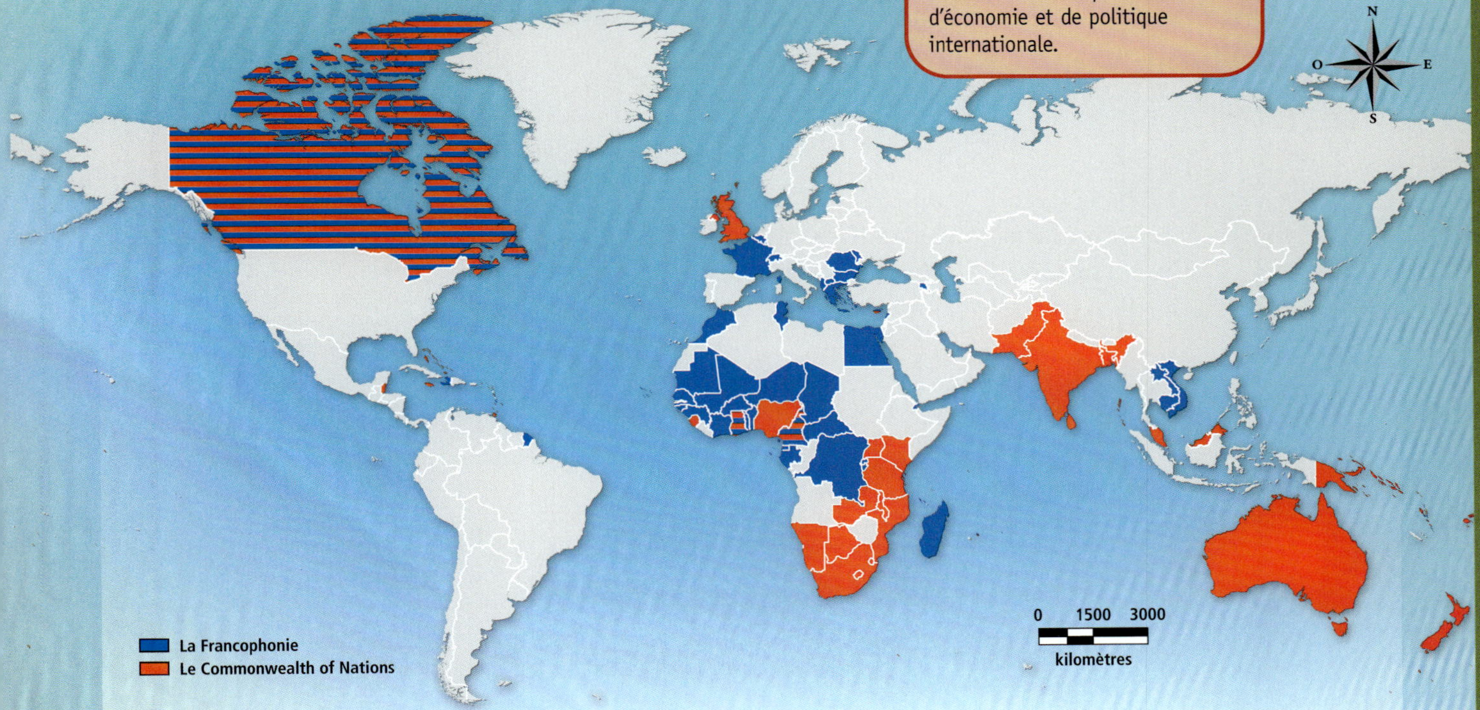

Divers types d'organisations intergouvernementales

Des organisations à caractère sécuritaire

Les alliances militaires constituent sans doute le plus ancien type d'organisations intergouvernementales. D'autres organisations à caractère sécuritaire visent plutôt à restreindre l'usage de certains types d'armes pour accroître la sécurité dans le monde.

Des organisations à caractère économique

La plupart des organisations intergouvernementales s'intéressent vivement aux questions économiques. Certaines s'y consacrent d'ailleurs entièrement.

Des organisations à caractère régional

Les Nations Unies ont un caractère universel, mais il existe aussi de nombreuses organisations intergouvernementales régionales qui visent à améliorer la coopération entre des pays voisins sur divers plans (politique, social, économique, culturel, environnemental, etc.).

Des organisations à caractère culturel

Plusieurs États coopèrent en raison de leurs affinités culturelles particulières. Ces liens culturels peuvent provenir d'une histoire, d'une langue ou d'une religion commune.

L'UNION EUROPÉENNE (I)

L'Europe est depuis longtemps un continent politiquement morcelé. Une cinquantaine de pays cohabitent entre l'océan Atlantique et la chaîne montagneuse de l'Oural, en Russie. Toutefois, depuis la fin de la Seconde Guerre mondiale, les Européens prennent peu à peu conscience d'une identité collective et d'intérêts communs. Cette constatation a permis l'émergence graduelle de l'Union européenne. Cette confédération d'États indépendants est aujourd'hui l'un des regroupements politiques les plus achevés.

1945 – 1947 – 1952 – 1955 – 1958 – 1962 – 1965 – 1967

1947 — Un précurseur : le plan Marshall

À la fin de la Seconde Guerre mondiale, l'Europe est ravagée et son économie, détruite. Avec le début de la guerre froide, les États-Unis souhaitent un redressement rapide du continent afin d'affronter plus efficacement le communisme. Une vaste opération de financement, appelée plan Marshall, est organisée. Entre 1948 et 1952, les États-Unis versent ainsi près de 13 milliards de dollars pour assurer la stabilité des pays d'Europe de l'Ouest.

1952 — Entrée en vigueur de la Communauté européenne du charbon et de l'acier (CECA)

Six pays européens (la France, l'Allemagne, l'Italie, la Belgique, les Pays-Bas et le Luxembourg) jettent les bases d'une union économique en mettant en commun leur production de charbon et d'acier. Ces deux productions ont une importance symbolique, car elles sont essentielles au développement économique… et à la production d'armements.

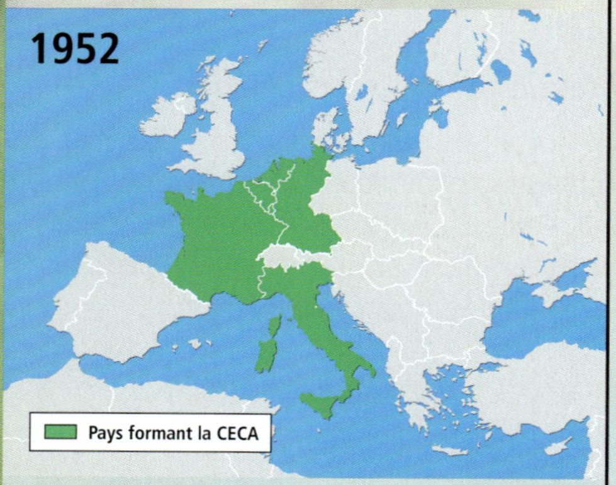

3.16

VU ET ENTENDU

« […] toute guerre entre la France et l'Allemagne devient non seulement impensable, mais matériellement impossible. »

Robert Schuman, ministre français des Affaires étrangères (1950)

1958 — Entrée en vigueur du traité de Rome et fondation de la Communauté économique européenne (CEE)

La CEE poursuit l'intégration économique européenne en s'ajoutant à la CECA. Elle permet le développement d'une union douanière (complétée en 1968) et d'un marché commun pour l'ensemble des productions agricoles et industrielles. Les droits de douane entre les pays membres sont ainsi graduellement supprimés, tandis qu'une politique commune pour le commerce extérieur est établie. Cela entraîne une très forte croissance du commerce entre les pays de la CEE.

3.17
Édifice de l'Union européenne à Bruxelles (2007)
La plupart des institutions de l'Union européenne ont leur siège à Bruxelles (Belgique), à Strasbourg (France) ou à Luxembourg (Luxembourg). Bruxelles abrite certains des organes les plus importants, tels le Conseil de l'Union européenne et la Commission européenne. C'est pourquoi la ville est reconnue de manière informelle comme la capitale de l'Europe.

La politique agricole commune (PAC)

La PAC est la plus ancienne politique communautaire de l'Union européenne. Elle vise à encourager la production agricole européenne par des subventions et des mesures qui la protègent de la concurrence extérieure. Cette politique a suscité de vives critiques de la part de pays qui y voient une concurrence déloyale envers leurs propres producteurs agricoles.

Entrée en vigueur du traité de Maastricht et fondation de l'Union européenne (UE)

Le traité de Maastricht donne naissance à l'Union européenne (UE), une union politique et économique des États de la Communauté économique européenne (CEE), avec des pouvoirs élargis dans les domaines de la politique étrangère, de la sécurité, de la justice et des affaires intérieures. À l'intérieur de l'UE, la CEE est remplacée par la Communauté européenne (CE), dont l'objectif est plus large : l'établissement d'une union économique et monétaire entre les pays membres par la libre circulation des marchandises, des services, de l'argent et des personnes.

Le traité de Maastricht stipule que tout individu possédant la nationalité d'un État membre de l'Union devient également citoyenne ou citoyen européen. Cette citoyenneté lui permet de circuler et de travailler librement dans tous les pays de l'Union et d'y bénéficier de droits sociaux. De plus, il peut voter pour l'élection de députés au Parlement européen et exercer son droit de vote aux élections municipales du pays où il réside.

1973 — 1975 — 1981 — 1985 — 1986 — 1993 — 1995

1er élargissement

Après de longues discussions, le Danemark, l'Irlande et le Royaume-Uni se joignent à la CEE.

2e et 3e élargissements

La Grèce se joint à la CEE en 1981, suivie de l'Espagne et du Portugal, en 1986.

Fusion des communautés européennes

La CECA, la CEE et la Communauté européenne de l'énergie atomique (Euratom) centralisent leurs administrations.

3.18

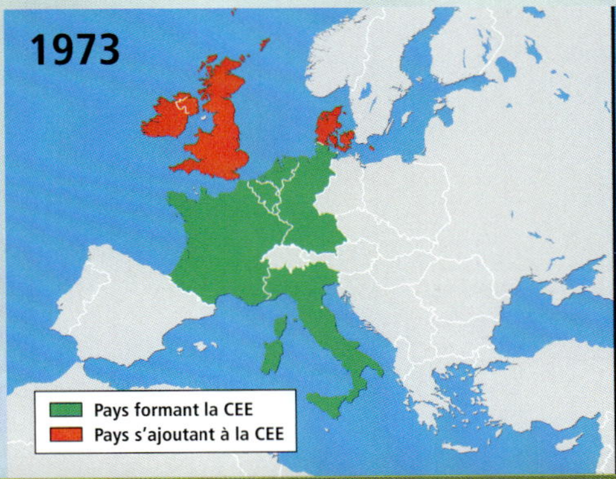

3.19

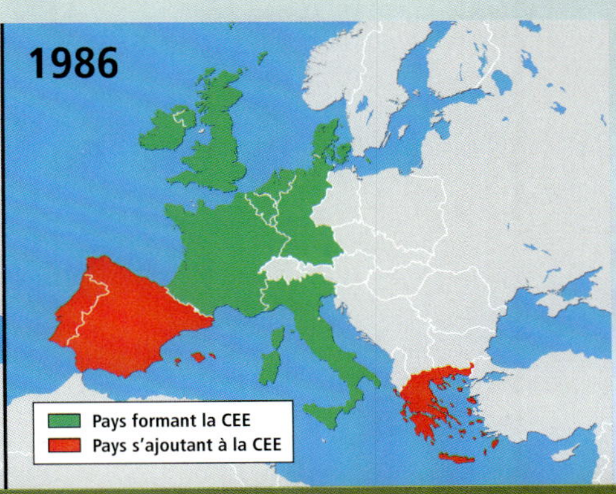

L'UNION EUROPÉENNE (II)

L'EURO
UNE MONNAIE EUROPÉENNE COMMUNE

L'Union européenne propose à ses membres une union monétaire, c'est-à-dire l'usage d'une monnaie commune. Une telle mesure facilite les échanges commerciaux entre les pays membres et renforce l'intégration économique régionale. Toutefois, les participants perdent ainsi une partie de leur souveraineté économique, ce qui explique pourquoi certains pays tels le Royaume-Uni ou le Danemark ont refusé jusqu'à maintenant de se joindre à la zone euro, malgré son indéniable succès.

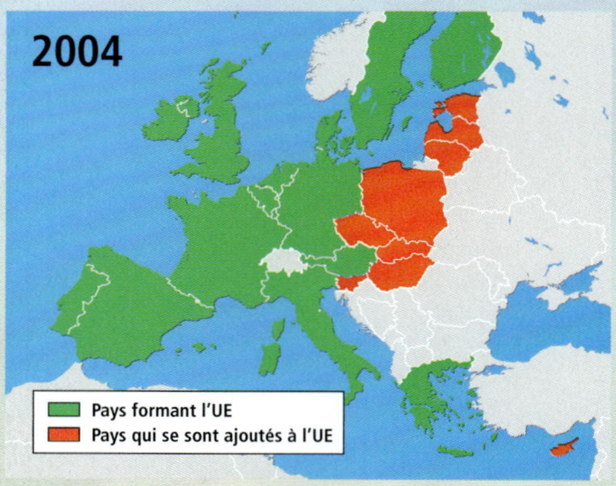

3.21

Lancement de l'euro

Les premiers billets et pièces de monnaie ont été mis en circulation en 2002 et ont rapidement remplacé la monnaie nationale de plusieurs pays. En 2009, la zone euro compte 16 pays membres de l'Union européenne et plusieurs autres prévoient adopter cette monnaie.

Le grand élargissement

Dix nouveaux États se joignent à l'Union européenne : les îles de Malte et de Chypre, ainsi que huit pays d'Europe de l'Est. En 2007, la Roumanie et la Bulgarie en font partie à leur tour.

1995 — 1999 — 2004 — 2005 — 2010

4ᵉ élargissement et entrée en vigueur des accords de Schengen

L'Autriche, la Finlande et la Suède entrent à leur tour dans l'Union européenne. La même année, les accords de Schengen, qui suppriment les contrôles aux frontières entre les pays signataires, entrent en vigueur. Depuis 1997, tous les pays membres de l'Union européenne doivent participer aux accords de Schengen, à l'exception de la Grande-Bretagne et de l'Irlande, qui ont un statut particulier.

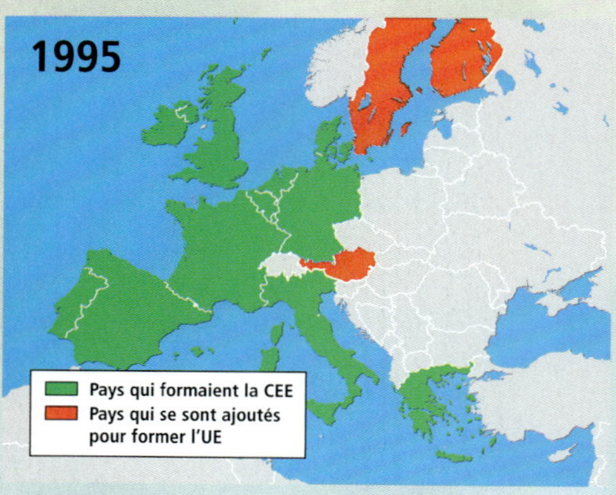

3.20

La question constitutionnelle

Afin de rendre l'Union plus efficace et plus simple à gérer, on songe à adopter une constitution européenne. Les négociations sont toutefois difficiles et plusieurs traités ne font que réformer les institutions déjà existantes sans pour autant créer une nouvelle constitution. En 2009, les discussions se poursuivaient toujours.

3.22 Drapeau de l'Union européenne

Encore plus loin ?

Le grand élargissement de 2004 repousse les frontières de l'Union européenne loin vers l'est du continent. Certains pays qui se trouvent maintenant aux frontières de cet ensemble politique pourraient se montrer intéressés à se joindre au groupe. La Turquie a d'ailleurs déjà manifesté son intérêt. Toutefois, de nombreux Européens et Européennes hésitent à accepter ce pays densément peuplé (72 millions d'habitants), de tradition culturelle musulmane.

L'Union européenne en 2009

- Superficie : 4 324 782 km²
- Population : Près de 500 000 000
- États membres : 27
- Langues officielles : 23
- PIB total (en 2007) : 14 430 000 millions de dollars US
- PIB par habitant (en 2007) : 32 700 dollars US

3.23

Les grandes institutions de l'Union européenne

L'Union européenne est à la fois un organisme *transnational,* c'est-à-dire qu'elle réunit des États indépendants, et *supranational* parce qu'elle crée un nouveau palier de gouvernement au-dessus de ceux des pays membres. L'Union européenne possède elle-même des pouvoirs et des institutions qui s'apparentent à ceux d'un État.

Le Parlement européen ▪ Approuve et contrôle

Depuis 1979, le Parlement européen est composé de députés élus au suffrage universel pour une durée de cinq ans. Chaque pays élit un nombre de députés qui varie en fonction de sa population. Le Parlement ne peut pas proposer de lois, mais il doit donner son avis sur celles retenues par le Conseil de l'Union européenne. Selon les sujets traités, cet avis peut n'être que consultatif ou constituer une approbation indispensable à l'adoption des lois. De plus, le Parlement exerce un contrôle sur le budget de l'Union européenne et sur le fonctionnement des autres institutions.

Le Conseil de l'Union européenne ▪ Décide

Aussi connu sous le nom de Conseil des ministres, cet organe étudie les projets de lois des États membres ou de la Commission européenne et décide s'ils seront adoptés ou non. Le Conseil rassemble les ministres des gouvernements de chaque État, qui défendent les intérêts de leurs pays respectifs et tentent d'aboutir à des compromis. Les ministres concernés changent selon les questions étudiées. Lorsqu'on passe au vote, chaque État dispose d'un nombre de voix qui varie en fonction de l'importance de sa population.

La Commission européenne ▪ Propose et exécute

Les 27 commissaires (un ou une par pays) qui siègent à cette institution sont chargés de proposer des lois pour l'ensemble de l'Union européenne. Une fois que ces lois sont acceptées par le Conseil et le Parlement, la Commission les met en œuvre. De plus, elle veille à l'application des traités et gère le budget de l'Union européenne. Ses pouvoirs sont donc très larges.

LA JUSTICE ET LE DROIT INTERNATIONAL

La plupart des conflits entre États se règlent par la diplomatie, c'est-à-dire par des discussions et des ententes qui se font directement avec les pays concernés ou avec l'aide d'autres pays qui jouent le rôle d'intermédiaires. Toutefois, dans certains cas, la diplomatie ne permet pas d'arriver à une solution acceptable pour les deux parties. Plutôt que de déclencher une guerre, il est alors possible de recourir à l'arbitrage d'institutions internationales.

Le droit international

Un certain nombre de règles régissent les relations entre les États.

Des règles clairement définies

Certaines de ces règles sont clairement expliquées dans des traités internationaux qui ont été signés par plusieurs États, telles la Convention des Nations Unies sur le droit de la mer ou les conventions de Genève sur les prisonniers de guerre.

Des usages établis

D'autres règles du droit international ne sont pas aussi formellement définies. Ce sont plutôt des usages établis depuis longtemps, par exemple le droit d'un État à se défendre s'il est attaqué, ou des principes moraux de base, telle l'interdiction des crimes contre l'humanité (génocide, esclavage, torture, piraterie et guerre d'agression).

Les limites du droit international

Aucun pouvoir mondial ne peut imposer sa loi à tous les pays de la planète. L'application du droit international dépend donc en grande partie de la volonté des États de s'y conformer. Certains pays s'y soumettent volontiers, tandis que d'autres défendent résolument leur souveraineté, c'est-à-dire le droit d'agir à leur convenance. Les États-Unis, la Chine et Israël, par exemple, refusent que leurs soldats soient jugés par des tribunaux internationaux pour des crimes de guerre.

Toutefois, les États exercent une pression importante les uns sur les autres afin que tous respectent leurs engagements et leurs obligations. Un pays qui refuse les règles de base du droit international se retrouvera rapidement isolé et devra en subir les conséquences : il pourra être victime de sanctions diplomatiques (le retrait des ambassadeurs, par exemple), économiques (un embargo) ou même militaires de la part des autres pays.

3.24
Statue de Justicia, déesse romaine de la justice

INTERPOL

FAIT DIVERS

Les tribunaux internationaux ne sont pas les seules organisations qui encouragent la coopération entre les États en matière de justice. C'est aussi le cas d'Interpol, une institution qui vise à améliorer la collaboration entre les forces policières des divers États. INTERPOL S'ATTAQUE EN PARTICULIER AUX CRIMES INTERNATIONAUX TELS QUE LE TRAFIC DE DROGUE, LE TERRORISME, LE BLANCHIMENT D'ARGENT ET LE CRIME ORGANISÉ.

Des tribunaux internationaux

Afin d'éviter que les conflits entre États ne dégénèrent toujours en guerre, un système judiciaire international s'est graduellement mis en place depuis la fin de la Seconde Guerre mondiale. Plusieurs traités comprennent maintenant des clauses pour former des tribunaux internationaux spécialisés. Par exemple, la Convention des Nations Unies sur le droit de la mer a donné naissance au Tribunal international du droit de la mer, où sont jugés les conflits relatifs aux questions maritimes. Des tribunaux régionaux ont aussi été créés pour régler les problèmes entre États voisins, par exemple la Cour de justice des Communautés européennes ou la Cour caribéenne de justice pour les pays des Caraïbes.

Les Nations Unies et le droit international

Certains organismes des Nations Unies, comme l'Assemblée générale ou le Conseil de sécurité, possèdent également des pouvoirs qui leur permettent d'intervenir dans les conflits internationaux. La plus importante institution judiciaire des Nations Unies demeure toutefois la Cour internationale de justice (CIJ).

Seuls les États peuvent venir régler leurs disputes juridiques devant la CIJ. Les questions de droit international qui concernent des individus, comme ceux qui sont accusés de crimes contre l'humanité, sont traitées par un autre tribunal, la Cour pénale internationale. Les États sont toujours libres de recourir à la CIJ, mais ils sont de plus en plus nombreux à le faire. Ils doivent alors accepter de se soumettre au jugement de cette cour. S'ils ne le respectent pas, le Conseil de sécurité des Nations Unies peut décider d'intervenir, mais cela est très rare.

REFLET DE L'ACTUALITÉ

a Comment définiriez-vous le concept de « droit international » ?

b Avez-vous vu une nouvelle qui traitait du droit international récemment ?

3.25
Le Palais de la Paix, à La Haye, au Pays-Bas, qui abrite la Cour internationale de justice (CIJ) (2006).

LES ORGANISATIONS NON GOUVERNEMENTALES

Depuis quelques décennies, des regroupements de citoyens et citoyennes qui agissent indépendamment de leurs gouvernements occupent une place de plus en plus grande sur la scène internationale. Les associations qu'ils fondent pour défendre des causes particulières sont connues sous le nom d'organisations non gouvernementales (ONG). Elles jouent un rôle de plus en plus important dans les relations internationales.

Les caractéristiques des ONG

- Elles doivent être formées par des citoyens volontaires et demeurer indépendantes des gouvernements.
- Elles n'ont pas pour objectif de faire des profits.

3.26

Distribution de grains par l'organisation Médecins sans frontières lors d'une famine au Niger (2005)

Plusieurs ONG interviennent directement sur le terrain pour venir en aide aux populations qu'elles défendent.

Les moyens d'action des ONG

En raison de l'influence qu'elles peuvent exercer sur les gouvernements, les organisations intergouvernementales et même les multinationales, les ONG internationales ont un véritable poids politique. Pour arriver à leurs fins, elles disposent d'une grande variété de moyens d'action.

Mobiliser et sensibiliser

Pour mobiliser l'opinion publique et sensibiliser les dirigeants à la cause qu'elles défendent, les ONG effectuent des recherches, diffusent de l'information, organisent des manifestations ou d'autres événements publics, font du lobbyisme, dirigent des campagnes de relations publiques ou des collectes de fonds, etc.

Un rôle de consultant

Les ONG peuvent également jouer le rôle de consultants dans leurs champs de compétence auprès des États ou des organisations intergouvernementales. Plusieurs ONG ont ainsi un rôle consultatif au sein des diverses institutions spécialisées des Nations Unies.

Agir sur le terrain

De nombreuses ONG sont présentes directement sur le terrain, où elles réalisent toutes sortes de projets.

LE FORUM ÉCONOMIQUE MONDIAL
ET LE FORUM SOCIAL MONDIAL

Les gouvernements ne sont pas les seuls à profiter des sommets internationaux pour discuter et faire valoir leur point de vue. Les membres de la société civile, comme les ONG, peuvent organiser d'importants événements internationaux. Le Forum économique mondial (FEM), qui réunit chaque année dans la petite ville suisse de Davos des chefs d'entreprises, des dirigeants politiques, des intellectuels et des personnalités des médias en est un bon exemple. Les invités viennent y débattre des grands problèmes de la planète.

L'efficacité et la démocratie de ce forum mondain très exclusif sont toutefois remises en doute par plusieurs. Afin de permettre aux ONG du monde entier de se rencontrer et d'offrir un point de vue différent du FEM, un autre mouvement international a été fondé : le Forum social mondial (FSM). Les participants à ce forum cherchent des solutions qui contribueraient à changer positivement le monde.

3.27
Davos, en Suisse (2005)
Chaque année, d'importants dispositifs de sécurité sont mis en place pour accueillir les invités du Forum économique mondial et éloigner les nombreux manifestants.

Une variété d'ONG

Les ONG œuvrent dans de nombreux domaines tels que la santé, les projets humanitaires, l'environnement, l'économie, etc. Certaines ONG sont dites nationales, c'est-à-dire qu'elles sont présentes dans un seul pays, tandis que d'autres, les ONG internationales, se retrouvent dans plusieurs États.

Quelques exemples d'ONG internationales et leurs missions

ONG à caractère politique ou économique

- **Transparency International (TI) :** combattre la corruption des gouvernements partout dans le monde.
- **Association pour la taxation des transactions financières et pour l'aide aux citoyens (ATTAC) :** promouvoir un contrôle démocratique des institutions et des marchés financiers afin d'aider au développement.

ONG vouées à la défense des droits de l'homme

- **Amnistie internationale :** mener des actions afin de prévenir et d'enrayer les atteintes aux droits humains, qu'il s'agisse de droits politiques, sociaux, culturels ou économiques.
- **Reporters sans frontières :** combattre les lois qui restreignent la liberté de la presse et défendre les journalistes victimes de persécution ou d'emprisonnement en raison de leur travail.
- **Human Rights Watch :** documenter les situations où les droits humains sont violés pour ensuite attirer l'attention internationale sur ces cas.
- **Organisation mondiale contre la torture :** lutter contre la torture, les exécutions sommaires et tout autre traitement cruel et inhumain.

ONG environnementales

- **Greenpeace :** protéger l'environnement par la sensibilisation, la recherche et la promotion de nouvelles solutions écologiques.
- **World Wide Fund for Nature (WWF) :** protéger la diversité biologique mondiale, encourager le développement durable et combattre la pollution.

ONG humanitaires

- **Comité international de la Croix-Rouge :** protéger les victimes des conflits armés et leur porter assistance.
- **Oxfam international :** lutter contre la pauvreté et l'injustice dans le monde.
- **Médecins sans frontières :** offrir une assistance médicale d'urgence aux populations en danger.

PROTECTIONNISME VERSUS LIBRE-ÉCHANGE

Les États jouent un rôle essentiel dans l'économie. Par leurs politiques, ils la régulent et l'orientent afin de la renforcer et de favoriser sa croissance. De plus, ils influent sur le commerce international en s'ouvrant ou en se fermant aux échanges avec les autres pays, en fonction de ce qui leur semble le plus profitable.

Les politiques protectionnistes

Le protectionnisme est une politique économique adoptée par un État pour protéger sa production nationale et ses entreprises, ou un secteur de son économie. Dans les pays qui s'industrialisent, le protectionnisme sert notamment à protéger les industries naissantes, en leur permettant de croître à l'abri de la concurrence étrangère et de se positionner sur le marché. Les mesures protectionnistes peuvent prendre diverses formes et toucher tant la quantité que le prix ou la qualité des importations ou des exportations du pays.

3.28 Les types de mesures protectionnistes

Les barrières tarifaires Taxes et droits de douane que l'État impose sur les importations ou les exportations.	
Les tarifs *ad valorem*	Taxe ou droit de douane représentant un pourcentage de la valeur d'un bien importé ou exporté.
Les tarifs spécifiques	Montant fixe par unité de bien importé, peu importe la valeur totale de ce bien.
Les mesures non tarifaires Mesures protectionnistes autres que les droits de douane.	
Les quotas	Limitation de la quantité d'un bien importé, soit en fixant un nombre maximal d'unités de bien importé ou en fixant la valeur maximale au-delà de laquelle un type de bien est interdit d'entrée sur le marché national.
Les normes	Élaboration de normes de santé, de sécurité ou d'environnement que doivent respecter les produits importés. Cela permet de contrôler la qualité des produits et de limiter l'entrée de certains produits sur le marché national.
Les subventions à l'exportation	Subventions accordées par l'État à des entreprises nationales pour leur permettre de faire face à la concurrence sur le marché international.
Les procédures administratives	Mise en place de mesures administratives (dédouanement des marchandises, obtention de licences d'importation, etc.) dont la lourdeur est propre à décourager les importateurs.
Les lieux d'origine	Obligation d'indiquer le lieu d'origine des produits. Cette mesure fait appel au sentiment nationaliste des consommateurs et consommatrices qui préfèrent souvent acheter des produits de chez eux.

3.29

L'entrée du port de La Rochelle, en France (2001)
À l'époque de la Nouvelle-France, le port de La Rochelle était l'un des plus importants centres de commerce colonial. Les bateaux qui y entraient étaient contrôlés et devaient payer des taxes portuaires dont le montant était fixé en fonction des types de produits importés et de leur provenance.

Le libre-échange

Qu'est-ce que le libre-échange ?

Le libre-échange est une politique économique qui repose sur la libre circulation des biens et des services. Ce système de commerce international s'oppose au protectionnisme puisqu'il implique l'absence de barrières tarifaires ou de mesures non tarifaires qui entravent la liberté des transactions commerciales. Le libre-échange élargit les marchés économiques et offre aux entreprises davantage d'occasions d'affaires. En soumettant les entreprises à la concurrence étrangère, il stimule la productivité et, en raison des lois du marché, conduit à une baisse des prix.

La théorie du libre-échange

Selon les théoriciens et théoriciennes du libre-échange, cette politique économique devrait entraîner la spécialisation de la production de chaque pays ou région. Chaque nation devrait produire des biens pour lesquels elle possède un certain avantage, en fonction des ressources de son territoire. Elle pourrait ainsi les offrir sur le marché à bas prix et, en contrepartie, acheter ailleurs, à bon marché, ce qu'elle ne produit pas elle-même. À long terme, le libre-échange devrait donc favoriser le développement économique général.

LES ZONES FRANCHES

Les zones franches sont des aires géographiques où les activités industrielles bénéficient d'avantages fiscaux. Ainsi, les marchandises qui entrent ou sortent de ces zones, tout comme celles qui y sont entreposées, ne sont pas contrôlées et ne font pas l'objet de droits de douane. En établissant de telles zones de libre-échange, les États cherchent à attirer des investisseurs étrangers pour qu'ils y installent des usines et à stimuler le commerce international.

Par exemple, en 2006, la Chine a entrepris la construction de sa plus grande zone franche portuaire, celle de Dongjiang, à Tianjin, au nord-est du pays. D'une superficie de 30 km², cette zone comprend des aires de circulation et de transformation des matériaux, des aires de services et des quais.

Les principales zones franches en Chine (2008)
3.30

LE COMMERCE INTERNATIONAL

Le commerce international ne date pas d'hier. Déjà dans l'Antiquité, les Égyptiens, les Grecs et les Romains avaient développé de vastes réseaux d'échanges avec les nations étrangères.

Une perspective historique

Depuis deux siècles, le commerce international s'est intensifié grâce au développement des moyens de transport et à l'accélération de la production. Les relations commerciales entre les pays ont également évolué vers une plus grande libéralisation des échanges, un phénomène qui touche aujourd'hui l'ensemble de la planète.

3.31
Une ferme en Italie (1998)
À partir des années 1980, la question de l'agriculture provoque des tensions entre les États-Unis, qui veulent la libéraliser, et l'Union européenne, qui souhaite la protéger.

Le début de la libéralisation des échanges

Première puissance industrielle mondiale, la Grande-Bretagne signe en 1860 un traité commercial avec la France qui marque le début d'un processus de libéralisation des échanges commerciaux en Europe. Jusqu'en 1929, la plupart des pays industrialisés imitent la Grande-Bretagne et le commerce international s'accroît nettement, bien que toutes les mesures protectionnistes ne soient pas abandonnées.

Après la Seconde Guerre mondiale

Soucieux d'éviter le retour de l'instabilité économique des années 1930, les gouvernements des pays occidentaux se décident à coopérer. En 1944, à Bretton Woods (États-Unis), 44 États se rencontrent et mettent sur pied un système monétaire international. Trois ans plus tard, 23 pays signent l'Accord général sur les tarifs douaniers et le commerce (GATT en anglais) qui ouvre une ère de libre-échange toujours en vigueur aujourd'hui.

1860 — 1900 — 1929 — 1945 — 2000

La crise économique et la Seconde Guerre mondiale

La crise économique de 1929 provoque un effondrement sans précédent de la production, des salaires et des prix dans tous les pays industrialisés. Les États cherchent alors à protéger leur marché national et haussent leurs barrières tarifaires, à commencer par les États-Unis qui imposent en 1930 des tarifs de 40 % sur tous les produits importés. Ils sont bientôt imités par les autres nations, ce qui provoque une chute des échanges internationaux.

ORD L'ORGANE DE RÈGLEMENT DES DIFFÉRENDS

Dès le début, l'OMC se dote d'un organe permanent de règlements des différends afin de résoudre les conflits commerciaux entre les nations membres. Les décisions prises par les groupes de spécialistes de l'ORD doivent être suivies par les nations mises en cause, à moins qu'il y ait un consensus parmi les membres pour rejeter une décision.

Depuis sa création jusqu'en janvier 2009, l'ORD a reçu 390 plaintes, provenant principalement des pays développés. Parmi ceux-ci, les États-Unis sont le plus souvent mis en accusation (27 %) alors que le Canada n'a reçu que 15 plaintes entre 1995 et 2002 (4 %).

Les principes de base du GATT et de l'OMC

- **La réciprocité :** chaque nation accorde des concessions commerciales afin de bénéficier de celles que font les autres pays.
- **La non-discrimination :** les avantages consentis à une nation sont automatiquement accordés à tous les pays signataires de l'accord.
- **Des obstacles limités :** les droits de douane sont les seuls entraves au commerce qui soient permis.
- **La consolidation des droits de douane :** les pays signataires ne peuvent pas hausser les droits de douane une fois qu'ils ont été fixés par des négociations.
- **Le traitement national :** les produits importés doivent recevoir le même traitement que les produits nationaux comparables.
- **Des clauses dérogatoires :** dans certains cas précis, les pays peuvent être autorisés à se protéger. Par exemple, les pays en développement bénéficient d'un traitement spécial qui leur permet de protéger leurs industries naissantes.

L'Accord général sur les tarifs douaniers et le commerce (GATT)

Qui ? À sa création, l'Accord général sur les tarifs douaniers (GATT) est signé par 23 pays. Renouvelé périodiquement, il compte 120 pays signataires en 1994.

Quand ? Il est entré en vigueur le 1er janvier 1948.

Pourquoi ? Le GATT sert de cadre aux négociations multilatérales visant à diminuer les barrières tarifaires et les entraves aux échanges commerciaux internationaux.

Comment ? Il a donné lieu à huit cycles de négociations commerciales (les « rounds ») qui ont contribué à faire diminuer nettement les droits de douane entre les pays signataires. Plusieurs domaines ne sont pas gérés par le GATT, dont l'agriculture, le textile et les services.

L'Organisation mondiale du commerce (OMC)

Qui ? 112 pays signataires du GATT mettent sur pied l'Organisation mondiale du commerce (OMC) au terme d'un long cycle de négociations appelé « Uruguay Round » (1986-1994). En juillet 2008, l'organisation compte 153 États membres.

Quand ? Le siège social de l'OMC ouvre ses portes à Genève le 1er janvier 1995.

Pourquoi ? L'OMC est une institution permanente destinée à gérer les accords commerciaux multilatéraux (dont ceux du GATT).

Comment ? Elle est chargée d'élargir progressivement les champs du libre-échange, notamment à l'agriculture, aux services, au textile et à la propriété intellectuelle. De plus, elle tente de démanteler les barrières non-tarifaires qui entravent les échanges, notamment les subventions aux exportations.

Les pays membres de l'OMC

3.32

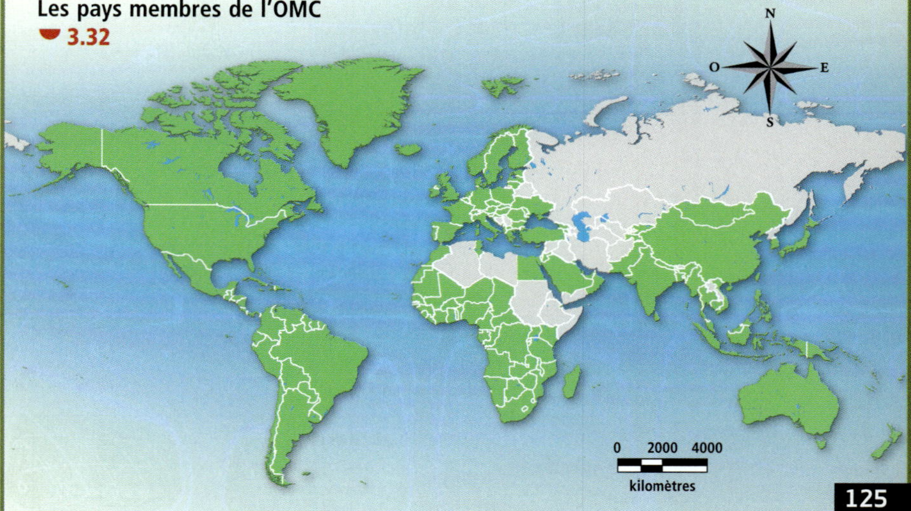

LES REGROUPEMENTS ÉCONOMIQUES

Dans la seconde moitié du 20e siècle, les accords économiques régionaux se multiplient. Ces partenariats économiques semblent aller à l'encontre des principes du GATT et de l'OMC, mais des clauses dérogatoires permettent pourtant leur existence.

Les unions régionales

Avec la mondialisation croissante de l'économie, de nombreux pays souhaitent recréer des marchés économiques protégés, le plus souvent avec des partenaires voisins. Ils signent des accords de libre-échange afin de contribuer au développement économique et social de leur région et, dans certains cas, de favoriser la stabilité politique. Le nombre d'unions régionales s'accroît particulièrement à partir des années 1980, alors que l'émergence de nouveaux pays industrialisés tels que la Corée du Sud, Singapour, le Mexique ou l'Indonésie crée de nouveaux pôles de concurrence et que le monde traverse une crise économique. Au cours de ses dix premières années d'existence, de 1995 à 2005, l'Organisation mondiale du commerce (OMC) a ratifié 206 accords d'intégration économique. Presque tous les États membres de l'OMC participent à un ou plusieurs de ces accords.

Les étapes de l'intégration économique

Tous les accords de commerce international ne mènent pas au même degré d'intégration économique. Il existe en effet des stades successifs d'intégration qui sont décrits dans le tableau ci-dessous. Ce modèle, largement inspiré du processus d'intégration de la Communauté européenne, montre comment, à chaque étape, les États perdent un peu de leur indépendance dans les décisions qui touchent leurs politiques commerciales au profit de la zone d'intégration économique.

3.33 Les stades d'intégration économique

	1 Zone de libre-échange	2 Union douanière	3 Marché commun	4 Union économique et monétaire
Suppression des tarifs douaniers et des quotas sur les échanges de biens et de services	X	X	X	X
Tarifs douaniers extérieurs communs à l'égard des pays tiers		X	X	X
Élimination des obstacles à la libre circulation des biens, des services, des capitaux et de la main-d'œuvre			X	X
Harmonisation des politiques économiques			X	X
Harmonisation des politiques monétaires et fiscales (impôts)				X

Source : D. Éthier, *Introduction aux relations internationales*, Montréal, Presses universitaires de Montréal, 2006.

LES ÉCHANGES COMMERCIAUX EN AMÉRIQUE DU NORD

Depuis l'entrée en vigueur de l'ALENA, les échanges commerciaux entre les États membres ont triplé. Tous les jours, des marchandises d'une valeur de 2,5 milliards de dollars américains sont échangées entre les partenaires, **CE QUI ÉQUIVAUT À PLUS DE 10 MILLIONS DE DOLLARS PAR HEURE.**

FAIT DIVERS

3.34 Commerce entre les partenaires de l'ALENA

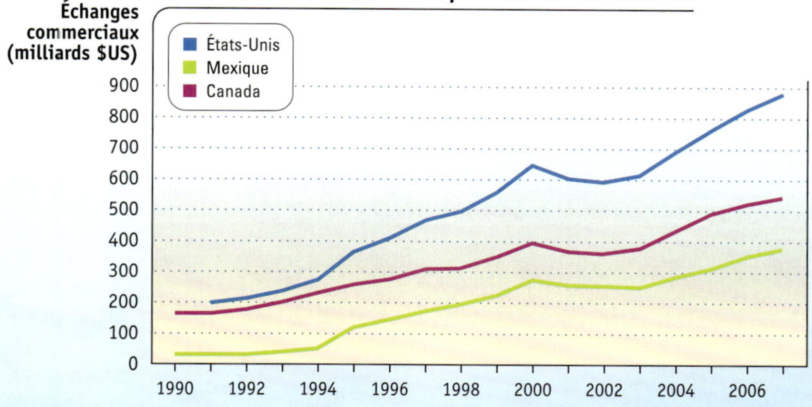

Sources : Statistique Canada, Ministère du Commerce des États-Unis et Secrétariat de l'Économie du Mexique, [En ligne], 2009.

L'Accord de libre-échange nord-américain (ALENA)

Qui ? ▪ L'ALENA est un accord de libre-échange entre le Canada, les États-Unis et le Mexique.

Quand ? ▪ Signé en 1992, l'ALENA est entré en vigueur le 1er janvier 1994. Il fait suite à l'accord de libre-échange (ALE) qui existait entre les États-Unis et le Canada depuis 1989.

Pourquoi ? ▪ Les objectifs de l'ALENA consistent à éliminer les barrières douanières et à faciliter les échanges de biens et de services entre les trois pays signataires. De plus, cet accord libéralise les investissements et les services financiers entre ces pays.

Comment ? ▪ L'ALENA donne à l'Amérique du Nord certaines caractéristiques d'un marché commun. Toutefois, les États n'imposent pas les mêmes tarifs douaniers aux autres pays et demeurent entièrement indépendants dans leurs politiques économiques.

Résultat ▪ Avec une production totale de 16 200 milliards de dollars américains en 2007, l'Amérique du Nord est la deuxième zone de libre-échange la plus importante au monde après l'Union européenne.

Les grands ensembles économiques
3.35

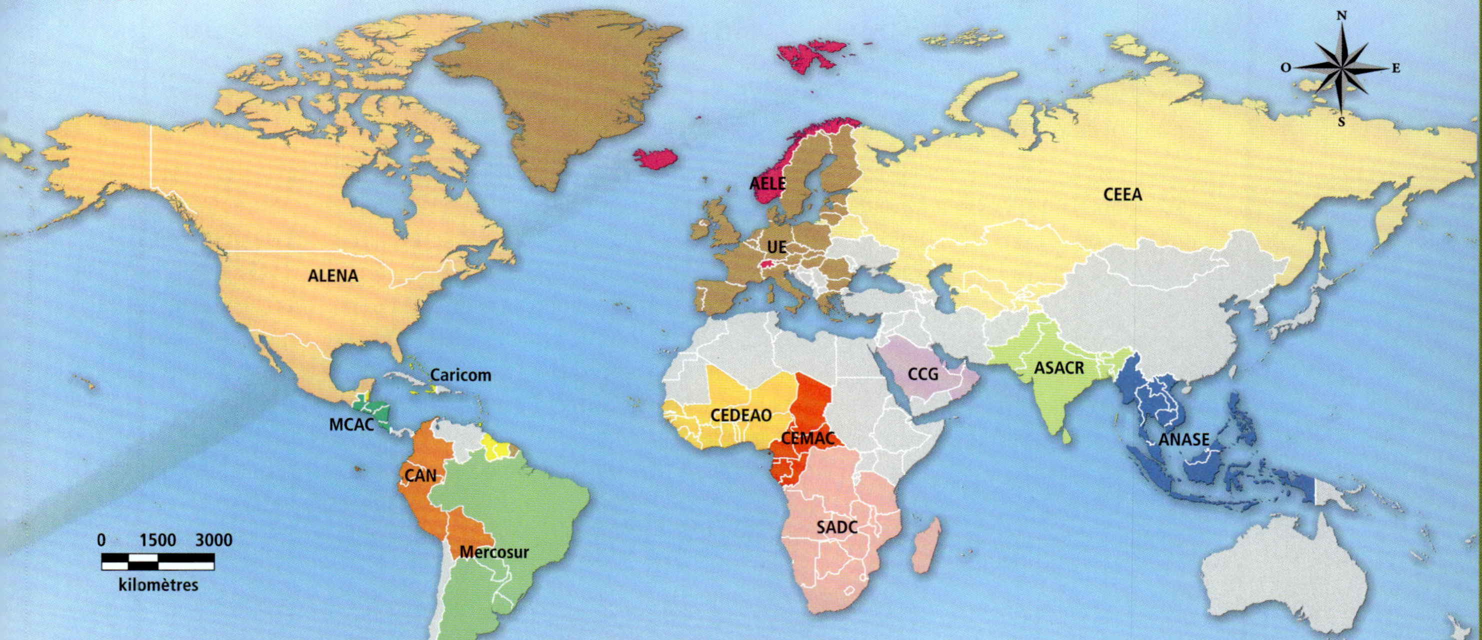

- AELE : Association européenne de libre-échange
- ALENA : Accord de libre-échange nord-américain
- ANASE : Association des nations de l'Asie du Sud-Est
- ASACR : Association sud-asiatique pour la coopération régionale
- CAN : Communauté andine
- Caricom : Communauté caribéenne
- CCG : Conseil de coopération du Golfe
- CEDEAO : Communauté économique des États de l'Afrique de l'Ouest
- CEEA : Communauté économique eurasienne
- CEMAC : Communauté économique et monétaire de l'Afrique centrale
- MCAC : Marché commun d'Amérique centrale
- Mercosur : Marché commun du sud
- SADC : Communauté de développement d'Afrique australe
- UE : Union européenne

REFLET DE L'ACTUALITÉ

Définissez le concept d'« intégration ».

LA FINANCE INTERNATIONALE

Depuis la fin de la Seconde Guerre mondiale, les transactions financières internationales ont connu une formidable croissance. Plus que jamais, les capitaux circulent d'un pays à un autre. Le contrôle de ces échanges d'argent est devenu un enjeu majeur pour les États : faut-il leur laisser libre cours ou tenter de les réglementer ?

L'évolution de la finance internationale

Un nouveau système économique mondial

À la fin de la Seconde Guerre mondiale, 730 délégués envoyés par 44 États se réunissent à Bretton Woods, aux États-Unis, pour développer un nouveau système économique mondial. Ils souhaitent coordonner plus efficacement les politiques financières des États afin de faciliter les échanges internationaux et d'offrir un cadre solide pour la reconstruction des pays dévastés par la guerre.

Les accords de Bretton Woods

Les accords de Bretton Woods sont signés le 22 juillet 1944. Les principaux éléments de cette nouvelle coopération économique sont la création d'institutions telles que le Fonds monétaire international (FMI) et la Banque internationale pour la reconstruction et le développement (BIRD), ainsi que l'établissement d'un taux de change fixe basé sur le dollar américain pour toutes les monnaies. Ce taux de change fixe procure une plus grande stabilité au système économique mondial, mais il entrave la liberté des gouvernements qui souhaitent influencer le cours de leur monnaie.

Les Trente Glorieuses et la fin de Bretton Woods

Pendant près de 30 ans, le système de Bretton Woods fonctionne bien et permet de relancer l'économie de l'Europe et du Japon, tout en continuant d'enrichir les États-Unis. Au début des années 1970, la situation économique mondiale se détériore. En 1971, plusieurs pays décident d'abandonner le taux de change fixe pour obtenir une plus grande liberté d'action et mettent ainsi fin aux accords de Bretton Woods.

La libéralisation des marchés

Le mouvement de libéralisation économique, c'est-à-dire de diminution des réglementations, se poursuit au cours des années 1980 et 1990. Ses adeptes estiment que les marchés financiers fonctionnent mieux s'ils sont laissés à eux-mêmes, libres de toute contrainte. D'autres économistes estiment toutefois que l'intervention des États demeure nécessaire afin de conserver la stabilité du système économique international et d'assurer une certaine équité dans les échanges. Le débat sur cette question demeure toujours d'actualité.

3.36 La délégation canadienne à Bretton Woods (1944)

John Maynard Keynes

Considéré comme l'un des économistes les plus influents du 20e siècle, John Maynard Keynes (1883-1946) a joué un rôle majeur dans l'élaboration des accords de Bretton Woods. Il était en faveur de l'intervention active des États dans les affaires économiques. Le keynésianisme, courant de pensée dont il est à l'origine, s'oppose au libéralisme économique, qui prône plutôt un désengagement des États.

Le taux de change

Combien d'euros vaut un dollar canadien ? Combien de yens obtient-on pour une livre sterling ? À l'époque du système de Bretton Woods (1944-1971), cette valeur était fixe, mais aujourd'hui elle dépend surtout de l'offre et de la demande. Le taux de change d'une devise, c'est-à-dire sa valeur par rapport à une autre, est ainsi constamment réévalué afin de refléter à la fois sa disponibilité et sa popularité. Les investisseurs préfèrent généralement les devises fortes, dont la valeur est stable et peu variable.

FMI LE FONDS MONÉTAIRE INTERNATIONAL

Créé en 1945 conformément aux accords de Bretton Woods, le FMI compte 185 États membres. Cette institution intégrée au système des Nations Unies est chargée d'assurer la stabilité du système économique international. Le FMI intervient dans les crises financières en prêtant de l'argent aux pays en difficulté. Ce prêt est toutefois conditionnel à l'adoption de réformes économiques visant à stabiliser et à libéraliser l'économie du pays emprunteur. Cette condition est parfois critiquée parce qu'elle limite la souveraineté des pays emprunteurs, qui doivent se soumettre à une organisation internationale.

3.37 **Siège social du FMI à Washington (2008)**

LE GROUPE DE LA BANQUE MONDIALE

Le groupe de la Banque mondiale est un ensemble d'institutions financières internationales dont la plus importante est la Banque internationale pour la reconstruction et le développement (BIRD). Fondée en 1945 à la suite des accords de Bretton Woods, cette banque devait contribuer à financer la reconstruction des pays dévastés par la Seconde Guerre mondiale. Aujourd'hui, elle prête de l'argent aux pays en développement et aux entreprises qui y sont créées. Tout comme le FMI, le groupe de la Banque mondiale accorde des prêts conditionnels à l'adoption de réformes administratives et structurelles.

3.38 **Siège social de la Banque mondiale à Washington (2008)**

LES ENTREPRISES MULTINATIONALES

Les entreprises multinationales sont essentielles à la mondialisation de l'économie. Elles sont en effet responsables d'une partie importante de la production mondiale et vendent des biens et des services partout dans le monde. Depuis quelques décennies, le nombre, les effectifs et le chiffre d'affaires de ces entreprises ont connu une croissance phénoménale.

Les raisons de la création des multinationales

Les entreprises multinationales (aussi appelées firmes transnationales) sont des entreprises de grande taille implantées dans plusieurs pays. L'implantation d'unités de production (ou filiales) à l'étranger peut répondre à diverses considérations :

- se rapprocher des matières premières nécessaires à leur production ;
- contourner les mesures protectionnistes mises en place par les États qui limitent les transactions commerciales internationales ;
- trouver des débouchés extérieurs pour leurs produits, notamment lorsque la concurrence devient plus forte sur le marché de leur pays d'origine ;
- payer des coûts de production plus faibles que dans leur pays d'origine.

Les multinationales et les États

3.39
Le barrage La Grande-3 au Nord-du-Québec
Plusieurs États ont entrepris de nationaliser certaines de leurs ressources naturelles, c'est-à-dire d'en devenir propriétaires et de les gérer eux-mêmes, afin d'empêcher les multinationales d'en prendre le contrôle. C'est ce qu'a fait le Québec en 1963 en créant Hydro-Québec.

Les firmes transnationales sont extrêmement puissantes : certaines d'entre elles gèrent des sommes d'argent comparables aux revenus des États. Ainsi, en 2007-2008, le gouvernement fédéral du Canada gérait des revenus de 244,5 milliards de dollars canadiens, une somme moins élevée que le chiffre d'affaires des plus grosses multinationales mondiales (voir tableau ci-contre). Grâce à leurs lobbys, ces entreprises exercent une influence sur les politiques des États, car elles emploient des millions de salariés et investissent énormément d'argent dans les pays où elles sont implantées. Les gouvernements cherchent donc à les attirer chez eux par toutes sortes de moyens, dont la création de zones franches.

Les États ne peuvent contrôler entièrement les activités des firmes transnationales. Implantées dans plusieurs pays, ces firmes créent leur propre espace économique et exploitent à leur avantage les différences qui existent entre les législations sociales et environnementales des États.

Plusieurs organisations internationales ont tenté de réguler leurs activités, notamment l'Organisation internationale du travail (OIT), mais rien n'oblige les multinationales à respecter les principes des organisations internationales.

LA PREMIÈRE ENTREPRISE MULTINATIONALE

FAIT DIVERS

Fondée en 1602, la Compagnie hollandaise des Indes orientales est considérée comme la première entreprise multinationale dans l'histoire. Implantée notamment en Indonésie, en Inde, en Chine, au Japon et en Afrique du Sud, elle a été la plus importante des compagnies européennes créées à l'époque coloniale pour exploiter les richesses de l'Asie. En deux siècles d'existence, elle a équipé environ 4 700 navires, fait voyager plus d'un million d'Européens et EMPLOYÉ JUSQU'À 150 000 PERSONNES EN MÊME TEMPS.

3.40 **Gravure hollandaise (1682)** Le marché de Batavia, capitale commerciale de la Compagnie hollandaise des Indes orientales au 17e siècle

Les multinationales en chiffres

- Selon la Conférence des Nations Unies sur le commerce et le développement (CNUCED), en 2006, on dénombrait **79 000 entreprises multinationales** qui contrôlaient **790 000 filiales**. En 1993, on en comptait **37 000** qui contrôlaient **175 000 filiales**.
- En 2007, le chiffre d'affaires des entreprises multinationales était de **31 000 milliards de dollars US**, soit 21 % de plus que l'année précédente.
- Environ **deux tiers des échanges commerciaux internationaux** sont le fait des entreprises multinationales.
- En 2007, les multinationales employaient environ **82 millions de salariés et salariées**.

3.41 **Les 10 premières entreprises multinationales du monde classées d'après leur chiffre d'affaires en millions de dollars US (2006)**

Entreprise	Pays d'origine	Branche d'activité	Chiffre d'affaires	Nombre de salariés
1 Exxonmobil Corp.	États-Unis	Pétrole	365 467	82 100
2 Wal-Mart Stores	États-Unis	Distribution	344 992	1 910 000
3 Royal Dutch/Shell Group	Royaume-Uni Pays-Bas	Pétrole	318 845	108 000
4 British Petroleum Co.	Royaume-Uni	Pétrole	270 602	97 100
5 Toyota Motor Corp.	Japon	Automobiles	205 918	299 394
6 Chevron Corp.	États-Unis	Pétrole	204 892	62 500
7 Total	France	Pétrole	192 952	95 070
8 ConocoPhillips	États-Unis	Pétrole	183 650	38 400
9 General Electric	États-Unis	Matériel électrique et électronique	163 391	319 000
10 Ford Motor Co.	États-Unis	Automobiles	160 123	283 000

Source : CNUCED, « Rapport sur l'investissement dans le monde », [En ligne], 2008.

LA PRODUCTION ET LA CONSOMMATION MONDIALES

Les gouvernements ne peuvent légiférer sur les méthodes de culture ou les processus de fabrication des produits en provenance de l'étranger. Toutefois, ils peuvent réglementer la production sur leur propre territoire, contrôler la qualité des produits qui entrent chez eux et adopter, sur une base volontaire, des normes internationales de production.

Des organismes nationaux de contrôle

Même s'ils signent des traités de libre-échange avec d'autres pays, les États peuvent interdire l'entrée de certains produits si ceux-ci ne répondent pas aux normes de qualité qu'ils se sont fixées. Pour inspecter la qualité des produits qui sont mis en marché chez eux, la plupart des États se dotent d'organismes de contrôle, tels la *Food and Drug Administration* aux États-Unis, l'Agence française de sécurité sanitaire et des produits de santé en France ou le ministère Santé Canada. Ainsi, en 2007, dans plusieurs pays (dont le Canada), de tels organismes ont retiré du marché des dentifrices importés de Chine et d'Afrique du Sud parce qu'ils contenaient du diéthylène glycol, une substance utilisée comme antigel ou comme solvant.

L'organisation internationale de normalisation (ISO)

Qui ? ▪ Organisme international de normalisation, ISO regroupe les représentants de 159 pays.

Quand ? ▪ Fondé en 1947, cet organisme non gouvernemental a son siège à Genève (Suisse).

Pourquoi ? ▪ Il a pour tâche d'élaborer des règles techniques et des méthodes de production qui seront utilisées internationalement dans les domaines de l'industrie et du commerce. Ces normes, appelées normes ISO, garantissent la qualité des biens et des services offerts par les compagnies qui sont certifiées par les comités nationaux de normalisation.

Comment ? ▪ Plus de 200 comités techniques sont chargés d'établir ces normes, chacun dans un domaine particulier : peinture, textiles, plastique, acier, photographie, cuir, etc. Ces normes sont adoptées par les industries et les commerces sur une base volontaire.

3.42 Les normes ISO les plus connues

Norme	Titre	Description
ISO 9001	Système de management de la qualité	Exigences de qualité pour la conception, le développement, la production, l'installation et le service après-vente d'un produit ou d'un service
ISO 14001	Système de management environnemental – Protection de l'environnement	Processus de contrôle et d'amélioration continue des performances environnementales d'une entreprise

LE CODEX
ALIMENTARIUS

Créé en 1963, le Codex Alimentarius est un recueil de normes et de pratiques alimentaires qui, sans être obligatoires, sont reconnues par 180 pays.

Les normes du Codex Alimentarius reposent sur des bases scientifiques solides et reconnues internationalement dans divers domaines tels que la chimie des aliments ou les technologies alimentaires. Elles fixent par exemple les limites maximales de résidus de pesticides ou de médicaments vétérinaires qui peuvent se retrouver dans les aliments sans entraîner un effet néfaste pour la santé.

Il s'agit d'un programme commun :

- Organisation des Nations Unies pour l'alimentation et l'agriculture (FAO)
- Organisation mondiale de la santé (OMS)

Il concerne :

- La production des aliments
- La transformation des aliments
- Le transport des aliments
- Le stockage des aliments
- L'étiquetage des aliments

Il vise :

- La protection de la santé des consommateurs et consommatrices
- La garantie de la qualité des aliments
- La mise en place de pratiques loyales pour la vente des produits alimentaires

LE SCANDALE DU LAIT CONTAMINÉ CHINOIS

FAIT DIVERS

L'adhésion d'un État à la Commission du Codex Alimentarius ne prévient pas toujours les scandales alimentaires. Ainsi, en 2008, en Chine, le lait en poudre pour bébés de deux importantes compagnies laitières a été contaminé avec de la mélamine, provoquant de graves problèmes rénaux chez des milliers d'enfants. **TROIS CENT MILLE ENFANTS ONT ÉTÉ HOSPITALISÉS ET AU MOINS QUATRE BÉBÉS SONT DÉCÉDÉS.**

À la suite de ce scandale, le responsable du contrôle national de la qualité des aliments a démissionné et les autorités chinoises ont envoyé plus de 1 600 équipes sanitaires pour contrôler l'ensemble de l'industrie laitière du pays. Malgré cela, de nombreux pays, dont l'Union européenne, ont suspendu leurs importations de produits chinois contenant du lait en poudre. En novembre 2008, les États-Unis ont ouvert un premier bureau d'inspection de la *Food and Drug Administration* en territoire chinois afin d'inspecter eux-mêmes les aliments et les médicaments qui y sont produits.

3.43
Des scientifiques chinois testant des échantillons de lait (2008).
En septembre 2008, le gouvernement chinois a retiré du marché de nombreux produits laitiers afin d'effectuer des tests approfondis.

L'UNIFORMISATION DE LA CULTURE

La mondialisation de l'économie et le développement des technologies de communication conduisent depuis quelques décennies à une uniformisation de la culture. De Tokyo à Amsterdam, de Buenos Aires à Casablanca, on retrouve de plus en plus les mêmes vêtements, les mêmes films, les mêmes chansons, les mêmes restaurants et les mêmes voitures.

Les langues

L'anglais, langue internationale

L'anglais est la langue la plus étudiée dans le monde et la plus souvent utilisée dans les échanges internationaux. Dans plusieurs secteurs de l'économie, l'anglais est l'outil de communication par excellence. La plupart des résultats de recherches scientifiques sont diffusés dans cette langue, que ce soit en médecine, en chimie ou en génie. L'anglais domine également le réseau Internet : 68 % des données y sont en anglais (2000).

Pourtant, l'anglais n'est pas la langue la plus parlée dans le monde, puisqu'en nombre de locuteurs et locutrices dont c'est la première langue, il arrive derrière le mandarin (chinois).

Le mandarin : la langue du 21e siècle ?

Si la tendance actuelle se maintient, les spécialistes prévoient que la Chine dominera économiquement la planète au 21e siècle. L'usage du mandarin devient donc de plus en plus incontournable dans le milieu des affaires. La Chine s'est d'ailleurs dotée d'une véritable politique linguistique et culturelle extérieure. D'ici 2020, elle prévoit implanter à travers le monde 1 000 Instituts Confucius voués à la diffusion de la culture chinoise et à l'enseignement du mandarin. En octobre 2008, 292 de ces centres ont déjà ouvert leurs portes dans 78 pays.

Les pays où l'anglais est une langue officielle

3.44

DE L'ACTUALITÉ

REFLET

À la lecture de ces pages, comment définiriez-vous le concept d'« uniformisation » ?

L'INDICE BIG MAC

FAIT DIVERS

Créé en 1986 par la revue *The Economist*, **L'INDICE BIG MAC PERMET DE MESURER LA PARITÉ DU POUVOIR D'ACHAT À TRAVERS LE MONDE.** Ainsi, en février 2009, un Big Mac coûtait en moyenne 3,36 $ américains au Canada, alors que son prix était de 5,79 $ en Norvège et de 1,83 $ en Chine. Cet indice est aujourd'hui utilisé sérieusement par les économistes. Il illustre bien la mondialisation et la diffusion de la restauration rapide à l'américaine.

L'influence des cultures étrangères

La domination de la culture états-unienne

La culture états-unienne s'impose partout dans le monde à travers son cinéma, sa musique, sa restauration rapide, ses marques de vêtements et son mode de consommation. Certaines personnes qualifient même ce phénomène d'impérialisme culturel.

- Sur les cinq chanteurs ayant vendu le plus d'albums dans le monde, quatre sont originaires des États-Unis : Michael Jackson, Frank Sinatra, Elvis Presley et Bing Crosby.
- En 2007, le cinéma états-unien a engrangé des recettes de 26,7 milliards de dollars, dont 17,1 milliards à l'extérieur des États-Unis. En Europe, en 2005, les films états-uniens représentaient 71 % du chiffre d'affaires des salles de cinéma.
- En Chine, les restaurants KFC (Poulet frit Kentucky) sont les plus populaires parmi les chaînes de restauration rapide. En 2007, il y avait 2 140 restaurants KFC répartis dans 406 villes. Au cours de cette année, la société Yum !, qui détient la marque KFC, a ouvert plus d'un restaurant par jour en Chine et souhaite ultimement en posséder 15 000 dans ce pays.
- En 2006, selon le classement effectué par la Conférence des Nations Unies sur le commerce et le développement (CNUCED), 21 des 100 multinationales les plus importantes au monde étaient originaires des États-Unis.

D'autres cultures influentes

Les États-Unis ne sont pas les seuls à diffuser leur culture et leur mode de vie dans le monde. Par exemple, la culture japonaise se répand dans de nombreux pays. Les restaurants de sushis, un mets typiquement japonais, se multiplient partout, y compris au Québec qui en compte des centaines. De plus, les dessins animés et les bandes dessinées (mangas) du Japon sont prisés par des millions de personnes et traduits en plusieurs langues. Ainsi, les 42 tomes de la série *Dragon Ball* se sont vendus à 250 millions d'exemplaires (2006), ce qui surpasse la série bien connue *Tintin*.

La culture française a aussi une influence importante dans le monde, grâce notamment à sa gastronomie, à ses vins ou à sa haute couture.

Affiche de la journée des enfants lors du Festival de la culture chinoise à Montréal (2008)
Fondé en 2007, l'Institut Confucius au Québec participe à l'organisation de différents événements pour diffuser la culture chinoise, tel le Festival de la culture chinoise.
3.45

LA PROTECTION DES CULTURES

L'uniformisation de la culture causée par le phénomène de la mondialisation suscite de nombreuses inquiétudes. Considérant la variété des expressions culturelles dans le monde comme un patrimoine précieux appartenant à l'ensemble de l'humanité, plusieurs États et organisations internationales prennent des mesures pour protéger la diversité culturelle et encourager la production artistique.

La protection des langues

Selon l'UNESCO, plus de 3 000 langues parlées dans le monde risquent de disparaître d'ici la fin du siècle, car le nombre des personnes qui les connaissent encore est insuffisant pour en assurer la transmission. Conscients de cette situation, de nombreux gouvernements adoptent des mesures concrètes pour protéger leur patrimoine linguistique. Par exemple, en 1992, le Conseil de l'Europe a adopté la Charte européenne des langues régionales ou minoritaires qui a été ratifiée par 25 pays (2008). Cette charte vise à faire reconnaître les langues minoritaires et régionales en Europe en tant que richesse culturelle. Elle vise aussi à promouvoir leur usage dans la vie privée et publique et à faciliter leur enseignement.

3.46
L'acteur français Fabrice Lucchini dans le film *Molière* (2006)
En France, le Centre national de la cinématographie prélève un pourcentage sur la vente de tous les billets de cinéma et attribue les sommes ainsi recueillies à l'écriture, à la création ou à la diffusion d'œuvres d'expression française.

Le soutien à la création artistique

De nombreux États, particulièrement dans les pays développés, apportent une aide importante aux secteurs culturels et à la création artistique : cinéma, télévision, radio, théâtre, danse, musique, musées, édition de livres, etc. Au Québec, des organismes gouvernementaux tels que le Conseil des arts et des lettres du Québec, la Société de développement des entreprises culturelles du Québec ou le Fonds du patrimoine culturel québécois accordent des subventions aux artistes.

Sans cet appui, la vie culturelle de nombreux pays serait nettement moins dynamique et risquerait d'être envahie par les productions étrangères, notamment celles des États-Unis. Un moyen pour empêcher cettte invasion consiste à imposer des quotas sur le contenu diffusé à la radio ou à la télévision afin qu'une portion importante de ce contenu soit issue de la production nationale, comme le fait le Conseil de la radiodiffusion et des télécommunications du Canada (CRTC).

VU ET ENTENDU

« Une langue, c'est un monument qui est aussi sinon plus respectable qu'un monument de pierre. Chaque culture représente un capital de richesse humaine considérable. Chaque peuple a un capital de croyances et d'institutions qui représente dans l'ensemble de l'humanité une expérience irremplaçable. »

Claude Lévi-Strauss

3.47
Panneaux indicateurs dans le Vieux-Montréal (2005)

LA CHARTE DE LA LANGUE FRANÇAISE

Au Québec, pour protéger le statut du français dans une Amérique très largement anglophone, le gouvernement s'est doté en 1977 de la Charte de la langue française (projet de loi 101). Depuis, le français est la seule langue officielle du Québec et doit être utilisé en priorité dans tous les domaines de la vie collective, notamment le travail, les services gouvernementaux et l'affichage. De plus, les enfants des nouvelles familles immigrantes sont obligés de fréquenter l'école en français.

L'exception culturelle

Avec la globalisation des échanges, les États font face à des pressions pour libéraliser leur secteur culturel dans le cadre de l'Organisation mondiale du commerce (OMC) ou d'autres accords économiques internationaux. Certains, notamment les États-Unis, estiment que les subventions accordées par les gouvernements aux industries cinématographiques, télévisuelles, musicales, éditoriales ou théâtrales vont à l'encontre du libre-échange. Toutefois, de nombreux États s'opposent à cette vision des choses et considèrent que les biens et les services culturels sont porteurs de valeurs et d'identité et qu'à ce titre, ils ne doivent pas être considérés uniquement dans une perspective commerciale.

VU ET ENTENDU

La Convention sur la protection de la diversité culturelle

Afin d'assurer efficacement la protection et la promotion de la diversité culturelle, plusieurs États, dont le Canada et la France, ont œuvré pour que soit adoptée une convention internationale sur le sujet. Cette convention, préparée sous l'égide de l'UNESCO, a été adoptée en octobre 2005 et est entrée en vigueur en mars 2007. Le Canada est le premier pays à l'avoir ratifiée.

Voici les principes essentiels de la Convention :

Principe de souveraineté

« Les États ont, conformément à la charte des Nations Unies et aux principes du droit international, le droit souverain d'adopter des mesures et des politiques pour protéger et promouvoir la diversité des expressions culturelles sur leur territoire. »

Principe de la complémentarité des aspects économiques et culturels du développement

« La culture étant un des ressorts fondamentaux du développement, les aspects culturels du développement sont aussi importants que ses aspects économiques, et les individus et les peuples ont le droit fondamental d'y participer ou d'en jouir. »

UNESCO, *Convention sur la protection et la promotion de la diversité des expressions culturelles*, 2005.

L'UNESCO ET LA PRÉSERVATION DU PATRIMOINE

L'Organisation des Nations Unies pour l'éducation, la science et la culture (UNESCO) est un organisme qui souhaite construire la paix universelle en favorisant par l'éducation, la science, la culture et la communication la collaboration entre les nations. Cette institution pilote de nombreux programmes visant à protéger la diversité culturelle dans le monde et ses manifestations.

Le patrimoine mondial de l'humanité

L'UNESCO s'emploie à protéger des centaines de sites dans le monde parce qu'ils possèdent une valeur exceptionnelle pour l'humanité. En 2008, 878 sites naturels et culturels étaient inscrits sur la liste du patrimoine mondial de l'humanité en raison de leur intérêt historique, culturel, géographique ou naturel.

Certains sites culturels ou naturels sont inscrits sur une liste particulière : celle du patrimoine mondial en péril. L'UNESCO juge en effet que ces sites sont menacés par des catastrophes naturelles, des guerres, l'urbanisation ou le tourisme de masse, ou encore parce qu'ils nécessitent de grands travaux de restauration.

3.48 Carte des sites inscrits au patrimoine mondial de l'UNESCO (2008). Le Canada compte plusieurs sites inscrits au patrimoine mondial, dont le centre historique de la ville de Québec et le canal Rideau à Ottawa.

LE SAUVETAGE DES TEMPLES D'ABOU SIMBEL

FAIT DIVERS

Entre 1960 et 1968, l'UNESCO a entrepris de démonter les temples d'Abou Simbel, en Égypte et de les reconstruire 60 mètres plus haut. Sans cette intervention, ces temples majestueux, construits par le pharaon Ramsès II aux 13e et 14e siècles av. J.-C., auraient été engloutis par la montée des eaux du Nil causée par la construction du barrage hydroélectrique d'Assouan. **QUARANTE-SEPT PAYS ONT ACCEPTÉ DE FINANCER CETTE OPÉRATION D'ENVERGURE.** Cet événement est symbolique puisqu'il s'agit de la première opération de sauvetage menée par l'UNESCO.

3.49 Le grand temple d'Abou Simbel

La préservation du patrimoine immatériel

Comme la culture ne se manifeste pas seulement à travers des objets et des monuments, l'UNESCO se consacre aussi à la préservation et à la diffusion du patrimoine immatériel. Constitué entre autres des traditions orales, des langues, des coutumes, des danses, des arts du spectacle ou des techniques artisanales, ce patrimoine forme les expressions vivantes des diverses cultures. Or, en raison de la mondialisation et de l'uniformisation de la culture, il est menacé de disparition, d'autant plus qu'il se transmet le plus souvent oralement de génération en génération.

Pour établir l'inventaire du patrimoine immatériel dans le monde et œuvrer à sa sauvegarde, l'UNESCO a adopté en 2003 la Convention pour la sauvegarde du patrimoine culturel immatériel. La liste du patrimoine immatériel comprend déjà 90 chefs-d'œuvre reconnus depuis 2001, qui font l'objet d'un plan de sauvegarde, tels les chants et les danses baltes de la Lettonie, de l'Estonie et de la Lituanie ou les fêtes des morts mexicaines. L'UNESCO travaille également à dresser une liste du patrimoine qui nécessite une sauvegarde urgente, avec des objectifs semblables à ceux du patrimoine en péril.

3.50 Danseurs déguisés en diables pendant le carnaval d'Oruro, en Bolivie (2001).
Pendant la parade du carnaval d'Oruro, les costumes somptueux, les magnifiques masques peints, les danses et les chants folkloriques des participants reflètent les influences des cultures à la fois indigène et espagnole.

LA GESTION DU RÉSEAU INTERNET

Depuis les années 1990, le réseau Internet a révolutionné le monde de la culture et des communications. Tous les jours, ce cyberespace s'enrichit de milliers de nouveaux sites qui peuvent être consultés partout sur la planète. Acteur essentiel de la mondialisation, le réseau Internet pourrait être géré par un organisme et des lois internationales.

Un important vecteur de culture

Le réseau Internet est un incroyable vecteur de culture. Source quasi intarissable d'informations, il abrite toutes les formes d'expressions : écrites, orales et visuelles. Des millions de livres et d'articles, de reproductions d'archives et d'œuvres d'art, de photographies, de vidéos ou de bandes dessinées s'y trouvent. De plus, les internautes peuvent facilement exprimer leurs idées et leurs opinions personnelles dans le cyberespace. Enfin, le réseau Internet permet à des communautés isolées d'avoir accès au savoir, aux idées et aux cultures du reste du monde. Il peut donc avoir un impact important sur les populations, ce qui motive certains gouvernements à vouloir en contrôler le contenu.

Les ennemis d'Internet selon l'organisme Reporters sans frontières (2008)
L'organisme Reporters sans frontières dénonce la censure sur Internet et les arrestations de cyberdissidents en établissant une liste des ennemis d'Internet.
3.51

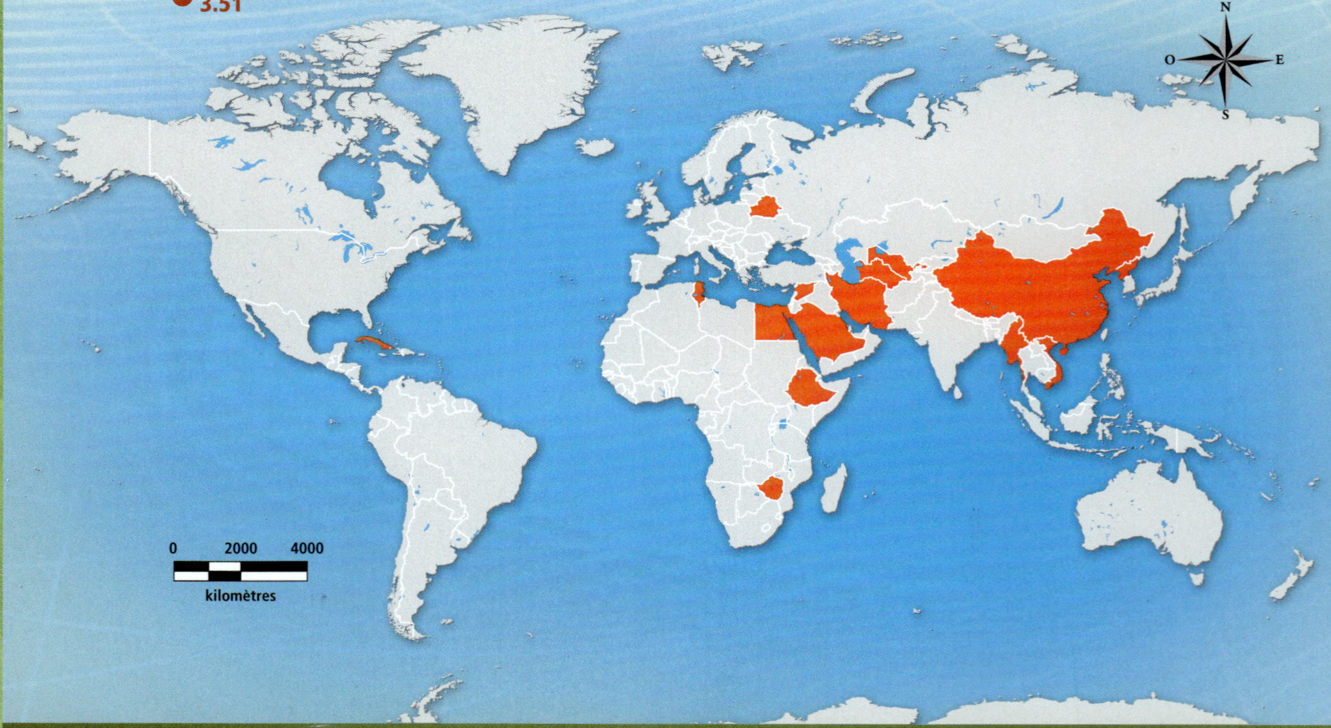

LA « GRANDE MURAILLE » DE CHINE

FAIT DIVERS

La Chine est le pays du monde qui limite le plus l'accès au réseau Internet. Le gouvernement chinois prend en chasse les sites qui touchent les droits de l'homme, la démocratie et la liberté de croyance. De nombreux sites étrangers et plusieurs sites chinois, notamment des blogues, sont interdits. Pour ce faire, le gouvernement chinois utilise un mélange de technologies de filtrage (souvent désigné comme la « Grande Muraille ») et une surveillance étroite du réseau par des dizaines de milliers de cyberpoliciers. Il n'hésite pas non plus à PROCÉDER À L'ARRESTATION DE DIZAINES D'INTERNAUTES ACCUSÉS DE PROPAGER DES IDÉES ALLANT À L'ENCONTRE DE CELLES DU RÉGIME COMMUNISTE EN PLACE.

La propriété intellectuelle sur Internet

Le développement rapide du réseau Internet pose des problèmes importants quant au respect des droits d'auteur. De nombreux internautes téléchargent de la musique, des films et des photos sans payer les droits aux artistes et aux industries culturelles qui les ont réalisés. D'autres copient des articles et des extraits de livres accessibles sur Internet et n'hésitent pas à s'en approprier le contenu. Ces actions ont des conséquences importantes pour les artistes et les industries culturelles qui se font voler leurs créations et voient leurs revenus diminuer.

Pour contrer ce phénomène, l'Organisation mondiale de la propriété intellectuelle (OMPI), un organisme spécialisé de l'ONU, a élaboré deux traités internationaux en 1996. Ces traités, adoptés à une époque où Internet n'en était qu'à ses balbutiements, sont largement dépassés par la réalité actuelle du réseau. Ils témoignent néanmoins d'une volonté de moderniser les législations des droits d'auteur en fonction des nouvelles technologies. Toutefois, pour assurer leur mise à jour et l'efficacité de leur application, il faudrait créer un organisme international entièrement dédié aux enjeux liés à la gestion d'Internet.

3.52
Journalistes brésiliens travaillant dans le centre de presse principal des Jeux olympiques de Beijing
Pendant les Jeux olympiques de 2008, les journalistes étrangers qui couvraient l'événement n'ont pu avoir qu'un accès restreint au réseau Internet.

3.53 Code national de quelques pays sur Internet

Pays	Code national
Allemagne	.de
Belgique	.be
Canada	.ca
France	.fr
Japon	.jp
Liban	.lb
Royaume-Uni	.uk
Sénégal	.sn

Internet Corporation for Assigned Names and Numbers (ICANN)

Qui ? ICANN est l'une des seules autorités internationales de régulation du réseau Internet. Cet organisme a été fondé à la suite d'une directive du Département du commerce des États-Unis, mais il regroupe du personnel et des dirigeants de partout dans le monde.

Quand ? L'organisme a été créé en 1998 après des négociations entre le vice-président états-unien Al Gore et les industries de télécommunications, les fabricants d'équipement et les fournisseurs de contenus du réseau Internet.

Pourquoi ? Cet organisme à but non lucratif contribue à la stabilité opérationnelle du réseau Internet en s'assurant que chaque site a un nom unique.

Comment ? ICANN gère des éléments techniques du réseau Internet : l'organisme est chargé d'allouer l'espace des adresses de protocole Internet (adresses IP), de gérer le système des noms de domaine (DNS), etc. Par exemple, ICANN attribue un code national aux sites Internet de chaque pays.

Des critiques De nombreux pays voudraient que les fonctions de l'organisme ICANN soient prises en charge par un organisme de l'ONU, car à leurs yeux, l'organisme est trop lié à l'administration des États-Unis.

ANGLE D'ENTRÉE

LA RÉPARTITION DE LA RICHESSE

Objet d'interprétation
La disparité dans la répartition de la richesse

CONCEPTS
Disparité (p. 153)
Concentration (p. 161)
Développement économique (p. 149)
Flux (p. 151)
Justice sociale (p. 171)
Ressource (p. 161)

Objet de prise de position (OPP)
OPP 1 Équilibre entre justice sociale et développement économique
OU
OPP 2 Contrôle des ressources

Dans la seconde moitié du 20e siècle, **l'économie mondiale connaît une croissance** soutenue. Malgré cela, il y a **disparité dans la répartition des richesses** dans le monde. Quelles sont les **causes** de cette disparité et quelles **solutions** peuvent être apportées pour l'atténuer ?

RICHESSE

4.1
Plus de mille femmes et enfants font la file pour recevoir de la nourriture dans un centre de distribution humanitaire au Niger (2005).

Connaissances liées au thème

- Commerce international (p. 150-151)
- Création de richesse (p. 148 à 151)
- Dettes et créances des États (p. 154-155)
- Écarts sociaux (p. 152-153, 156-157)
- Économies émergentes (p. 152-153)
- Incidences de la colonisation, de la décolonisation et de la néocolonisation (p. 164-165)
- Relations Nord-Sud (p. 152 à 155, 162-163)
- Pouvoir des entreprises multinationales (p. 162-163)

Repères culturels

- Oxfam (1942) (p. 174)
- *We are the World* (1985) (p. 175)
- Fairtrade/TransFair Canada (1997) (p. 173)
- Muhammad Yunus (1940-) (p. 170)

CONCEPTS ET INDICATEURS ÉCONOMIQUES

Pour mesurer la richesse d'un pays et de sa population à un moment précis ou au fil du temps, les économistes ont développé des concepts et créé des indicateurs économiques qu'il faut connaître pour comprendre les disparités dans la répartition des richesses dans le monde.

Qu'est-ce que la richesse ?

La richesse est le résultat de l'activité économique d'une collectivité, donc des processus de **production**, de **distribution** et de **consommation** de biens et de services.

La production est l'activité qui consiste à créer des biens et des services afin de les échanger sur le marché. Cela exclut les travaux domestiques effectués pour soi-même.

La distribution comprend toutes les opérations qui suivent la production d'un bien et qui précèdent l'achat de ce bien par le consommateur ou la consommatrice : transport, mise en marché, gestion des stocks, etc.

La consommation est l'utilisation d'un bien ou d'un service offert par un client ou une cliente, une personne ou une entreprise.

Des outils de comparaison

Les indicateurs économiques permettent de comparer la richesse des pays, des régions ou des villes et de mesurer l'évolution de leur économie. La monnaie commune généralement utilisée est le dollar américain.

- **La parité de pouvoir d'achat (PPA) :** pour comparer l'économie des pays, il ne suffit pas de convertir les montants en une monnaie commune. Les économistes utilisent la parité de pouvoir d'achat pour prendre en compte le fait que le coût de la vie diffère d'un pays à l'autre. C'est une méthode qui mesure la quantité de biens et de services qu'il est possible d'acheter avec une devise dans chacun des pays ou des régions que l'on compare.
- **Le dollar constant :** le dollar constant est une monnaie théorique dont le pouvoir d'achat ne change pas avec le temps, c'est-à-dire qu'il élimine les variations attribuables à l'inflation (hausse des prix) et à la déflation (baisse des prix). L'utilisation du dollar constant est utile pour examiner l'évolution de l'économie dans le temps.

4.2 L'indice Big Mac dans quelques pays en $US (2008)

Pays	Indice
Norvège	7,88
Suisse	6,37
Royaume-Uni	4,57
Canada	4,09
États-Unis	3,57
Russie	2,54
Afrique du Sud	2,24
Sri Lanka	1,95
Chine	1,83
Malaisie	1,70

Source : The Economist, « Big Mac Index », [En ligne], 2008.

Le prix du Big Mac est une bonne manière de comparer le coût de la vie dans différents pays.

DES BILLETS DE 100 000 MILLIARDS DE DOLLARS

FAIT DIVERS

Depuis 2000, le Zimbabwe, en Afrique, connaît un taux d'inflation sans précédent. En juillet 2008, ce taux d'inflation était estimé à 230 millions pour cent par année. Ce phénomène d'hyperinflation a obligé la Banque du Zimbabwe à émettre des billets de 10, 20, 50 et 100 mille milliards de dollars zimbabwéens pour contrer la pénurie d'argent liquide. **AU MOMENT DE LEUR ÉMISSION EN JANVIER 2009, LES BILLETS DE 100 000 000 000 000 DOLLARS ZIMBABWÉENS VALAIENT À PEINE 30 DOLLARS AMÉRICAINS.**

4.3 Un billet de 10 000 milliards de dollars zimbabwéens (2009)

4.4 Principaux indicateurs économiques (2007)

	Canada	Brésil
Population	32 876 000	191 791 000
PIB total (PPA)	1 266 milliards $US	1 836 milliards $US
PIB par habitant (PPA)	38 435 $US	9 695 $US
RNB par habitant (PPA)	35 310 $US	9 370 $US
Croissance annuelle	2,7 %	5,4 %
Taux d'inflation	2,1 %	3,6 %
Importations de biens et services	469,46 milliards $US	157,87 milliards $US
Exportations de biens et services	497,72 milliards $US	184,54 milliards $US

Sources : L'État du monde, « Encyclopédie de l'État du monde », [En ligne], 2008 et Banque mondiale, [En ligne], 2008.

Le produit intérieur brut (PIB)
Le produit intérieur brut (PIB) mesure la richesse créée au cours de l'année, c'est-à-dire le niveau de production interne des biens et des services d'un pays.

Le produit intérieur brut par habitant
Le PIB par habitant mesure le niveau de vie de la population et donne une valeur de son pouvoir d'achat. On l'obtient en divisant le PIB total par le nombre d'habitants et d'habitantes.

Le revenu national brut (RNB) par habitant
Le RNB par habitant est la somme moyenne des revenus perçus par la population d'un pays (salaires et revenus financiers). Il inclut les revenus nets associés aux investissements et aux biens détenus à l'étranger.

La croissance annuelle
Il s'agit du taux de croissance annuelle du PIB. Pour éviter les variations attribuables à l'augmentation des prix, le taux de croissance est calculé en dollars constants.

Le taux d'inflation
Le taux d'inflation permet de mesurer la hausse du niveau général des prix des biens et des services pour une période donnée, généralement une année.

Les importations et les exportations
Les importations désignent la valeur des entrées dans un pays de biens et de services provenant d'autres pays. Les exportations désignent la valeur des biens et des services qu'un pays vend à l'étranger.

L'INDICE DE DÉVELOPPEMENT HUMAIN (IDH)

Depuis 1990, le Programme des Nations Unies pour le développement (PNUD) utilise l'indice de développement humain (IDH), un indicateur basé sur une vision du développement qui ne se limite pas à l'économie et aux revenus. En plus d'évaluer la production économique des individus qui composent une société, l'IDH prend en compte des dimensions qui touchent le bien-être et la capacité des individus.

Qu'est-ce que l'indice de développement humain ?

L'IDH est un indice composite, c'est-à-dire qu'il intègre plusieurs séries de données afin de prendre en compte le revenu, la santé et le niveau d'instruction de la population d'un État. Voici comment se répartissent les données qui sont utilisées dans le calcul de l'IDH :

1/3

Produit intérieur brut par habitant à parité du pouvoir d'achat (PPA) en $US

Cette mesure indique le niveau de vie moyen de la population.

1/3
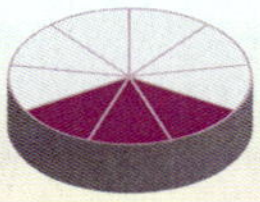

Espérance de vie à la naissance

Cette mesure donne une indication de l'état de santé de la population.

2/9
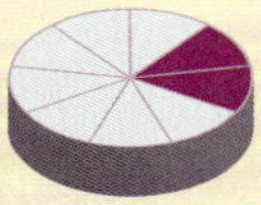

Taux d'alphabétisation des adultes

Pourcentage de la population de plus de 15 ans sachant écrire.

1/9
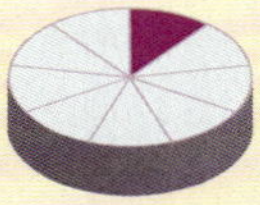

Taux de scolarisation

Proportion des jeunes d'un âge donné qui sont scolarisés par rapport à l'ensemble de la population du même âge.

Ces données permettent de mesurer le niveau d'instruction de la population.

Le résultat obtenu

Le calcul de l'indice de développement humain donne un résultat qui se situe entre 0 (niveau de développement pitoyable) et 1 (niveau de développement excellent). De manière générale, les pays les moins avancés ont un IDH inférieur à 0,5 alors que celui des pays développés est supérieur à 0,8.

Les avantages de l'IDH

L'IDH a renouvelé l'analyse des inégalités dans le monde, car il est plus complet que l'indicateur qui était utilisé auparavant, à savoir le PIB par habitant (PPA). En plus de mesurer la production économique, il illustre la capacité des États à investir les fonds publics dans les domaines de la santé et de l'éducation.

En outre, il est possible qu'un pays ait un meilleur IDH qu'un autre alors que son PIB par habitant est inférieur. C'est le cas par exemple de la Pologne, qui arrive au 37e rang du classement de l'IDH avec un PIB de 13 847 $US par habitant (2006), et des Émirats arabes unis, qui se classent 39e avec un PIB de 25 514 $US par habitant (2006).

Jeunes élèves indiens
En Inde, seulement deux filles sur cinq savent lire et écrire.
4.5

4.6
Guerre civile au Sierra Leone (1999)

4.7 L'indice de développement humain (2005)

	Indice
Monde	**0,743**
Pays développés	0,897
Pays en développement	0,691
Pays les moins avancés	0,488
Les cinq premiers pays au classement	
1 Islande	0,968
2 Norvège	0,968
3 Australie	0,962
4 Canada	0,961
5 Irlande	0,959
Les cinq derniers pays au classement	
173 Mali	0,380
174 Niger	0,374
175 Guinée-Bissau	0,374
176 Burkina Faso	0,370
177 Sierra Leone	0,336

L'évolution de l'IDH

De manière générale, l'indice de développement humain s'est accru dans le monde depuis 1990, particulièrement dans les pays aux économies émergentes, tels le Brésil, la Chine ou l'Inde. Leur poids démographique a d'ailleurs un impact sur la tendance générale de l'évolution de l'IDH.

Au Canada aussi, l'IDH a grimpé au cours des dernières années. Il a connu une croissance de plus de 10 % depuis 1975, passant de 0,897 à 0,961.

Toutefois, la situation ne s'est guère améliorée en Afrique subsaharienne, où se trouve la majorité des pays les moins avancés. En fait, l'IDH a même connu un recul dans plusieurs États, dont la Côte d'Ivoire, la République démocratique du Congo ou la Zambie.

L'indice de développement humain (2006)
4.8

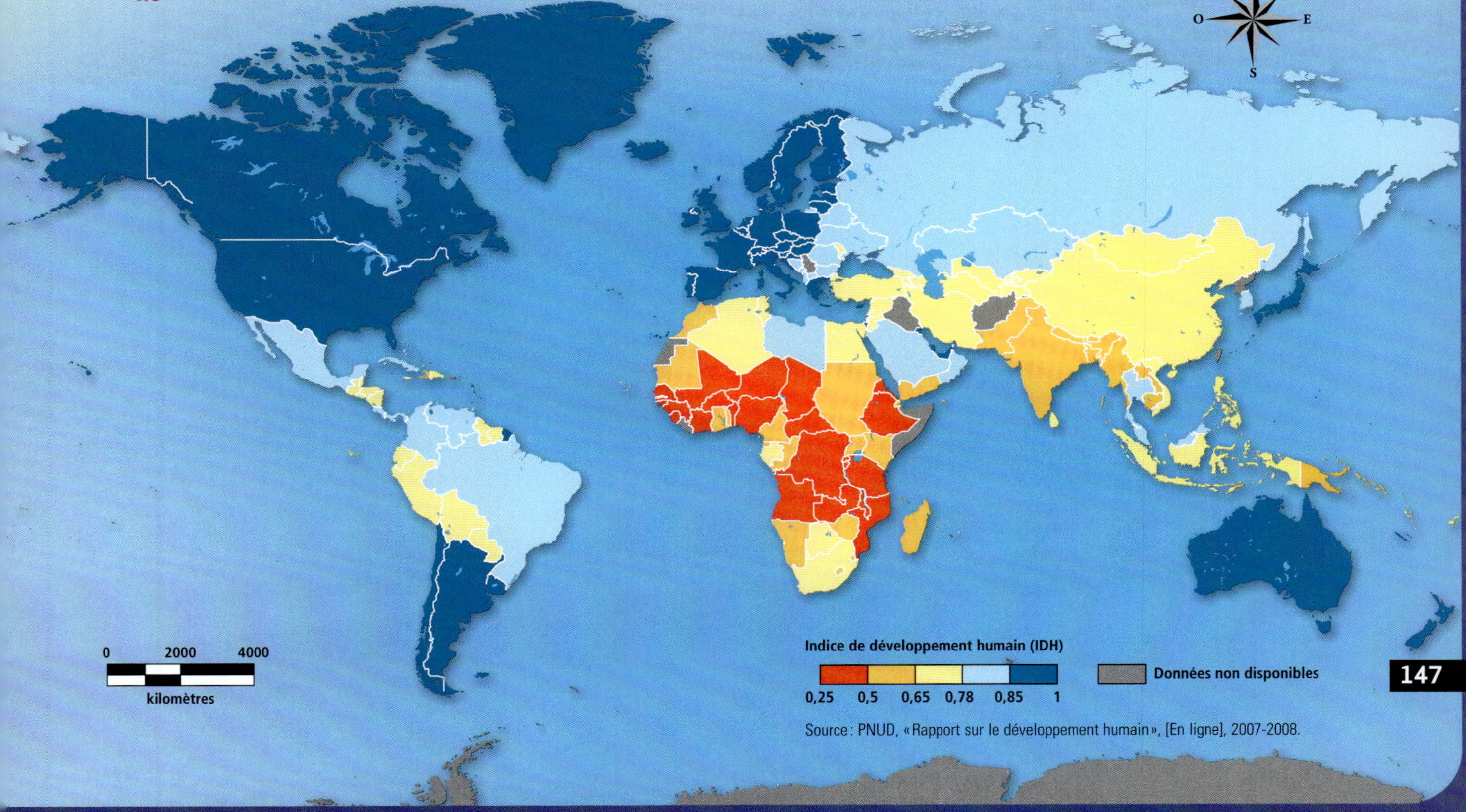

Source : PNUD, « Rapport sur le développement humain », [En ligne], 2007-2008.

LA CROISSANCE ÉCONOMIQUE

Depuis la Seconde Guerre mondiale, l'économie internationale a connu un rythme de croissance soutenu. Malgré quelques phases de ralentissement, la production s'est globalement accrue. En effet, entre 1950 et 2000, le produit intérieur brut (PIB) par habitant a triplé, une croissance inégalée dans l'histoire de l'humanité.

4.9 La croissance mondiale du PIB par habitant (1950-2003)

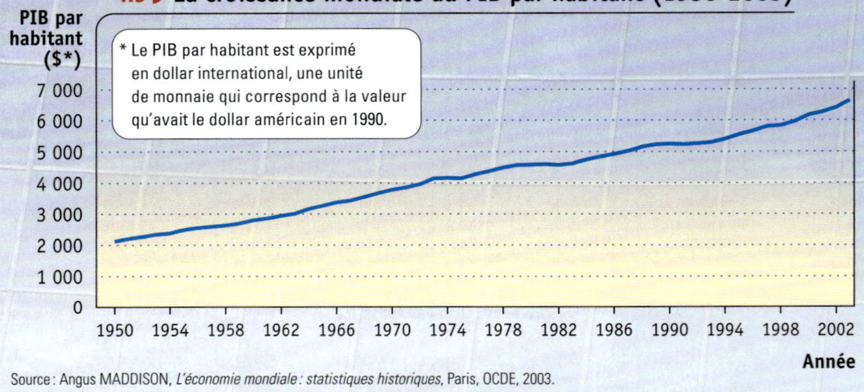

Source : Angus MADDISON, *L'économie mondiale : statistiques historiques*, Paris, OCDE, 2003.

Les facteurs de croissance économique

La croissance économique, c'est-à-dire l'augmentation du volume de production, s'explique par la combinaison d'un ensemble de facteurs interreliés. En voici quelques-uns parmi les principaux :

- La **productivité** accrue des entreprises : elle est le moteur de la croissance économique puisque les entreprises sont les principales productrices.
- La croissance des **investissements** : ils sont essentiels au démarrage et au développement des entreprises.
- L'intensification du **commerce international** : il offre des débouchés plus nombreux et davantage de possibilités d'investissements.
- L'amélioration des **techniques** de production : elles permettent d'accroître les quantités produites et de diminuer les coûts et le temps de production.
- La croissance de la **population** : elle fournit une main-d'œuvre supplémentaire et fait grimper la demande par la croissance du nombre de consommateurs et consommatrices.
- L'augmentation du **pouvoir d'achat** des consommateurs : il nourrit la consommation, car les individus ont plus d'argent à dépenser pour se procurer des biens et des services.
- L'**instruction** et les **qualifications** de la main-d'œuvre : une main-d'œuvre compétente augmente la productivité des entreprises et contribue aux développements techniques.

4.10 L'Asie

Une croissance inégale

La croissance économique n'a pas été la même dans toutes les régions du monde.

1. Au lendemain de la Seconde Guerre mondiale, les pays de la Triade (Amérique du Nord, Europe occidentale et Japon) ont connu la plus forte croissance économique.
2. À partir de la fin des années 1960, les dragons puis les tigres asiatiques entrent dans une importante phase d'expansion économique.
3. Depuis les années 1990, la Chine, la Russie, le Brésil, l'Inde et le Mexique ont un poids de plus en plus lourd dans l'économie mondiale. Ils sont appelés à occuper une place de premier plan dans un proche avenir.

Dragons et tigres asiatiques

Les dragons asiatiques désignent quatre pays d'Asie dont l'expansion économique et la modernisation ont été extrêmement rapides depuis la fin des années 1960. Il s'agit de la Corée du Sud, de Singapour, de Taïwan et de Hong Kong (rétrocédé à la Chine en 1997). La croissance économique de ces pays présente certains traits communs:

- L'ouverture de leur économie a été facilitée par leur position littorale.
- Ils ont profité de la proximité du Japon, qui leur a donné l'exemple et le savoir-faire, et qui a investi chez eux.
- Ils ont bénéficié au départ du faible coût de leur main-d'œuvre.
- Dans le contexte de la guerre froide, ils ont profité de leurs alliances avec les États-Unis.

Comme le Japon, les dragons asiatiques ont investi dans les pays situés à proximité et y ont délocalisé certaines de leurs usines. Ils ont ainsi contribué à l'essor économique rapide, dans les années 1980, de la Thaïlande, de l'Indonésie, de la Malaisie et des Philippines qui sont aujourd'hui surnommées les tigres asiatiques. Toutefois, ces pays ont été sérieusement touchés par la crise économique qui a secoué l'Asie en 1997-1998.

4.11 Part du PIB mondial (2004-2050)

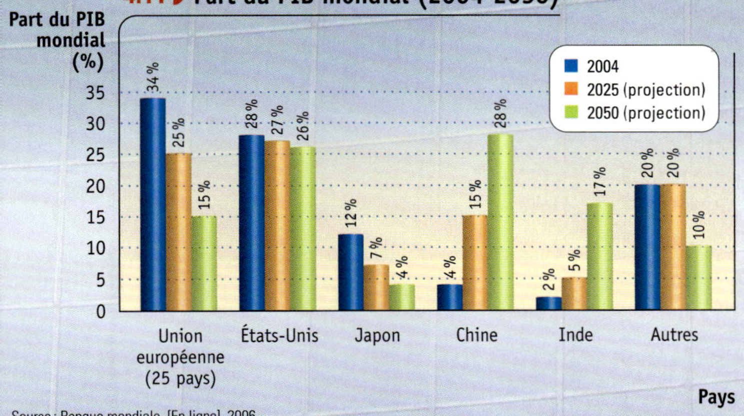

Source : Banque mondiale, [En ligne], 2006.

REFLET DE L'ACTUALITÉ

a) À la lecture de ces pages, définissez le concept de « développement économique ».

b) Comment ce concept se reflète-t-il dans l'actualité ?

L'INTENSIFICATION DU COMMERCE INTERNATIONAL

Dans la seconde moitié du 20e siècle, les échanges commerciaux internationaux se sont accrus de manière spectaculaire. Le phénomène, qui a d'abord touché les pays développés, s'est graduellement étendu à l'ensemble de la planète, transformant la dynamique commerciale mondiale.

Une croissance fulgurante

Avec la mondialisation des échanges, le commerce international fait un bond de géant tout en se transformant. Les produits agricoles, qui représentaient plus de la moitié des marchandises échangées en 1950, en constituent moins de 10 % en 2005. Parallèlement, la part des produits manufacturés s'accroît, passant de moins de 40 % à 75 %.

4.12 La croissance du commerce des marchandises dans le monde

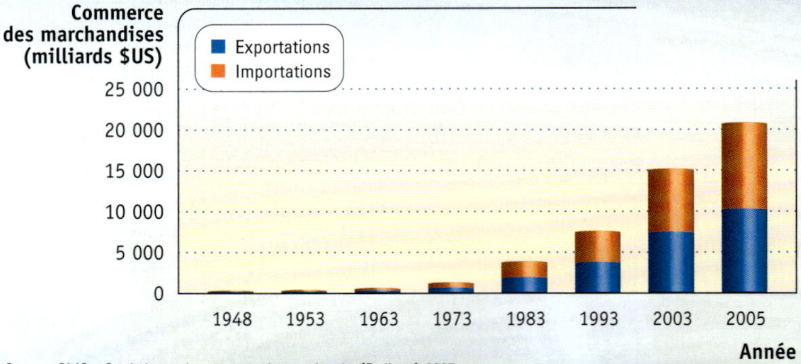

Source : OMC, « Statistiques du commerce international », [En ligne], 2007.

La mondialisation des échanges

La mondialisation économique est l'accroissement des mouvements de biens, de services, de capitaux, de technologies et de main-d'œuvre à l'échelle planétaire.

Causes

- Le développement des technologies de communication et des moyens de transport.
- Les efforts des gouvernements pour libéraliser les échanges commerciaux internationaux, visibles à travers le GATT, l'OMC et la création de zones de libre-échange.
- La multiplication et le développement rapide des entreprises multinationales.

Avantages

- La diversification des produits et des services offerts sur les marchés.
- La diminution du prix des produits.
- La mise en place d'une division internationale du travail.

Désavantages

- L'interdépendance accrue des pays commerçants.
- L'accroissement des inégalités entre les pays développés et les pays en développement.
- La délocalisation de certaines industries vers des lieux où la main-d'œuvre coûte moins cher.
- L'accroissement de la concurrence entre les industries.

Un cargo transportant des conteneurs (2001).
Dans les années 1950, l'invention des conteneurs révolutionne les échanges commerciaux en facilitant les opérations de chargement et de déchargement. Ces boîtes aux dimensions standardisées peuvent être transportées par des camions, tirées par des trains ou empilées les unes sur les autres sur des navires.
4.13

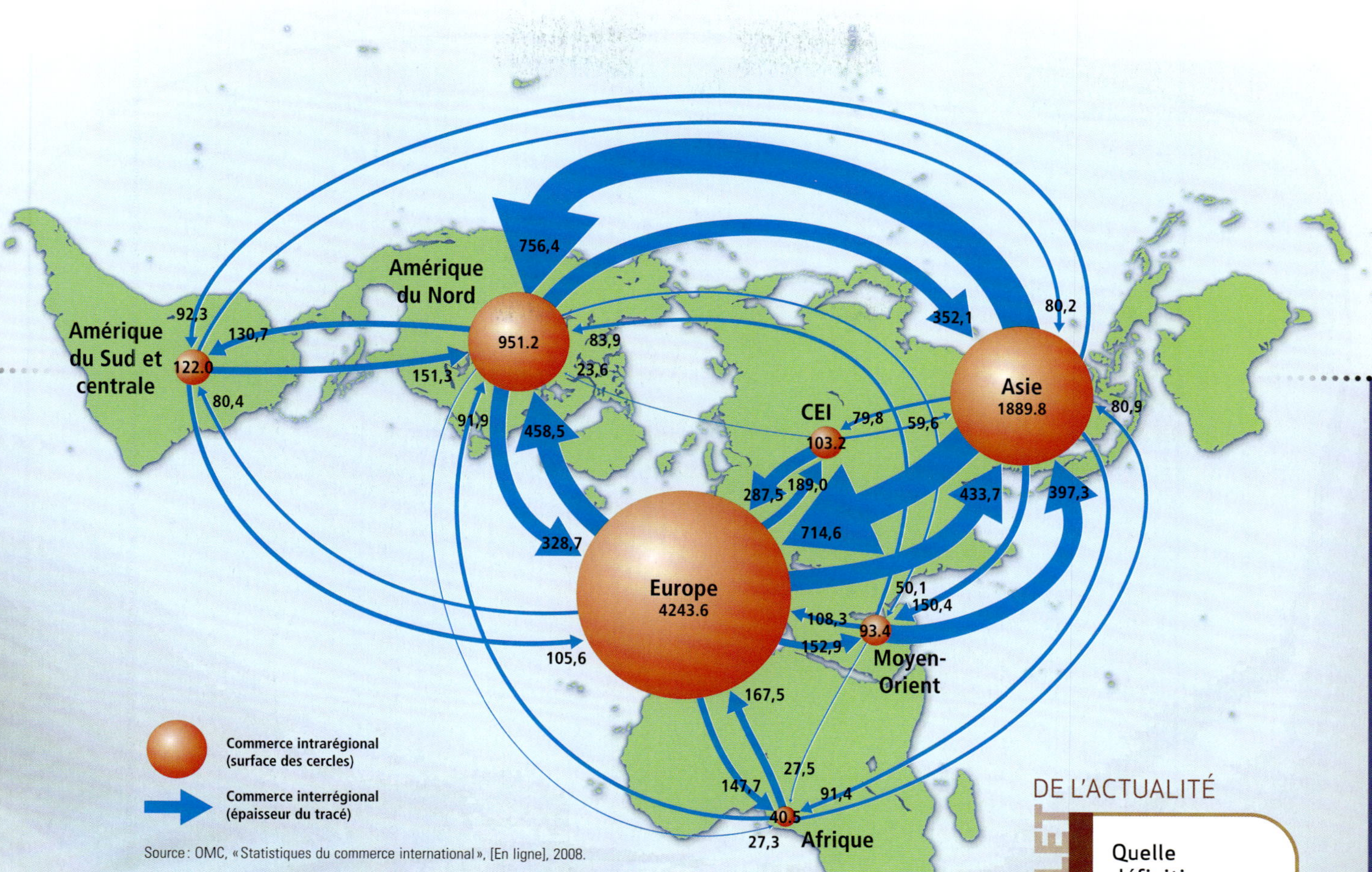

Source : OMC, « Statistiques du commerce international », [En ligne], 2008.

4.14

Le commerce des marchandises (2007) (en milliards de dollars américains)
Seules les valeurs supérieures à 20 milliards de dollars américains sont représentées.

REFLET DE L'ACTUALITÉ

Quelle définition donneriez-vous au concept de « flux » ?

Les flux commerciaux

Après la Seconde Guerre mondiale, les échanges commerciaux se déroulent principalement entre les pays du Nord qui connaissent une période d'expansion économique (les « Trente Glorieuses »). Ainsi, en 1973, plus de 75 % des échanges de marchandises s'effectuent entre les pays développés, notamment entre les membres de la Triade (États-Unis, Europe occidentale, Japon).

À partir des années 1980, les pays en développement s'intègrent progressivement aux échanges internationaux, particulièrement les pays à l'économie émergente. En 2005, près de 35 % des exportations mondiales de marchandises viennent des pays en développement, une croissance de près de 15 % par rapport à 1973. À cet égard, la Chine est un exemple particulièrement éloquent. Son poids dans les échanges internationaux s'est accru de 15 % par année depuis 1980, ce qui en fait aujourd'hui la deuxième puissance commerciale du monde.

La balance commerciale

	Valeur des exportations
–	Valeur des importations
	Balance commerciale

Lorsque la valeur des importations d'un pays excède celle de ses exportations, on dit que sa balance commerciale est déficitaire. À l'inverse, si la valeur des exportations est plus importante que celle des importations, la balance commerciale est excédentaire.

Les États préfèrent avoir une balance commerciale excédentaire, car cela leur permet d'accroître leurs réserves de devises et de mieux contrôler leurs politiques monétaires. Toutefois, cela n'est pas toujours facile. Par exemple, les pays en développement ont une balance commerciale déficitaire (de 20 à 25 %) car ils exportent surtout des matières premières et importent des produits manufacturés, dont les coûts sont plus élevés.

LA DISPARITÉ DES RICHESSES DANS LE MONDE

La richesse est répartie inégalement dans le monde. Elle est en réalité concentrée dans quelques dizaines de pays, qui jouissent d'un revenu élevé et d'un niveau de vie confortable. En revanche, dans une cinquantaine d'autres pays, la population parvient à peine à combler ses besoins essentiels.

La classification des pays

Les États du monde sont souvent classés en fonction de leur niveau de développement. Pendant longtemps, le critère distinctif des diverses catégories était le produit intérieur brut (PIB), car il s'agissait surtout de définir des niveaux de développement économique. Aujourd'hui, les classifications se font plus communément en fonction du niveau de développement humain (IDH) qui inclut à la fois le revenu, l'éducation et le bien-être des individus. Toutefois, la définition exacte de chacune des catégories ne fait pas toujours consensus et peut varier selon les institutions et les spécialistes qui les utilisent.

Les pays développés

Il s'agit des pays les plus riches, qui ont un PIB par habitant généralement supérieur à 8 000 $US (à parité). Dans ces pays, la population a un revenu assez élevé pour satisfaire tous ses besoins essentiels, accéder à une éducation et jouir d'un certain niveau de confort.

Cette catégorie comprend les pays dont l'indice de développement humain (IDH) est supérieur ou égal à 0,8. En 2006, 70 pays (7 de plus que l'année précédente), situés pour la plupart en Europe, en Amérique du Nord, en Asie de l'Est et en Océanie, faisaient partie de cette catégorie.

À cause de leur situation géographique, les pays développés sont parfois appelés « pays du Nord ». Ils sont aussi connus sous le nom de « pays industrialisés » parce que leur économie est principalement basée sur les activités industrielles.

Les pays les moins avancés (PMA)

Créée en 1971 par les Nations Unies, cette catégorie inclut les pays les plus pauvres et les moins développés du monde qui doivent, à ce titre, recevoir une attention particulière de la part de la communauté internationale. Ils ont un PIB par habitant inférieur à 900 $US (à parité) et un indice de développement humain inférieur à 0,5. Au nombre de 25 dans les années 1970, les pays les moins avancés sont aujourd'hui 49, dont une majorité se trouve en Afrique subsaharienne.

DE L'ACTUALITÉ

REFLET

ⓐ À la lecture de ces pages, comment définiriez-vous le concept de « disparité » ?

ⓑ Dans l'actualité, y a-t-il une nouvelle qui traite de ce concept ?

OCDE L'ORGANISATION DE COOPÉRATION ET DE DÉVELOPPEMENT ÉCONOMIQUE

Fondée en 1961, l'OCDE est une organisation internationale d'étude économique. Elle cherche à soutenir la croissance de l'économie et du commerce, à développer l'emploi, à maintenir la stabilité ; elle partage son expertise avec les autres pays. L'organisation regroupe 30 pays, principalement des pays développés (sauf la Turquie), qui sont tous attachés aux principes de la démocratie et de l'économie de marché. Les États membres de l'OCDE sont les plus riches du monde, produisant 78 % du revenu national brut mondial (2008). Pour cette raison, le terme « pays de l'OCDE » est parfois confondu avec celui de « pays développés ».

Les pays en développement (PED)

Cette catégorie (aussi connue sous le nom de pays en voie de développement) regroupe un ensemble de pays dont l'indice de développement humain est supérieur à 0,5 et inférieur à 0,8, c'est-à-dire qu'ils ne font partie ni des pays développés, ni des pays les moins avancés. Ces pays, qui se trouvent dans une situation intermédiaire, forment un ensemble hétérogène. Généralement situés dans l'hémisphère Sud, ils sont parfois désignés sous le nom de « pays du Sud » par opposition aux pays développés du Nord.

Cette catégorie n'est pas immuable. De nombreux pays connaissent une croissance et un développement humain impressionnants et se rapprochent des pays développés. Ainsi, la Corée du Sud, qui a longtemps fait partie des pays en développement, compte maintenant parmi les pays développés et est membre de l'OCDE depuis 1996.

Les pays à l'économie émergente

Ces pays forment une sous-catégorie des pays en développement. Leur croissance économique est impressionnante et leur niveau de vie tend à ressembler de plus en plus à celui des pays du Nord. Les pays émergents, parmi lesquels se trouvent l'Inde, la Chine, le Brésil, la Russie, ainsi que les dragons et les tigres asiatiques, sont appelés à jouer un rôle de premier plan dans l'économie mondiale au cours des prochaines décennies. Ils s'intègrent rapidement à l'économie mondiale, exportant et investissant de plus en plus à l'étranger, et acquièrent de grandes capacités technologiques. Comme le concept d'économie émergente est relativement flou, il est difficile de dresser une liste précise des pays qui entrent dans cette catégorie.

La classification des pays selon l'IDH (2006)
4.15

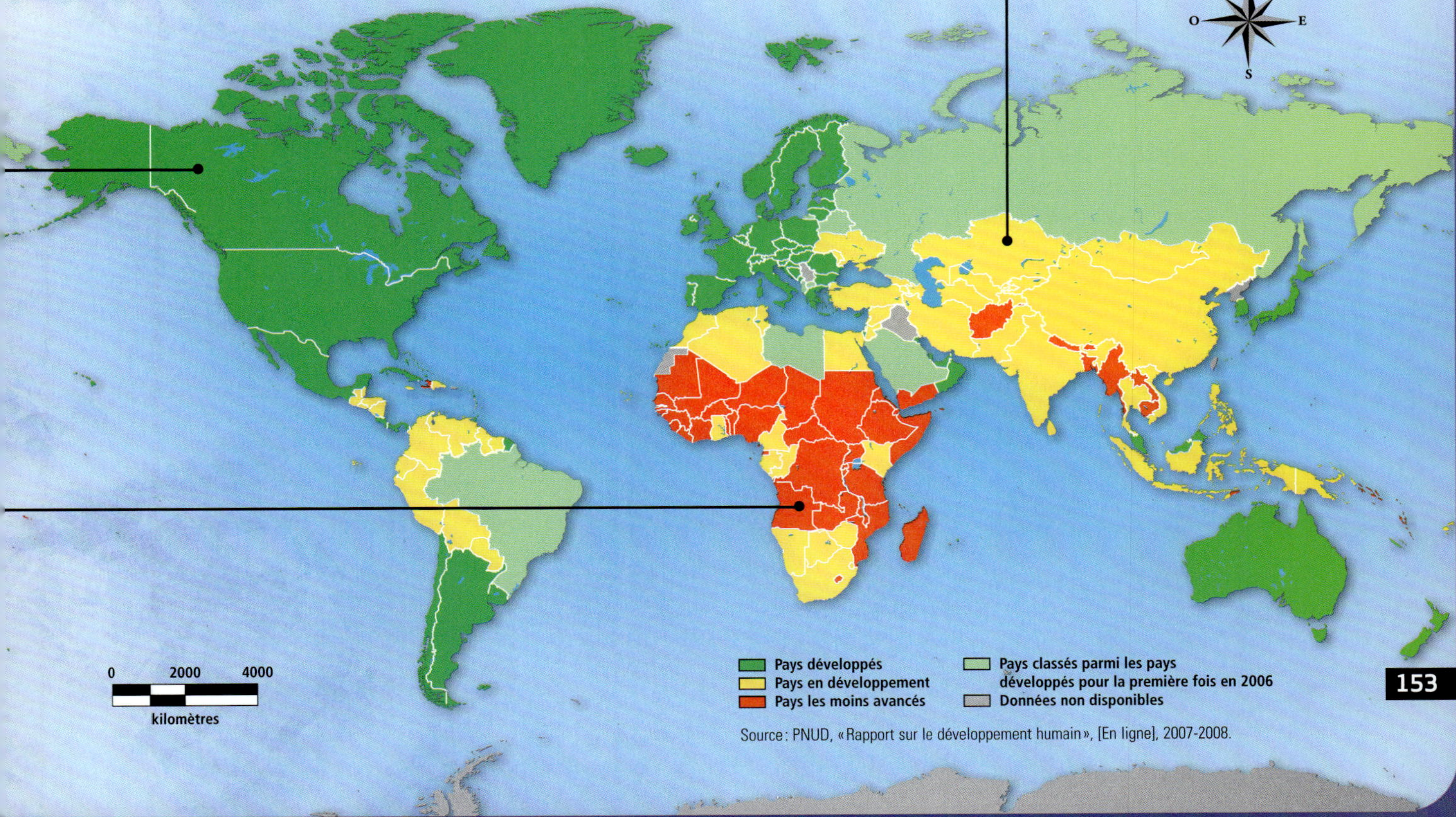

Source : PNUD, « Rapport sur le développement humain », [En ligne], 2007-2008.

LE POIDS DE LA DETTE

Après la Seconde Guerre mondiale, la croissance économique de nombreux États est stimulée par les dépenses des gouvernements. Ceux-ci n'hésitent pas à s'endetter pour investir dans l'économie, l'éducation ou la santé. Dans certains cas, la hausse des dettes a des conséquences négatives sur l'économie.

La dette extérieure

La dette extérieure désigne l'ensemble des dettes d'un pays envers des créanciers étrangers. Ces créanciers peuvent être des institutions internationales tels le Fonds monétaire international (FMI) et la Banque mondiale, des États tiers ou des créanciers privés.

Les États s'endettent pour financer la construction d'infrastructures importantes (barrages, autoroutes, etc.), financer des mesures sociales (santé, éducation, etc.), investir dans le développement des entreprises ou l'extraction de matières premières, combler leur déficit budgétaire, par exemple. Être endetté n'est donc pas forcément mauvais pour un État, car l'argent emprunté peut être utilisé pour créer des richesses et stimuler la croissance économique.

Avoir un niveau de dette trop élevé peut être un pari risqué pour certains pays. De manière générale, on considère qu'une dette est insolvable lorsque son montant dépasse le produit intérieur brut (PIB) du pays. En outre, si la monnaie d'un pays perd trop de valeur et que sa dette est libellée en monnaie étrangère (par exemple en dollars américains), les intérêts peuvent vite devenir impossibles à payer.

Dans les années 1980, l'inflation et la hausse des taux d'intérêt ont provoqué une grave crise financière. De nombreux pays, à commencer par le Mexique, se sont vus dans l'impossibilité de rembourser les intérêts et le capital de leurs emprunts et ont dû se déclarer insolvables.

Un marché extérieur en Bolivie (2006)
En terme absolu, la dette extérieure des pays en développement est moins élevée que celle des pays du Nord. Toutefois, les pays en développement n'ont pas la même capacité de payer et ne peuvent supporter le même niveau d'endettement que les pays du Nord.
4.16

4.17 Les pays les plus endettés en 2007 (en milliards de $US)

Pays	Dette totale (en milliards $US)	Dette par habitant
1 États-Unis	12 250	40 614
2 Royaume-Uni	10 450	171 215
3 Allemagne	4 489	54 565
4 France	4 396	71 240
5 Pays-Bas	2 277	139 001
6 Irlande	1 841	421 649
7 Japon	1 492	11 677
8 Suisse	1 340	177 481
9 Belgique	1 313	123 568
10 Espagne	1 084	24 154
13 Canada	758,6	23 005

Source : CIA, « World Factbook », [En ligne], 2008.

Les États dont la dette est la plus élevée font tous partie des pays les plus riches du monde.

4.18

Le concert Live 8 à Philadelphie (2005)

En 2005, dans le cadre de la campagne « Live 8 », des concerts sont organisés dans plusieurs villes du monde pour promouvoir l'annulation de la dette des pays du tiers monde et la réduction de la pauvreté.

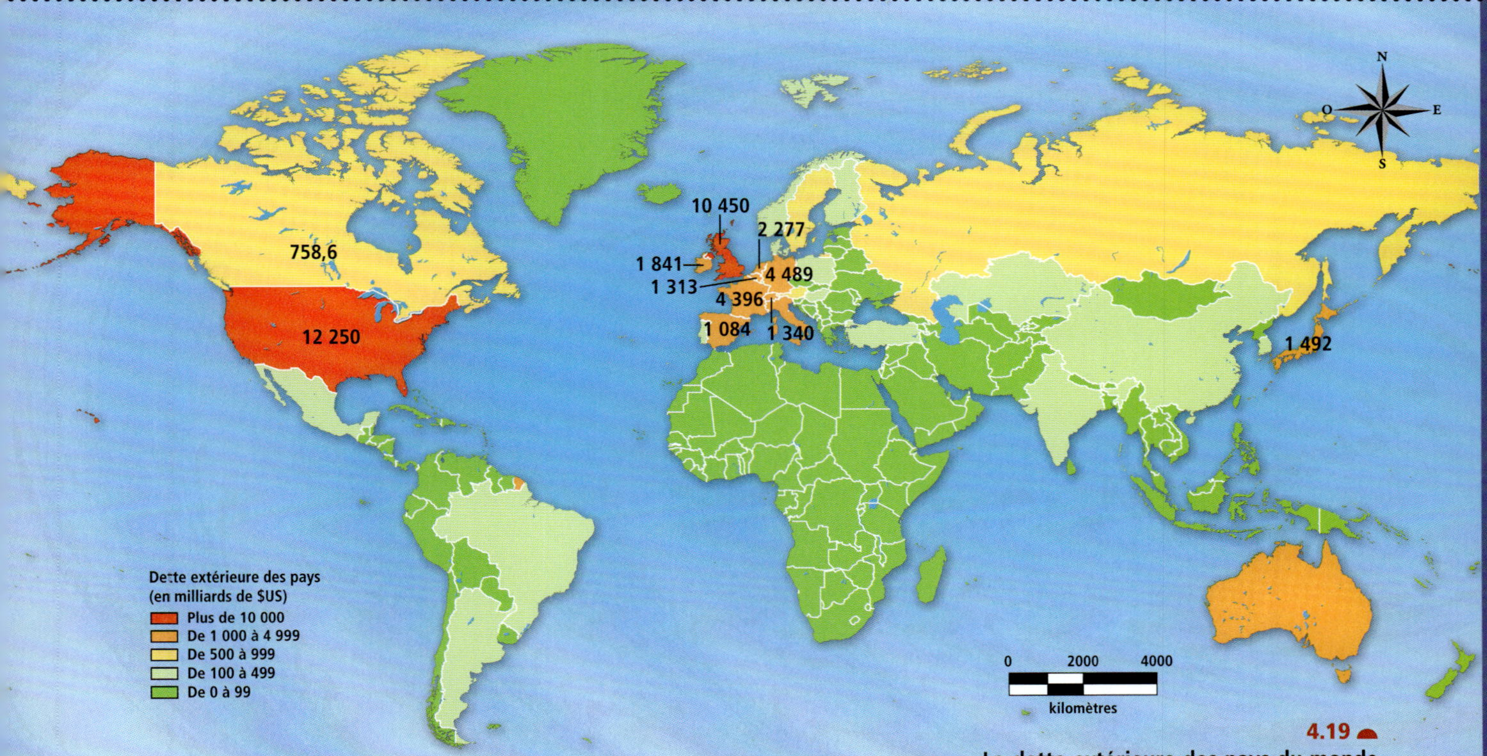

4.19

La dette extérieure des pays du monde

La dette des pays en développement

Après la décolonisation, les pays en développement ont contracté des dettes importantes auprès du FMI, de la Banque mondiale et des États tiers. Cela a permis à bon nombre d'entre eux d'accéder à l'indépendance. Il fallait alors mettre sur pied d'importantes infrastructures et investir dans l'industrialisation. Des régimes dictatoriaux ont aussi emprunté d'importantes sommes d'argent, parfois avec l'appui de puissances étrangères, pour financer des guerres civiles et des régimes d'oppression ou pour s'enrichir personnellement.

Selon le Comité pour l'annulation de la dette du tiers monde, la dette des pays en développement est passée de 8 milliards de dollars américains en 1960 à 2 600 milliards en 2004. Depuis 1980, ces pays ont remboursé 10 fois ce qu'ils devaient, ce qui n'a pas empêché leur dette d'être multipliée par 5 à cause des intérêts.

En 1996, le Fonds monétaire international et la Banque mondiale ont lancé une initiative pour alléger considérablement la dette des pays pauvres très endettés (PPTE) qui étaient incapables de rembourser ce qu'ils leur devaient.

Pour être admissibles, les pays doivent réunir plusieurs conditions. Leur dette doit être impossible à soutenir. De plus, ils doivent s'engager à entreprendre des réformes importantes qui contribueront à la reprise économique.

En 2007, 41 pays, dont les trois quarts se situent en Afrique subsaharienne, étaient admissibles à ce programme. Selon le FMI, le coût total de l'aide apportée à ces pays s'élève à plus de 70 milliards de dollars américains.

LES INÉGALITÉS INTERNES

Les richesses sont inégalement réparties entre les pays, mais aussi entre les membres d'une même société. Il existe en effet dans les pays des écarts sociaux importants entre les riches et les pauvres, et entre les hommes et les femmes. Cela est vrai tant dans les pays en développement que dans les pays riches.

Des revenus inégaux

Dans toutes les sociétés, il existe des écarts importants entre les revenus des plus riches et des plus pauvres. Ces écarts sont plus marqués dans les pays du Sud, particulièrement en Afrique et en Amérique latine.

Même si elles existent, les inégalités sont généralement moins grandes dans les pays industrialisés que dans les pays en développement. Dans bien des cas, les politiques fiscales des pays développés contribuent à lutter contre l'accentuation des inégalités. Les riches doivent en effet payer davantage d'impôts au gouvernement qui redistribue une partie de ces sommes aux plus pauvres grâce à diverses mesures sociales.

Un écart qui se creuse

Au cours des dernières décennies, le fossé entre les riches et les pauvres s'est généralement creusé dans le monde, même dans les pays développés. Ainsi, dans les trois quarts des pays de l'OCDE, les inégalités de revenus se sont accentuées depuis le milieu des années 1980, notamment aux États-Unis, au Canada et en Allemagne. Cela s'explique en partie par le fait que les revenus des riches ont sensiblement augmenté au cours des dernières années, s'éloignant des revenus faibles et moyens.

4.20 L'indice de Gini de quelques pays

Pays	Indice
Japon	0,249
Suède	0,25
France	0,327
Australie	0,352
Inde	0,368
Russie	0,399
Chine	0,469
Argentine	0,513
Sierra Leone	0,629
Namibie	0,743

Source : PNUD, « Rapport sur le développement humain », [En ligne], 2007-2008.

L'indice de Gini

L'indice de Gini est un indicateur qui mesure les inégalités dans la distribution des revenus. Sa valeur se situe entre 0 (égalité parfaite) et 1 (inégalité absolue), deux situations extrêmes qui ne peuvent exister dans la réalité.

4.21 Évolution de l'indice de Gini en Amérique du Nord (1975-2005)

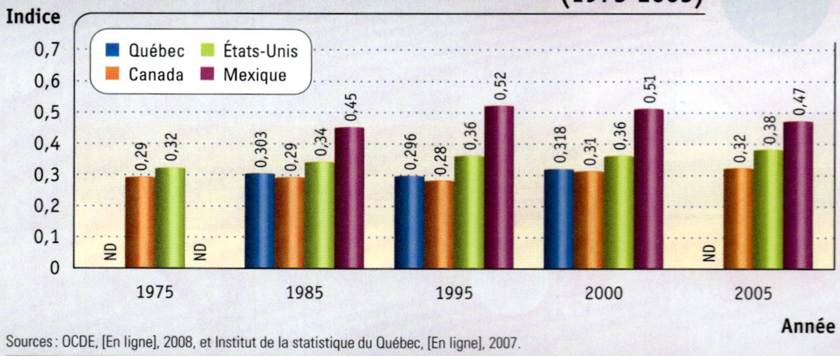

Sources : OCDE, [En ligne], 2008, et Institut de la statistique du Québec, [En ligne], 2007.

4.22
Une femme sur une ferme en Birmanie
Bien que les gens habitant la campagne aient des revenus généralement moins élevés que ceux habitant la ville, ils parviennent parfois à mieux s'en sortir. Même pauvres, ils peuvent souvent produire une partie de ce qu'ils consomment, ce qui n'est pas le cas des citadins démunis.

Les écarts entre les villes et les campagnes

Les revenus des gens de la ville sont généralement plus élevés que ceux des gens de la campagne. La disparité entre ces revenus est plus ou moins grande selon les pays. Par exemple, selon une étude menée en Europe en 2005, les citadins gagnaient en moyenne une centaine d'euros (environ 150 dollars canadiens) de plus par mois que les ruraux. Toutefois, l'écart était nettement plus marqué dans les pays les moins riches d'Europe que dans les mieux nantis.

Dans les pays à l'économie émergente, la disparité des revenus entre les villes et les campagnes tend à s'accroître, car les salaires augmentent plus rapidement en milieu urbain. Ainsi, en Chine en 2007, les revenus des personnes vivant en ville étaient 3,3 fois plus élevés que ceux des personnes vivant en zone rurale, le plus grand écart depuis 1978. En plus de bénéficier de moyens financiers plus importants, les populations urbaines ont accès à davantage de services, notamment aux systèmes de santé et d'éducation.

Les inégalités entre les sexes

4.23
Des femmes portant la burka en Afghanistan (2001).
En Afghanistan sous le régime des talibans (1996-2001), les droits des femmes étaient très restreints. Les femmes devaient obligatoirement porter la burka et il leur était interdit de sortir sans être accompagnées d'un homme. Elles ne pouvaient plus fréquenter l'école ni travailler.

Dans le monde aujourd'hui, les femmes sont victimes de nombreuses formes de discrimination. Par conséquent, elles sont plus pauvres que les hommes et n'ont pas les mêmes possibilités qu'eux.

- En 2008, 1,3 milliard de personnes, comprenant 70 % de femmes, vivaient sous le seuil de la pauvreté extrême.
- En moyenne, les femmes reçoivent des salaires 17 % moins élevés que ceux des hommes.
- Parmi les enfants qui ne sont pas scolarisés dans le monde, 57 % sont des filles. Par conséquent, le taux d'alphabétisme mondial est plus élevé chez les hommes (83,7 %) que chez les femmes (71,4 %).
- Sur le marché du travail, les femmes sont souvent moins engagées dans les processus décisionnels que leurs homologues masculins.
- La discrimination sexuelle n'est pas la même partout. Elle est plus marquée en Asie du Sud, en Afrique et au Moyen-Orient que dans le reste du monde.

DES CAS EXTRÊMES : L'AMÉRIQUE DU NORD ET L'AFRIQUE

En matière de développement économique et humain, l'Amérique du Nord et l'Afrique subsaharienne offrent deux exemples contrastants. Ces deux régions illustrent la disparité des richesses et des conditions de vie dans le monde, ainsi que l'inégalité des perspectives d'avenir individuelles.

L'indice de développement humain (IDH) en Amérique du Nord (2006)
4.24

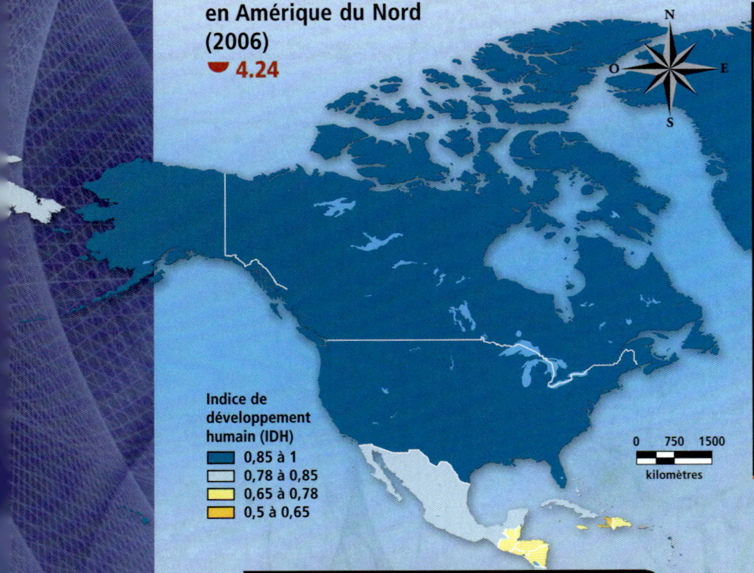

4.25 L'Amérique du Nord en chiffres (2005)

	Canada	É.-U.	Mexique
IDH	0,961	0,951	0,829
Espérance de vie à la naissance (ans)	80,3	77,9	75,6
Mortalité infantile	5 ‰	6 ‰	22 ‰
Taux d'alphabétisation	99 %	99 %	91,6 %
Taux de scolarisation	99,2 %	93,3 %	75,6 %
PIB par habitant en $US (PPA)	33 375	41 890	10 751
Croissance économique (taux annuel moyen 1990-2005)	2,2 %	2,1 %	1,5 %
Consommation d'électricité (kW/h/hab.)	14 408	14 420	2 130

Sources : PNUD, « Rapport sur le développement humain », [En ligne], 2007-2008, et CIA, « World Factbook », [En ligne], 2008.

L'obésité, un problème de taille

Depuis le début des années 1980, le taux d'obésité en Amérique du Nord a triplé. Aux États-Unis et au Mexique, 30 % des adultes sont obèses, alors qu'au Canada, ce taux est de 23 % (2005-2006). Les enfants sont également touchés par le phénomène, particulièrement aux États-Unis, où 16 % des jeunes de 2 à 19 ans présentent un important surplus de poids. Le régime alimentaire, aujourd'hui trop riche en gras et en sucre, ainsi que le manque d'activité physique sont à mettre en cause. La prévention de l'obésité est devenue un problème de santé publique, car elle accroît significativement les risques de diabète et de maladies cardiovasculaires.

Une population éduquée

En Amérique du Nord (mis à part le Mexique) et en Europe occidentale, le taux de scolarisation dans l'enseignement supérieur est en moyenne de 70 %. Dans ces sociétés du savoir, la recherche et le développement constituent un moteur essentiel de l'économie. Avec la mondialisation, la recherche s'internationalise et les universités rivalisent entre elles pour attirer les chercheuses et les chercheurs les plus éminents et la clientèle étudiante étrangère. Les États-Unis dominent de manière écrasante. Au palmarès des 100 meilleures universités établi par l'Université de Shangai, ils occupent plus de la moitié des places, dont 8 des 10 premières. Quatre universités canadiennes se classent aussi parmi les 100 premières.

4.27 Un bidonville à Kibera, au Kenya (2000)

Le centre-ville de Los Angeles (1990) **4.26**

4.28 L'Afrique subsaharienne en chiffres (2005)

IDH	0,493
Espérance de vie à la naissance (ans)	49,1
Mortalité infantile	144 ‰
Taux d'alphabétisation	60,3 %
Taux de scolarisation	50,6 %
PIB par habitant en $US (PPA)	1 998
Croissance économique (taux annuel moyen 1990-2005)	0,5 %
Consommation d'électricité (kW/h/hab.)	478

Source : PNUD, « Rapport sur le développement humain », [En ligne], 2007-2008.

Une population mal nourrie

En Afrique subsaharienne, 236 millions de personnes souffrent de la faim et de sous-alimentation chronique, soit un tiers de la population. Quarante pour cent des enfants ont un poids insuffisant. Cela explique en partie la faible espérance de vie et le taux élevé de mortalité infantile. En 2008, l'Organisation des Nations Unies pour l'alimentation et l'agriculture (FAO) estimait que 21 pays étaient en crise alimentaire et nécessitaient une aide extérieure. Cette situation est attribuable notamment aux accidents climatiques, à la hausse du coût des denrées alimentaires, aux conflits et aux désordres civils qui touchent de nombreux pays africains.

Une pauvreté généralisée

L'Afrique subsaharienne est la région la plus pauvre du monde, particulièrement les pays d'Afrique de l'Est et d'Afrique centrale. On y trouve 34 des 49 pays les moins avancés où 30 % de la population mondiale vit sous le seuil de pauvreté absolue (moins de 1 $ par jour). La pauvreté urbaine est encore plus manifeste : 62 % des citadins et citadines habitent des bidonvilles et vivent dans des conditions de vie et d'hygiène déplorables.

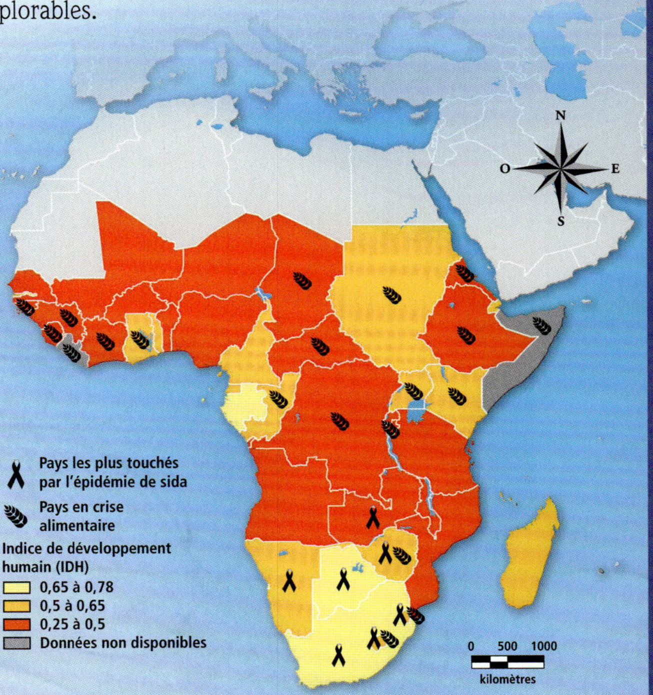

4.29 L'indice de développement humain (IDH) en Afrique subsaharienne (2006)

La prévalence du sida

L'Afrique subsaharienne est la région du monde la plus touchée par le virus du sida. Vingt-deux millions de personnes sont infectées. Les femmes sont plus touchées que les hommes : entre 18 et 24 ans, elles courent trois fois plus de risques que les hommes d'être contaminées. Les enfants aussi sont atteints : 1,8 million d'entre eux ont le VIH.

LE CONTRÔLE DES RESSOURCES

La répartition inégale des ressources naturelles explique en partie la disparité des richesses dans le monde. En effet, la possession de ces richesses contribue souvent à la croissance économique d'un État, en plus de lui conférer un certain pouvoir sur les pays importateurs. Toutefois, cette règle ne s'applique pas toujours, car il ne suffit pas d'avoir des ressources : encore faut-il en avoir le contrôle et les moyens de les exploiter.

Le contrôle des ressources naturelles

Les ressources naturelles constituent un élément important au développement des États, surtout les ressources énergétiques. De nombreux pays développés ou émergents profitent de ces ressources pour s'enrichir.

Toutefois, même s'ils possèdent d'importantes réserves de matières premières, certains pays ne parviennent pas à s'enrichir, en particulier les pays en développement. Plusieurs facteurs peuvent expliquer cela :

- l'exploitation des ressources naturelles est trop coûteuse et les investissements nécessaires sont inaccessibles ;
- les ressources naturelles sont majoritairement exploitées par des entreprises étrangères qui en retirent tous les profits ;
- l'économie de certains pays repose trop sur leurs ressources naturelles, ce qui les met à la merci des fluctuations du marché international.

4.30 Joseph-Désiré Mobutu (1975)

DES RICHESSES DÉTOURNÉES

FAIT DIVERS

Le sol de la République démocratique du Congo recèle d'importantes richesses minières (cobalt, cuivre, diamants, nickel, or, etc.) qui attisent les convoitises. Au pouvoir de 1965 à 1997, le dictateur Mobutu a nationalisé une bonne part de la production minière et empoché une portion importante des profits générés par cette production. Au moment de sa chute en 1997, sa fortune personnelle était estimée à 8 milliards de dollars alors que la dette du pays s'élevait à 12 milliards de dollars.

OPEP L'ORGANISATION DES PAYS EXPORTATEURS DE PÉTROLE

Créée en 1960, l'OPEP est une organisation intergouvernementale qui négocie avec les sociétés pétrolières tout ce qui touche la production et la fixation des prix du pétrole. Elle regroupe 12 pays qui produisent un peu plus de 40 % du pétrole mondial et qui possèdent plus des trois quarts des réserves connues de la planète. Cela leur permet d'influer sur les prix du pétrole sur le marché international.

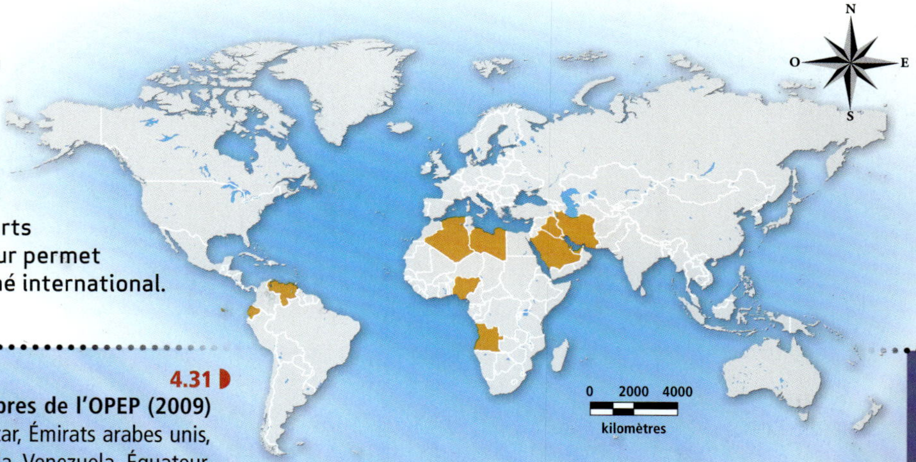

4.31
Les pays membres de l'OPEP (2009)
Arabie saoudite, Iran, Irak, Koweït, Qatar, Émirats arabes unis, Libye, Algérie, Nigeria, Angola, Venezuela, Équateur.

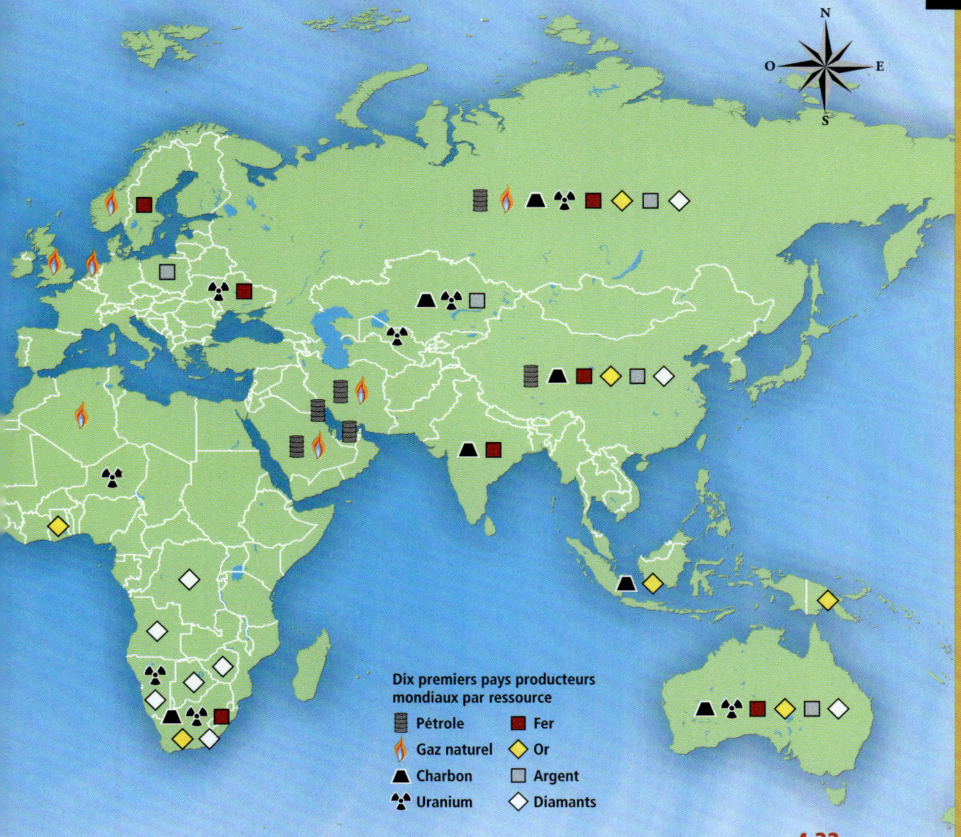

4.32
Les principaux pays producteurs de certaines ressources

Les ressources énergétiques

L'importance majeure des ressources énergétiques place de nombreux pays dans une situation de dépendance envers ceux qui en produisent.

Des fluctuations importantes dans le prix du pétrole ont des répercussions négatives sur la croissance économique mondiale. C'est ce qui s'est produit en 1973 et en 1979, quand les pays de l'OPEP ont décidé de limiter leurs exportations de pétrole, faisant grimper le prix du baril. Ces chocs pétroliers encouragent le développement d'énergies alternatives (nucléaire, électrique, etc.), surtout dans les pays riches qui ont les moyens d'investir dans la recherche.

Le gaz naturel crée lui aussi des situations d'interdépendance entre les pays importateurs et producteurs. Par exemple, la Russie, premier producteur mondial, fournit près de la moitié du gaz européen grâce à un réseau de gazoducs qui traverse l'Ukraine. En 2006 et en 2009, lorsque la Russie a décidé de couper l'approvisionnement en gaz de l'Ukraine à cause d'un différend sur les tarifs du gaz, de nombreux pays d'Europe centrale et des Balkans ont été durement touchés.

REFLET DE L'ACTUALITÉ

a. Comment définiriez-vous les concepts de « concentration » et de « ressource » ?

b. Dans l'actualité, y a-t-il une nouvelle qui recoupe ces deux concepts ?

LES BIENFAITS ET LES MÉFAITS DE LA MONDIALISATION

De 1990 à 2000, grâce à la croissance économique de la Chine, le nombre de personnes vivant sous le seuil de pauvreté extrême dans le pays est passé de 361 à 204 millions. Pourtant, en Afrique subsaharienne, ce nombre a augmenté de 82 millions au cours de la même période. Comment expliquer cette différence ? Quel rôle la mondialisation a-t-elle pu jouer ?

La mondialisation : problème ou solution ?

La mondialisation n'est pas nécessairement une source d'inégalités. Au contraire, l'ouverture des économies et des sociétés permet une plus grande circulation des idées, des connaissances et des biens. Cela peut encourager la collaboration entre les pays et contribuer au développement de chacun.

Cependant, les États ne peuvent pas tous profiter de cette situation. Certains ont des atouts qui leur permettent de tirer avantage de la mondialisation, tandis que d'autres n'en ont tout simplement pas les moyens. Pire encore, les pays plus riches profitent bien souvent de leur avance pour exploiter les pays moins développés. Ce cercle vicieux, extrêmement difficile à briser, permet aux États riches de continuer à s'enrichir, tandis que les États plus pauvres demeurent sous-développés.

Profiter des moins riches

Les pays en développement présentent des avantages intéressants pour les investisseurs des États riches. On y trouve généralement une main-d'œuvre abondante, peu qualifiée mais peu coûteuse. Les lois du travail sont souvent moins strictes, ce qui permet de congédier le personnel plus facilement ou de lui accorder moins d'avantages sociaux. De plus, les normes environnementales sont souvent moins contraignantes. Tous ces facteurs permettent aux pays développés de faire des profits importants et de continuer à s'enrichir sans contribuer au développement des pays moins développés.

Un enfant travaillant dans une manufacture d'allumettes en Inde (1998).
En 2005, on estimait qu'environ 210 millions de jeunes de moins de 15 ans travaillaient, surtout dans des pays en développement.
4.33

4.34 Des salaires inégaux (2005)

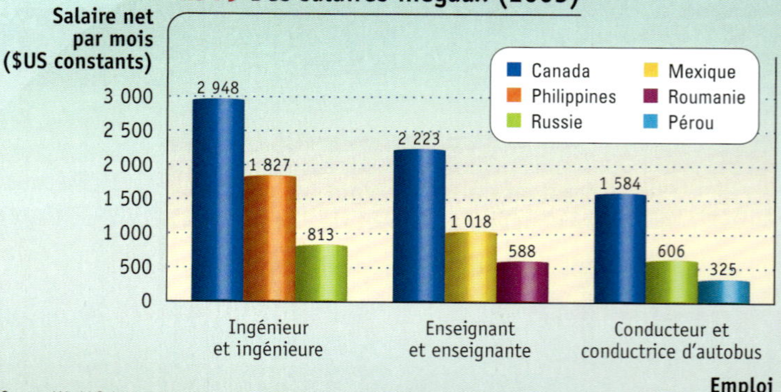

Source : World Salaries « International Average Salary Income Database », [En ligne], 2009.

4.35
Ouvrières dans une usine de matériel électronique en Chine (2000)
Jusqu'ici, la Chine a su profiter de la mondialisation grâce à sa nombreuse main-d'œuvre peu coûteuse.

Les entreprises multinationales

Les entreprises multinationales sont particulièrement bien placées pour profiter de la mondialisation. En raison du caractère international de leurs opérations, elles peuvent profiter pleinement des avantages de chaque pays où elles sont présentes. Leur implantation dans des contrées en développement leur permet de produire des biens et des services à faible coût. Ceux-ci sont ensuite revendus avec profit dans les États industrialisés, où la population possède des moyens financiers plus importants.

Ce modèle peut être si avantageux que de nombreuses entreprises ferment certaines de leurs installations dans les pays industrialisés et les déménagent dans des pays en développement où leur fonctionnement coûte beaucoup moins cher. On parle alors de délocalisation. Ce phénomène est profitable aux entreprises, mais il entraîne de lourdes pertes d'emplois dans les pays où elles ferment leurs portes. Par ailleurs, la délocalisation ne contribue pas nécessairement au développement des pays moins avancés puisque les multinationales n'ont pas vraiment intérêt à ce que les conditions de travail s'y améliorent.

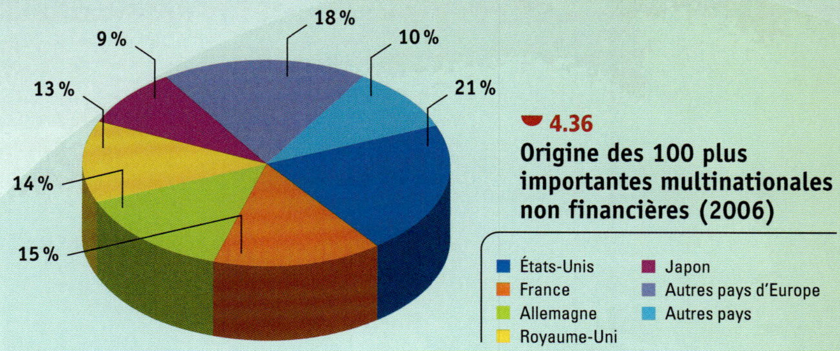

4.36
Origine des 100 plus importantes multinationales non financières (2006)

Source : CNUCED, « World Investment Report 2008 : Transnational Corporations and the Infrastructure Challenge », [En ligne], 2009.

La mondialisation et les délocalisations amènent les multinationales à s'implanter dans un nombre croissant de pays. Leurs profits continuent toutefois à enrichir un petit nombre d'États déjà riches, comme en témoigne l'origine de la plupart des multinationales.

Les éléments nécessaires pour faire face à la mondialisation

Une économie solide
Une base économique stable est un net avantage. Des industries diversifiées et solidement implantées, des capitaux pour investir à l'étranger, un vaste marché pour le développement de la consommation constituent autant d'atouts.

Une bonne gouvernance
Les pays ouverts et démocratiques obtiennent de meilleurs résultats économiques que ceux où les droits humains sont régulièrement bafoués. La corruption des gouvernements et la mauvaise gestion des fonctionnaires découragent de nombreux investisseurs.

Des politiques sociales efficaces
Une population éduquée, en santé et qui jouit d'un bon niveau de vie exige des salaires plus élevés, mais elle est aussi beaucoup plus productive, créative et capable de s'adapter aux changements.

Une influence internationale
Les règles internationales du commerce et des finances avantagent nettement les pays riches et puissants, car ce sont eux qui les fixent. Les États plus faibles et plus pauvres peuvent difficilement changer le système, car ils n'arrivent pas à se faire entendre.

LES COLONISATIONS

Pendant longtemps, le colonialisme a été une importante source d'inégalités. Les États colonisateurs ont exploité avec grand profit les ressources et les populations des territoires sous leur domination. Le mouvement de décolonisation a tenté de mettre fin à cette situation, mais un demi-siècle plus tard, les inégalités persistent…

Le colonialisme

Le colonialisme se définit comme l'occupation et l'exploitation économique, politique ou sociale d'un territoire par un État étranger.

Plusieurs raisons sont invoquées pour justifier le colonialisme. Toutefois, sa principale raison d'être est économique, le but visé est de générer des profits pour la métropole, ce qui est habituellement impossible sans nuire aux intérêts propres aux colonies. Les puissances coloniales profitent par exemple de leur domination pour s'approvisionner en diverses ressources à peu de frais. Cette situation d'exploitation est à l'origine d'une grande disparité de richesse entre la métropole et ses colonies et entre les dirigeants et les populations locales à l'intérieur même d'une colonie.

La décolonisation

À partir du milieu du 20e siècle, les nombreux abus du colonialisme ont provoqué une vive réaction de la part des pays colonisés. Ceux-ci ont entrepris de se libérer des principaux liens qui les rattachaient à leur métropole, en recourant à la négociation, aux manifestations non violentes ou même à la lutte armée. Entre la fin de la Seconde Guerre mondiale et les années 1970, la quasi-totalité des colonies africaines et asiatiques ont ainsi acquis leur indépendance. Ce mouvement de décolonisation a permis à de nombreuses populations de retrouver leur fierté et d'espérer regagner le contrôle sur leur pays.

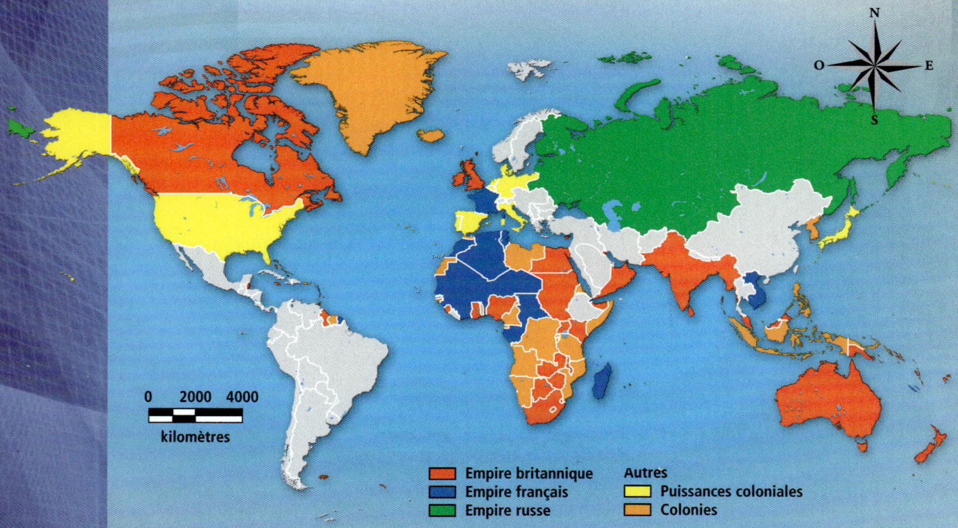

4.37

Les empires coloniaux en 1914

Des colonies portugaises et espagnoles du 16e siècle aux empires internationaux français et britanniques qui perdurent jusqu'au milieu du 20e siècle, ce système a une longue histoire.

Mohandas Karamchand Gandhi

La décolonisation n'a souvent été possible qu'au prix de coûteuses guerres. Toutefois, d'autres moyens de résistance ont aussi été utilisés, comme la désobéissance civile non violente prônée par Gandhi (1869-1948) durant la lutte d'indépendance de l'Inde. Ce charismatique leader a encouragé les Indiens à refuser massivement d'obéir aux Britanniques, obligeant ces derniers à négocier. L'Inde a obtenu son indépendance en 1947.

Conserver son influence

Afin de conserver leur influence, les anciennes puissances coloniales n'ont pas hésité à soutenir les gouvernements qui leur étaient favorables, même lorsqu'il s'agissait de dictatures, et à faire tomber les régimes qui n'étaient pas coopératifs. Pour ce faire, elles ont eu recours au soutien financier, à la corruption, à l'emploi de mercenaires ou à l'appui de rébellions locales.

C'est ce qui s'est par exemple passé au Congo belge, aujourd'hui la République démocratique du Congo, après l'indépendance du pays en 1960. L'Union minière du Haut Katanga, une entreprise belge qui contrôlait alors l'essentiel de la production minière du pays, a activement encouragé la sécession de la riche province du Katanga, plongeant la région dans une guerre civile pendant plusieurs années.

4.38

Patrice Lumumba, premier ministre de l'ancien Congo belge (1960)
Les anciens dirigeants coloniaux ont aussi participé à l'assassinat en 1961 du premier ministre du Congo belge nouvellement indépendant.

Le néocolonialisme

En théorie, les colonies qui accèdent à l'indépendance sont libres de déterminer elles-mêmes leurs politiques. En pratique toutefois, les anciennes métropoles continuent bien souvent d'exercer une influence prépondérante. La maîtrise politique et militaire directe de l'époque coloniale fait place à une emprise financière et commerciale, plus discrète mais tout aussi forte. Les entreprises étrangères en particulier continuent à occuper une place prédominante dans l'économie locale.

Comme à l'époque coloniale, cette mainmise économique entrave le développement et permet le maintien des inégalités et des écarts de richesse. Les liens de domination entre les pays développés et les pays moins avancés ont peut-être changé de forme, mais ils demeurent bien réels. On parle ainsi de néocolonialisme ou même d'impérialisme économique.

Travailleur chinois dans l'industrie pétrolière au Nigeria (2006)
L'influence des anciennes puissances coloniales peut être remplacée par celle de nouveaux pays pratiquant eux aussi une forme d'impérialisme économique. Au cours des années 1990, le commerce entre les pays africains et la Chine a ainsi augmenté de 700 % et en 2007, on estimait que plus de 750 000 Chinois travaillaient dans divers pays africains.

4.39

4.40 Les investissements étrangers dans les anciennes colonies (2007)

	Ancienne métropole coloniale	Année d'indépendance	Principal pays investisseur en 2007	% des investissements étrangers de ce pays
Guinée-Bissau	Portugal	1974	Portugal	22
Ouzbékistan	Russie	1991	Russie	30
Philippines	États-Unis	1946	États-Unis	14
Sénégal	France	1960	France	22

Source : CIA, World Factbook », [En ligne], 2008.

Dans le contexte de la mondialisation, les investissements à l'étranger se multiplient, mais ils proviennent essentiellement d'un petit nombre de pays. En 2007, moins de 10 États, presque tous d'anciennes puissances coloniales, géraient 84 % des investissements étrangers dans le monde.

L'AIDE INTERNATIONALE

De nombreux États dont la situation socioéconomique est fragile reçoivent de l'aide internationale pour soutenir leur développement. Cette aide peut provenir d'un autre pays, d'une organisation internationale, comme le FMI ou la Banque mondiale, ou d'une organisation privée, comme une ONG ou une entreprise.

Un développement et une aide aux multiples visages

4.41
Une école au Honduras (1990)

Le développement d'un pays peut prendre de nombreuses formes. L'aspect économique joue évidemment un rôle important mais les facteurs sociaux et humains doivent également être pris en compte. Ils sont en effet des conditions nécessaires au développement économique mais aussi, et surtout, au bien-être des populations. L'éducation, la santé, la démocratie, les droits humains et l'environnement sont ainsi des éléments essentiels à un développement équilibré. Puisque le développement comprend de nombreux aspects, il est normal que l'aide internationale prenne diverses formes. Elle peut ainsi mieux répondre aux différents besoins.

4.42 Formes possibles d'aide internationale

Forme d'aide	Explication	*Exemple*
Soutien financier	Versement de sommes d'argent.	Sommes versées directement au budget de l'État, soutien financier pour des projets précis, etc.
Envoi de matériel	Fourniture de denrées importantes pour le développement.	Médicaments et équipements médicaux pour les hôpitaux, nourriture pour combattre la famine, etc.
Partage de technologie	Transmission d'éléments technologiques à un pays moins avancé dans ce domaine.	Mise en place de réseaux informatiques, construction de réacteurs nucléaires pour fournir de l'énergie, etc.
Formation et éducation	Envoi de spécialistes pour transmettre des savoirs généraux ou spécialisés.	Programmes d'alphabétisation, formation de policiers, de démineurs, etc.
Participation à la construction d'infrastructures	Partage de ressources (humaines, financières, techniques) dans le but de construire ou de réparer diverses infrastructures.	Envoi de personnel spécialisé, tels des ingénieurs, pour construire des routes, des puits, des barrages, etc.
Avis et conseils	Partage de connaissances et d'expériences.	Aide à la mise en place d'élections libres et démocratiques, soutien au développement de nouvelles politiques économiques, etc.

ACDI — L'AGENCE CANADIENNE DE DÉVELOPPEMENT INTERNATIONAL

Au Canada, l'aide publique au développement est gérée depuis 1968 par l'Agence canadienne de développement international (ACDI). Cette organisation gouvernementale met sur pied divers projets consacrés principalement à la réduction de la pauvreté et à la promotion de la gouvernance démocratique, de la santé et de l'éducation de base. Elle est dirigée par le ministre de la Coopération internationale.

4.43

L'ACDI vient en aide à la population en Birmanie après le passage d'un cyclone (2008).

4.44

Distribution d'aliments en Ouganda (2009)

En 2007, 86,1 millions de personnes dans 80 pays différents ont bénéficié de l'aide du Programme alimentaire mondial (PAM).

Le rôle des organisations internationales

De nombreuses organisations internationales ont développé des programmes d'aide pour les pays en développement. L'OCDE offre ainsi des conseils dans le domaine économique tandis que l'OTAN met sur pied des programmes de partenariat axés sur la sécurité et la défense.

Le système des Nations Unies comporte plusieurs organismes voués au développement international. Par exemple, la Conférence des Nations Unies sur le commerce et le développement (CNUCED) s'occupe des questions liées au commerce international tandis que le Programme alimentaire mondial (PAM) fournit de la nourriture aux populations souffrant de la famine. Quant au Programme des Nations Unies pour le développement (PNUD), il joue un rôle important sur le terrain en coordonnant les efforts de tous les fonds, agences et programmes des Nations Unies qui contribuent au développement.

L'aide publique au développement

Les États sont des acteurs majeurs dans le domaine de l'aide internationale. La plupart des pays industrialisés ont en effet mis sur pied divers programmes de soutien aux pays moins développés. Cette aide publique au développement peut prendre la forme de dons monétaires, d'une annulation de la dette ou de prêts d'argent à des taux préférentiels. L'Organisation des Nations Unies, l'Union européenne et les membres du G8 estiment que les Objectifs du millénaire pour le développement pourraient être atteints si les pays développés consacraient 0,7 % de leur revenu national brut (RNB) à l'aide publique au développement.

4.45 L'aide publique au développement

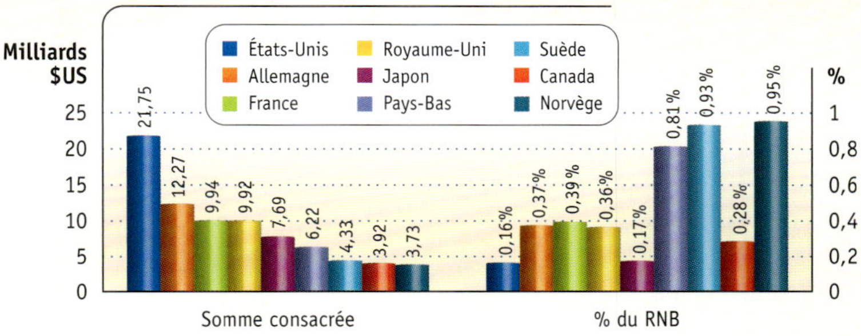

Source : OCDE, « Aide publique au dévelopement nette en 2007 », [En ligne], 2009.

En 2007, la somme mondiale de l'aide publique au développement atteignait 103,6 milliards de dollars. Les pays développés y consacraient en moyenne 0,45 % de leur RNB.

LES OBJECTIFS DU MILLÉNAIRE POUR LE DÉVELOPPEMENT

Afin de rendre plus efficace l'ensemble de l'aide internationale, les Nations Unies ont convoqué en 2000 une grande conférence mondiale pour orienter tous les efforts dans une même direction. Ce Sommet du millénaire a permis d'établir huit buts à atteindre: les Objectifs du millénaire pour le développement (OMD). Ces objectifs représentent une première tentative d'envisager le développement mondial globalement, tout en identifiant des cibles précises et mesurables.

1 Réduire l'extrême pauvreté et la faim

Cible ▪ Réduire de moitié entre 1990 et 2015 le nombre de personnes obligées de vivre avec moins d'un dollar américain par jour ainsi que le nombre de personnes qui souffrent de la faim.

Résultats ▪ Même si le nombre d'enfants de moins de cinq ans qui souffrent de malnutrition a reculé depuis 1990, 10 millions de personnes meurent toujours de la faim chaque année (2005). Le taux de pauvreté extrême mondial est passé de 42 % en 1990 à 26 % en 2005, mais 1,4 milliard de personnes vivent toujours avec moins de 1,25 dollar américain par jour (2005).

2 Assurer l'éducation primaire pour tous

Cible ▪ Permettre que tous les enfants, garçons et filles, puissent profiter d'une scolarisation primaire complète.

Résultats ▪ En 2006, plus de 570 millions d'enfants fréquentaient l'école, une augmentation de 30 millions depuis 1999. Toutefois, 73 millions d'enfants, majoritairement des filles, n'avaient aucune scolarité.

3 Promouvoir l'égalité des sexes et l'autonomisation des femmes

Cible ▪ Éliminer les disparités entre les sexes d'ici 2015, particulièrement en matière d'emploi et d'éducation.

Résultats ▪ De plus en plus de femmes ont accès à un emploi, mais elles gagnent toujours en moyenne un tiers de moins que les hommes. En 2008, seulement 17,9 % des femmes dans le monde occupaient un siège parlementaire.

4 Réduire la mortalité infantile

Cible ▪ Réduire des deux tiers entre 1990 et 2015 la mortalité des enfants de moins de cinq ans.

Résultats ▪ Entre 1990 et 2006, la mortalité infantile mondiale (enfants de moins de un an) est passée de 93 à 72 décès pour 1 000 naissances. Toutefois, un enfant né dans un pays en développement court 13 fois plus de risques de mourir avant l'âge de cinq ans qu'un enfant d'un pays industrialisé.

4.46
Une grand-mère, sa fille et sa petite-fille en Inde (1995)

5 Améliorer la santé maternelle

Cible ■ Réduire des trois quarts la mortalité des mères entre 1990 et 2015.

Résultats ■ En 2005, on estimait que chaque minute, une femme mourait en raison de complications liées à sa grossesse ou à la naissance d'un enfant. De ces quelque 500 000 décès, 99 % sont survenus dans des pays en développement.

6 Combattre le VIH/SIDA, le paludisme et d'autres maladies

Cible ■ Arrêter la progression ou même faire reculer les pandémies du VIH, du paludisme (ou malaria) et d'autres maladies graves telles que la tuberculose.

Résultats ■ En 2007, 33,2 millions de personnes étaient toujours affectées par le VIH/SIDA, surtout en Afrique subsaharienne. Quant au paludisme, malgré un léger recul, il tue encore un enfant toutes les 30 secondes, soit près d'un million d'enfants par année.

4.47
Creusage d'un puits au Niger

7 Préserver l'environnement

Cible ■ Favoriser les principes du développement durable, réduire de moitié le pourcentage de la population qui n'a pas accès à de l'eau potable et améliorer sensiblement la qualité de vie de 100 millions de personnes habitant des bidonvilles d'ici 2020.

Résultats ■ Depuis 1990, 1,6 milliard de personnes supplémentaires ont eu un accès régulier à de l'eau potable. Cependant, 1 milliard de personnes en sont toujours privées, 1,6 milliard ne peuvent utiliser l'électricité et 2,4 milliards n'ont ni chauffage, ni appareil de cuisson moderne.

8 Mettre en place un partenariat mondial pour le développement

Cible ■ Développer un système commercial et financier plus ouvert et plus équitable, en rééchelonnant la dette des pays pauvres, en offrant les principaux médicaments à un coût raisonnable et en contribuant à un juste partage des technologies de l'information et des communications.

Résultats ■ Entre 1990 et 2006, le nombre d'utilisateurs de téléphone (fixe ou mobile) dans le monde est passé de 530 millions à plus de 4 milliards. Toutefois, en 2007, à peine 11 % des personnes habitant un pays en développement pouvaient avoir accès à Internet.

Bilan général

Si certains objectifs sont en voie d'être atteints, d'autres semblent hors de portée pour l'instant. On constate même des reculs importants dans certains cas... Les progrès sont très inégaux selon les régions : en Asie, les avancements ont été généralement rapides et importants alors que l'Afrique subsaharienne stagne tristement.

DES MESURES SOCIALES

Afin d'être véritablement efficace, le combat pour la réduction des inégalités doit être mené à la fois sur le plan international et au sein de chaque État. Les gouvernements au pouvoir sont d'ailleurs les mieux placés pour mettre en place les mesures sociales essentielles au développement dans leur pays.

Une implication variable

L'implication sociale des gouvernements varie considérablement d'un pays à un autre. Certains interviennent peu, mais la plupart ont à tout le moins adopté certaines mesures pour stimuler leur économie et redistribuer la richesse entre les citoyens. Les pays dont l'administration publique accorde une grande importance au développement de politiques sociales, c'est-à-dire à l'adoption de mesures visant à diminuer les inégalités entre les citoyens et citoyennes, sont qualifiés d'États providence.

Les politiques sociales peuvent toucher plusieurs domaines, tels que la santé, l'éducation, la famille, le travail ou la lutte contre la pauvreté. Leur étendue et leur fonctionnement varient considérablement d'un pays à un autre mais elles ont généralement pour objectifs d'être accessibles au plus grand nombre de citoyens possible et de contribuer au développement de la justice sociale.

4.48
Programme d'alphabétisation pour les adultes au Brésil (1985)

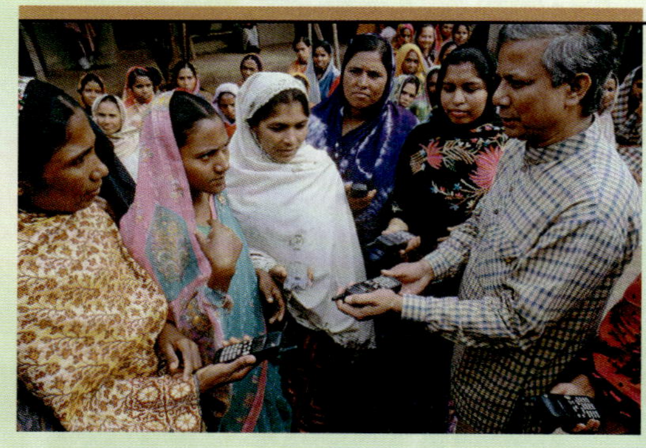

4.49
Muhammad Yunus et des utilisatrices du microcrédit au Bangladesh (1998)
Surnommé le « banquier des pauvres », Muhammad Yunus a reçu le prix Nobel de la paix en 2006.

Muhammad Yunus et le microcrédit

Mesures sociales et mesures économiques ne sont pas nécessairement incompatibles. C'est ce qu'a démontré l'économiste bangladais, Muhammad Yunus, en développant le système du microcrédit. Alors que les banques traditionnelles refusent de prêter de l'argent aux personnes les plus démunies par crainte de ne pouvoir récupérer leur investissement, les institutions de microcrédit acceptent de leur accorder de petites sommes. Ces modiques sommes sont généralement suffisantes pour démarrer de modestes entreprises, comme un élevage de poules ou une fabrique d'artisanat. Le microcrédit permet ainsi à de nombreuses familles de sortir de l'extrême pauvreté et contribue à développer un esprit d'initiative et d'entrepreneuriat.

DE L'ACTUALITÉ

REFLET

ⓐ Définissez le concept de « justice sociale ».

ⓑ Quel fait de l'actualité pourrait illustrer votre définition du concept en **a)** ?

VU ET ENTENDU

« À propos du microcrédit : « Une paix durable ne peut pas être obtenue sans qu'une partie importante de la population trouve les moyens de sortir de la pauvreté. »

Ole Danbolt Mjoes, président du comité des prix Nobel (2006)

Les politiques sociales

Les politiques sociales élaborées par les États ont pour but d'aider à équilibrer et à développer la société. Elles témoignent de la solidarité entre les citoyens et les citoyennes d'un même pays.

La redistribution

Les mesures prises pour réduire les écarts de richesse entre les individus témoignent de la volonté d'instaurer une plus grande justice sociale. L'impôt sur le revenu est la forme la plus connue de redistribution de la richesse, mais on peut aussi penser à la nationalisation de certaines ressources ou industries, qui permet aux États de répartir entre tous les citoyens et citoyennes les revenus qui en sont tirés.

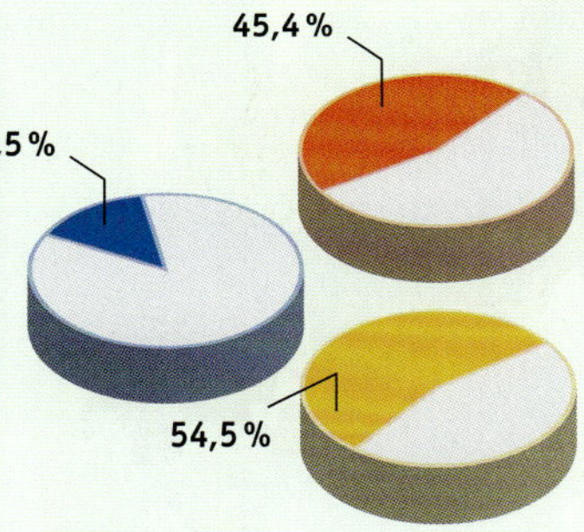

4.50 Taxes et impôts payés par les entreprises, en % de leurs profits (2007)

Source : Groupe de la Banque mondiale, « Paying Taxes 2009 – The Global Picture », [En ligne], 2009.

La réglementation

Afin de défendre les plus faibles et de prévenir les abus, les États peuvent encadrer les diverses activités de la société par une réglementation appropriée, principalement sous forme de lois. Selon les pays, le droit du travail peut ainsi assurer des conditions de travail plus justes et autoriser la syndicalisation du personnel salarié.

4.52 Taux de syndicalisation, en % de la population sur le marché du travail (2004)

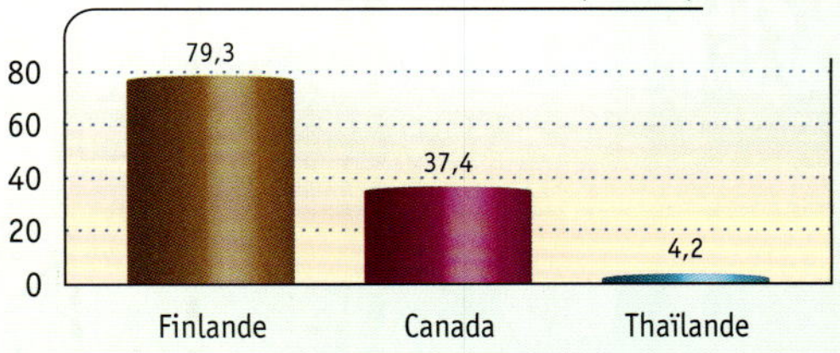

Source : OIT, [En ligne], 2009.

Le renforcement des capacités

Certaines actions étatiques visent à permettre une plus grande égalité des chances entre les individus, de façon à renforcer les capacités de chacun à prendre en charge son existence. Le développement de réseaux de santé et d'éducation efficaces et accessibles est un bon exemple de ce type de mesures étatiques.

4.51 Dépenses du gouvernement, en % du PIB

Pays	En santé (2004)	En éducation (2002-2005)
Islande	8,3	8,1
Canada	6,8	5,2
Indonésie	1,0	0,9

Source : PNUD, « Human Development Report 2007-2008 », [En ligne], 2009.

La protection de la dignité humaine

Les États sont aussi en mesure de défendre la dignité humaine de leurs citoyens et citoyennes en faisant des gestes pour la défense et la promotion des droits humains. Ainsi, ils peuvent adopter une charte des droits et libertés ou organiser des campagnes publiques de sensibilisation sur certains sujets, telle l'égalité entre les sexes.

4.53 Obtention du droit de vote pour les femmes

Pays	Année
Nouvelle-Zélande	1893
Canada (fédéral)	1917
Arabie saoudite	–

Source : PNUD, « Human Development Report 2007-2008 », [En ligne], 2009.

UN COMMERCE PLUS JUSTE ET PLUS ÉQUITABLE

Le commerce international peut être à la fois une grande source d'enrichissement et la cause d'importantes injustices sociales en raison de l'exploitation des plus démunis. Plusieurs solutions ont toutefois été proposées afin de rendre ce commerce plus juste et plus équitable pour toutes les personnes qui y participent.

Un commerce juste

Le modèle commercial basé sur le libre-échange et l'abolition des barrières commerciales, qui domine actuellement, n'est pas accepté par tous. Plusieurs groupes estiment en effet que les pays moins développés devraient avoir le droit de protéger leurs marchés afin de faire face plus aisément à la concurrence des pays industrialisés. Cette protection serait particulièrement importante pour les produits essentiels, telles les denrées alimentaires, auxquels tous et toutes devraient avoir accès.

D'autres ne vont pas jusqu'à rejeter le libre-échange, mais ils dénoncent l'hypocrisie des pays développés qui obligent les États plus pauvres à ouvrir leurs frontières au commerce tout en continuant eux-mêmes à soutenir leurs propres productions en les subventionnant largement.

4.54
Fabrication de saris en Inde (1995)
Afin de protéger les industries locales menacées par la concurrence extérieure, l'OMC permet à certains États de recourir temporairement à des mesures protectionnistes.

LA TAXE TOBIN

FAIT DIVERS

En 1972, l'économiste états-unien James Tobin a suggéré de TAXER TOUTES LES TRANSACTIONS MONÉTAIRES ET FINANCIÈRES INTERNATIONALES. Cette faible taxe (de l'ordre de 0,05 à 1 %) aurait pour effet de diminuer quelque peu le nombre de transactions monétaires, stabilisant ainsi le système financier. De plus, même s'il ne s'agissait pas de l'objectif Tobin, les profits obtenus pourraient être confiés à une organisation internationale afin d'être redistribués aux pays en développement. La « taxe Tobin » n'a encore jamais été mise en application mais un important groupe altermondialiste, l'Association pour la taxation des transactions financières et pour l'aide aux citoyens (Attac) continue de promouvoir cette idée.

4.55 Valeur du commerce équitable

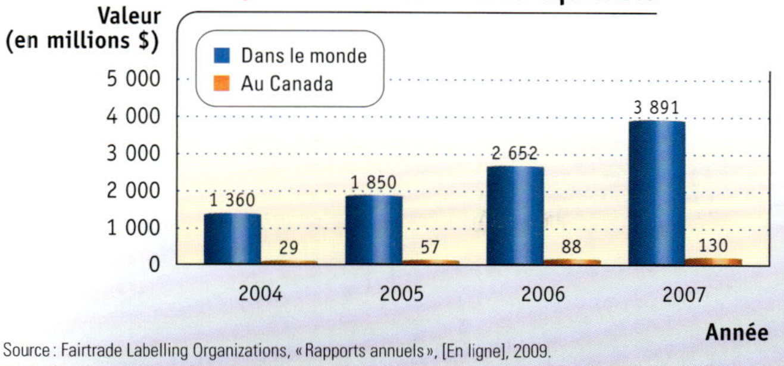

Source : Fairtrade Labelling Organizations, « Rapports annuels », [En ligne], 2009.

Le commerce équitable ne représente qu'une faible part du commerce international mais c'est un marché en pleine expansion. En 2007, environ 1,5 million de producteurs et de travailleurs ont bénéficié du commerce équitable dans 58 pays d'Afrique, d'Asie et d'Amérique latine. En ajoutant à ce nombre la famille et les proches, on estime que ce type de commerce répondrait aux besoins de 7,5 millions de personnes dans le monde, soit l'équivalent de la quasi-totalité de la population québécoise.

Le commerce équitable

Les défenseurs du commerce équitable veulent transformer le commerce international. Ils souhaitent une plus grande équité dans les échanges et militent pour le respect des droits des producteurs et des travailleurs, en particulier ceux qui sont défavorisés et qui habitent les pays du Sud.

Les principes du commerce équitable
4.56

Les personnes qui participent au commerce équitable établissent des normes qu'ils s'engagent à respecter et à promouvoir. Ces normes comprennent le paiement d'un prix juste pour les produits, la transparence des opérations, de bonnes conditions de travail, l'utilisation de méthodes responsables sur le plan environnemental ainsi qu'une relation commerciale fondée sur la confiance et le respect mutuels.

Le commerce équitable permet aux producteurs de déterminer eux-mêmes leurs objectifs en tenant compte non seulement des coûts économiques de la production, mais également des coûts sociaux et environnementaux engendrés. Ces pratiques commerciales sont ainsi compatibles avec les principes du développement durable.

Diverses organisations nationales et internationales s'assurent que les produits du commerce équitable respectent les normes établies. Elles offrent une certification qui garantit au consommateur l'intégrité des produits qu'il choisit. Au Canada, le plus important de ces organismes est TransFair Canada, membre de l'association internationale Fairtrade Labelling Organizations (FLO).

Le café est le principal produit équitable vendu, mais il est loin d'être le seul. Au Canada, on peut également trouver des fleurs, du chocolat, du sucre, du thé, du vin, du riz, des ballons de sport, des vêtements de coton, du quinoa, des épices et des fruits issus du commerce équitable.

LE RÔLE DES ORGANISATIONS NON GOUVERNEMENTALES

Les États et les organisations intergouvernementales ne sont pas les seuls groupes à fournir de l'aide internationale aux pays en développement. Plusieurs citoyens et citoyennes se sentent eux aussi concernés par les problèmes de la planète et tentent, dans la mesure de leurs moyens, de contribuer à les résoudre. Pour plus d'efficacité, ils se regroupent souvent au sein d'organisations non gouvernementales (ONG).

Un large champ d'action

De nombreuses ONG consacrent leurs efforts au développement international, œuvrant à réduire la disparité des richesses dans le monde et à promouvoir une plus grande justice sociale.

Leur travail peut prendre plusieurs formes.

- **Mener des campagnes d'information, de dénonciation et de mobilisation** qui permettent au grand public de mieux connaître la situation des pays en développement. Les campagnes de publicité, les pétitions, les boycotts, les forums ou la production de rapports annuels largement diffusés dans les journaux ou dans Internet sont autant de moyens qui peuvent être utilisés.
- **Sensibiliser les autorités publiques** et faire pression sur les gouvernements ou les organisations internationales (lobbyisme) afin qu'ils s'engagent dans les causes défendues par les ONG.
- **Organiser des collectes de fonds** qui permettent aux ONG de se financer, de fournir de l'aide humanitaire dans les situations d'urgence ou de mettre sur pied divers projets de développement.
- **Élaborer des projets** pour venir en aide aux populations directement sur le terrain. La nature de ces projets varie selon les expertises développées par chaque ONG et les besoins particuliers des pays concernés.

4.57
Système de distribution d'eau fourni par Oxfam au Cambodge (1992).
Oxfam international est l'une des plus importantes ONG humanitaires. Fondée en 1942 pour répondre aux besoins d'une population touchée par la famine, son champ d'action s'est considérablement étendu et englobe aujourd'hui la plupart des aspects du développement.

DES ARTISTES ENGAGÉS

Afin de maximiser l'impact des campagnes de soutien aux œuvres humanitaires, on a souvent recours à des personnalités publiques engagées, comme des vedettes du sport ou de la musique. Au milieu des années 1980, **PLUSIEURS ARTISTES POPULAIRES SE SONT AINSI RÉUNIS POUR PRODUIRE DES CHANSONS DONT LES PROFITS ONT ÉTÉ VERSÉS À DES ORGANISMES LUTTANT CONTRE LA FAMINE QUI SÉVISSAIT ALORS EN ÉTHIOPIE.** La chanson *We Are the World* («Nous sommes le monde») était d'ailleurs en tête de nombreux palmarès en 1985.

FAIT DIVERS

4.58
Le secrétaire général des Nations Unies Koffi Annan et le chanteur Bono au sommet du G8 (2005)
Le chanteur Bono du groupe U2 participe régulièrement aux sommets internationaux afin de conscientiser les principaux dirigeants de la planète aux problèmes des pays en développement.

Des professionnels du développement

Les volontaires jouent un rôle primordial au sein des ONG qui œuvrent au développement international, que ce soit par un soutien financier, des efforts de sensibilisation publique ou du temps consacré à développer de nouveaux projets. Toutefois, sur le terrain, les ONG ont surtout besoin de spécialistes qui, en plus d'être motivés, ont une expérience et des compétences pouvant être mises à profit immédiatement.

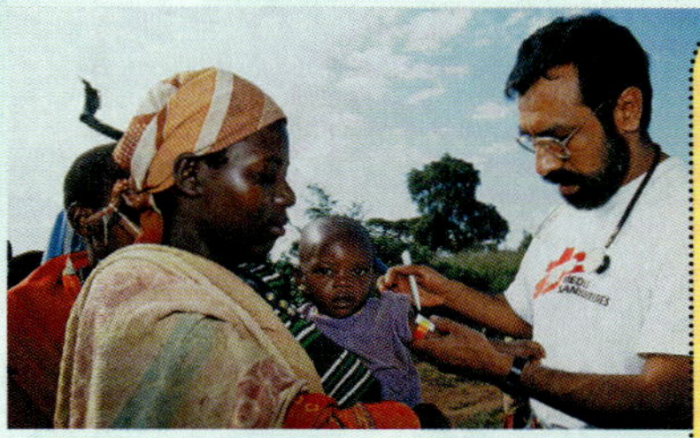

4.59
Médecin soignant des réfugiés rwandais au Burundi (1994).

La santé

Les médecins et les infirmières jouent un rôle de premier plan dans les interventions humanitaires d'urgence. D'autres spécialistes de la santé, tels que des dentistes, des nutritionnistes, des sages-femmes ou des psychologues, apportent également des contributions appréciables dans des pays où ces professions sont souvent très rares.

4.60
Photojournalistes couvrant la situation humanitaire en Somalie (1992).

La construction et l'ingénierie

Routes, ponts, hôpitaux, écoles ou systèmes d'approvisionnement en eau potable, la création de nouvelles infrastructures nécessite l'expertise des spécialistes de la construction. Les architectes, les ingénieurs et ingénieures, ainsi que les techniciens et techniciennes du bâtiment sont ainsi fort en demande dans les projets de développement.

La communication

La sensibilisation aux problèmes des pays en développement permet de recueillir des dons et incite les gouvernements à apporter leur soutien aux programmes développés par les ONG. Les professionnels et professionnelles en relations publiques, en marketing ou en journalisme peuvent donc contribuer à mieux faire connaître le travail effectué par les ONG ainsi que leurs besoins particuliers.

Distribution de semences au Cambodge (1992)
4.61

L'agriculture

Les spécialistes des questions agricoles, tels que les agronomes, les vétérinaires ou les techniciens et techniciennes en aménagement du territoire, peuvent aider les populations locales à améliorer le rendement de leurs champs et de leurs élevages. Ils contribuent ainsi à combattre la malnutrition et à favoriser l'indépendance économique.

La gestion

Pour être efficace, toute organisation doit faire appel à des spécialistes de la gestion et de l'organisation, tels que des comptables, des responsables des ressources humaines et d'autres administrateurs et administratrices. Sur le terrain, les chefs de mission, les responsables de la coordination et les spécialistes de la logistique permettent de bien diriger les équipes et de s'assurer qu'elles ne manquent de rien.

LES RÉSULTATS DE L'AIDE INTERNATIONALE

Il est souvent difficile de déterminer si l'aide internationale a véritablement un effet positif sur le développement des pays les plus pauvres ou, au contraire, si elle n'a pas un effet nuisible. La situation de chaque pays est unique et doit être soigneusement analysée avant de pouvoir apprécier correctement la portée de l'aide internationale.

Des bienfaits ciblés ou plus généraux

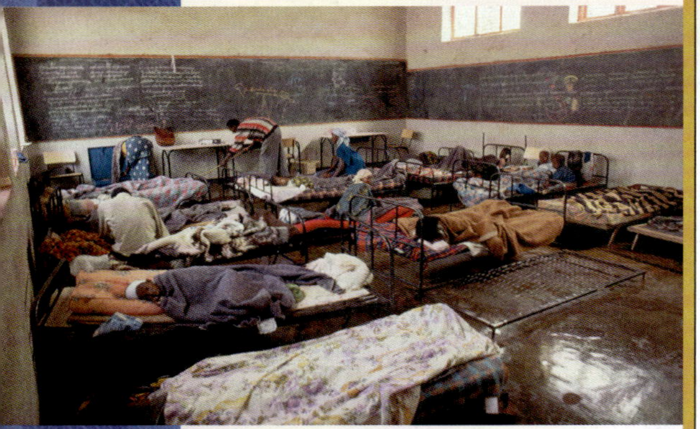

4.62
Hôpital de fortune dans une école pour soigner les victimes de la guerre civile au Rwanda (1994)

L'aide internationale peut contribuer à résoudre des problèmes précis, comme les campagnes de vaccination qui ont permis de combattre la propagation de certaines maladies, réduisant ainsi la mortalité infantile en Afrique et en Asie du Sud-Est. Elle peut aussi travailler de manière plus générale au développement d'un pays en encourageant un environnement favorable.

Des résultats à court ou à long terme ?

L'évaluation des résultats de l'aide internationale est très différente selon qu'il s'agit d'une aide d'urgence ou d'une aide au développement.

- **L'aide d'urgence,** ou aide humanitaire, est une intervention temporaire qui vise à soulager dans l'immédiat des populations aux prises avec des problèmes ponctuels, comme une famine ou une catastrophe naturelle.
- **L'aide au développement,** au contraire, cherche à régler des problèmes de façon durable en s'attaquant à leurs causes fondamentales, souvent fort complexes. Généralement, les résultats de ce type d'aide sont graduels et il faut donc plus de temps pour ressentir toute leur efficacité.

ACDI L'AGENCE CANADIENNE DE DÉVELOPPEMENT INTERNATIONAL

Quelques résultats

Éducation • Entre 2000 et 2006, le taux d'enfants inscrits à l'école primaire en Tanzanie est passé de 59 % à 96 %.

Santé • Dans 11 pays d'Afrique de l'Ouest, un projet conjoint avec l'UNICEF a permis de réduire de 20 % la mortalité infantile.

Accès à l'eau potable • Au Honduras, 61 000 personnes ont désormais accès à l'eau courante grâce à l'élaboration d'un nouveau système d'approvisionnement.

Réduction de la pauvreté • Entre 1991 et 2006, le taux de pauvreté de la population au Ghana est passé de 51,7 % à 28,5 %.

4.63
Une école en Tanzanie (2001)

L'AIDE LIÉE

FAIT DIVERS

L'aide liée est une somme offerte à un pays en développement à condition que celui-ci s'en serve pour se procurer des biens ou des services auprès du pays donateur. CETTE FORME DE CONTRÔLE QUI SERT LE PLUS SOUVENT LES INTÉRÊTS DU PAYS DONATEUR PLUTÔT QUE CEUX DU BÉNÉFICIAIRE A ÉTÉ LARGEMENT CRITIQUÉE.

4.64 L'aide liée (2007)

Pays	% de l'aide liée
Grèce	47
Italie	32
États-Unis	32
Canada	25
France	7
Japon	5
Royaume-Uni	0

Source : OCDE, Coopération pour le développement – Rapport 2008 », [En ligne], 2009.

Quelques exemples de problèmes de l'aide internationale

La corruption

Certains dirigeants locaux peu scrupuleux peuvent tenter d'utiliser les fonds internationaux pour s'enrichir eux-mêmes, en revendant par exemple les produits reçus sur le marché noir.

Des intérêts cachés

Les motifs derrière l'aide internationale sont rarement purement altruistes. Les pays développés se servent couramment de leurs dons pour accroître leur influence auprès des pays en développement, ouvrir de nouveaux marchés à leurs produits ou défendre des causes idéologiques.

Une aide mal adaptée

Certains organismes accompagnent leur aide de conditions préalables, telles que des réformes économiques qui ne sont pas à l'avantage des pays bénéficiaires. Dans d'autres cas, il s'agit de problèmes de logistique, par exemple lorsque les dons sont nombreux mais qu'ils ne peuvent être acheminés à bon port en raison d'un manque de moyens de transport.

Une aide qui arrive... et qui part

Une importante partie des sommes allouées aux pays en développement n'y demeure pas très longtemps. En effet, l'argent reçu des pays riches sert souvent à payer des dettes qui sont dues... aux pays riches, ou à acheter des produits qui proviennent de ces mêmes pays.

Concurrence et dépendance

Les biens offerts gratuitement aux pays pauvres peuvent entrer en concurrence avec ceux produits par l'économie locale. Les petits artisans font alors face à une baisse de la demande pour certaines denrées, ce qui peut être fatal pour leur entreprise. Dans certains cas, cela peut même réduire les populations visées à une certaine dépendance à l'égard de l'aide internationale.

4.65 Aide humanitaire pour les victimes du tremblement de terre de Bam, en Iran (2003)
Une part des médicaments envoyés pour aider les victimes de cette catastrophe naturelle n'a pu être utilisée. En effet, les étiquettes étaient rédigées uniquement dans des langues étrangères et ne pouvaient donc pas être déchiffrées par le personnel local.

ANGLE D'ENTRÉE

LES INTERVENTIONS EXTÉRIEURES EN TERRITOIRE SOUVERAIN

Objet d'interprétation
La légitimité des interventions extérieures dans des zones de tensions et conflits

CONCEPTS
Intervention (p. 199)
Diplomatie (p. 193)
Droits humains (p. 189)
Idéologie (p. 187)
Ingérence (p. 205)
Revendication (p. 191)

Objet de prise de position (OPP)
OPP 1 Application du principe d'assistance humanitaire
OU
OPP 2 Intérêt des intervenants versus intérêt des populations

Les **objets de tensions** et de conflits peuvent avoir de nombreuses causes et prendre plusieurs formes. Pour les **résoudre**, dans certains cas, des organisations internationales et des États tiers interviennent de diverses manières dans des zones de tensions et de conflits. La **légitimité de ces interventions extérieures** fait l'objet d'un débat et ce, peu importe la **forme** qu'elles prennent.

TENSIONS ET CONFLITS

5.1 Le centre-ville de Beyrouth, au Liban, avant et après la guerre (1985)

Connaissances liées au thème

- Alliances internationales (p. 187)
- Autonomie politique (p. 184-185)
- Contrôle des ressources (p. 181)
- Exercice des droits et libertés (p. 188-189)
- Institutions internationales (p. 200-201, 210-211, 216-217)
- Missions de paix (p. 210-213)
- Processus de paix (p. 210-211)
- Questions identitaires (ethnicité, religion, etc.) (p. 182-183)

Repères culturels

- Casques bleus (1948) (p. 210 à 213)
- *Déclaration universelle des droits de l'homme* (1948) (p. 188)
- Médecins sans frontières (1971) (p. 203, 215)
- Reporters sans frontières (1985) (p. 214)

LE TERRITOIRE ET LES RESSOURCES

L'origine des tensions et des conflits entre des États ou des populations est généralement complexe. Il y a rarement une seule cause. Le plus souvent, plusieurs facteurs entrent en jeu et s'entremêlent: le territoire, le contrôle des ressources, les questions identitaires (religion, ethnicité), la quête d'une autonomie politique, etc.

Le territoire

Pour exister, un État doit nécessairement avoir un territoire. Dans l'histoire, la défense du territoire et la conquête de nouvelles terres ont provoqué de nombreux conflits internationaux.

- Certains territoires ont une grande **importance géostratégique**, par exemple parce qu'ils donnent accès à la mer ou à une route commerciale fréquentée. Ainsi, le contrôle du canal de Suez, qui relie la Méditerranée à la mer Rouge, a provoqué un conflit armé en 1956.
- Certains territoires sont convoités à cause des **ressources naturelles** qu'ils renferment. Par exemple, de 1966 à 1989, la France et le Canada se sont disputé la souveraineté des eaux poissonneuses entourant les îles françaises de Saint-Pierre-et-Miquelon, situées à 25 km de Terre-Neuve.
- Certains États **surpeuplés** convoitent des territoires voisins parce qu'ils ont besoin de nouvelles terres pour que leur population puisse s'établir et se nourrir.

La guerre Érythrée-Éthiopie

Où ? ▪ En Éthiopie

Quand ? ▪ De mai 1998 à juin 2000

Qui ? ▪ Les gouvernements d'Érythrée et d'Éthiopie

Pourquoi ? ▪ Parce que l'Érythrée revendique des bandes de terre frontalières dans les zones de Tsorona et de Badme.

Comment ? ▪ En mai 1998, l'Érythrée envahit une partie de l'Éthiopie, dans la région de Badme. Cette invasion provoque une série de combats armés aux frontières des deux pays: échanges de tirs d'artillerie et de chars, attaques aériennes, etc.

Résultats ▪ Un accord de paix est signé en décembre 2000. Une commission frontalière, créée en collaboration avec la Cour permanente d'arbitrage de La Haye, trace les nouvelles frontières, attribuant la région de Badme à l'Érythrée.

Victimes ▪ De 70 000 à 100 000 morts

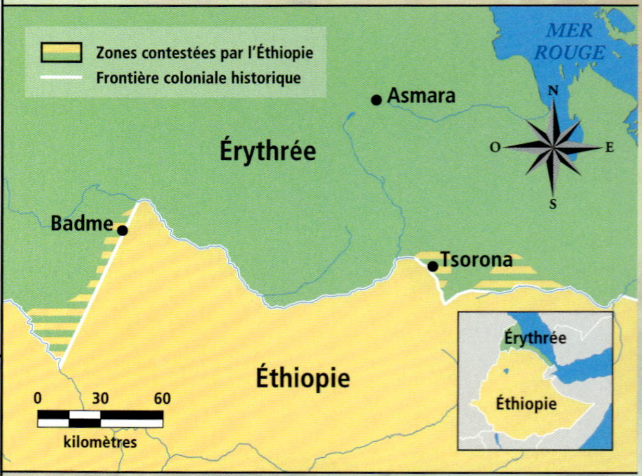

5.2 Les zones contestées (2008)

5.3
Puit de pétrole en feu (1991)
Pour réduire la visibilité aérienne des alliés et faire chuter l'économie mondiale, l'armée irakienne a incendié des centaines de puits de pétrole au Koweït, causant une véritable catastrophe écologique.

La guerre du Golfe

Où ? ▪ En Irak et au Koweït

Quand ? ▪ Du 2 août 1990 au 28 février 1991

Qui ? ▪ L'Irak et une coalition de 34 pays dirigée par les États-Unis et soutenue par l'ONU.

Pourquoi ? ▪ Le 2 août 1990, l'Irak, fortement endetté par huit années de guerre contre l'Iran, envahit le Koweït pour soulager sa dette tout en s'emparant de territoires riches en pétrole.

Comment ? ▪ La coalition déclenche des bombardements aériens pour détruire les installations militaires et industrielles de l'Irak. Les opérations militaires se terminent par une vaste offensive terrestre des alliés, qui dure 100 jours.

Résultats ▪ Le Koweït est libéré et l'Irak annonce qu'il abandonne le combat le 28 février 1991.

Victimes ▪ De 20 000 à 35 000 morts du côté irakien ; moins de 400 morts du côté des alliés

Le contrôle des ressources

Essentielles au développement économique et démographique d'un État, les ressources naturelles constituent une source importante de tensions et de conflits. Ces ressources étant inégalement réparties à travers la planète, certains territoires attisent les convoitises et nourrissent les disputes. Des luttes s'engagent pour le contrôle des ressources telles que les combustibles fossiles, l'eau ou les minéraux.

L'eau au Proche-Orient

Dans de nombreux pays tels la Syrie, l'Irak, la Jordanie, le Liban et Israël, les ressources en eau douce sont peu abondantes et mal réparties. Or, l'accroissement de la population entraîne une augmentation des besoins en eau (consommation, agriculture). Cela crée une situation de tension perpétuelle entre les pays qui tentent de contrôler les grands cours d'eau de la région. Ainsi, lors de la guerre des Six Jours en 1967, Israël s'est emparé du plateau du Golan pour contrôler la source du fleuve Jourdain. Aujourd'hui encore, la Syrie réclame la restitution de ce territoire.

Les ressources de la République démocratique du Congo

Depuis 1994, la République démocratique du Congo est le théâtre de nombreux conflits armés. À la faveur de l'instabilité politique qui a suivi la chute du dictateur Mobutu, des luttes éclatent entre diverses factions congolaises qui s'organisent en milices. Les armées des pays voisins (Rwanda, Ouganda, Burundi, Zimbabwe) pénètrent dans le pays. Avec la complicité de plusieurs multinationales, milices et armées dépouillent le Congo de ses richesses, particulièrement de ses ressources minières (diamant, or, cobalt) et forestières.

5.4
Le barrage Atatürk, en Turquie (1992)
Grâce à ses barrages, la Turquie contrôle le débit de l'Euphrate, principale source d'eau potable de la Syrie et de l'Irak. Aussi, lorsque le barrage Atatürk a été rempli en 1990, le débit de l'Euphrate a été pratiquement interrompu pendant presque un mois.

LES QUESTIONS IDENTITAIRES

Les sociétés ne sont pas homogènes. Chaque population est composée d'une multitude de cultures qui cohabitent au sein d'un même pays, d'une même région. Or, cette coexistence n'est pas toujours pacifique. Les différences identitaires, qu'elles soient religieuses, ethniques ou linguistiques, peuvent être sources de tensions.

La prolifération des États

Depuis la Première Guerre mondiale, près de 150 nouveaux États ont été créés à la suite du démantèlement des empires (austro-hongrois, ottoman, coloniaux) et de l'effondrement du communisme. Toutefois, les frontières de ces nouveaux États ne tiennent pas toujours compte de l'existence des minorités ethniques, linguistiques ou religieuses. Elles forcent la coexistence de peuples aux identités fortes au sein d'États jeunes ayant un faible sentiment nationaliste.

Dans certaines régions du monde, cette situation crée des tensions et des violences récurrentes, notamment dans les Balkans (Europe du Sud-Est), dans le Caucase (ex-URSS), en Asie centrale et en Afrique. Par exemple, de 1991 à 2001, après la chute du communisme et la dislocation de la Yougoslavie, la région des Balkans a été déchirée par une série de conflits ethniques sanglants.

5.5
Maison détruite à Sarajevo pendant le siège (1993)
Du 5 avril 1992 au 29 février 1996, les forces serbes assiègent Sarajevo, ville à majorité musulmane. Ce siège, le plus long du 20e siècle, fait plus de 10 000 morts et détruit la ville.

La guerre de Bosnie-Herzégovine

Où ? ■ En Bosnie-Herzégovine, dans la région des Balkans

Quand ? ■ Du 5 avril 1992 au 21 décembre 1995

Qui ? ■ Les minorités ethniques de la Bosnie-Herzégovine : les Bosniaques musulmans (44 % de la population), les Serbes orthodoxes (31 %) et les Croates catholiques (17 %)

Pourquoi ? ■ En avril 1992, la Bosnie-Herzégovine déclare son indépendance de la Yougoslavie. Cependant, la minorité serbe refuse la sécession et veut demeurer rattachée à la République fédérale de Yougoslavie (Serbie actuelle).

Comment ? ■ La minorité serbe forme une milice pour attaquer les Bosniaques musulmans et les Croates. Elle prend le contrôle des territoires à majorité serbe et adopte une politique de purification ethnique pour former un territoire homogène.

Résultat ■ Les accords de Dayton font de la Bosnie-Herzégovine une confédération de deux territoires : la Fédération croato-bosniaque et la République serbe de Bosnie.

Victimes ■ Plus de 100 000 morts, dont 55 000 civils

5.6
Un autobus londonien détruit par une bombe lors d'un attentat terroriste (2005)
Revendiqués par des membres d'Al-Qaïda, les attentats survenus à Londres en juillet 2005 ont fait une cinquantaine de morts et plus de 700 blessés.

La question religieuse

Religion et conflits

Les divergences religieuses ont alimenté de nombreux conflits au cours de l'histoire. On trouve ainsi des dimensions religieuses dans le conflit israélo-palestinien ou la guerre de Bosnie-Herzégovine. Cependant, la religion est rarement la cause principale d'un conflit. Elle s'ajoute généralement à d'autres rivalités déjà existantes (politiques, économiques, sociales, ethniques) et contribue à aggraver les tensions, particulièrement dans les conflits internes qui opposent les habitants d'un même État.

La peur du fondamentalisme islamique

La multiplication d'attentats terroristes revendiqués par des groupes de fondamentalistes musulmans a nourri une peur de l'islam en Occident, surtout après les attaques du 11 septembre 2001. Ces fondamentalistes sont engagés dans une guerre sainte contre ceux et celles qui s'opposent à l'islam. En outre, ils considèrent que les États-Unis et leurs alliés interfèrent trop dans les affaires internes des pays musulmans et ce, pour servir uniquement les intérêts de l'Occident. C'est pourquoi, depuis la guerre du Golfe, ils commettent des actes d'une grande violence.

Le terrorisme d'Al-Qaïda

Où ? ▪ Al-Qaïda n'est pas rattaché politiquement à un État. Il perpètre des attentats terroristes partout dans le monde.

Quand ? ▪ Depuis le début des années 1990

Qui ? ▪ Fondé par le saoudien Oussama Ben Laden et l'égyptien Ayman al-Zawahiri, Al-Qaïda est un mouvement terroriste organisé en réseau transnational.

Pourquoi ? ▪ Il s'appuie sur le fondamentalisme islamique, une lecture radicale du Coran. Ses adeptes souhaitent convertir le monde à l'islam et lutter contre ceux qui s'y opposent.

Comment ? ▪ Al-Qaïda recourt presque systématiquement aux attentats-suicides. Les auteurs de ces attentats sont considérés par les fondamentalistes comme des martyrs qui donnent leur vie pour la guerre sainte et ils méritent automatiquement le salut éternel.

Résultats ▪ Depuis le 11 septembre 2001, les États-Unis ont fait du combat contre le terrorisme une de leurs priorités. Néanmoins, les attentats d'Al-Qaïda se sont multipliés, par exemple à Bali (2002), à Istanbul (2003), à Madrid (2004), à Londres (2005), à Alger (2007), etc.

5.7
L'attaque du World Trade Center
Le 11 septembre 2001, des membres d'Al-Qaïda détournent des avions qu'ils font exploser dans les tours du World Trade Center, symbole de la puissance financière des États-Unis. Les tours s'effondrent, faisant près de 3 000 morts.

LA QUÊTE D'UNE AUTONOMIE POLITIQUE

Au nom du droit à l'autodétermination, des peuples colonisés et des minorités revendiquent un plus grand pouvoir politique pour devenir maîtres de leur destinée. Certains désirent créer leur propre État ou obtenir l'indépendance de leur pays, même s'ils doivent recourir à la force.

Une nation, un pays

Une nation rassemble des individus qui possèdent une culture, une langue et une histoire communes. Pour plusieurs nationalistes, les membres d'une même nation devraient pouvoir se gouverner eux-mêmes, selon le principe de l'autodétermination des peuples.

En outre, de nombreuses minorités ethniques, linguistiques ou religieuses réclament une plus grande autonomie politique pour participer aux prises de décisions qui les concernent. Certaines revendiquent même la création d'un pays, un objectif qui n'est pas toujours bien accueilli.

Ces situations sont sources de tensions et de conflits. Ainsi, de 1945 à 2005, plus de 70 conflits armés ont été suscités par le désir d'autodétermination des peuples.

Le droit à l'autodétermination des peuples

Le droit à l'autodétermination des peuples est le principe selon lequel chaque peuple a le droit de disposer de lui-même et d'établir les décisions qui le concernent. Ce principe a été défendu par le président états-unien Woodrow Wilson au lendemain de la Première Guerre mondiale et inscrit dans la charte de l'ONU en 1945.

Le Tibet

Où ? ▪ Au Tibet

Quand ? ▪ De 1950 jusqu'à aujourd'hui (conflit toujours non résolu).

Qui ? ▪ Le gouvernement communiste chinois et le gouvernement tibétain en exil (en Inde depuis 1959), dirigé par le dalaï-lama.

Pourquoi ? ▪ En 1950, la Chine envahit le Tibet et en fait une province chinoise. Les Tibétains revendiquent d'abord le retour de leur indépendance. Depuis 1979, le dalaï-lama réclame plutôt l'autonomie du Tibet au sein de la Chine afin que soit reconnue l'identité culturelle de cette région.

Comment ? ▪ Le gouvernement chinois réprime sévèrement les révoltes tibétaines. Il transfère d'importantes populations chinoises au Tibet pour rendre les Tibétains minoritaires chez eux et les assimiler.

Résultat ▪ Malgré de nombreuses rencontres entre les gouvernements chinois et tibétain, aucune solution n'a été trouvée (2009).

5.8 **Un monastère bouddhiste au Tibet**
Pendant la Révolution culturelle (1966-1976), le gouvernement chinois a détruit près de 6 000 monastères bouddhistes au Tibet, pillé les temples et incendié les bibliothèques.

5.9
Soldats indiens stationnés à la frontière du Cachemire (2002).
Depuis le départ des Britanniques d'Inde et la création du Pakistan en 1947, les tensions entre les deux États n'ont pas cessé, surtout dans la région du Cachemire. Elles ont donné lieu à trois guerres ouvertes (1947, 1965 et 1971) ainsi qu'à de nombreuses crises.

La décolonisation

Depuis la fin de la Seconde Guerre mondiale jusqu'à la chute de l'URSS, des dizaines de pays colonisés d'Asie, d'Afrique et d'Europe de l'Est acquièrent leur indépendance politique. Ils s'affranchissent de leur métropole en s'appuyant sur le principe de l'autodétermination des peuples. Ce processus de décolonisation peut se dérouler pacifiquement, mais il génère souvent des tensions et des conflits.

- Dans certains cas, les pays colonisés doivent gagner leur indépendance par la force car leur métropole, qui tente de sauvegarder ses intérêts économiques, réprime les mouvements nationalistes. La situation s'envenime et dégénère. La violence éclate et peut aller jusqu'au déclenchement d'un véritable conflit armé. C'est ce qui s'est produit par exemple lorsque l'Algérie a voulu s'affranchir de la France ou l'Angola du Portugal.
- Dans d'autres cas, l'accession à l'indépendance s'accompagne de conflits internes, ethniques ou religieux. Ainsi, les puissances colonisatrices, qui s'appuient sur des groupes ethniques ou religieux au détriment d'autres groupes au sein de la population, entretiennent des tensions entre les minorités. Ces tensions éclatent après le retrait des puissances coloniales. Par exemple, quand les Britanniques ont quitté l'Inde en 1947, les hindous et les mulsulmans se sont livré un combat sanglant qui s'est soldé par la partition du territoire en deux États: l'Inde et le Pakistan, et par de gigantesques déplacements de population.

La semaine des barricades à Alger (1960)
En janvier 1960, une partie de la population française d'Algérie, qui se sent abandonnée, manifeste contre le gouvernement français. Celui-ci songe en effet à accorder aux Algériens le droit à l'autodétermination.
5.10

La guerre d'Algérie

Où ? ▪ En Algérie

Quand ? ▪ De 1954 à 1962

Qui ? ▪ La France et le Front de libération national (FLN), un mouvement nationaliste algérien

Pourquoi ? ▪ Les Algériens, colonisés par la France depuis le 19e siècle, souhaitent acquérir leur indépendance et reprendre le pouvoir aux mains des «pieds-noirs», ces colons français installés en Algérie depuis des générations.

Comment ? ▪ Le FLN organise des opérations de guérilla et des attentats terroristes visant les bâtiments publics, l'armée et les réseaux de communication. La France envoie une imposante force armée et réprime sévèrement le mouvement, allant jusqu'à torturer des dizaines de suspects.

Résultats ▪ L'Algérie acquiert son indépendance en juillet 1962 et 1,5 million de «pieds-noirs» doivent rentrer en France.

Victimes ▪ Près d'un million de morts

LES CONFLITS IDÉOLOGIQUES

Au-delà des différences ethniques ou religieuses, il existe aussi des divergences idéologiques qui sont sources de tensions et de conflits. Ces divergences peuvent porter sur le mode de gouvernement, la répartition des richesses, le développement économique, etc.

5.11
La société agraire des Khmers rouges (1978)
Croyant que les populations citadines sont corrompues, les Khmers rouges les envoient de force dans des communes agricoles pour les purifier par le travail manuel. Beaucoup meurent de faim ou de maladie, les dirigeants niant les bienfaits de la médecine occidentale.

Les idéologies

La confrontation d'idéologies divergentes peut susciter des tensions et des conflits. Ainsi, dans les années 1960, les Khmers rouges, des résistants communistes, mènent une guerre civile contre le gouvernement du Cambodge (Asie). Entre 1975 et 1979, ils parviennent à s'emparer du pouvoir et détruisent les fondements de la société. Ils sont responsables de la mort de près de deux millions de leurs concitoyens et concitoyennes.

La guerre froide

Un exemple de conflit idéologique

De la fin de la Seconde Guerre mondiale jusqu'à la chute du bloc soviétique (1945-1991), les relations internationales sont dominées par les tensions et les confrontations idéologiques de deux superpuissances et de leurs alliés: les États-Unis capitalistes et l'URSS communiste.

Les deux superpuissances profèrent des menaces, mais elles évitent l'affrontement direct et se font plutôt la guerre par l'entremise de leurs alliés. Elles ne poussent jamais le conflit à l'extrême, craignant l'éclatement d'une guerre nucléaire. Elles se livrent à une guerre d'influence ainsi qu'à une course aux armements (conventionnels et nucléaires) et aux technologies de pointe.

Photographie aérienne des missiles soviétiques à Cuba (1962)
En octobre 1962, les Américains découvrent des installations nucléaires mises en place par les Russes à Cuba, à moins de 200 km de leur territoire. Cet épisode, qui place le monde au bord de la guerre nucléaire pendant quelques jours, marque un tournant dans la guerre froide.
5.12

L'OTAN AUJOURD'HUI

FAIT DIVERS

Créée dans le contexte de la guerre froide, l'Organisation du traité de l'Atlantique Nord (OTAN) a perdu son adversaire naturel au moment de la dissolution du pacte de Varsovie. L'organisation, qui regroupe aujourd'hui 19 États, a intégré plusieurs des anciens membres du pacte de Varsovie, dont la République tchèque, la Pologne et la Hongrie. **L'OTAN CONTINUE À ASSURER LA SÉCURITÉ ET LA STABILITÉ** dans la zone de l'alliance et à y défendre la démocratie et les droits humains.

5.13 Les alliances militaires en 1955

Bloc de l'Ouest

Superpuissance ▪ États-Unis

Idéologie ▪ Capitalisme

Alliance militaire ▪ Organisation du traité de l'Atlantique Nord (OTAN)

Année: 1949

Nombre de pays membres à sa fondation: 12

Objectif: Organiser la défense et la sécurité de l'Europe face à l'URSS

Dissolution: Toujours active

Bloc de l'Est

Superpuissance ▪ URSS

Idéologie ▪ Communisme

Alliance militaire ▪ Pacte de Varsovie

Année: 1955

Nombre de pays membres à sa fondation: 8

Objectif: Faire contrepoids à la puissance militaire de l'OTAN

Dissolution: 1991

Des conflits liés à la guerre froide

Les forces de l'OTAN et celles du pacte de Varsovie n'ont jamais combattu directement les unes contre les autres. Toutefois, de nombreux conflits se sont déroulés dans le cadre de la guerre froide, marquant l'opposition entre les États-Unis et l'URSS.

Des exemples de conflits

- **Guerre de Corée (1950-1953)**
  L'URSS et la Chine soutiennent la Corée du Nord, État communiste, alors que les États-Unis s'allient à la Corée du Sud.
- **Guerre du Viêt Nam (1959-1975)**
  Les États-Unis, qui entrent dans le conflit en 1964, soutiennent le Sud Viêt Nam, alors que le bloc de l'Est appuie le Nord Viêt Nam, communiste.

REFLET DE L'ACTUALITÉ

ⓐ Comment définiriez-vous le concept d'« idéologie » ?

ⓑ Donnez des exemples d'idéologies que vous connaissez.

ⓒ Dans l'actualité, y a-t-il des conflits causés par un différend idéologique ?

L'EXERCICE DES DROITS ET LIBERTÉS

Au lendemain de la Seconde Guerre mondiale, les Nations Unies adoptent la première déclaration mondiale des droits humains. Soixante ans plus tard, le respect des droits et libertés a certes progressé, mais de nombreux abus demeurent, alimentant tensions et conflits.

La Déclaration universelle des droits de l'homme de l'ONU

Adoptée le 10 décembre 1948 par l'Assemblée générale de l'ONU, la Déclaration universelle des droits de l'homme énumère explicitement les droits et libertés de l'être humain et leur reconnaît une valeur universelle.

Ce texte à haute valeur symbolique n'est pas un outil de droit international. Il ne permet pas de sanctionner les violations des droits humains. Pour ce faire, il existe d'autres textes, dont le Pacte international sur les droits civils et politiques et le Pacte international sur les droits économiques et sociaux, ainsi que des institutions telles que le Tribunal pénal international.

Les principaux droits humains

- Le droit à la vie, à la liberté, à la sécurité
- La liberté de pensée, d'expression, de culte, d'association
- L'égalité devant la loi
- Le droit au travail rémunéré et à la protection sociale
- Le droit à l'éducation
- Le droit à la vie privée
- La libre circulation des citoyens et citoyennes

VU ET ENTENDU

« **Article premier**
Tous les êtres humains naissent libres et égaux en dignité et en droits. Ils sont doués de raison et de conscience et doivent agir les uns envers les autres dans un esprit de fraternité.

Article deux
Chacun peut se prévaloir de tous les droits et de toutes les libertés proclamés dans la présente Déclaration, sans distinction aucune, notamment de race, de couleur, de sexe, de langue, de religion, d'opinion politique ou de toute autre opinion, d'origine nationale ou sociale, de fortune, de naissance ou de toute autre situation. »

Déclaration universelle des droits de l'homme, 1948

5.14
Shirin Ebadi
Avocate de formation, l'Iranienne Shirin Ebadi est la première femme musulmane à avoir reçu le prix Nobel de la paix en 2003.

REFLET DE L'ACTUALITÉ

ⓐ À la lecture des principaux droits humains, donnez trois caractéristiques qui pourraient constituer leur définition.

ⓑ Donnez un exemple tiré de l'actualité où les droits humains sont bafoués.

QUELQUES CHIFFRES (2007)

FAIT DIVERS

- Dans **81 PAYS**, des hommes et des femmes subissent la torture.
- Dans **77 PAYS**, il est impossible de s'exprimer librement.
- Dans **54 PAYS**, les procès ne sont pas conformes aux règles d'équité.
- Dans 24 pays, **1 252 PERSONNES** ont été exécutées par l'État.

Source : Amnistie internationale

La violation des droits et des libertés

Malgré les efforts de la communauté internationale pour sauvegarder les droits et libertés, de nombreux abus subsistent encore dans le monde : torture, esclavage, censure, arrestations arbitraires, enrôlement d'enfants soldats, etc. Ces violations des droits et libertés sont plus fréquentes dans les régimes autoritaires qui, pour se maintenir au pouvoir, contrôlent l'information, procèdent à des arrestations arbitraires, infligent des traitements dégradants ou cruels, etc. De telles méthodes peuvent aussi exister dans certaines démocraties.

Une cause de conflit

La violation des droits et libertés est source de tensions et de conflits. Les populations ou les minorités qui en sont victimes réclament le respect de leurs droits par divers moyens (manifestations, pétitions, grèves, etc.). Leurs revendications tournent parfois à la violence qui dégénère en émeutes ou en insurrections armées. Les manifestations peuvent parfois être réprimées par la force, comme celle de la place Tian'anmen, en Chine. Enfin, la violation des droits humains légitime l'intervention armée de la communauté internationale dans un pays, comme ce fut le cas en Somalie en 1992.

Les manifestations de la place Tian'anmen

Où ? ▪ À Beijing, en Chine

Quand ? ▪ Du 15 avril au 4 juin 1989

Qui ? ▪ Un mouvement d'étudiants et d'intellectuels et le gouvernement communiste chinois

Pourquoi ? ▪ Les manifestants et manifestantes dénoncent la corruption du régime communiste et réclament des réformes politiques et démocratiques, notamment le multipartisme et la liberté d'expression.

Comment ? ▪ Par des grèves de la faim et de nombreuses manifestations sur la place Tian'anmen qui rassemblent des centaines de milliers de personnes.

Résultats ▪ Le 20 mai 1989, le gouvernement chinois décrète la loi martiale, qui suspend les droits et libertés des citoyens et citoyennes. Le 4 juin, il envoie l'armée à Beijing pour réprimer sévèrement le mouvement.

Victimes ▪ Entre 700 et 3 000 morts

5.15
Soldats et manifestants sur la place Tian'anmen (1989)
En 2009, le gouvernement chinois ne reconnaît toujours pas l'ampleur des événements de 1989 et refuse de les évoquer.

LA COMPLEXITÉ DES CONFLITS : le cas des conflits israélo-arabes

Les conflits israélo-arabes, qui perdurent depuis plus de 60 ans, illustrent la multiplicité des causes qui peuvent susciter des tensions et la complexité d'une situation conflictuelle. Ils démontrent aussi la manière dont peut intervenir la communauté internationale dans une zone de tensions.

Les causes des conflits

Le territoire ▪ Le 15 mai 1948, les Juifs sionistes créent l'État d'Israël en Palestine, malgré la présence de Palestiniens arabes qui vivent sur ce territoire. Ceux-ci considèrent leur territoire occupé et résistent à cette présence étrangère.

Les ressources ▪ Alors que le Proche-Orient souffre de stress hydrique, Israël contrôle des sources importantes d'eau potable, à savoir le bassin du lac Tibériade et les principaux affluents du fleuve Jourdain (depuis l'occupation du plateau du Golan en 1967).

La question religieuse ▪ Le conflit oppose les Juifs d'Israël aux Palestiniens et à plusieurs États arabes, majoritairement musulmans. De plus, le contrôle de la ville de Jérusalem, qui est un lieu sacré pour les gens de confessions juive, musulmane et chrétienne, est un enjeu important.

La question ethnique ▪ Le sionisme, mouvement à la base de la création d'Israël, considère les Juifs non seulement comme les adhérents au judaïsme, mais aussi comme les membres d'une nation, le peuple d'Israël. Ils forment donc aussi une communauté ethnique et culturelle.

La quête de l'autonomie politique ▪ En tant que nation, les Juifs désirent disposer d'eux-mêmes et gouverner leur propre État. De leur côté, les Palestiniens souhaitent la création d'un État palestinien reconnu par l'ensemble de la communauté internationale, ce qu'ils n'ont pu obtenir à ce jour.

5.16 Israël (2009)

LE SIONISME

Né à la fin du 19e siècle, le sionisme est une idéologie et un mouvement politique prônant la création d'un État juif en Palestine qui réunirait tous les Juifs de la diaspora. Ce mouvement vise à rendre aux Juifs la terre qu'ils possédaient dans l'Antiquité et voit dans la création d'un État un remède à l'antisémitisme.

REFLET DE L'ACTUALITÉ

a) Comment définiriez-vous le concept de « revendication » ?

b) Dans un conflit, il y a plusieurs types de revendications possibles. Citez l'exemple d'un conflit qui existe présentement et précisez le type de revendication des deux parties.

1948–1949 — Première guerre israélo-arabe

En mai 1948, plusieurs États arabes (Égypte, Transjordanie, Syrie, Irak, Liban) ne reconnaissent pas l'existence d'Israël et se joignent aux Palestiniens pour attaquer le nouveau pays. Israël sort victorieux de l'affrontement et agrandit son territoire.

1956 — La guerre de Suez

Lorsque l'Égypte annonce la nationalisation du canal de Suez, Israël se joint à la France et à la Grande-Bretagne pour l'attaquer. Toutefois, après la victoire des alliés, les États-Unis et l'URSS forcent les troupes israéliennes et européennes à évacuer l'Égypte.

1967 — La guerre des Six Jours

La montée du nationalisme arabe exacerbe les tensions avec Israël. Ainsi, quand l'Égypte impose le blocus du détroit de Tiran, Israël lance une guerre éclair. Il envahit la péninsule du Sinaï (Égypte), la bande de Gaza, la Cisjordanie, Jérusalem-Est et le plateau syrien du Golan.

1973 — La guerre de Kippour

Pour récupérer les territoires perdus en 1967, l'Égypte et la Syrie attaquent les armées israéliennes, l'une dans la péninsule du Sinaï et l'autre dans le plateau de Golan. Israël est victorieux. Il signe la paix avec l'Égypte et lui restitue le Sinaï.

1982 — Première guerre du Liban

Israël envahit le Liban pour attaquer dans ce pays les bases de l'Organisation de libération de la Palestine (OLP), un mouvement de résistance fondé en 1964. L'OLP est forcée d'évacuer le Liban et Israël continue d'occuper une zone dans le sud du pays jusqu'en 2000.

2000

2006 — Deuxième guerre du Liban

En juillet 2006, Israël attaque le Liban afin d'éradiquer le Hezbollah, un mouvement politique chiite libanais créé après l'invasion de 1982. En août, le Conseil de sécurité de l'ONU ordonne le cessez-le-feu et somme les troupes israéliennes de se retirer.

5.17

Signature des accords d'Oslo sous l'égide du président des États-Unis Bill Clinton (1993)

En 1993, à la suite des négociations secrètes tenues à Oslo (Danemark), les représentants d'Israël et de la Palestine, Yitzhak Rabin et Yasser Arafat, signent des accords qui prévoient la mise en place d'un régime d'autonomie pour le peuple palestinien.

Les interventions extérieures

Depuis le début du conflit, la communauté internationale est largement intervenue au Proche-Orient. Ainsi, en 1947, l'ONU établit un plan de partage de la Palestine qui ne sera jamais reconnu par les États arabes. Depuis, le Conseil de sécurité et l'Assemblée générale ont adopté près d'une centaine de résolutions touchant le conflit israélo-arabe.

Les puissances étrangères, particulièrement les États-Unis, se sont également engagées dans un processus de paix entamé en 1993, visant à trouver une solution durable à ce conflit. En 2009, la situation n'est toujours pas réglée.

LA DIPLOMATIE

Les tensions qui existent entre les États ou au sein de leur population ne dégénèrent pas toutes en conflits armés. Dans de nombreux cas, les parties parviennent à s'entendre et à négocier un compromis en recourant à la diplomatie plutôt qu'à la violence. En outre, les conflits armés se terminent souvent par des discussions diplomatiques qui conduisent au rétablissement de la paix.

Qu'est-ce que la diplomatie ?

La diplomatie comprend les pratiques et les institutions qu'un État utilise pour interagir pacifiquement avec d'autres pays et mettre en œuvre la politique étrangère adoptée par son gouvernement. Les agents et agentes diplomatiques qui représentent un État sont chargés de développer des relations amicales avec d'autres pays sur les plans politique, économique, social et culturel. Par la négociation et le marchandage, ils doivent trouver des terrains d'entente entre les intérêts parfois divergents de leur pays et ceux des autres États. Les relations diplomatiques peuvent donc être tendues et conflictuelles.

Les étapes des négociations internationales

5.18

1 Condition préalable
Les États doivent avoir des intérêts communs ou complémentaires à négocier.

2 Avant les négociations
- Les États (deux ou plusieurs) identifient leurs intérêts communs.
- Chaque partie expose ses demandes maximales.
- Chaque partie tente de connaître les attentes minimales des autres États (jusqu'où ils sont prêts à fléchir) tout en évitant soigneusement de dévoiler ses propres attentes minimales.

3 Les négociations
- Discussions souvent longues afin de parvenir à un compromis acceptable entre les attentes minimales et maximales de chacune des parties en présence.
- Si les négociations n'aboutissent pas, les parties peuvent essayer de marchander.

4 Le marchandage
- Les États font des tractations pour inciter les autres à accepter leurs demandes tout en les incitant à réduire les leurs.
- Les outils de marchandage les plus souvent utilisés sont les menaces de sanctions (sanctions économiques, réduction de l'aide militaire, etc.) et les promesses de récompenses (investissements, libéralisation des échanges, etc.).
- Les possibilités de marchandage des États dépendent de leur puissance économique, politique et militaire.

5 L'issue des négociations
- Si les parties parviennent à un compromis au terme des négociations ou du marchandage, elles peuvent signer une entente.
- Si les négociations et le marchandage échouent, le problème demeure et peut dégénérer en conflit armé.

LE TÉLÉPHONE ROUGE

FAIT DIVERS

Le 30 août 1963, alors que le monde vient de frôler la catastrophe nucléaire pendant la crise des missiles de Cuba, LES ÉTATS-UNIS ET L'URSS DÉCIDENT D'ÉTABLIR UNE LIGNE DE COMMUNICATION DIRECTE ENTRE LEURS CHEFS D'ÉTAT. Ils veulent éviter ainsi qu'une telle crise ne se reproduise et que la guerre froide ne dégénère en guerre nuclaire. Cette ligne de communication, que les médias appellent le « téléphone rouge », était en fait une ligne de téléscripteur.

Les principaux acteurs de la diplomatie

Au pays

Le gouvernement central ▪ Les orientations de la politique étrangère d'un pays sont déterminées par le gouvernement central du pays, c'est-à-dire le chef de l'État et ses ministres.

Le ministère des Affaires étrangères ▪ Le ministère des Affaires étrangères gère la mise en application des politiques extérieures de l'État et l'ensemble du corps diplomatique du pays, qu'il soit au pays ou à l'étranger.

À l'étranger

L'ambassade ▪ Établie dans une capitale étrangère, une ambassade est une représentation diplomatique permanente d'un pays auprès d'un autre. Elle sert à protéger les intérêts de son pays, à négocier des ententes en son nom et à recueillir des informations sur le pays qui l'abrite afin de les transmettre à son gouvernement.

Le consulat ▪ Il est chargé de la protection et du suivi administratif des ressortissants et ressortissantes de son pays dans un pays étranger. De plus, il favorise le développement de relations commerciales, économiques, scientifiques et culturelles avec le pays qui l'accueille. Un État peut implanter plusieurs consulats dans un autre pays, généralement dans les villes les plus importantes.

Les autres missions diplomatiques ▪ Les États envoient des délégations diplomatiques pour les représenter au sein des organisations internationales ou lors des rencontres et des sommets internationaux. Auprès de certaines organisations, notamment l'ONU, ces délégations sont pratiquement l'équivalent des ambassades.

LE TERRITOIRE DES AMBASSADES

En vertu du principe d'extraterritorialité, les États possèdent la pleine souveraineté sur le territoire et l'édifice de leur ambassade. Cela signifie qu'aucune perquisition ou réquisition ne peut être faite dans l'ambassade par les autorités du pays où elle est établie sans que cela ne soit perçu comme une invasion. C'est pourquoi de nombreuses personnes revendiquant le statut de réfugié politique tentent de fuir leur pays en se réfugiant dans une ambassade étrangère.

5.19
Prise de l'ambassade états-unienne de Téhéran en Iran (1979)
En 1979, des étudiants islamistes prennent d'assaut l'ambassade américaine de Téhéran, s'emparent de documents classifiés et font une soixantaine d'otages. Cela est considéré comme une véritable attaque.

REFLET DE L'ACTUALITÉ

a) Quelle idée vous faites-vous de la diplomatie ?
b) À l'aide d'un exemple tiré de l'actualité, expliquez comment elle peut intervenir dans le règlement d'un différend entre deux pays.

LES CONFLITS ARMÉS (I)

Lorsque les tensions entre des peuples ou des États ne sont pas résolues par voie diplomatique, elles peuvent sombrer dans la violence. Cette violence peut se traduire par des épisodes sporadiques (émeutes, assassinats, attentats terroristes) ou des conflits armés (guerres conventionnelles, guerres civiles, génocides, etc.).

La guerre conventionnelle entre les États

Les guerres conventionnelles opposent les armées régulières (terrestres, maritimes et aériennes) des États qui utilisent des armements non nucléaires : fusils, chars d'assaut, avions de chasse, bombardiers, sous-marins, etc.). Ce type de conflit n'a pas totalement disparu de la scène internationale, mais il est en déclin. En effet, les États les plus puissants tentent de l'éviter, car il est trop coûteux en armement, en matériel et en vies humaines.

De plus, la géographie des conflits interétatiques (entre les États) a changé. Les combats se déroulent plus au sud qu'au nord, particulièrement sur les continents africain et asiatique. Au cours des années 1998-2007, seulement quatre conflits interétatiques ont été enregistrés : Éthiopie-Érythrée (1998-2000), Inde-Pakistan (1998-2003), Irak-États-Unis (2003) et Israël-Liban (2006).

5.20 Dépenses militaires (2007)

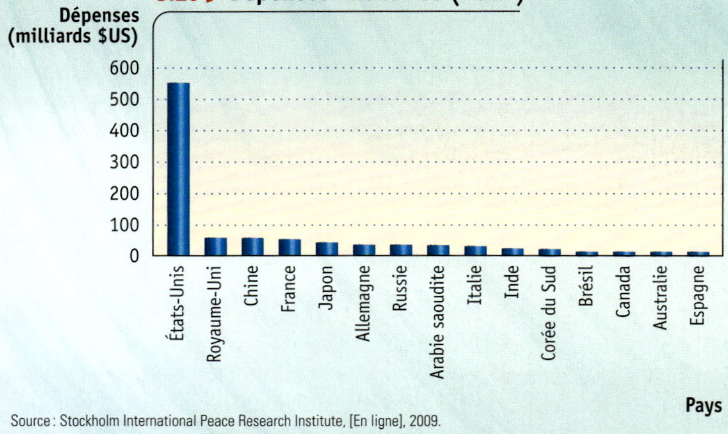

Source : Stockholm International Peace Research Institute, [En ligne], 2009.

La guerre nucléaire

À ce jour, la guerre nucléaire est demeurée plus théorique que réelle. En effet, l'arme atomique n'a été utilisée que deux fois en temps de guerre au cours de l'histoire : en 1945, les États-Unis ont lancé la première bombe atomique sur Hiroshima et la seconde, sur Nagasaki, deux villes du Japon. La guerre froide a été marquée par la course aux armements nucléaires, mais ces armes de destruction massive ne sont heureusement restées que des moyens de persuasion.

En 1968, pour éviter que les armes nucléaires ne se répandent partout dans le monde, de nombreux pays ont signé le Traité sur la non-prolifération des armes nucléaires à l'initiative des États-Unis et de l'URSS. L'Agence internationale de l'énergie atomique (AIEA), un organisme rattaché à l'ONU, veille à son application.

5.21
Essai nucléaire dans le Pacifique (1952)

La guerre civile

La guerre civile est un conflit qui se déroule au sein d'un État. Elle oppose l'armée régulière du gouvernement en place et des groupes de citoyens armés. L'origine d'un conflit interne peut être de nature politique, religieuse, ethnique, économique, etc.

Depuis la fin de la guerre froide, les conflits interétatiques se sont raréfiés, mais les guerres civiles se sont multipliées, sauf en Amérique du Nord et en Europe occidentale. Les luttes armées, qui dépassent la simple insurrection et se prolongent un certain temps, utilisent souvent des tactiques de combat moins coûteuses que la guerre conventionnelle, telles la guérilla ou la guerre de milices.

La guérilla

Stratégie de combat basée sur la mobilité, le harcèlement et l'effet de surprise, la guérilla permet à de petits groupes armés de porter des coups à une armée plus puissante, par exemple l'armée nationale. Elle est souvent utilisée par des armées improvisées qui ont de faibles moyens militaires.

La guerre de milices

Guerre menée par des armées privées dont les combattants sont recrutés sur une base identitaire (ethnie, religion, famille) ou partisane (attachement à un homme politique). Il s'agit souvent de mercenaires qui sont payés pour combattre.

5.22
Des enfants soldats enrôlés par les Tigres tamouls (1991).
Selon l'UNICEF, dans la dernière décennie, plus de 300 000 enfants de moins de 18 ans auraient participé à plus de 30 conflits armés dans le monde.

La guerre civile du Sri Lanka

Où ? ▪ Au Sri Lanka

Quand ? ▪ De 1983 jusqu'à nos jours (conflit toujours non résolu)

Qui ? ▪ Le gouvernement srilankais et les Tigres de libération de l'Eelam tamoul

Pourquoi ? ▪ La minorité tamoule (18 % de la population) revendique la création d'un État indépendant au nord et à l'est de l'île.

Comment ? ▪ En plus de mener des opérations guerrières conventionnelles et de recourir à la guérilla, les Tigres tamouls commettent des attentats suicides terroristes qui visent la société civile. Des centaines d'enfants soldats sont engagés dans ce conflit.

Résultats ▪ Des trêves ont été négociées à plusieurs reprises, mais elles ont été rompues. Les tensions demeurent fortes entre les deux communautés.

Victimes ▪ De 70 000 à 100 000 morts et un million de personnes déplacées (2009).

LES CONFLITS ARMÉS (II)

Le terrorisme

Le terrorisme se caractérise par des actes d'une grande violence destinés à faire le plus de victimes possible. Il ne s'agit pas d'anéantir l'ennemi, mais de semer la terreur chez lui afin de le démoraliser et de l'amener à capituler. Les actions terroristes se veulent donc impressionnantes : séquestrations, assassinats, destruction d'immeubles, etc. Certains attentats ne visent que les représentants de l'État : diplomates, militaires, membres de la police, de la classe politique. D'autres prennent aussi pour cibles des civils et se produisent dans des lieux publics achalandés, tels les centres commerciaux, les aéroports, les gares, les lieux de culte ou les institutions financières.

Une stratégie de combat

Le terrorisme met en présence des forces inégales : les plus faibles commettent des actes terroristes pour s'attaquer aux plus forts. Ces actes nécessitent en effet relativement peu de moyens et ont un très grand impact. Le terrorisme est utilisé dans les conflits armés, notamment les guerres civiles, mais aussi en période de paix. Il devient alors une stratégie pour faire pression sur un pays sans aller jusqu'à la guerre. Dans de nombreux cas, il est le fait de groupes organisés qui appartiennent à des réseaux transnationaux, dont plusieurs proviennent du Moyen-Orient, par exemple Al-Qaïda.

Lutter contre le terrorisme

Après les attentats du 11 septembre 2001, les États-Unis font de la lutte au terrorisme une de leurs priorités. Ils forment une coalition internationale pour lutter contre le terrorisme. Toutefois, les membres des réseaux terroristes sont difficiles à identifier et sont souvent confondus avec leur pays d'origine. Il s'avère donc difficile de les atteindre par des actions militaires qui impliquent généralement l'attaque de territoires souverains.

LE TERRORISME EN CHIFFRES

FAIT DIVERS

En 2007, il y a eu :

- **14 499 ACTIONS TERRORISTES** dans le monde, dont 43 % en Irak.
- **355 ATTENTATS** qui ont causé plus de 10 décès.
- **22 685 MORTS, 44 310 BLESSÉS ET 5 071 PERSONNES ENLEVÉES** lors d'actions terroristes.

Source : US Department of State, « Country Report on Terrorism », [En ligne], 2007.

5.23 **Le 15 novembre 2003, des attentats à la voiture piégée détruisent deux synagogues à Istanbul, en Turquie, faisant 25 morts et plus de 300 blessés.** Les images des attentats terroristes sont largement diffusées par les médias, ce qui contribue à entretenir un climat de peur et d'insécurité dans la population. Les groupes terroristes utilisent cette couverture médiatique pour revendiquer un attentat et faire passer leur message.

VU ET ENTENDU

« Dans la présente Convention, le génocide s'entend de l'un quelconque des actes ci-après, commis dans l'intention de détruire, en tout ou en partie, un groupe national, ethnique, racial ou religieux, comme tel :

a. Meurtre de membres du groupe ;

b. Atteinte grave à l'intégrité physique ou mentale de membres du groupe ;

c. Soumission intentionnelle du groupe à des conditions d'existence devant entraîner sa destruction physique totale ou partielle ;

d. Mesures visant à entraver les naissances au sein du groupe ;

e. Transfert forcé d'enfants du groupe à un autre groupe. »

Convention pour la prévention et la répression du crime de génocide, article II

Les génocides

Extermination intentionnelle d'un groupe ethnique, racial ou religieux, le génocide fait partie des crimes contre l'humanité. Il a été défini dans la Convention pour la prévention et la répression du crime de génocide que les Nations Unies ont adoptée à l'unanimité en 1948, au lendemain de l'holocauste juif.

5.24
Des survivants d'un camp de concentration nazi (1945)
Pendant la Seconde Guerre mondiale, les nazis tentent d'éliminer systématiquement les Juifs en les envoyant dans des camps de la mort. Ce génocide a fait de 5 à 6 millions de victimes.

Le génocide du Rwanda

Où ? ▪ Au Rwanda

Quand ? ▪ D'avril à juillet 1994

Qui ? ▪ Deux groupes ethniques : les Hutus, qui détiennent le pouvoir, et les Tutsis qui constituent le Front patriotique rwandais (FPR).

Pourquoi ? ▪ Les Tutsis, chassés en grand nombre du Rwanda par les Hutus en 1959-1963, tentent depuis 1990 de rentrer au pays et de reprendre leur place dans la vie politique. Les tensions entre la majorité hutu et la minorité tutsi sont ravivées par la mise en place d'un plan de paix qui prévoit le partage du pouvoir entre les deux ethnies.

Comment ? ▪ Des dizaines de milliers de miliciens hutus et une partie de la population massacrent systématiquement les Tutsis à l'aide d'armes légères, surtout des machettes.

Résultat ▪ La victoire des troupes du FPR (les Tutsis) en juillet 1994 met fin au génocide.

Victimes ▪ 800 000 morts (principalement des Tutsis), 2 millions de réfugiés hutus et 1,5 million de personnes déplacées à l'intérieur du pays (fin 1994).

Roméo Dallaire

Le lieutenant général de l'armée canadienne, Roméo Dallaire a dirigé les forces de maintien de la paix de l'ONU au Rwanda en 1993-1994. Ayant reçu l'ordre de ne pas intervenir directement, il a été le témoin impuissant du génocide. Il a relaté sa version des événements dans son livre intitulé *J'ai serré la main du diable.*

LE DROIT D'INTERVENIR

La légitimité de la guerre est une question très ancienne. Le droit international reconnaît à chaque pays le droit de se défendre s'il est attaqué, mais il interdit tout empiètement sur la souveraineté des autres États. Dans ces conditions, existe-t-il des circonstances pouvant justifier une intervention militaire dans un autre pays ?

5.25
Les représentants des États-Unis signant la Charte des Nations Unies (1945).

Deux grandes étapes

1928 ▪ Signature du pacte Briand-Kellogg

La soixantaine de pays signataires de ce traité international renoncent à la guerre comme moyen pour régler leurs différends. En pratique, le pacte est un échec – la Seconde Guerre mondiale éclate quelques années plus tard – mais ses principes imprègnent le droit international. Ils seront repris quelques années plus tard dans la Charte des Nations Unies.

1945 ▪ Signature de la Charte des Nations Unies

Tout État membre des Nations Unies accepte de se soumettre aux principes de la Charte, qui contient plusieurs dispositions sur le droit de la guerre.

VU ET ENTENDU

La Charte des Nations Unies et le droit de la guerre

« Article 2.4. Les Membres de l'Organisation s'abstiennent, dans leurs relations internationales, de recourir à la menace ou à l'emploi de la force [...].

Article 2.7. Aucune disposition de la présente Charte n'autorise les Nations Unies à intervenir dans des affaires qui relèvent essentiellement de la compétence nationale d'un État [...].

Article 7.42. Si le Conseil de sécurité estime que les mesures prévues à l'article 41 [des sanctions économiques et diplomatiques] seraient inadéquates ou qu'elles se sont révélées telles, il peut entreprendre, au moyen de forces aériennes, navales ou terrestres, toute action qu'il juge nécessaire au maintien et au rétablissement de la paix ou de la sécurité internationale.

Article 7.51. Aucune disposition de la présente Charte ne porte atteinte au droit naturel de légitime défense, individuelle ou collective, dans le cas où un Membre des Nations Unies est l'objet d'une agression armée [...] »

Charte des Nations Unies

5.26
Kigali, au Rwanda (1994)
Un major des forces armées canadiennes marche avec des enfants déplacés à cause de la guerre civile au Rwanda.

DE L'ACTUALITÉ

REFLET

a. Le concept central de ce thème est l'« intervention ». Quelle idée vous faites-vous de ce concept ?
b. Dans l'actualité, y a-t-il un conflit dans lequel il y a eu une intervention ? De quel conflit s'agit-il ?
c. Qui est intervenu ?
d. Quelle conséquence cette intervention a-t-elle eue ?

Le droit de la guerre

Aujourd'hui, une guerre n'est jugée acceptable que si elle respecte certains principes de base qui font consensus.

- **Une autorité appropriée :** La guerre doit être menée par des autorités publiques, jamais par des individus.
- **Une juste cause :** On ne peut faire usage de la force que pour corriger des méfaits publics très graves.
- **Une bonne intention :** L'intention qui justifie la guerre doit être sincère. Il ne faut pas qu'il y ait des intérêts cachés.
- **Le dernier recours :** La guerre ne doit être utilisée que lorsque tous les autres moyens possibles, comme la négociation, ont échoué.
- **Des moyens proportionnés :** Les moyens utilisés pour intervenir doivent être adaptés à l'ampleur du problème initial.
- **Des perspectives raisonnables :** Les probabilités de succès de la guerre doivent être suffisantes, c'est-à-dire que les dommages prévus ne doivent pas être plus importants que le problème à l'origine de la guerre.

Quand est-il légitime d'intervenir dans un conflit ?

Le principe de non-ingérence

La Charte des Nations Unies interdit le recours à la guerre entre les États, sauf en cas de légitime défense (articles 2.4 et 7.51).

La Charte défend le principe de la souveraineté des États en déclarant que personne, y compris l'Organisation des Nations Unies, ne devrait intervenir dans les affaires particulières d'un État (article 2.7).

5.27
Des civils se réfugient dans la forêt pour fuir les combats en République démocratique du Congo (2008).
La protection des populations civiles menacées est une raison invoquée par ceux et celles qui défendent le droit d'intervention pour des raisons humanitaires.

Trois exceptions possibles au principe de non-ingérence

1. Un État peut intervenir dans les affaires particulières d'un autre État si ce dernier en fait expressément la demande. Un pays peut par exemple demander une aide extérieure afin de venir à bout d'une rébellion à l'intérieur de ses frontières.
2. Le Conseil de sécurité des Nations Unies peut décider d'autoriser une intervention militaire afin de rétablir la paix ou la sécurité internationale (article 7.42 de la Charte des Nations Unies). Il s'agit de la seule autorité internationale qui détient ce pouvoir, lequel ne doit être utilisé qu'en dernier recours.
3. Certaines personnes estiment qu'il est justifié d'intervenir dans les affaires particulières d'un État pour des raisons humanitaires, c'est-à-dire lorsqu'il y a violation massive des droits de la personne. Pour plus de légitimité, cette intervention devrait toutefois être approuvée par le Conseil de sécurité des Nations Unies et se faire à l'aide d'une force multinationale.

LE CONSEIL DE SÉCURITÉ DES NATIONS UNIES

Le Conseil de sécurité est l'organe exécutif des Nations Unies. Son rôle est de maintenir la paix et la sécurité internationales, en évitant autant que possible les conflits et en encourageant la coopération entre les pays.

Le fonctionnement du Conseil de sécurité

Un problème international, comme un conflit entre deux pays, est présenté devant le Conseil de sécurité. L'Assemblée générale des Nations Unies, le secrétaire général ou tout membre du Conseil peuvent soumettre une affaire au Conseil de sécurité.

Le Conseil peut tenter de résoudre le problème en faisant une simple **recommandation**, qui n'a aucune portée obligatoire.

Le Conseil peut adopter une **résolution**, qui est une décision dont l'application a un caractère obligatoire. C'est le seul organe des Nations Unies à détenir ce pouvoir. Entre 1946 et 2008, 1 859 résolutions ont été adoptées.

Les résolutions sont adoptées par vote des membres du Conseil, qui disposent chacun d'une voix. Pour être adoptée, une résolution doit remporter au moins neuf voix, dont celles de tous les membres permanents, ce qui leur confère en pratique un **droit de *veto***. Ce droit donne un grand pouvoir aux membres permanents puisque nulle résolution ne peut être adoptée si l'un d'eux s'y oppose.

5.29 Réunion du Conseil de sécurité (2003)

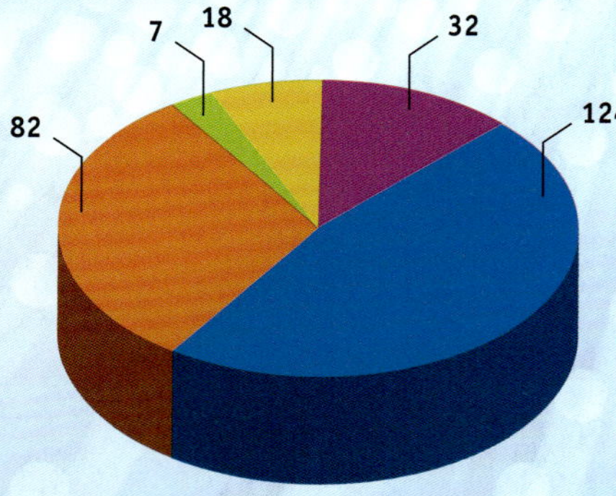

5.28 L'usage du droit de *veto* par les membres permanents

Entre 1946 et 2008, le *veto* des membres permanents a été utilisé à 263 reprises. La Russie (alors l'URSS) en a fait usage surtout dans les années 1940 et 1950, tandis que les États-Unis y ont recouru plus fréquemment à partir des années 1970. Aujourd'hui, le droit de *veto* s'exerce plus rarement. Au cours de la décennie 1998-2008, il n'a été utilisé qu'à 16 reprises.

La composition du Conseil de sécurité

- **Cinq membres permanents :** la Chine, les États-Unis, la France, le Royaume-Uni et la Russie.

  Ces pays sont les principaux vainqueurs de la Seconde Guerre mondiale. En tenant compte des empires coloniaux britanniques et français, ils représentaient alors la majorité de la population mondiale. De plus, ces pays constituent cinq puissances nucléaires.

- **Dix membres non permanents**, élus pour deux ans par l'Assemblée générale des Nations Unies.

  La moitié de ces membres est remplacée chaque année. Les pays doivent représenter les principales régions du globe : Afrique, Asie, Amérique latine et Caraïbes, Europe orientale, Europe occidentale et autres. Entre 1946 et 2009, le Canada a été choisi pour ce mandat à six reprises.

5.30
Rencontre du Conseil de sécurité à propos de la guerre de Corée (vers 1950)

Les fonctions et les pouvoirs du Conseil de sécurité

- Enquêter sur tout différend ou toute situation qui pourrait menacer la paix et la sécurité internationales.
- Recommander des mesures à prendre pour une résolution pacifique des différends.
- Inviter les États membres de l'ONU à appliquer des sanctions économiques ou diplomatiques pour prévenir une agression ou y mettre fin.
- En dernier recours, prendre des mesures d'ordre militaire pour faire respecter ses décisions.

Quelques problèmes du Conseil de sécurité

Le manque de représentativité

Aujourd'hui, les cinq membres permanents représentent moins de 30 % de la population mondiale. De nouvelles puissances comme l'Afrique du Sud, l'Allemagne, le Brésil, l'Inde ou le Japon revendiquent elles aussi une place permanente au sein du Conseil de sécurité.

Le droit de *veto*

Les membres permanents exercent régulièrement leur droit de *veto* pour empêcher l'adoption de résolutions, ce qui peut paralyser l'action du Conseil. Ce problème s'est révélé particulièrement important à l'époque de la guerre froide, alors que l'URSS (aujourd'hui la Russie) a utilisé son droit de *veto* 106 fois entre 1946 et 1965. Pour éviter un tel blocage, de longues discussions sont souvent nécessaires, retardant ainsi l'adoption des résolutions.

L'exécution des résolutions

Par manque de volonté ou de moyens – les Nations Unies ne possèdent pas leurs propres forces militaires –, de nombreuses résolutions ne sont jamais appliquées ou ne le sont que très tardivement. Ainsi, malgré une résolution adoptée en 1975 demandant au gouvernement de l'Indonésie de retirer ses troupes du Timor oriental, les Nations Unies ne sont intervenues dans cette région… qu'en 1999.

5.31
Israël fait construire un mur autour de territoires palestiniens (2003). Depuis 1972, les États-Unis ont fréquemment utilisé leur droit de *veto* pour empêcher le Conseil de sécurité d'adopter des résolutions concernant Israël, un de leurs proches alliés.

L'ASSISTANCE HUMANITAIRE

La demande d'une intervention internationale sur le territoire d'un État ne pose habituellement aucun problème légal. Il en va autrement dans le cas d'une ingérence non sollicitée, qui porte atteinte à la souveraineté d'un État. L'assistance humanitaire est l'une des rares raisons jugées acceptables par les Nations Unies pour déroger au principe de non-ingérence.

19e siècle : l'intervention d'« humanité »

1 Déjà au 19e siècle, les puissances occidentales se servaient de la notion d'intervention humanitaire pour justifier le colonialisme. De nombreux chefs d'État affirmaient alors qu'il était de leur devoir d'intervenir dans les affaires des pays africains et asiatiques afin de défendre leurs propres ressortissants et ressortissantes, de combattre des pratiques barbares tel l'esclavage et, de manière générale, d'apporter la civilisation. Ces « interventions d'humanité », comme on les appelait alors, n'étaient évidemment pas désintéressées. Les États colonisateurs en retiraient généralement d'importants bénéfices politiques et économiques.

La guerre du Biafra

Où ? ▪ Nigeria

Quand ? ▪ De 1967 à 1970

Qui ? ▪ Le gouvernement du Nigeria et des troupes séparatistes de la région du Biafra (peuple ibo)

Pourquoi ? ▪ La région riche du Biafra réclame son indépendance.

Comment ? ▪ Plusieurs opérations guerrières conventionnelles sont menées et le gouvernement nigérien impose au Biafra un blocus terrestre et maritime.

Résultat ▪ La rébellion finit par être matée, mais le blocus entraîne une terrible famine.

Victimes ▪ Plus d'un million de morts, surtout des civils ayant souffert de malnutrition.

Années 1970 : le droit d'ingérence humanitaire

2 L'idée moderne d'ingérence humanitaire est apparue au cours de la guerre du Biafra. Malgré la catastrophe humanitaire largement médiatisée qui frappe le pays, les États occidentaux restent officiellement neutres, invoquant le principe de non-ingérence dans les affaires intérieures d'un pays.

Plusieurs personnalités publiques, dont le médecin français Bernard Kouchner, futur fondateur de Médecins sans frontières, dénoncent cette attitude. Ces gens estiment que dans certaines situations extrêmes, par exemple lorsque les droits de la personne sont violés massivement et à répétition, les interventions extérieures devraient être permises pour des raisons humanitaires, même si cela remet en question la souveraineté des États. C'est ce que l'on appelle le « droit d'ingérence ».

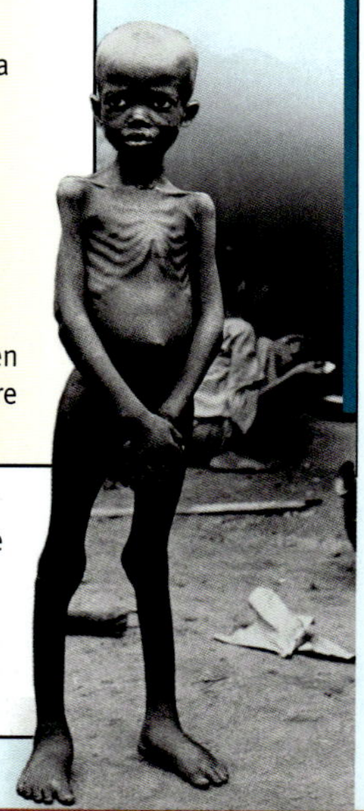

5.32
Un enfant victime de la famine au Biafra (1970)

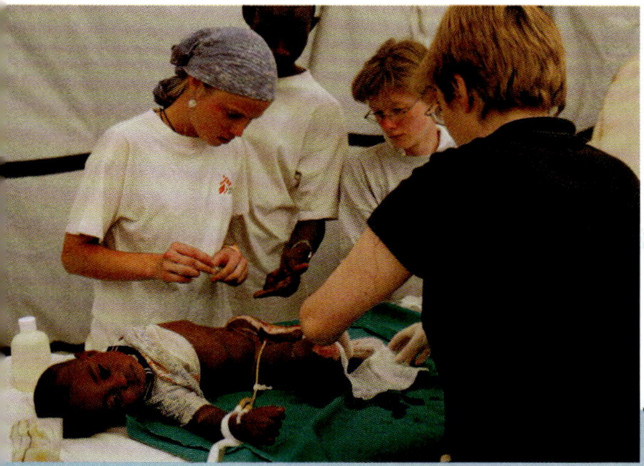

5.33
Camp de Médecins sans frontières pour les réfugiés soudanais au Tchad (2004)
Médecins sans frontières est une organisation non gouvernementale (ONG) qui a été créée en 1971. Cette association internationale a pour but de faciliter les interventions humanitaires médicales auprès des populations en situation de crise.

Années 1980 : le devoir d'ingérence humanitaire

3 L'idée du droit d'ingérence humanitaire se répand largement au cours des années 1980. Ce principe est même adopté officiellement en 1988 par l'Assemblée générale des Nations Unies dans le cas de victimes de catastrophes naturelles ou d'autres situations d'urgence. Peu à peu, certaines personnes élargissent le concept et vont jusqu'à parler de « devoir d'ingérence ». Selon elles, en situation de crise humanitaire, les États devraient non seulement avoir le droit d'intervenir, mais aussi le devoir moral de le faire. Les défenseurs du devoir d'ingérence refusent ainsi ce qu'ils appellent « le droit à l'indifférence ».

5.34
Une opération militaire en Somalie (1992)

L'opération des Nations Unies en Somalie (ONUSOM)

Où ? ■ Somalie

Quand ? ■ De 1992 à 1995

Qui ? ■ Des chefs de milice somaliens et une force multinationale dirigée par les États-Unis avec l'autorisation de l'ONU.

Pourquoi ? ■ À la suite du déclenchement d'une guerre civile en Somalie, l'ONU décide d'intervenir afin de protéger les convois d'aide humanitaire chargés d'approvisionner la population souffrant de famine.

Résultats ■ Les miliciens somaliens infligent des pertes aux troupes de l'ONU, si bien que la communauté internationale décide d'abandonner le pays à son sort. La guerre civile se poursuit à ce jour (2009).

Caractéristique particulière ■ Malgré son échec, cette opération est l'une des premières interventions internationales justifiées par le droit d'ingérence humanitaire.

2001 : La responsabilité de protéger

4 En 2000, le secrétaire général de l'ONU, Kofi Annan, s'interroge publiquement sur la manière dont les Nations Unies peuvent concilier l'idée fondamentale de souveraineté des États et le devoir d'ingérence humanitaire. Pour étudier cette question, le gouvernement canadien institue une organisation indépendante : la Commission internationale de l'intervention et de la souveraineté des États.

La Commission produit en 2001 un rapport qui présente un nouveau concept : la responsabilité de protéger. Selon ce principe, la protection des populations civiles est en fait une condition essentielle à la souveraineté des États. La souveraineté serait donc un droit, mais elle inclurait aussi des devoirs. Ainsi, lorsqu'un gouvernement ne remplit pas ses obligations de protection, les autres États auraient la responsabilité d'intervenir. Cette opération de dernier recours devrait idéalement être autorisée par une organisation internationale reconnue, telles les Nations Unies, et être menée par une coalition de pays.

LES INTÉRÊTS DES PARTIES

Peu de gouvernements sont véritablement disposés à prendre des risques politiques, financiers ou humains gratuitement, dans le seul but de venir en aide à une population étrangère. C'est pourquoi la plupart des interventions humanitaires internationales sont motivées par d'autres intérêts.

L'opposition à l'ingérence humanitaire

Réunis en sommet à La Havane (Cuba) en 2000, les chefs d'État de 130 pays en développement ont signé une déclaration commune dénonçant le droit d'ingérence humanitaire. Selon eux, cette pratique est incompatible avec la Charte des Nations Unies, qui défend la souveraineté de chaque État. Les adversaires de l'ingérence humanitaire fondent généralement leur opposition sur quatre principes:

1. **L'inégalité des interventions**
   L'ingérence humanitaire vise toujours des États pauvres et faibles, jamais les plus riches et les plus puissants. Ainsi, il serait inimaginable d'envoyer des troupes rwandaises pour protéger les victimes d'attentats terroristes en Europe, alors que le contraire serait facilement justifié.
2. **Les risques d'ingérence autre qu'humanitaire**
   Les intervenants sont rarement neutres et impartiaux. L'assistance humanitaire peut servir de prétexte pour s'ingérer dans les affaires d'un pays.
3. **Le manque de systématisation dans les interventions**
   Les interventions se font au cas par cas: seuls les conflits les plus médiatisés sont visés. Les catastrophes humanitaires chroniques, telles les famines, sont rarement prises en considération.
4. **Le manque de moyens**
   Ceux qui participent aux interventions disposent souvent de peu de ressources pour mener à bien leur mission.

DES BOMBARDEMENTS HUMANITAIRES ?

5.35 Un homme constate les dégâts des bombardements de l'OTAN en Serbie (1999).

FAIT DIVERS

Certains critiques jugent que les interventions militaires humanitaires causent plus de tort que de bien aux populations civiles. Par exemple, en 1999, les bombardements de l'OTAN pendant la guerre du Kosovo ONT DÉTRUIT NON SEULEMENT DES OBJECTIFS MILITAIRES MAIS AUSSI DES INFRASTRUCTURES CIVILES importantes, tels des routes, des ponts, des centrales électriques, une station de télévision et même un hôpital.

5.36
Distribution de nourriture au Cambodge (1992)
La distribution d'aide humanitaire permet à la fois d'aider les populations dans le besoin et de donner une bonne image internationale au pays en cause.

REFLET DE L'ACTUALITÉ

ⓐ Comment définiriez-vous le concept d'« ingérence » ?

ⓑ Citez l'exemple d'un conflit où il y a eu ingérence.

De nombreuses raisons d'intervenir...

À l'époque coloniale, les idéaux d'assistance humanitaire servaient souvent de paravent aux activités politiques et économiques des puissances occidentales. Les choses n'ont guère changé puisque encore aujourd'hui, les États qui participent aux interventions humanitaires internationales ont habituellement plusieurs raisons de le faire. Les intérêts particuliers des États jouent fréquemment un rôle aussi important, sinon plus, que les intérêts des populations locales qu'ils défendent.

5.37 Quelques raisons possibles pour participer aux interventions internationales

Obtenir des bénéfices territoriaux ou économiques	Envoyer des troupes militaires dans un autre pays fournit souvent l'occasion d'obtenir, directement ou indirectement, des avantages territoriaux, telle l'implantation de bases militaires, ou économiques, par exemple un accès privilégié à certaines ressources naturelles.
Défendre ses ressortissants et ressortissantes et ses intérêts nationaux	La plupart des États possèdent des investissements à l'étranger et certains de leurs citoyens qui sont établis dans d'autres pays peuvent avoir besoin de protection en période d'instabilité.
Défendre la sécurité collective	Certains régimes extrémistes peuvent mettre en danger l'équilibre de la paix dans le monde, en produisant par exemple des armes de destruction massive.
Améliorer son image internationale	La participation à une intervention humanitaire peut améliorer la réputation d'un pays, contribuant ainsi aux bonnes relations diplomatiques avec les autres États.
Accroître son influence politique, militaire, économique, culturelle, etc.	Les interventions internationales sont de bonnes occasions pour établir des relations privilégiées avec certains groupes. Ceux qui ont reçu de l'aide se montrent généralement (mais pas toujours) redevables envers leurs bienfaiteurs.
Diminuer l'influence de rivaux	Sans apporter des avantages immédiats, les interventions peuvent empêcher des États rivaux de profiter de la situation pour accroître leur propre influence.
Un sentiment d'identité avec les protagonistes	Bien des gens sont plus enclins à intervenir s'ils partagent certaines caractéristiques avec les victimes : ethnie, religion, idéologie politique, etc.
Porter assistance à des populations dans le besoin	L'assistance humanitaire n'est souvent qu'un motif parmi d'autres, mais elle n'en demeure pas moins une motivation sincère.

LES INTERVENTIONS ÉCONOMIQUES ET DIPLOMATIQUES

Selon les principes qui régissent les relations internationales, l'emploi de la force armée représente toujours une solution de dernier recours. Avant de s'y résigner, il faut avoir épuisé tous les autres moyens de pression possibles, telles les sanctions économiques ou les interventions diplomatiques.

Les interventions économiques

Les sanctions économiques visant à influencer les dirigeants d'un État peuvent prendre diverses formes. Elles peuvent être commerciales, allant de l'interdiction d'exporter vers le pays certains produits ciblés, tels les armes et l'équipement militaire, à un embargo total, qui met fin à toute relation économique entre deux pays. Il peut aussi s'agir de sanctions financières, par exemple l'imposition de restrictions sur des programmes d'assistance économique ou la saisie des biens appartenant aux dirigeants du pays.

5.38
Irakiens manifestant contre l'embargo des Nations Unies (1993).

Les pénalités économiques ont pour but d'affaiblir un État sans recourir directement à la force. Même si ces mesures visent généralement les dirigeants du pays, elles peuvent faire souffrir considérablement les populations civiles contraintes à de nombreuses privations. Pour éviter une telle situation, souvent l'embargo est levé sur certaines marchandises essentielles, telles que la nourriture ou les médicaments.

Les sanctions économiques peuvent être décidées par un seul pays ou par un ensemble de nations. La Charte des Nations Unies autorise même le Conseil de sécurité à décréter plusieurs mesures de ce type afin de faire exécuter ses décisions. Ainsi, de 1990 à 2003, les Nations Unies ont imposé un embargo commercial presque total contre l'Irak parce qu'on soupçonnait le gouvernement du pays de détenir des armes de destruction massive.

Sanctions économiques adoptées par le gouvernement canadien (2008)

- Interdiction d'exporter tout type de marchandises : Bélarus, Birmanie
- Interdiction d'exporter des armes et du matériel militaire : Corée du Nord, Côte d'Ivoire, Irak, Liban, République démocratique du Congo, Rwanda, Sierra Leone, Soudan, Zimbabwe
- Interdiction d'exporter des armes et du matériel militaire et d'importer des diamants : Liberia
- Interdiction d'exporter ou d'importer du matériel lié aux technologies nucléaires : Iran

LES DIAMANTS DE LA GUERRE

FAIT DIVERS

En 2000, l'Assemblée générale des Nations Unies lance un appel pour condamner le commerce de diamants en provenance de certains pays africains ravagés par la guerre civile. LA VENTE DE CES DIAMANTS SERT EN EFFET À FINANCER DES GROUPES ARMÉS QUI EMPÊCHENT L'ÉTABLISSEMENT D'UNE PAIX DURABLE dans ces régions. Plusieurs pays, dont le Canada, répondent à l'appel de l'Assemblée générale en adoptant des lois afin d'interdire l'achat de ces « diamants de la guerre ».

5.39
Guerre civile en Angola, encouragée par le commerce des diamants (1987).

Les interventions diplomatiques

Les sanctions

L'état des liens diplomatiques entre deux pays illustre bien la qualité des rapports qu'ils entretiennent : plus ces liens sont bons, meilleures sont leurs relations en général. Les sanctions diplomatiques jouent donc un rôle symbolique important pour exprimer le mécontentement d'un État envers un autre. Ces sanctions peuvent prendre différentes formes, allant de l'imposition d'un visa obligatoire pour les visiteurs en provenance de certains pays au retrait temporaire ou même permanent des ambassadeurs.

La médiation

Les interventions diplomatiques s'avèrent positives lorsqu'un pays se sert de son influence pour calmer les tensions ou résoudre un conflit à l'étranger. Certains États respectés jouent ainsi le rôle de médiateurs entre deux parties adverses. Ils peuvent organiser et superviser des rencontres en terrain neutre entre deux groupes ennemis afin de faciliter leurs négociations. Par exemple, en 2005, des diplomates norvégiens ont joué le rôle de médiateurs au Soudan, en Bosnie, au Sri Lanka et en Colombie.

L'embargo états-unien contre Cuba

Où ? ▪ Cuba

Quand ? ▪ Depuis le 7 février 1962

Qui ? ▪ Les États-Unis et Cuba

Pourquoi ? ▪ Pour faire pression sur le gouvernement communiste de Cuba, qui a nationalisé plusieurs entreprises états-uniennes sur son territoire.

Comment ▪ Les États-Unis interdisent à leurs citoyens et citoyennes toutes relations commerciales, économiques ou financières avec Cuba.

Résultats ▪ Au début des années 1960, les États-Unis étaient le principal partenaire commercial de Cuba. L'embargo a donc frappé très durement l'économie cubaine, même si ses conséquences ont été amoindries jusqu'au début des années 1990 par le soutien de l'Union soviétique. Depuis, le pays a diversifié ses relations commerciales mais sa situation économique demeure précaire. Le gouvernement communiste cubain demeure toujours en place.

5.40
Circuler à La Havane (2007)
Une des manifestations les plus visibles de l'embargo est l'absence presque totale de voitures à La Havane, la capitale de Cuba. Celles qu'on y trouve datent souvent des années 1950.

LES INFLUENCES VOILÉES

Très délicates à mener, les interventions internationales publiques exigent généralement beaucoup de diplomatie, d'argent et de temps. De plus, les résultats sont souvent difficiles à prédire. C'est pourquoi de nombreux États utilisent des techniques à la fois plus directes et plus discrètes pour établir leur influence internationale.

Le renseignement

Même si les rocambolesques aventures de l'espion James Bond relèvent de la pure fiction, il reste que les services de renseignements de chaque État jouent un rôle important dans les relations internationales. Ils permettent en effet aux gouvernements d'obtenir des informations vitales pour la sécurité ou même l'économie nationales, orienter leur politique diplomatique ou diriger des opérations militaires en territoire ennemi. Ces informations peuvent être obtenues par une grande variété de moyens, incluant l'interception de communications, l'utilisation de radars ou de satellites, les agents secrets et l'analyse minutieuse des données publiques disponibles.

5.41
Image d'un quartier de Bagdad prise par un satellite états-unien (2004).
Les satellites espions peuvent observer n'importe quel endroit de la planète avec une très grande précision.

5.42
Fidel Castro (2006)
Au cours de sa carrière, le chef cubain Fidel Castro a été la cible de plusieurs centaines de tentatives d'assassinats – certaines personnes estiment ce nombre à 638. Divers moyens ont été utilisés, allant du stylo plume rempli d'encre empoisonnée jusqu'au cigare explosif.

Les interventions secrètes

Les gouvernements peuvent tenter d'intervenir dans un pays étranger en y menant des opérations secrètes à l'aide de leurs services de renseignements ou de troupes spécialement recrutées pour ce genre d'activités. Le plus souvent illégales à l'égard des lois internationales, d'où leur caractère secret, ces opérations peuvent comprendre des enlèvements, des attentats, des assassinats et des raids militaires ciblés. Les buts visés sont multiples : déstabiliser un gouvernement, éliminer des adversaires, favoriser un coup d'État, délivrer des prisonniers, etc.

Un exemple célèbre de ce type d'opération est le débarquement de la baie des Cochons à Cuba, en 1961. La CIA – l'agence de renseignements des États-Unis – avait alors recruté, entraîné et équipé un groupe d'exilés cubains afin de renverser le gouvernement communiste de Fidel Castro. Les troupes cubaines ont toutefois mis en déroute ces mercenaires, à la plus grande gêne du gouvernement états-unien. Plus sinistre en raison de ses succès, l'opération Condor consistait en une campagne d'assassinats et de répression politique menée conjointement par les services secrets de plusieurs dictatures sud-américaines (Chili, Argentine, Bolivie, Brésil, Paraguay et Uruguay) au milieu des années 1970.

5.43
Marchand d'armes en Irak (1999)

Le soutien de groupes étrangers

Les interventions directes dans les affaires d'un autre pays comportent toujours des risques importants. Elles obligent généralement les gouvernements interventionnistes à justifier leurs actes et, le cas échéant, à subir des représailles en cas d'échec. C'est pourquoi bien des États préfèrent étendre leur influence de manière indirecte, en soutenant des groupes dont les intérêts sont semblables ou favorables aux leurs.

Ce soutien peut être financier, matériel ou logistique : il peut consister par exemple à vendre des armes et de l'équipement militaire, à entraîner des troupes ou à partager des informations. Il peut être reconnu publiquement, comme l'aide militaire apportée par les États-Unis (voir le graphique), ou secret, comme les camps d'entraînement pour les groupes terroristes en Afghanistan à l'époque du régime taliban.

5.44 **Assistance militaire des États-Unis (2006)**

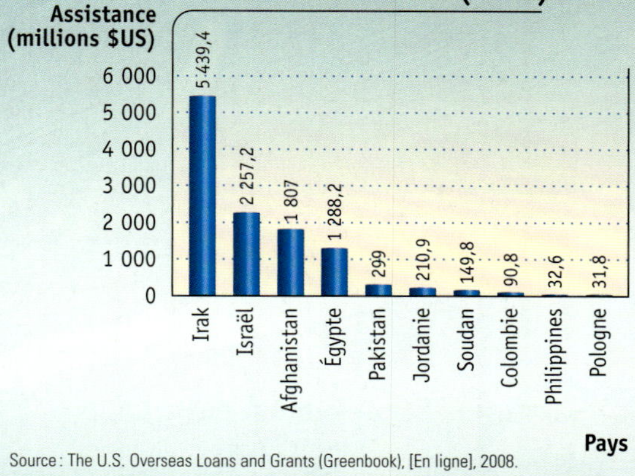

Source : The U.S. Overseas Loans and Grants (Greenbook), [En ligne], 2008.

Les États-Unis offrent une assistance militaire à de nombreux pays. Ils créent ainsi de meilleurs liens diplomatiques avec ces États, fortifient la capacité militaire de leurs alliés et aident les pays plus démunis à maintenir l'ordre chez eux.

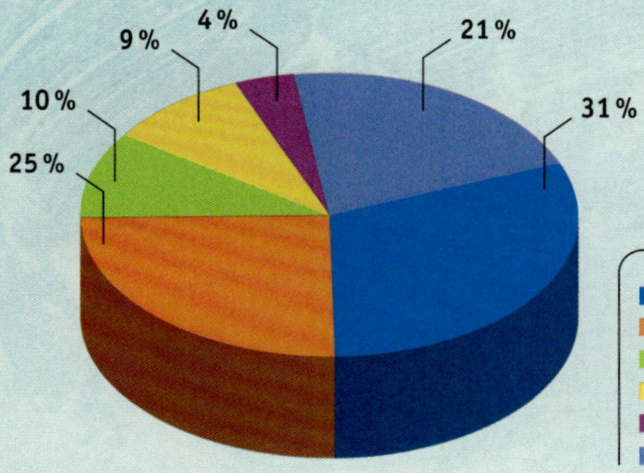

5.45
Les principaux pays vendeurs d'armes (2003-2007)

- États-Unis
- Russie
- Allemagne
- France
- Royaume-Uni
- Autres

Source : Sipri Yearbook 2008, p. 14, [En ligne], 2008.

La disponibilité de l'armement joue un rôle important dans la persistance des tensions et des conflits dans le monde. En 2007, on évalue la valeur totale du commerce légal des armes à plus de 60 milliards de dollars américains. À cela, on peut ajouter plusieurs milliards de dollars provenant du trafic clandestin.

UN JEU DANGEREUX

FAIT DIVERS

LES ALLIÉS D'HIER PEUVENT TRÈS BIEN DEVENIR LES ENNEMIS DE DEMAIN, comme l'ont appris à leurs dépens les États-Unis en Afghanistan. Au cours des années 1980, plusieurs groupes islamistes se sont battus en Afghanistan contre une invasion de l'URSS. Dans le cadre de la guerre froide, les États-Unis ont investi d'importantes sommes pour soutenir ces combattants antisoviétiques, leur procurant financement, armes et entraînement. À partir de 1989, une fois l'envahisseur repoussé, ces groupes maintenant bien équipés et expérimentés ont entrepris de poursuivre leurs propres objectifs de manière indépendante. De leurs rangs sont issus les talibans et le réseau terroriste Al-Qaïda, dont l'hostilité envers les États-Unis allait déclencher une nouvelle guerre en 2001.

LES CASQUES BLEUS ET LES MISSIONS DE PAIX

Pendant longtemps, l'intervention des Nations Unies dans les conflits mondiaux s'est limitée à l'envoi de forces de maintien de la paix. Toutefois, depuis la fin de la guerre froide et la plus grande reconnaissance du principe d'ingérence humanitaire, l'ONU a participé à des opérations de plus en plus ambitieuses.

Les différents types de missions de paix

❶ Avant un conflit

La prévention des conflits ▪ Mesures destinées à empêcher l'éclatement d'un conflit ou à en atténuer les conséquences. Cela signifie qu'il faut d'abord être bien informé sur la cause et la nature des tensions. Divers moyens peuvent ensuite être mis en œuvre afin de préserver le dialogue et la confiance entre les parties opposées.

❷ Pendant un conflit

L'établissement de la paix (*peacemaking*) ▪ Mesures prises afin de rapprocher de manière non contraignante les parties opposées dans un conflit, dans le but d'arriver à un accord. Cela inclut les négociations diplomatiques et la médiation, mais également le déploiement préventif de forces militaires.

L'imposition de la paix (*peace enforcement*) ▪ Moyens coercitifs, c'est-à-dire contraignants, mis en œuvre afin d'éliminer des menaces contre la paix ou de faire cesser les actes d'agression. Cela inclut le recours à l'emploi de la force par des troupes militaires.

❸ Après un cessez-le-feu

Le maintien de la paix (*peacekeeping*) et la consolidation de la paix (*peacebuilding*) ▪ Principale forme d'intervention des Nations Unies, le maintien de la paix a pour but de surveiller l'application d'un cessez-le-feu qui a déjà été conclu. Il n'est possible qu'avec le consentement des parties en cause. Il peut comprendre des actions pour désarmer les combattants, protéger les populations civiles, assurer l'ordre public, appuyer des opérations humanitaires, fournir un appui électoral, encourager le développement économique et social, etc. Le maintien de la paix fait partie d'un ensemble de mesures plus larges pouvant être prises pour assurer la consolidation de la paix dans une région touchée par les conflits.

5.46
Un Casque bleu espagnol en Bosnie (1993)

LES CASQUES BLEUS EN QUELQUES CHIFFRES

Nombre de missions de maintien de la paix (2008) : 16

Budget (2008-2009) : 7,1 milliards $US

Personnel en uniforme (janvier 2009) : 91 382

NOMBRE DE PAYS QUI CONTRIBUENT EN PERSONNEL : 120

Nombre de décès (entre 1948 et 2008) : 2 560

FAIT DIVERS

5.47

Lester B. Pearson aux Nations Unies (1957)
La création des Casques bleus a valu à Lester B. Pearson, alors ministre des Affaires étrangères du Canada, le prix Nobel de la paix en 1957. Les Casques bleus eux-mêmes ont reçu ce prix Nobel en 1988.

Les Casques bleus

Les premières missions de paix des Nations Unies n'étaient composées que de simples observateurs. Lors de la crise du canal de Suez de 1956, le Canadien Lester B. Pearson, futur premier ministre, proposa d'envoyer des troupes armées sous la direction des Nations Unies afin de maintenir la paix entre les opposants. Ce fut le début des Forces de maintien de la paix des Nations Unies, mieux connues sous le nom de Casques bleus en raison de la couleur de leurs casques.

Les Casques bleus sont des troupes envoyées par divers pays afin de servir sous la direction des Nations Unies, dans le cadre d'opérations bien définies. Ces soldats et officiers militaires demeurent membres de leurs propres forces armées respectives et ne forment donc pas une armée des Nations Unies. Les Casques bleus peuvent aussi comprendre des policiers ou du personnel civil utile pour le maintien de la paix.

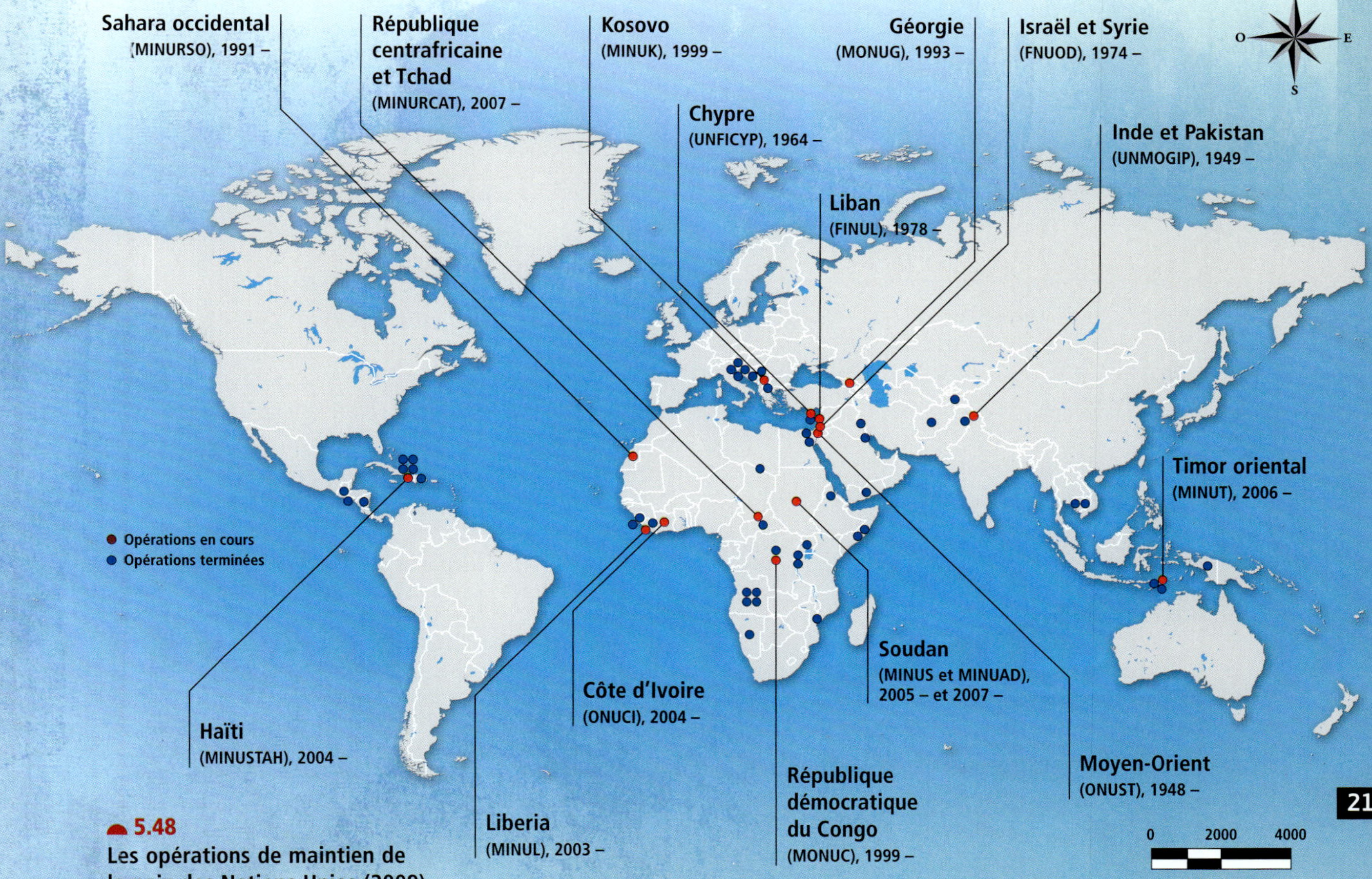

5.48
Les opérations de maintien de la paix des Nations Unies (2009)

INTERVENIR SANS LES NATIONS UNIES

Pour être jugées légitimes, les missions de paix doivent être accomplies avec l'approbation de la communauté internationale. L'envoi de troupes de maintien de la paix des Nations Unies représente donc la solution privilégiée pour dénouer les crises internationales. Certaines missions de paix peuvent toutefois être réalisées en dehors du cadre des Nations Unies, avec ou sans leur consentement.

Les limites des Casques bleus

Les missions de paix coûtent cher et exigent beaucoup de personnel. Même si de nombreux États fournissent des troupes, la répartition des efforts est souvent inégale. En effet, beaucoup d'États ne sont guère intéressés à envoyer leurs soldats dans des régions où ils possèdent peu d'intérêts.

En outre, certains pays, notamment les États-Unis, rechignent à soumettre leurs troupes à un commandement international. Ils préfèrent garder le contrôle direct de leurs soldats, quitte à diriger eux-mêmes les missions de paix. Pour toutes ces raisons, l'envoi de Casques bleus dans les zones de conflit n'est pas toujours possible.

Une intervention armée avec le consentement des Nations Unies

5.49
Soldats canadiens en Afghanistan (2004)

La guerre d'Afghanistan de 2001

Où ? ▪ Afghanistan

Quand ? ▪ Depuis le 7 octobre 2001

Qui ? ▪ Les talibans, les États-Unis et la Force internationale d'assistance et de sécurité (FIAS), une coalition de plusieurs dizaines de pays dirigée par l'OTAN et autorisée par le Conseil de sécurité des Nations Unies.

Pourquoi ? ▪ Les États-Unis veulent défaire le groupe terroriste Al-Qaïda, responsable des attentats du 11 septembre 2001, protégé par le régime des talibans en Afghanistan.

Comment ? ▪ Les États-Unis et le Royaume-Uni interviennent dès le 7 octobre et renversent les talibans au bout de quelques semaines. Le 20 décembre 2001, le Conseil de sécurité des Nations Unies autorise la création d'une force multinationale pour aider le nouveau gouvernement afghan à établir son autorité. Les talibans poursuivent toutefois le combat en menant des opérations de guérilla et des attentats-suicides.

Résultats ▪ Après quelques années, la guérilla des talibans est toujours active et le gouvernement afghan supporté par la FIAS demeure fragile en raison de nombreuses tensions à l'intérieur du pays.

5.50
Un soldat de la Communauté économique d'Afrique de l'Ouest (CEAO) au service des Nations Unies (2004)
Les pays en développement fournissent généralement un plus grand nombre de troupes pour les Casques bleus.

5.51 Les principaux pays fournisseurs de Casques bleus (janvier 2009)

Pays	Casques bleus
1 Pakistan	10 989
2 Bangladesh	9 424
3 Inde	8 640
4 Nigeria	6 001
5 Népal	3 924
6 Rwanda	3 635
7 Ghana	3 283
8 Jordanie	3 109
9 Italie	2 565
10 Uruguay	2 538
…	
48 Canada	179

Des missions de paix sans les Nations Unies

Il arrive que l'intervention directe des Nations Unies soit inadéquate ou irréalisable, soit par manque de moyens, soit parce qu'il faut agir très rapidement et qu'il y a des blocages au sein du Conseil de sécurité, ou pour d'autres raisons. Les Nations Unies peuvent alors choisir d'autoriser d'autres organisations internationales à effectuer des missions de paix. Il peut s'agir d'organisations régionales, telles l'Union européenne ou l'Union africaine, d'alliances militaires comme l'OTAN, ou d'une coalition d'États volontaires.

Certains États ont déjà entrepris des missions de paix sans l'autorisation des Nations Unies. Leur action peut s'expliquer par un manque de confiance envers le système des Nations Unies, par l'urgence de la situation ou… par la volonté de profiter de l'occasion pour défendre des intérêts particuliers. La légalité de ces interventions est généralement problématique.

Une intervention armée sans le consentement des Nations Unies

5.52
Camp de réfugiés kosovars (1999)

La guerre du Kosovo

Où ? ▪ République fédérale de Yougoslavie (aujourd'hui Serbie et Kosovo)

Quand ? ▪ En 1999

Qui ? ▪ Le gouvernement yougoslave (serbe), les Kosovars (majoritairement Albanais) et l'OTAN

Pourquoi ? ▪ Les Albanais du Kosovo veulent obtenir leur indépendance de la Yougoslavie, dominée par les Serbes.

Comment ▪ Les pays membres de l'OTAN craignent que les autorités yougoslaves ne commettent un génocide au Kosovo. Afin de réagir rapidement et sachant que la Russie, alliée des Serbes, imposerait probablement son droit de *veto* au Conseil de sécurité, ils décident de bombarder la Yougoslavie pour contraindre les forces serbes à se retirer du Kosovo.

Résultats ▪ Après le retrait des troupes yougoslaves, le Kosovo passe sous l'administration de l'ONU. En 2008, il proclame son indépendance, qui n'est toutefois reconnue en 2009 que par une cinquantaine de pays, dont le Canada.

LES ORGANISATIONS HUMANITAIRES

Les États et les organisations intergouvernementales ne sont pas les seuls acteurs internationaux qui interviennent dans les zones de tensions et de conflits. Plusieurs organisations non gouvernementales (ONG) ont une vocation humanitaire qui les amène à agir dans les régions touchées par la guerre afin de porter assistance aux populations dans le besoin.

De multiples formes d'action

L'action des ONG dans les zones de tensions et de conflits peut prendre diverses formes. Certains groupes fournissent une aide immédiate et directe dans les situations de crise, qu'il s'agisse de soins médicaux, de distribution de nourriture ou de l'établissement de camps de réfugiés. D'autres ONG s'engagent plutôt dans des programmes de développement à long terme qui servent à consolider la paix. Finalement, certaines organisations veillent à informer et à sensibiliser le public sur la situation humanitaire. Leur travail permet d'attirer l'attention internationale sur les cas d'abus et de susciter ainsi une intervention appropriée.

Sensibiliser et conscientiser

Amnistie internationale

Fondée en 1961, cette organisation milite pour la défense des droits humains partout dans le monde. Elle se consacre entre autres à la libération des prisonniers d'opinion, ainsi qu'à l'abolition de la torture et de la peine de mort. Amnistie internationale cherche à documenter de manière impartiale les violations des droits humains et produit annuellement un rapport sur la situation dans chaque pays. L'organisation a reçu le prix Nobel de la paix en 1977.

Reporters sans frontières (RSF)

La défense de la liberté de presse et l'aide aux journalistes emprisonnés sont les principaux objectifs de Reporters sans frontières. Cette organisation fondée en 1985 défend le droit d'informer et d'être informé partout dans le monde, considérant qu'il s'agit là d'une condition essentielle au respect des droits de l'homme et à l'établissement de la paix.

5.53 La liberté de presse (2008)

	Nombre de journalistes...		
Pays	**tués**	**arrêtés**	**agressés ou menacés**
Afrique	3	263	117
Asie-Pacifique	26	60	106
Amériques	7	127	414
Europe et pays de l'ex-URSS	8	86	168
Maghreb et Moyen-Orient	16	137	124
Total	**60**	**673**	**929**

Source : Reporters sans frontières, « Liberté de la presse : l'année 2008 en chiffres », [En ligne], 2008.

Manifestation organisée par Amnistie internationale en Italie pour réclamer la création d'une cour internationale des droits humains (1998).
5.54

Agir publiquement ou dans l'ombre?

Les organisations humanitaires se trouvent souvent tiraillées entre deux positions très différentes.

Une stricte neutralité
- Avantage: permet de gagner la confiance des parties en cause et donc d'agir plus aisément et plus efficacement sur le terrain.
- Inconvénient: peut obliger à garder le silence sur certains crimes humanitaires, même si c'est pour mieux les combattre en négociant avec les autorités responsables.
- Exemple d'ONG suivant surtout ce principe: la Croix-Rouge

VS

Une prise de position publique
- Avantage: permet de dénoncer les abus humanitaires et de sensibiliser ainsi les autorités et le grand public qui peuvent faire pression pour y mettre fin.
- Inconvénient: le travail de l'ONG peut être utilisé par diverses parties à leurs propres fins de propagande.
- Exemple d'ONG suivant surtout ce principe: Amnistie internationale

Répondre aux urgences

Le Mouvement international de la Croix-Rouge et du Croissant-Rouge

Ce mouvement englobe le Comité international de la Croix-Rouge (CICR) ainsi qu'une fédération internationale qui coordonne les activités de plus de 186 sociétés nationales. Implantées dans pratiquement tous les États de la planète, celles-ci exécutent de nombreuses tâches humanitaires dans leur pays d'origine et contribuent à soulager les populations touchées par les conflits ou les situations de crise, telles que les catastrophes naturelles, partout dans le monde.

Créé en 1863, le Comité international de la Croix-Rouge est à l'origine des conventions de Genève. Élaborés entre 1864 et 1949, ces traités fondent le droit international humanitaire en définissant les règles de protection des personnes en cas de conflit armé, notamment les blessés, les prisonniers de guerre et les civils. Le travail du CICR a été souligné par la remise du prix Nobel de la paix à trois reprises, en 1917, 1944 et 1963.

Médecins sans frontières

Après la guerre du Biafra, un petit groupe de médecins français décident en 1971 de fonder Médecins sans frontières. Cette organisation a pour but d'offrir une assistance médicale d'urgence, par exemple dans les conflits armés ou lorsqu'il se produit des catastrophes naturelles, tout en organisant des campagnes de sensibilisation publique. Médecins sans frontières a été lauréat du prix Nobel de la paix en 1999.

5.55

Travailleurs de la Croix-Rouge transportant un blessé au Rwanda (1994).
La croix rouge, le croissant rouge et, plus récemment, le diamant rouge, sont des emblèmes de neutralité reconnus partout dans le monde.

JUGER LES CRIMINELS DE GUERRE

Toute guerre est source de détresse et de souffrance. Il arrive alors que certains gestes particulièrement horribles soient commis. Une fois le conflit terminé, ces actes doivent être punis. Mais à qui peut-on confier le jugement de ces cas souvent très complexes et extrêmement délicats politiquement ? Les tribunaux internationaux ont été créés précisément pour ces causes.

Le fonctionnement de la Cour pénale internationale (CPI)
5.56

Louise Arbour

La Canadienne Louise Arbour est l'une des personnes qui ont le plus contribué à faire évoluer le système de justice international au cours des dernières années. En 1996, elle est nommée procureure en chef des tribunaux pénaux pour l'ex-Yougoslavie et pour le Rwanda. À ce titre, elle décide des personnes à poursuivre et des accusations à porter. Elle occupe ce poste jusqu'en 1999, alors qu'elle est nommée juge à la Cour suprême du Canada. Son engagement pour la défense des opprimés partout dans le monde lui permet d'accéder au poste de haut-commissaire de l'ONU aux droits de l'homme, fonction qu'elle occupe de 2004 à 2008.

Les tribunaux pénaux internationaux (TPI)

En réaction à des conflits particulièrement violents, les Nations Unies décident de créer des tribunaux pénaux internationaux temporaires (TPI) pour juger les criminels de guerre selon le droit international. Les compétences de ces tribunaux provisoires sont toutefois limitées puisqu'ils ne s'occupent que d'une situation très précise. De plus, les procès sont extrêmement longs.

- Le Tribunal pénal pour l'ex-Yougoslavie (1993);
- le Tribunal pénal pour le Rwanda (1994);
- le Tribunal spécial pour la Sierra Leone (2002);
- le Tribunal spécial pour le Liban (2006).

1945 1946 1950 1975 1993 2000 2002

Les premiers tribunaux internationaux

À la fin de la Seconde Guerre mondiale, les Alliés instituent deux tribunaux internationaux pour juger les criminels de guerre de l'Allemagne nazie et du Japon impérial: le Tribunal militaire international de Nuremberg et le Tribunal militaire international pour l'Extrême-Orient. Ce sont les premiers tribunaux internationaux à juger des crimes de guerre.

5.57 **La Cour pénale internationale (2006)**

La Cour pénale internationale (CPI)

Pour combler les lacunes des TPI, on décide de créer la Cour pénale internationale (CPI). Son champ d'action est beaucoup plus vaste que celui des TPI puisqu'il englobe tous les États qui ont ratifié le Statut de Rome, soit plus de 108 pays en 2008. La Cour pénale internationale est permanente. Elle siège à La Haye, aux Pays-Bas.

Crimes relevant de la compétence de la CPI

- **Crime de génocide:** intention de détruire, en tout ou en partie, un groupe national, ethnique, racial ou religieux.
- **Crimes contre l'humanité:** actes graves commis contre une population civile, tels que les meurtres, la torture, les viols, l'esclavage, la déportation, les crimes d'apartheid, etc.
- **Crimes de guerre:** infractions graves aux conventions de Genève, incluant les abus contre les civils, les prisonniers de guerre et les blessés.

L'histoire à la une

1 La domination des sociétés industrielles 1880-1914

Construction du canal de Panama par les Américains en 1913

D'un océan à l'autre, par le Panama

Panama, Amérique centrale, 1881

Depuis le 16e siècle, les navigateurs rêvent de trouver un raccourci entre les océans Atlantique et Pacifique. En 1881, les Français entreprennent la construction d'un canal au niveau de l'isthme de Panama, une étroite bande de terre située entre la mer des Caraïbes et l'océan Pacifique. Cet ambitieux projet d'ingénierie, l'un des plus difficiles jamais entrepris, propose l'ouverture d'une voie navigable entre deux océans. Terminé par les Américains en 1914, le canal de Panama devient une plaque tournante du commerce international.

Colonialisme brutal au Congo

République démocratique du Congo, Afrique, 1885

Lors de la Conférence de Berlin en 1885, le roi Léopold II de Belgique prend possession d'un territoire en Afrique centrale qu'il nomme État indépendant du Congo. Désirant tirer profit des ressources naturelles du pays, Léopold II impose l'exploitation du caoutchouc à la population locale. Le roi met également en place une milice appelée Force publique, qui a le mandat de brutaliser la population si elle ne produit par les quotas de caoutchouc demandés. On estime qu'environ 10 millions de Congolais sont morts pendant cette période de colonialisme brutal.

Des Jeux pour unir les pays du monde

Grèce, Europe, 1896

Les Jeux olympiques, tenus pour la première fois en 776 av. J.-C., étaient des compétitions sportives en l'honneur des dieux de la Grèce antique. Abolis avec l'imposition du christianisme en l'an 393 de notre ère, les Jeux sont oubliés pendant 1 500 ans. L'intérêt pour les Jeux olympiques renaît toutefois au 19e siècle, grâce entre autres aux efforts du visionnaire français Pierre de Coubertin. Celui-ci espère que la renaissance des Jeux olympiques puisse rapprocher les pays, en invitant les nations du monde à se faire compétition dans les sports plutôt que par la guerre. Rétablis officiellement à Athènes en 1896, les Jeux olympiques modernes ont généralement lieu tous les quatre ans.

Près de 60 000 spectateurs s'entassent dans le Stade panathénaïque pour voir les premiers Jeux olympiques modernes à Athènes en 1896.

Les Bœrs : victimes de l'impérialisme britannique

Afrique du Sud, Afrique, 1899

À la fin du 19e siècle, l'Empire britannique désire annexer les républiques bœrs indépendantes qui bordent sa colonie du Cap en Afrique du Sud. Les Bœrs, descendants de colons néerlandais et français, rejettent une première fois la domination britannique en 1881. La découverte d'importants gisements d'or dans la république bœr du Transvaal incite cependant les Britanniques à s'imposer une deuxième fois en 1899. Ce conflit, connu sous le nom de guerre des Bœrs ou d'Afrique du Sud, se termine par la victoire des Britanniques

1881 **Début de la construction du canal de Panama**
Robert Koch découvre la bactérie qui cause la tuberculose

1885 **Prise de possession du Congo par la Belgique**

1895 Wilhelm Conrad Röntgen découvre les rayons X

1896 **Renaissance des Jeux olympiques à Athènes**
Henri Becquerel découvre la radioactivité

en 1902. Cette conquête est toutefois ternie par une crise humanitaire et de nombreux décès, après que plusieurs familles bœrs eurent été déplacées et enfermées dans des camps de concentration par les Britanniques.

Le progrès industriel à l'honneur lors de l'Exposition universelle de Paris

France, Europe, 1900

Depuis 1851, les nations du monde entier profitent d'expositions dites universelles pour présenter leurs innovations technologiques et leurs grandes réalisations industrielles. D'année en année, des grandes villes du monde organisent ces expositions qui attirent des artisans de tous les pays. L'Exposition universelle de Paris en 1900 se classe parmi les plus importantes, ayant donné lieu à une première ligne de métro, à la projection de films sur grand écran par les frères Lumière et à l'utilisation nocturne de l'électricité pour illuminer les rues. L'Exposition renouvela également l'intérêt du public pour la tour Eiffel, construite en 1889.

La tour Eiffel gagne en popularité lors de l'Exposition universelle de Paris en 1900.

Révolutions à l'horizon en Russie

Russie, Europe-Asie, 1905

En 1905, les Russes se révoltent contre le régime monarchique des tsars en revendiquant d'importants changements politiques, notamment des droits démocratiques. Malgré des tentatives de répression, le tsar Nicolas II ne parvient pas à briser l'élan révolutionnaire de la population, qui accumule depuis plusieurs années des frustrations à l'égard du manque de progrès et des problèmes économiques du pays. Dix mois plus tard, le tsar accorde une constitution aux Russes. Leur victoire est toutefois de courte durée : au cours des années suivantes, Nicolas II revient sur ses concessions et déclenche les événements qui mèneront à la révolution bolchevique de 1917.

Des révolutionnaires mexicains exigent une plus grande justice sociale

Mexique, Amérique latine, 1910

La révolution mexicaine éclate en 1910 lorsque le président et général Porfirio Díaz est accusé de fraude électorale. Des mouvements socialistes, anarchistes et nationalistes profitent du soulèvement pour dénoncer les difficultés économiques du Mexique et réclamer de meilleures conditions de vie pour la population. En 1917, après plusieurs années de violence, la révolution prend fin officiellement avec la promulgation d'une constitution mexicaine. Cette constitution est la première au monde à assurer des droits de convention collective et d'autres garanties sociales aux travailleurs et aux agriculteurs d'un pays.

Rebelle mexicain en 1914, portant le sombrero typique de l'époque.

L'Empire du Japon s'impose en Corée

Corée, Asie, 1910

En 1910, la péninsule de Corée est annexée à l'Empire du Japon, qui cherche constamment à accroître sa domination régionale. L'occupation des Japonais est particulièrement cruelle : la Corée est vidée de ses ressources premières et sa population est régulièrement maltraitée et parfois déportée, afin de servir de main-d'œuvre servile dans des usines japonaises. En 1941, le Japon réprime même la culture coréenne en interdisant l'enseignement du coréen dans les écoles et en forçant les citoyens et citoyennes à abandonner leurs noms de famille traditionnels. Malgré le retrait du Japon en 1945, après sa défaite lors de la Seconde Guerre mondiale, la tourmente du peuple coréen se poursuit avec l'arrivée des troupes soviétiques et américaines, et le début de la guerre froide.

- 1899 **Début de la guerre d'Afrique du Sud (ou « guerre des Bœrs »)**
- 1900 **Exposition universelle à Paris**
- 1903 Premier vol motorisé des frères Wright
- 1905 Albert Einstein élabore la théorie de la relativité restreinte; **Première révolution russe**
- 1910 **Début de la révolution mexicaine**; **Annexion de la Corée par le Japon**
- 1912 Alfred Wegener émet sa théorie sur la dérive des continents

2 Les guerres mondiales 1914-1945

La Russie sur la voie du communisme

Russie, Europe-Asie, 1917

Depuis la révolution de 1905, le mécontentement des Russes grandit toujours devant le refus du tsar Nicolas II d'apporter des réformes sociales et économiques dans le pays. En 1917, la pauvreté et la corruption atteignent un point tel que les classes populaires inférieures exigent d'importants changements politiques et une plus grande égalité sociale. Deux figures du Parti bolchevique, Vladimir Lénine et Léon Trotsky, profitent de l'élan révolutionnaire pour proposer un nouveau système socioéconomique fondé sur les idéaux égalitaires et socialistes du penseur Karl Marx. Le régime bolchevique, qui prône l'abolition du capitalisme et des divisions entre les classes sociales, s'impose définitivement à l'issue d'une longue guerre civile qui déchire la Russie jusqu'en 1920.

En quête d'une paix durable après la Première Guerre mondiale

Suisse, Europe, 1919

Entre 1914 et 1918, l'Europe est ravagée par la Première Guerre mondiale. À l'issue de ce terrible conflit, les Alliés et l'Allemagne signent un traité de paix qui prévoit la création d'une organisation internationale nommée Société des Nations. Cette organisation, basée à Genève en Suisse et réunissant plusieurs grandes puissances, a pour mandat de prévenir les guerres et de résoudre les conflits par la négociation. Malgré quelques succès, la Société des Nations ne parvient pas à empêcher la Seconde Guerre mondiale en 1939. En 1945, la Société des Nations est remplacée par l'Organisation des Nations Unies.

L'URSS : une superpuissance fait son entrée sur la scène internationale

Russie, Europe-Asie, 1922

En 1922, les bolcheviques établissent un régime communiste en Russie. Les révolutionnaires cherchent aussi à étendre leurs idéaux socialistes aux pays voisins. Pour ce faire, la Géorgie, l'Arménie et plusieurs pays d'Asie centrale sont annexés de force à la Russie. D'autres pays, comme l'Ukraine et la Biélorussie, se joignent à la Russie par traité. Cette union donne lieu à l'Union des républiques socialistes soviétiques, un État fédéral qui parvient en 1954 à réunir 15 républiques sous une même bannière idéologique. Après la Seconde Guerre mondiale, l'URSS devient l'un des États les plus puissants et les plus vastes du monde.

Vladimir Lénine s'adresse à la population de Moscou, l'enjoignant à faire preuve d'unité pour la gloire et la prospérité de la nation russe (vers 1920).

- 1914 Début de la Première Guerre mondiale
- 1915 Albert Einstein développe la théorie de la relativité générale ($E=mc^2$)
- 1916 Première transmission radio à travers l'Atlantique
- 1917 **Révolution bolchevique en Russie**
- 1918 Fin de la Première Guerre mondiale
- 1919 **Création de la Société des Nations**
- 1920 Prohibition de l'alcool aux États-Unis

Benito Mussolini assistant à l'ouverture d'une université à Rome en 1935.

L'Italie sur la voie du fascisme

Italie, Europe, 1922

Après la Première Guerre mondiale, plusieurs Italiens nationalistes sont insatisfaits des traités de paix défavorables que leurs dirigeants ont été contraints de signer. Profitant de ce mécontentement, l'homme politique Benito Mussolini fonde le Parti national fasciste et propose un programme nationaliste visant à stimuler la fierté des Italiens. Ce programme, que Mussolini appelle « fascisme », propose aussi un régime totalitaire, anti-socialiste et anti-syndical. En 1922, Mussolini accède au pouvoir et se maintient à la tête du pays jusqu'en 1943. En 1939, Mussolini s'allie à l'Allemagne nazie dans le contexte de la Seconde Guerre mondiale.

Totalitarisme en URSS

URSS, Europe-Asie, 1927

Membre actif du Parti communiste de l'Union soviétique, Joseph Staline obtient la direction suprême de l'URSS en 1927. Dès son arrivée au pouvoir, il transforme l'État soviétique en un régime totalitaire, caractérisé par un culte obligatoire centré sur sa personne. Pendant un long règne de 25 ans, Staline accélère l'industrialisation de l'URSS et force la nationalisation des terres rurales, provoquant des déplacements massifs de population et de nombreuses famines. Malgré son règne de terreur, Staline résiste à l'Allemagne nazie durant la Seconde Guerre mondiale et assure à l'URSS un prestige immense dans le monde entier.

Joseph Staline applaudit lors du Congrès des Soviets de 1936.

Crise économique en vue après le krach boursier de New York

États-Unis, Amérique du Nord, 1929

Le 24 octobre 1929, l'indice de la Bourse de New York subit un important recul, marquant le début de la Grande Dépression. Cette crise, la plus importante du 20e siècle, est la conséquence d'une forte croissance économique aux États-Unis et du gonflement artificiel des valeurs des actions sur les marchés financiers pendant les années 1920. Au cours des mois suivants, la dégringolade soutenue des titres boursiers entraîne une sévère crise bancaire et économique, qui s'étend à plusieurs pays occidentaux. Aux États-Unis, le taux de chômage atteint 24,9 % en 1933.

1922 — **Création de l'URSS**
Accession au pouvoir de Mussolini en Italie

1923 — Vladimir Zworykin invente la première télévision « tout électronique »

1925-1935 — Premiers essais de photographies en couleurs

1927 — **Accession au pouvoir de Staline en URSS**
Georges Lemaître développe la théorie du Big Bang
Charles Lindbergh traverse l'océan Atlantique en avion

1929 — **Krach boursier de New York**
Théorie d'Edwin Hubble sur l'expansion de l'Univers

Roosevelt tente de mettre fin à la Grande Dépression avec le New Deal

États-Unis, Amérique du Nord, 1933

En 1932, Franklin D. Roosevelt est élu président des États-Unis. Afin de mettre fin à la Grande Dépression, Roosevelt met en place une politique économique interventionniste nommée New Deal (Nouvelle Donne). Entre 1933 et 1938, les programmes nationaux de Roosevelt permettent de limiter le chômage et les pires conséquences sociales de la crise. Certaines personnes s'inquiètent toutefois de l'interventionnisme de Roosevelt, qui va à l'encontre des principes du capitalisme et du libre marché. D'autres croient que l'intervention de l'État durant ces temps difficiles a plutôt permis de sauver le capitalisme lui-même.

L'Allemagne sur la voie du nazisme

Allemagne, Europe, 1933

En 1930, la Grande Dépression frappe l'Allemagne et le chômage atteint des proportions désastreuses. Adolf Hitler, alors chef du Parti nazi, profite de la crise pour stimuler le sentiment nationaliste des Allemands par des discours enflammés et propagandistes. Hitler tient notamment les Juifs et les communistes pour responsables de la crise économique, suscitant ainsi un sentiment de paranoïa et de suspicion qui déstabilise la société allemande. Grâce à une série d'intrigues et aux victoires électorales de son parti, Hitler est nommé chancelier d'Allemagne en 1933. Au cours des mois suivants, Hitler suspend les libertés civiles garanties par la constitution allemande et élimine ses opposants politiques, ce qui lui permet d'instaurer un régime totalitaire.

Des soldats japonais escaladent la Grande Muraille de Chine au début de la guerre sino-japonaise en 1937.

L'invasion de la Chine par le Japon annonce la Seconde Guerre mondiale

Chine, Asie, 1937

Depuis l'annexion de la Corée en 1910, l'Empire du Japon s'affirme de plus en plus comme une puissance militaire en Asie. Après l'occupation de la Mandchourie en 1931, le Japon poursuit en 1937 sa politique expansionniste en envahissant la partie orientale de la Chine, afin de s'approprier ses ressources naturelles et industrielles. L'invasion japonaise est brutale : les villes chinoises sont inlassablement bombardées, des armes chimiques sont employées et des millions de civils sont massacrés. Cette invasion précède de quelques mois l'envahissement de la Pologne par l'Allemagne, qui signale le début de la Seconde Guerre mondiale. Le conflit sino-japonais prend fin en 1945 avec la reddition du Japon devant les États-Unis.

Adolf Hitler inspecte des troupes nazies à Berlin après sa victoire en Autriche en 1938.

1931 L'Empire State Building à New York devient le plus grand édifice au monde

1933 **Adoption du New Deal de Roosevelt aux États-Unis**
Accession au pouvoir d'Hitler en Allemagne

1937 **Invasion de la Chine par le Japon**
John Steinbeck publie le roman *Des souris et des hommes*

Les nazis déclenchent la guerre en Europe en envahissant la Pologne

Pologne, Europe, 1939

Les ambitions expansionnistes d'Adolf Hitler, qui inquiètent les leaders européens depuis plusieurs années, se confirment au moment où l'Allemagne décide d'envahir la Pologne en 1939. Hitler avait déjà annexé l'Autriche, la Bohême et la Moravie, sous prétexte qu'il s'y trouvait des populations germanophones. Prétextant toujours la nécessité de créer un espace vital pour les Allemands établis en Pologne, Hitler ordonne l'invasion de ce pays sur tous les fronts. Cette agression s'avère intolérable pour la France et l'Angleterre, qui sont alliées à la Pologne depuis 1921. Les deux pays déclarent la guerre à l'Allemagne, ce qui déclenche la Seconde Guerre mondiale.

Des troupes nazies font une entrée triomphale à Varsovie en Pologne en 1939.

La France sous domination nazie

France, Europe, 1940

Après avoir déclaré la guerre à Hitler en 1939, la France et l'Angleterre tentent d'isoler l'Allemagne et de la priver des matières premières nécessaires à ses opérations militaires. Toutefois, leurs tentatives échouent et les forces allemandes envahissent successivement le Danemark, la Norvège, les Pays-Bas, le Luxembourg et la Belgique. En 1940, l'armée française ne parvient pas à ralentir la poussée allemande et la France est envahie à son tour. Les Allemands occupent le nord du pays, tandis que le sud est laissé libre, afin d'être administré par le gouvernement collaborateur de Vichy. Malgré l'occupation, une résistance clandestine contre les nazis s'organise.

Les nazis à l'assaut de l'URSS

URSS, Europe-Asie, 1941

En 1941, Hitler renonce au traité de non-agression qui fixait les frontières entre l'Allemagne et l'URSS en Europe de l'Est. Désirant assujettir les Russes et mettre fin aux influences communistes qui s'infiltraient en Europe, les forces allemandes tentent une invasion massive de l'URSS. Malgré une importante avancée allemande jusqu'à Stalingrad (aujourd'hui Volgograd) en 1942, les Soviétiques parviennent à repousser les envahisseurs dès 1943. Les conflits, de loin les plus féroces et les plus sanglants de la Seconde Guerre mondiale, provoquent d'énormes destructions et d'importantes pertes de vies humaines, estimées à près de 30 millions. La victoire des Soviétiques est déterminante dans la guerre contre les Allemands, ouvrant la voie aux victoires des Alliés en Europe de l'Ouest.

Les États-Unis entrent dans la Seconde Guerre mondiale

Hawaï, Pacifique, 1941

Le 7 décembre 1941, l'Empire du Japon lance une attaque aérienne surprise sur la base navale américaine de Pearl Harbor, située dans l'archipel d'Hawaï. Les Japonais, alliés des Allemands depuis 1936, réitèrent par cette attaque leur politique d'expansion impériale dans le Pacifique. Pour les États-Unis, les pertes sont importantes : de nombreux navires et avions sont détruits, et près de 2 500 militaires sont tués. Cet événement incite les Américains, qui avaient jusqu'alors refusé de s'engager dans la Seconde Guerre mondiale, à sortir de leur isolationnisme en déclarant la guerre au Japon et à l'Allemagne. De 1942 à 1945, les États-Unis et le Japon se livrent à d'intenses combats dans le Pacifique.

1938 — László Biró invente le stylo à bille

1939 — **Invasion de la Pologne par l'Allemagne**
Sortie au cinéma du film *Autant en emporte le vent*

1940 — **La France sous domination nazie**

1941 — **Invasion allemande en URSS**
Invasion japonaise à la base américaine de Pearl Harbor
Sortie au cinéma du film *Citizen Kane*

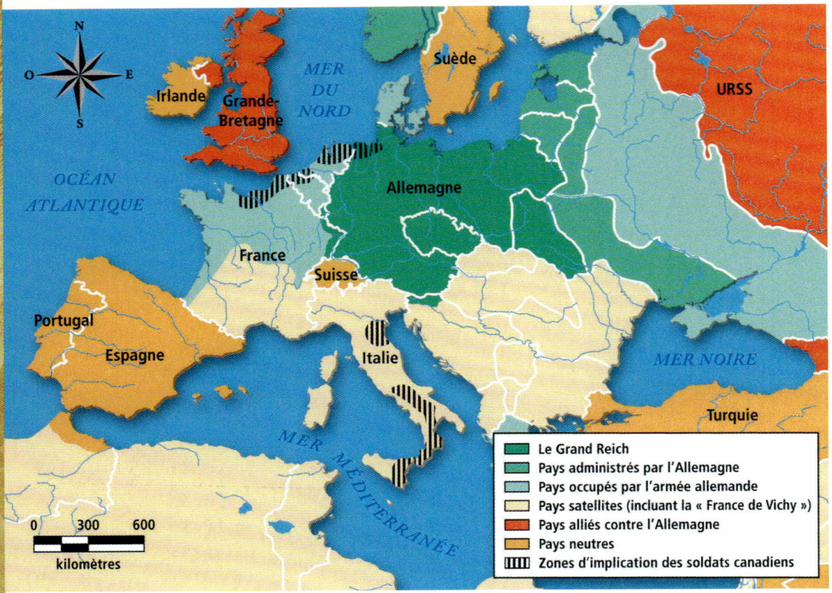

L'Europe en 1942

Les Alliés libèrent la France

France, Europe, 1944

Après leur entrée dans la Seconde Guerre mondiale, les États-Unis se joignent aux Alliés pour libérer les pays européens occupés par les Allemands. Le 6 juin 1944, une importante offensive est lancée pour envahir les côtes normandes en France. Au cours des opérations, 3 millions de soldats américains, britanniques et canadiens débarquent en sol français et mènent d'intenses combats contre les troupes nazies. Le débarquement de Normandie, également appelé Jour J, marque un tournant décisif de la Seconde Guerre mondiale, puisqu'il mène à la libération de la France et contribue à la défaite éventuelle de l'Allemagne.

L'ONU : en quête d'une nouvelle paix durable

États-Unis, Amérique du Nord, 1945

En 1942, 26 nations alliées s'opposent aux forces de l'Allemagne, de l'Italie et du Japon. Afin de cimenter leur union, les Alliés signent la Déclaration des Nations Unies, qui prévoit les fondements d'une nouvelle politique internationale pour mettre fin à la guerre. En 1943, l'URSS, la Grande-Bretagne et les États-Unis vont plus loin en proposant la création d'une organisation ayant le mandat de résoudre les conflits internationaux et de superviser une plus grande coopération entre les pays. Ce projet donne lieu à l'Organisation des Nations Unies en 1945. Aujourd'hui, l'ONU compte 192 États membres.

Les bombes atomiques sur Hiroshima et Nagasaki signalent la fin de la Seconde Guerre mondiale

Japon, Asie, 1945

Après plusieurs années de guerre, les forces navales américaines prennent le dessus sur les forces japonaises dans le Pacifique. Le Japon refuse toutefois de capituler sans conditions, tandis que les États-Unis veulent éviter une invasion du pays, qui coûterait la vie à des milliers de soldats américains. Désirant mettre fin à la guerre, le président Harry Truman ordonne le bombardement atomique des villes japonaises d'Hiroshima et de Nagasaki les 6 et 9 août 1945. Fortement ébranlé par ces attaques, le Japon cesse officiellement les hostilités le 15 août 1945, mettant ainsi fin à la Seconde Guerre mondiale.

Hiroshima un mois après l'explosion de la bombe atomique le 6 août 1945. On estime que 110 000 personnes ont péri instantanément lors des bombardements d'Hiroshima et de Nagasaki.

1943 Oswald Avery prouve que l'ADN est le support de l'hérédité

1944 **Débarquement allié en Normandie**

1945 **Bombes atomiques sur Hiroshima et Nagasaki**
Création de l'ONU

3 La guerre froide et l'émergence du tiers monde 1945-1990

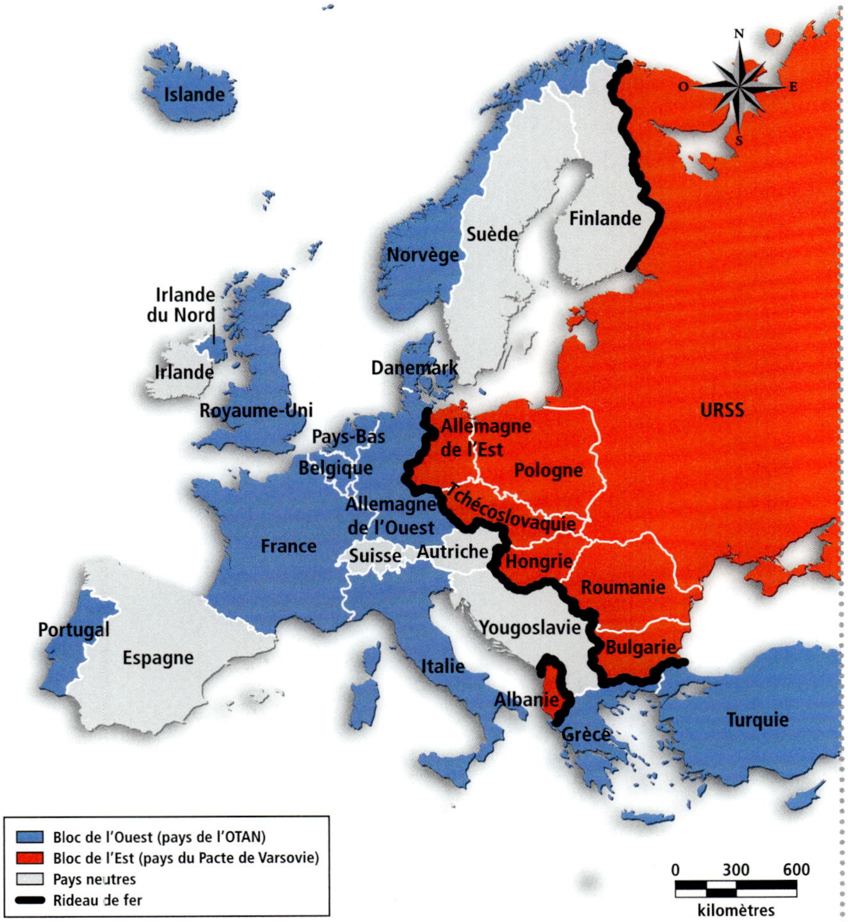

Le rideau de fer en Europe (1947-1960)

Le plan Marshall annonce la guerre froide

États-Unis, Amérique du Nord, 1947

En 1947, les États-Unis créent un programme d'aide économique pour la reconstruction de l'Europe, dévastée par la Seconde Guerre mondiale. Annoncé par le secrétaire d'État américain George Marshall, le plan consacre 13 milliards de dollars de l'époque (l'équivalent de 100 milliards aujourd'hui) au redressement de 16 pays européens. Le plan Marshall, qui prône le libéralisme économique, est toutefois rejeté par l'URSS, puisqu'il est incompatible avec l'économie contrôlée du système communiste. Ce désaccord déclenche un conflit idéologique où chaque pays d'Europe est invité à choisir son camp, signalant ainsi le début de la guerre froide.

La création de l'État d'Israël

Palestine, Proche-Orient, 1948

Après la Seconde Guerre mondiale, plusieurs pays occidentaux se déclarent en faveur de l'établissement en Palestine d'une terre d'accueil pour les Juifs qui ont survécu aux exterminations nazies. En 1947, l'ONU adopte une résolution qui prévoit le partage de la Palestine en deux États, l'un juif et l'autre arabe. Bien que les Juifs se réjouissent de retrouver leur terre promise après 2 000 ans d'exil, les Palestiniens et les pays arabes voisins s'opposent farouchement à la déclaration d'indépendance de l'État d'Israël en 1948. Cette dispute est à l'origine d'une succession de guerres et de conflits qui perdurent encore aujourd'hui.

La République populaire de Chine : une autre grande puissance fait son entrée sur la scène internationale

Chine, Asie, 1949

À la fin de l'occupation japonaise en 1945, la Chine sombre dans une guerre civile opposant des nationalistes et des communistes qui désirent prendre le contrôle du pays. Les communistes s'organisent autour du révolutionnaire Mao Zedong, qui leur promet un état socialiste et populaire inspiré du modèle de l'URSS. En 1949, l'Armée populaire de libération de Mao Zedong parvient à occuper l'essentiel du pays, ouvrant la voie à la création de la République populaire de Chine. Au cours des années suivantes, le pays s'éloigne toutefois du modèle soviétique pour adopter une orientation politique et économique qui lui convient mieux.

1946 Invention du four à micro-ondes

1947 Invention du transistor
Mise en place du plan Marshall

1948 **Création d'Israël**

1949 **Création de la République populaire de Chine**

Le rideau de fer tombe sur l'Europe

Belgique, Europe, 1949

En 1949, le conflit idéologique se creuse de plus en plus entre les États-Unis et l'URSS. Craignant la montée en puissance de l'Union soviétique, qui met en péril la sécurité de l'Europe, plusieurs pays d'Occident s'unissent pour créer l'Organisation du traité de l'Atlantique Nord (OTAN). Ce traité, signé entre autres par les États-Unis, la France, le Royaume-Uni et le Canada, propose une alliance politique et militaire contre l'URSS. La création de l'OTAN accélère toutefois l'élaboration d'une frontière idéologique, nommée rideau de fer, entre les pays du bloc de l'Ouest (alliés des États-Unis) et ceux du bloc de l'Est (alliés de l'URSS) en Europe.

Mao Zedong proclame la République populaire de Chine le 1er octobre 1949.

La guerre de Corée éclate dans la foulée de la guerre froide

Corée, Asie, 1950

Lorsque les Alliés libèrent la Corée de l'occupation japonaise à la fin de la Seconde Guerre mondiale, l'URSS prend le contrôle du nord de la péninsule coréenne, tandis que les États-Unis occupent le sud. Cette partition de la Corée, qui devait n'être que temporaire, se fige avec le conflit idéologique qui marque le début de la guerre froide. En 1950, des partisans communistes nord-coréens tentent d'envahir le sud de la péninsule, déclenchant la guerre de Corée. Nord-Coréens et Sud-Coréens s'embourbent dès lors dans un conflit féroce, soutenu de part et d'autre par l'URSS et les États-Unis pour des raisons idéologiques. Malgré la signature d'un cessez-le-feu en 1953, la Corée du Nord et la Corée du Sud demeurent aujourd'hui deux pays distincts.

Des soldats américains se reposent sur le flanc d'une colline après avoir repoussé un contingent communiste pendant la guerre de Corée (1951).

La fin du régime stalinien en URSS

URSS, Europe-Asie, 1953

Bien que les politiques et les victoires militaires de Joseph Staline aient hissé l'URSS au rang de superpuissance mondiale, son long règne est avant tout marqué par la terreur et les nombreux excès liés au culte de sa personne. Après la mort de Staline en 1953, le nouveau dirigeant Nikita Khrouchtchev procède à la « déstalinisation » de l'URSS. Khrouchtchev met ainsi fin aux déportations, aux travaux forcés et aux emprisonnements politiques de la période stalinienne. La fin des répressions permet à l'URSS de s'ouvrir davantage sur le monde, sans pour autant mettre fin à la guerre froide.

1949 Création de l'OTAN

1950 Début de la guerre de Corée

1953 Mort de Staline et début de la déstalinisation de l'URSS

Le tiers monde fait son entrée sur la scène internationale

Indonésie, Asie du Sud-Est, 1955

Après 1945, plusieurs colonies d'Afrique et d'Asie réclament leur indépendance des puissances occidentales. En 1955, les représentants de 29 colonies nouvellement indépendantes tiennent une conférence à Bandung, en Indonésie, afin de prendre position sur la scène internationale. Les participants se prononcent notamment en faveur de la décolonisation de tous les pays et de la cœxistence pacifique des nations. Les pays signataires expriment également leur intention de demeurer neutres dans le contexte de la guerre froide, signalant ainsi la création d'une troisième puissance mondiale, ou « tiers monde ».

Le président John F. Kennedy s'adresse au peuple américain dans le contexte de la crise des missiles à Cuba en 1962.

Menace nucléaire à Cuba

Cuba, Caraïbes, 1962

En 1959, le révolutionnaire Fidel Castro prend le pouvoir à Cuba et y impose le communisme. Le changement de régime inquiète les États-Unis, puisque Cuba se situe à 180 km seulement de la Floride. En 1961, le président John F. Kennedy tente d'envahir Cuba pour renverser le gouvernement de Castro, mais il échoue. Les Cubains s'allient alors à l'Union soviétique, afin de se défendre contre une nouvelle agression américaine. En 1962, l'URSS déploie 36 missiles nucléaires à Cuba, rendant les États-Unis vulnérables à une attaque soviétique. Ce geste, qui remet en question le principe de cœxistence pacifique de la guerre froide, provoque une crise qui risque de mener à un affrontement nucléaire. À l'issue de négociations, l'URSS accepte finalement de démonter ses installations nucléaires à Cuba en échange du retrait de missiles nucléaires américains basés en Turquie.

La guerre froide se poursuit au Viêt Nam

Viêt Nam, Asie du Sud-Est, 1964

En 1954, après plusieurs années de guerre, le Viêt Nam est partagé en deux États idéologiquement opposés : un régime communiste au nord, supporté par l'URSS et la Chine, et un régime nationaliste au sud, appuyé par les États-Unis. Lorsque la guerre éclate en 1959 entre Nord-Vietnamiens et Sud-Vietnamiens, les puissances de la guerre froide apportent une assistance matérielle ou militaire à leurs alliés respectifs. En 1965, les États-Unis interviennent directement dans la guerre lorsque des insurgés communistes menacent de renverser le gouvernement nationaliste au sud. La guerre s'avère cependant longue et difficile pour les forces américaines, qui subissent des pertes importantes. En 1975, les États-Unis se retirent de la guerre et le sud du Viêt Nam est envahi par les forces communistes.

Une mère et ses enfants échappent au bombardement de leur village par les Américains pendant la guerre du Viêt Nam.

1955 **Conférence de Bandung**

1957 Les Soviétiques mettent en orbite le premier satellite artificiel, *Spoutnik*

1960 Théodore Maiman émet le premier laser

Gregory Pincus invente la pilule contraceptive

1962 **Crise des missiles à Cuba**

1964 George Helmeier invente l'écran à cristaux liquides

Début de l'intervention américaine au Viêt Nam

La Chine sur la voie des réformes et du totalitarisme

République populaire de Chine, Asie, 1966

Entre 1958 et 1961, Mao Zedong met en œuvre une série de réformes économiques qu'il appelle le « Grand Bond en avant ». Ces réformes, qui visent à transformer la Chine en une puissance industrielle, s'avèrent toutefois irréalistes et catastrophiques : en quelques années, 30 millions de Chinois meurent dans l'une des pires famines qu'ait jamais connues le pays. En 1966, Mao décide de lancer une « Révolution culturelle » pour regagner la confiance du peuple. Cette révolution, qui propose une plus grande liberté d'expression aux jeunes, échappe toutefois au contrôle du dirigeant, qui y met fin par une violente répression armée. Une grande partie du patrimoine culturel chinois est détruit dans le contexte de la révolution.

Le président chilien Salvador Allende pendant une conférence de presse en 1973

La mort de Salvador Allende ouvre le Chili à la dictature de Pinochet

Chili, Amérique du Sud, 1973

Salvador Allende, président du Chili de 1970 à 1973, est le premier leader socialiste à être élu démocratiquement à la tête d'un pays. Pendant son mandat, Allende se fait toutefois de nombreux ennemis, dont les États-Unis, qui craignent de voir le communisme se répandre en Amérique du Sud. Lorsqu'une crise économique s'abat sur le Chili, des partisans autrefois loyaux à Allende se retournent également contre lui. Ainsi, le 11 septembre 1973, Allende est tué dans un coup d'État organisé par le général Augusto Pinochet, qui impose ensuite une sévère dictature militaire au Chili.

1973 : Premier choc pétrolier

Koweït, Moyen-Orient, 1973

En 1973, les conflits entre Israéliens et Palestiniens donnent lieu à un important choc pétrolier. La crise éclate lorsque les pays arabes membres de l'OPEP (Organisation des pays exportateurs de pétrole), réunis au Koweït, annoncent un embargo sur les exportations de pétrole vers les pays qui soutiennent Israël. La pénurie fait rapidement quadrupler le prix du baril de pétrole. Les États-Unis, durement touchés en raison de leur dépendance énergétique au pétrole, négocient la fin de la crise en diminuant leur soutien aux Israéliens.

Afghanistan : scène de la dernière grande crise de la guerre froide

Afghanistan, Asie centrale, 1979

Pendant la guerre froide, l'URSS soutient l'Afghanistan contre l'influence grandissante des États-Unis au Pakistan. Après 1973, une série de coups d'État en Afghanistan vient toutefois menacer l'emprise soviétique sur le pays. En 1979, l'URSS intervient militairement pour soutenir un gouvernement de son choix. De nombreux Afghans rejettent cependant l'occupation soviétique, qui leur impose des idéaux socialistes contraires à leurs valeurs traditionnelles. La résistance donne lieu à une guerre de guérilla entre l'URSS et des groupes rebelles afghans, soutenus par les États-Unis. Après un long conflit, l'Union soviétique ne parvient pas à vaincre les rebelles dissimulés dans des régions montagneuses de l'Afghanistan et se retire du pays en 1989.

1965 Première connexion informatique à distance entre le Massachusetts et la Californie

1966 Début de la Révolution culturelle de Mao en Chine

1973 Assassinat de Salvador Allende au Chili
Premier choc pétrolier
Décès du peintre Pablo Picasso

1979 Intervention soviétique en Afghanistan

Mikhaïl Gorbatchev (à droite) échange quelques plaisanteries avec le président américain Ronald Reagan (à gauche) lors d'un sommet à Genève en 1985.

L'URSS s'ouvre sur le monde avec l'arrivée de Mikhaïl Gorbatchev

URSS, Europe-Asie, 1985

À la fin des années 1970, l'URSS montre les premiers signes d'un déclin économique face à ses rivaux capitalistes. En quête de solutions, les Soviétiques portent au pouvoir Mikhaïl Gorbatchev en 1985. Gorbatchev, qui représente une nouvelle génération de communistes, propose des réformes économiques importantes, tout en favorisant une politique de détente avec l'Occident. Dès 1986, le leader soviétique va même jusqu'à ouvrir le dialogue avec les États-Unis en proposant un plan de désarmement nucléaire. Cette initiative de Gorbatchev, qui annonce un relâchement de la guerre froide, ne permet toutefois pas de ralentir le déclin de l'URSS.

La Pologne se libère de l'emprise soviétique

Pologne, Europe, 1989

Depuis 1952, la Pologne est une république communiste sous l'emprise de l'URSS. Au cours des années 1980, des crises économiques affaiblissent toutefois le régime polonais et entraînent la création d'un mouvement syndical anticommuniste nommé Solidarité. Avec le déclin de l'URSS, le mouvement Solidarité gagne de l'importance politique aux dépens du parti communiste et parvient à remporter une victoire surprenante lors d'élections parlementaires en 1989. La défaite du gouvernement communiste inspire d'autres pays d'Europe de l'Est à changer de régime, signalant l'éclatement du bloc soviétique et du rideau de fer.

La chute du mur de Berlin marque la fin de la guerre froide

Allemagne, Europe, 1989

Après la Seconde Guerre mondiale, les pays occidentaux et l'URSS divisent l'Allemagne pour former deux États: la République fédérale d'Allemagne (occidentale) et la République démocratique allemande (communiste). La capitale, Berlin, est aussi séparée par un long mur, devenu le symbole du rideau de fer qui divise l'Europe. En 1989, l'éclatement du bloc soviétique en Europe de l'Est incite les Allemands à démolir le mur de Berlin pour permettre la réunification de leur pays. Cet événement hautement symbolique, qui fait le tour du monde, signale officiellement la fin de la guerre froide.

Des milliers d'Allemands et Allemandes célèbrent la démolition du mur de Berlin quelques jours après sa démolition, le 9 novembre 1989.

1981
- Premier ordinateur PC *(Personal computer)* par IBM
- Mise en service du TGV (Train à grande vitesse) entre Paris et Lyon en France

1985
- **Accession au pouvoir de Mikhaïl Gorbatchev en URSS**

1989
- **Accession au pouvoir du mouvement Solidarité en Pologne**
- **Chute du mur de Berlin**
- Décès du peintre Salvador Dalí

4 Le village planétaire
1990-2008

Drapeau de l'URSS

Drapeau de la Russie

La fin de la guerre froide annonce l'effondrement d'une superpuissance mondiale

URSS, Europe-Asie, 1990

Dès son arrivée au pouvoir en 1985, le dirigeant soviétique Mikhaïl Gorbatchev met en œuvre d'importantes réformes pour freiner le déclin politique et économique de l'URSS. Sans renier les principes du communisme, Gorbatchev propose de rendre l'économie plus performante en adoptant la propriété privée, en démocratisant le système politique et en limitant les dépenses liées à l'armement nucléaire. Les réformes de Gorbatchev ne sont toutefois pas suffisantes pour rétablir la situation. L'éclatement du bloc communiste en Europe de l'Est et la chute du mur de Berlin en 1989 accélèrent la déstabilisation de l'URSS. Après quelques mois, l'Union soviétique ne parvient plus à maintenir une cohésion territoriale et politique.

15 nouveaux États naissent des cendres de l'URSS

URSS, Europe-Asie, 1991

Dès 1989, des mouvements réformateurs et nationalistes se forment dans les 15 républiques de l'Union soviétique. En 1990, le réformateur Boris Eltsine dépose une déclaration de souveraineté de la république de Russie, qui occupe alors 76 % du territoire de l'URSS et où se trouve 52 % de sa population. Au cours des mois suivants, d'autres républiques soviétiques font de même. Ces sécessions donnent lieu à 15 nouveaux pays en Europe et en Asie centrale. Malgré leur séparation, certaines anciennes républiques maintiennent une association économique en créant la Communauté des États indépendants (CEI). Le président soviétique Mikhaïl Gorbatchev, défait et sans pays, remet alors sa démission et l'URSS est officiellement dissoute le 26 décembre 1991.

Vers une nouvelle Russie

Russie, Europe-Asie, 1991

Le 12 juin 1991, Boris Eltsine remporte l'élection présidentielle de la nouvelle Fédération de Russie. Désormais démocratique, la Russie doit néanmoins surmonter d'importantes épreuves pour passer d'une économie communiste à une économie de marché. En effet, la libéralisation de l'économie entraîne une forte inflation des prix, des problèmes de corruption et un appauvrissement marqué de la population. Eltsine, autrefois perçu comme un sauveur, connaît une importante perte de popularité au cours de ses deux mandats. En 1999, il cède la présidence à Vladimir Poutine, qui remet la Russie sur la voie d'une plus grande prospérité économique et d'une plus grande visibilité internationale.

Boris Eltsine fait le signe de la victoire dans la foulée des événements menant à la dissolution de l'URSS (1991).

1990

Fin de la guerre froide

31 janvier : Un premier restaurant McDonald ouvre ses portes à Moscou, en URSS

11 mars : La Lituanie déclare son indépendance de l'URSS

18 mars : Premières élections libres en Allemagne de l'Est

4 mai : La Lettonie déclare son indépendance de l'URSS

***2 août :* Invasion du Koweït par l'Irak**

6 août : L'ONU impose un embargo sur l'Irak en raison de l'invasion du Koweït

11 septembre : George H. W. Bush menace d'attaquer l'Irak s'il ne se retire pas du Koweït

3 octobre : Réunification de l'Allemagne de l'Ouest et de l'Allemagne de l'Est

Puits de pétrole en feu pendant la guerre du Golfe. Lors de son retrait du Koweït en 1991, l'armée irakienne incendie plusieurs champs pétrolifères dans le but de perturber l'offensive des États-Unis.

Un nouvel ordre mondial

La dissolution de l'URSS crée un nouvel ordre mondial, où seuls les États-Unis conservent le statut de superpuissance mondiale. Malgré la survie d'États communistes en Chine, à Cuba, en Corée du Nord, au Viêt Nam et au Laos, ceux-ci ne perpétuent pas le conflit idéologique qui avait animé la guerre froide. Le désengagement de l'URSS permet ainsi une réorganisation des rapports de force mondiaux et un apaisement des conflits régionaux. Certains pays, telle la Chine, choisissent de s'affirmer davantage sur les plans militaire et économique. D'autres, comme l'Irak, profitent du nouvel ordre mondial pour réaliser leurs ambitions régionales.

L'Irak déclenche la guerre du Golfe en envahissant le Koweït

Koweït, Moyen-Orient, 1990

Dans la foulée des bouleversements mondiaux marquant la chute de l'URSS, le président irakien Saddam Hussein s'affirme au Moyen-Orient en organisant une audacieuse invasion du Koweït en 1990. En annexant le Koweït, Saddam Hussein veut s'emparer des richesses et des grandes réserves de pétrole du pays, et effacer d'importantes dettes liées à des guerres antérieures. Le leader irakien désire également s'imposer sur la scène régionale et agrandir l'accès de l'Irak au golfe Persique, jusqu'alors limité par la présence du Koweït. Prévoyant une faible réaction de la communauté internationale, Saddam Hussein ordonne l'invasion du Koweït le 2 août 1990. Plusieurs pays dénoncent toutefois l'offensive, craignant que le président irakien n'envahisse aussi l'Arabie saoudite et ne prenne possession de ses importantes réserves de pétrole. Dès le 7 août, une coalition internationale s'organise pour libérer le Koweït et mettre fin aux ambitions expansionnistes de Saddam Hussein.

L'Irak (Moyen-Orient)

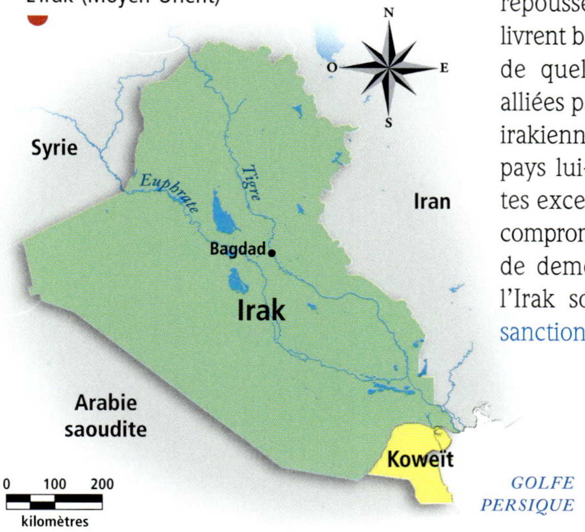

Le président irakien Saddam Hussein en 1987

Les États-Unis remportent la guerre du Golfe contre Saddam Hussein

Irak, Moyen-Orient, 1991

Dès janvier 1991, une coalition de 34 pays soutenue par l'ONU lance une offensive militaire pour libérer le Koweït de l'occupation irakienne. Le conflit, qui mobilise plusieurs pays autour du golfe Persique, est rapidement baptisé guerre du Golfe. Les États-Unis, forts de leur suprématie mondiale, dominent les combats en effectuant des raids aériens sur l'infrastructure industrielle et militaire de l'Irak. Des opérations terrestres permettent également de repousser les forces irakiennes qui livrent bataille au Koweït. En l'espace de quelques semaines, les forces alliées parviennent à défaire l'armée irakienne, mais hésitent à envahir le pays lui-même pour éviter des pertes excessives de vies humaines. Ce compromis permet à Saddam Hussein de demeurer au pouvoir, bien que l'Irak soit soumis à d'importantes sanctions politiques et économiques.

15 octobre : Mikhaïl Gorbatchev reçoit le prix Nobel de la paix

29 novembre : Une résolution de l'ONU autorise l'usage de la force contre l'Irak si le pays ne se retire pas du Koweït avant le 15 janvier 1991

1991

16 janvier : **Début des opérations militaires de la guerre du Golfe**

28 février : **Victoire des États-Unis dans la guerre du Golfe**

12 juin : **Boris Eltsine est élu président de la Fédération de Russie**

26 décembre : **Dissolution officielle de l'URSS**

Le président sud-africain Frederik De Klerk (à gauche) s'entretient avec Nelson Mandela (à droite) en 1990.

L'Afrique du Sud met fin à la ségrégation raciale

Afrique du Sud, Afrique, 1991

En 1948, l'Afrique du Sud instaure une politique de ségrégation raciale connue sous le nom d'apartheid (mot qui signifie «tenir à part» en afrikaans). La politique de l'apartheid consiste à séparer les différentes races et ethnies du pays sur les plans politique, social et géographique, tout en accordant une primauté aux Blancs. Les Noirs qui contestent le système ou qui contreviennent aux lois ségrégationnistes sont maltraités ou emprisonnés. C'est ainsi que l'activiste Nelson Mandela est arrêté en 1962. Il ne sera libéré que 27 ans plus tard, en 1990, dans le cadre d'une politique de rapprochement instaurée par le président sud-africain Frederik De Klerk. En 1991, les efforts de ces deux hommes permettent l'abolition définitive de l'apartheid et leur valent le prix Nobel de la paix en 1993.

En Europe, l'union fait la force

Pays-Bas, Europe, 1992

En 1948, quelques pays européens conçoivent l'idée d'une collaboration économique, sociale et culturelle, afin d'entériner la paix si difficilement acquise lors de la Seconde Guerre mondiale. Au cours des années suivantes, divers traités prévoient la création d'une communauté économique en Europe. Le rapprochement atteint toutefois son point culminant en 1992 avec le traité sur l'Union européenne, signé à Maastricht aux Pays-Bas. Ce traité prévoit une union intergouvernementale et supranationale entre 12 pays européens, soit l'Allemagne, la Belgique, le Danemark, l'Espagne, la France, la Grèce, l'Irlande, l'Italie, le Luxembourg, les Pays-Bas, le Portugal et le Royaume-Uni. L'ouverture des frontières entre ces pays, qui permet la libre circulation des biens et des personnes, transforme l'Union européenne en un géant économique capable de concurrencer les autres grandes économies de la planète. En constante évolution, l'Union européenne compte aujourd'hui 27 États membres et représente un peu plus de 30 % du PIB mondial.

Génocide au Rwanda

Rwanda, Afrique, 1994

Le Rwanda, pays d'Afrique de l'Est, cesse d'être une colonie belge en 1962. La période coloniale a toutefois attisé des tensions entre les deux principaux groupes ethniques du pays, les Hutus et les Tutsis, qui se disputent le pouvoir et d'autres privilèges après l'indépendance. En 1994, la violence éclate lorsque des Tutsis, exilés dans le pays voisin, l'Ouganda, tentent de revenir de force au Rwanda pour arracher le pouvoir aux Hutus. Des nationalistes hutus, désirant venger les injustices perçues du passé, procèdent alors à une extermination systématique des Tutsis habitant toujours dans le pays. Le génocide, qui fait environ 800 000 victimes dans l'espace de 100 jours, est le plus rapide de l'histoire pour ce qui est du nombre de morts par jour. La communauté internationale, qui intervient trop tard pour empêcher les massacres, est vivement critiquée à l'issue des événements.

Des réfugiés prennent la fuite lors du génocide au Rwanda en 1994.

1990 — *11 février:* Nelson Mandela est libéré après 27 années de détention en Afrique du Sud

1991 — ***17 juin:* Fin de l'apartheid en Afrique du Sud**

1992 — ***7 février:* Signature du traité sur l'Union européenne à Maastricht**
6 avril: Début de la guerre de Bosnie-Herzégovine

1993 — *1er janvier:* Entrée en vigueur du Grand Marché unique européen
20 janvier: Bill Clinton devient président des États-Unis
1er novembre: Entrée en vigueur du traité de Maastricht; début de l'Union européenne

1994 — ***6 avril:* Début du génocide au Rwanda**

L'OMC : vers une plus grande libéralisation du commerce international

Suisse, Europe, 1995

Le 1er janvier 1995, les grandes puissances économiques du monde s'accordent pour créer l'Organisation mondiale du commerce (OMC), dont le siège se situe à Genève, en Suisse. Cette initiative s'inscrit dans le contexte d'une plus grande mondialisation et de l'accélération des échanges de marchandises, de services et de capitaux à l'échelle planétaire. Dans cette optique, l'OMC a pour mandat de favoriser la libéralisation du commerce international en réduisant les obstacles au libre-échange et en stimulant les exportations et les importations entre pays. En outre, l'OMC fixe des règles de fonctionnement pour le commerce et arbitre les litiges qui peuvent survenir entre les pays signataires de l'accord. L'OMC est toutefois critiquée par des groupes altermondialistes, qui l'accusent de favoriser le commerce au détriment des normes internationales sur les droits de l'homme, de la lutte contre la pauvreté et de la protection de l'environnement.

Le protocole de Kyoto aborde le problème des changements climatiques

Japon, Asie, 1997

Au cours des années 1990, les changements climatiques attribuables aux activités humaines inquiètent de plus en plus les scientifiques et la population mondiale, qui demandent à leurs gouvernements d'agir. En 1992, plusieurs pays signent la Convention-cadre des Nations Unies sur les changements climatiques, afin de réduire les émissions de gaz à effet de serre qui sont la principale cause du réchauffement climatique. En 1997, les signataires de la Convention-cadre font un pas de plus en adoptant au Japon le protocole de Kyoto. L'entente prévoit des mesures contraignantes pour que les États industrialisés ramènent leurs émissions polluantes au niveau de 1990 dès 2010. Le protocole de Kyoto, ratifié par une majorité de pays, entre officiellement en vigueur lors d'une conférence à Montréal en 2005. Certains pays, dont les États-Unis, refusent toutefois de ratifier l'entente, sous prétexte que des grands émetteurs comme la Chine et l'Inde ne sont pas soumis aux mêmes contraintes en raison de leurs économies en développement.

Fonte d'un glacier au Grœnland. Plusieurs climatologues estiment que la fonte accélérée des glaciers à travers le monde est attribuable au réchauffement climatique causé par l'homme.

Génocide en Europe pendant la guerre du Kosovo

République fédérale de Yougoslavie, Europe, 1999

Après 1992, la Yougoslavie est le théâtre d'un conflit entre Serbes et Albanais, qui se disputent la province du Kosovo. Les Albanais, qui sont majoritaires au Kosovo, désirent obtenir la souveraineté de la région, mais les Serbes refusent, sous prétexte qu'elle leur appartient historiquement. Lorsque des dissidents albanais prennent les armes en 1998, le président serbe Slobodan Milošević utilise le prétexte du contre-terrorisme pour attaquer les populations civiles albanaises du Kosovo. Rapidement, l'offensive contre les Albanais prend l'allure d'une purge ethnique, voire d'un génocide. Les pays membres de l'OTAN, responsables de la sécurité de l'Europe, lancent des opérations aériennes contre la Yougoslavie en 1999 pour mettre fin aux massacres par les Serbes. Après avoir été placé sous la tutelle de l'ONU, le Kosovo déclare son indépendance en 2008, bien que son statut ne soit pas encore reconnu par l'ensemble de la communauté internationale.

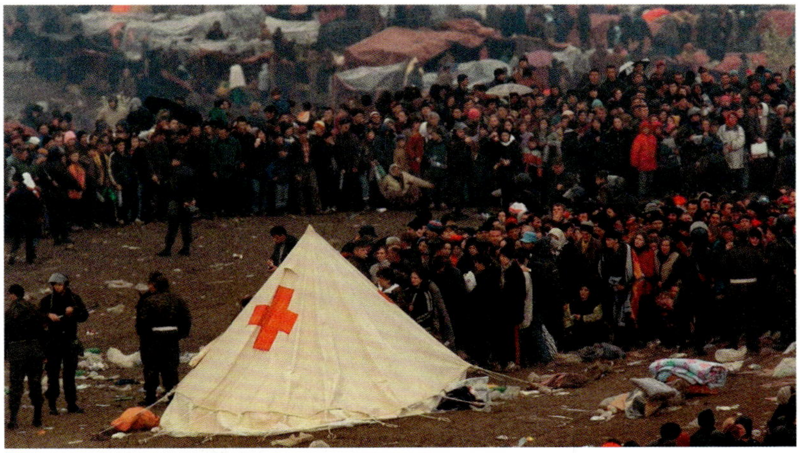

Camp de réfugiés pendant la guerre du Kosovo en 1999. On estime à près d'un million le nombre d'Albanais qui ont pris la fuite pour échapper au génocide.

1995 — *1er janvier :* **Création de l'OMC**

1997 — *22 février :* Premier clone animal annoncé par le Roslin Institute
4 juillet : Succès de la mission américaine Pathfinder sur la planète Mars
***1er décembre :* Début des négociations sur le protocole de Kyoto**

1999 — ***24 mars :* Début de la guerre du Kosovo**
2 décembre : Premier décryptage du code génétique d'un chromosome humain

Attentats contre le World Trade Center de New York, le 11 septembre 2001. Les attaques terroristes à New York, à Washington et en Pennsylvanie ont fait 2 974 victimes au total.

Attentats au World Trade Center de New York

États-Unis, Amérique du Nord, 2001

Le 11 septembre 2001, les États-Unis sont la cible d'une série d'attentats terroristes attribués au groupe intégriste musulman Al-Qaïda. En l'espace de quelques heures, quatre avions de ligne sont détournés par 19 pirates de l'air et dirigés contre des symboles de la puissance financière et militaire des États-Unis. Deux avions sont projetés contre les tours jumelles du World Trade Center à New York, un autre frappe le Pentagone à Washington, tandis que le dernier s'écrase dans un champ en Pennsylvanie. Quelques heures après avoir été frappées, les deux tours du WTC s'écroulent: les images, vues en direct à travers le monde, provoquent une vive réaction internationale. Le commanditaire présumé des attentats, Oussama Ben Laden, se réjouit des attaques, expliquant qu'elles visaient à punir les États-Unis pour des injustices commises contre l'islam.

Début de la guerre contre le terrorisme

États-Unis, Amérique du Nord, 2001

Le conflit en Afghanistan s'inscrit dans la notion d'une « guerre contre le terrorisme » annoncée par le président George W. Bush au lendemain des attentats du 11 septembre. Cette guerre peu conventionnelle vise avant tout à déstabiliser les camps de recrutement et d'entraînement terroristes dans le monde par des moyens politiques, financiers et militaires. Parallèlement, les États-Unis dénoncent les pays soupçonnés de soutenir le terrorisme, soit l'Irak, l'Iran et la Corée du Nord, qualifiés de nouvel « Axe du Mal ». Sans exclure la possibilité de guerres préventives contre toute menace perçue, les États-Unis procèdent également à une surveillance accrue des frontières et des aéroports, et à des programmes d'écoute électronique pour déjouer les complots terroristes en sol américain. Les États-Unis prévoient aussi des centres de détention pour interroger les terroristes présumés et les combattants ennemis, comme c'est le cas à la base militaire américaine de Guantanamo, à Cuba. Ces mesures, bien qu'elles s'inscrivent dans une lutte mondiale contre le terrorisme, inquiètent plusieurs observateurs internationaux en raison de possibles violations des droits de l'homme et des conventions internationales.

Oussama Ben Laden en 1988, quelques années avant le début de sa lutte contre les États-Unis

Les États-Unis envahissent l'Afghanistan

Afghanistan, Asie centrale, 2001

Après les attentats du 11 septembre 2001, le président américain George W. Bush réclame l'extradition d'Oussama Ben Laden, qui bénéficie de la protection du gouvernement taliban en Afghanistan. Les

2001
20 janvier: George W. Bush devient président des États-Unis
***11 septembre:* Attentats au World Trade Center de New York**
***20 septembre:* Début de la guerre contre le terrorisme**
4 octobre: Épisode des enveloppes contaminées au bacille du charbon (anthrax)
***7 octobre:* Début de l'invasion de l'Afghanistan par les États-Unis**

Talibans, qui partagent les idéaux intégristes de Ben Laden, refusent d'accéder à la requête des États-Unis. Avec l'appui d'une coalition internationale composée notamment du Royaume-Uni, de la France et du Canada, les États-Unis déclarent la guerre aux Talibans et envahissent l'Afghanistan d'octobre à novembre 2001. Après la chute du régime taliban, l'OTAN s'engage à reconstruire l'Afghanistan et à combattre les rebelles talibans qui se sont réfugiés dans les montagnes. Les opérations militaires contre les Talibans se poursuivent toujours avec la participation active des forces armées canadiennes. Quant à Oussama Ben Laden, il n'a pas été capturé.

L'Europe se dote d'une nouvelle devise

Belgique, Europe, 2002

L'Union européenne, créée en 1992, franchit un nouveau pas le 1er janvier 2002 par la mise en circulation d'une monnaie commune appelée « euro ». Cette devise, adoptée officiellement par 15 États membres de l'Union européenne, existait en fait depuis 1999, mais elle se limitait à des transactions électroniques sur les marchés financiers. En 2002, la mise en circulation de l'euro sous forme de billets et de pièces de monnaie permet à la population d'une partie de l'Europe de circuler librement d'un pays à l'autre en utilisant toujours la même devise. L'ouverture d'une « zone euro » souligne également la puissance économique de l'Union européenne : en 2006, l'euro constitue déjà la première monnaie au monde pour le nombre de billets en circulation et la deuxième monnaie de transaction après le dollar américain.

Le symbole de l'euro (€) représente aujourd'hui l'unité et la puissance économique de l'Union européenne.

La santé de la planète à l'ordre du jour lors du troisième Sommet de la Terre

Afrique du Sud, Afrique, 2002

En 2002, les principaux chefs d'État du monde se rencontrent à Johannesburg en Afrique du Sud pour discuter de l'environnement et de l'état de la planète. Ces rencontres, appelées Sommets de la Terre, ont lieu tous les 10 ans et permettent à la communauté internationale de faire le point sur les progrès et les reculs en matière de protection de l'environnement, de développement durable et de justice sociale pour les pays en développement. Les rencontres abordent également les problèmes et les solutions liés à la gestion des ressources naturelles, des énergies renouvelables, de la productivité agricole et de la santé mondiale. Au nombre de trois, les sommets se sont tenus à Stockholm en Suède, à Rio de Janeiro au Brésil et à Johannesburg en Afrique du Sud. Le sommet de Johannesburg demeure particulièrement important, puisqu'il permet de souligner que la protection de l'environnement est un enjeu mondial aussi important que la guerre contre le terrorisme.

Génocide au Darfour

Soudan, Afrique, 2003

Depuis 2003, le Darfour, région africaine de l'ouest du Soudan, est le théâtre d'une guerre civile que certains pays et certaines organisations qualifient aujourd'hui de génocide. Le conflit oppose deux groupes ethniques du Soudan, les Arabes et les Zaghawas (ethnie noire originaire du Tchad), qui se font depuis longtemps compétition pour les ressources du Darfour.

Des réfugiés soudanais attendent que de la nourriture leur soit distribuée dans un camp humanitaire dans le nord du Darfour (2005).

2002 *1er janvier :* Mise en circulation de l'euro
26 août : Troisième Sommet de la Terre à Johannesburg

2003 *1er février :* Destruction de la navette spatiale américaine *Columbia*
Février : Début du génocide au Darfour

Au cours des dernières années, la découverte de gisements pétroliers, de même qu'une sécheresse et une explosion démographique qui réduisent la disponibilité des terres agricoles, a aggravé cette rivalité. La guerre a éclaté en 2003 lorsque des rebelles zaghawas se sont opposés au président soudanais Omar el-Béchir. Le gouvernement a répliqué en laissant agir des milices arabes, nommées Janjawids, pour éliminer ou déloger les Zaghawas et d'autres ethnies du Darfour. Malgré de nombreuses sanctions internationales contre le gouvernement soudanais, la guerre au Darfour persiste toujours, ayant fait à ce jour plus de 400 000 morts et 2 millions de réfugiés.

Invasion américaine en Irak

Irak, Moyen-Orient, 2003

Depuis la guerre du Golfe en 1991, les États-Unis accumulent les griefs contre le dictateur irakien Saddam Hussein, qu'ils soupçonnent de vouloir construire des armes de destruction massive. Prétextant la lutte contre le terrorisme, le président George W. Bush décide de mener une guerre préventive contre l'Irak afin de renverser le régime de Saddam Hussein. Les États-Unis obtiennent l'appui de plusieurs pays, bien que d'autres pays, tels la France, la Russie et le Canada, remettent en question le bien-fondé de la guerre. Le 20 mars 2003, les forces américaines et alliées procèdent à une invasion rapide et décisive de l'Irak, et parviennent à s'emparer de la capitale, Bagdad, le 9 avril. C'est ainsi que prend fin le régime brutal de Saddam Hussein, mais aucune arme de destruction massive n'est trouvée.

L'Irak sombre dans la guerre civile

Irak, Moyen-Orient, 2003

Le succès de l'invasion américaine ne signifie pas la fin de la guerre en Irak. L'instabilité provoquée par la chute du régime irakien et un manque de planification par les forces d'occupation entraînent une guerre civile entre les principaux groupes religieux et ethniques du pays, soit les Chiites, les Sunnites et les Kurdes. Les forces américaines et alliées se heurtent à des groupes de résistance et à des cellules terroristes, qui déstabilisent le pays par les attentats suicides, le pillage et les règlements de compte. Espérant rétablir la situation, les États-Unis installent un gouvernement provisoire irakien et organisent des élections en décembre 2005. Néanmoins, les États-Unis sont contraints de poursuivre leur occupation en Irak. À ce jour, près de 100 000 civils irakiens sont morts et plus de 250 000 ont été blessés en raison des violences quotidiennes dans le pays.

Des soldats américains s'apprêtent à faire tomber une statue de Saddam Hussein après la prise de Bagdad le 9 avril 2003.

Des blindés américains défilent devant un monument commémoratif pendant l'invasion de l'Irak en 2003.

2003
- **26 février: Début de l'épidémie du SRAS**
- *12 mars:* L'OMS émet une alerte mondiale sur l'épidémie du SRAS
- **20 mars: Début de l'invasion américaine en Irak**
- *9 avril:* Prise de Bagdad; fin du régime de Saddam Hussein
- *14 avril:* Fin du séquençage complet de l'ADN du génome humain
- *5 juillet:* L'OMS déclare que l'épidémie du SRAS est contenue
- *22 juillet:* Uday et Qusay Hussein, fils de Saddam Hussein, sont tués
- **13 décembre: Saddam Hussein est capturé**

Saddam Hussein capturé

Irak, Moyen-Orient, 2003

Au moment de la chute de Bagdad en avril 2003, Saddam Hussein prend la fuite et entre dans la clandestinité. Pendant plusieurs mois, le dictateur évite d'être capturé en se déguisant et en changeant fréquemment de lieu avec l'aide de collaborateurs. L'arrestation de Saddam Hussein devient rapidement une priorité de crainte qu'il ne devienne une source d'inspiration pour la résistance irakienne. Dans la nuit du 13 au 14 décembre 2003, les forces américaines obtiennent des renseignements qui les conduisent au dictateur déchu, caché dans une pièce souterraine. Après son arrestation, Saddam Hussein est accusé de crimes de guerre, de crimes contre l'humanité et de génocide pour des exactions commises contre des Kurdes en 1982. Un tribunal extraordinaire irakien le trouve coupable et le condamne à la pendaison le 30 décembre 2006.

Menace de pandémie mondiale

Hong Kong, Asie, 2003

En novembre 2002, une nouvelle maladie appelée SRAS (syndrome respiratoire aigu sévère) apparaît pour la première fois dans un hôtel de Hong Kong. La maladie, qui provoque une forte fièvre et des problèmes respiratoires pouvant entraîner la mort, est très contagieuse et les traitements sont souvent inefficaces. L'hôtel de Hong Kong, en tant que lieu d'échange de voyageurs, favorise une propagation accélérée de la maladie. Rapidement, des foyers d'infection sont signalés en Chine, à Singapour, au Viêt Nam et à Toronto au Canada. En mars 2003, l'Organisation mondiale de la santé (OMS) lance une alerte sur le risque d'une pandémie mondiale. Prises de panique, plusieurs personnes cessent de voyager ou portent des masques respiratoires pour éviter d'être infectées. Les autorités médicales implantent toutefois des mesures de quarantaine très strictes et parviennent à contenir la maladie en 2004. Parmi les 8 445 personnes infectées, 916 meurent des suites de la maladie.

Révolution orange en Ukraine

Ukraine, Europe, 2004

En novembre 2004, des élections présidentielles en Ukraine donnent lieu à des manifestations populaires pacifiques appelées Révolution orange. Les élections opposent deux candidats aux politiques très différentes: Viktor Ianoukovytch, qui prône des liens forts avec la Russie, contre Viktor Iouchtchenko, qui souhaite un plus grand rapprochement avec l'Europe et l'Occident. La Révolution orange survient lorsque des accusations de fraude électorale sont lancées contre Ianoukovytch par des observateurs internationaux. Les partisans pro-occidentaux de Iouchtchenko, refusant de reconnaître les résultats de l'élection, organisent alors des rassemblements et des grèves générales à travers le pays. Le 23 novembre, 500 000 manifestants portant des drapeaux de couleur orange exigent la tenue d'un nouveau scrutin. En raison de la pression internationale, Ianoukovytch est forcé d'accepter et Iouchtchenko remporte l'élection présidentielle le 26 décembre. Cette victoire déplaît à la Russie, dont l'influence sur les anciennes républiques soviétiques périclite depuis la dissolution de l'URSS en 1991.

Des milliers d'Ukrainiens fêtent le premier anniversaire de la Révolution orange en 2005.

2004
- *11 mars:* Attentats terroristes à Madrid, en Espagne
- *21 novembre:* Viktor Ianoukovytch remporte l'élection présidentielle en Ukraine
- ***23 novembre:* Début de la Révolution orange en Ukraine**
- *26 décembre:* Reprise de l'élection en Ukraine; victoire de Viktor Iouchtchenko

2005
- *23 janvier:* Fin de la Révolution orange
- *19 octobre:* Début du procès de Saddam Hussein
- *5 novembre:* Saddam Hussein est trouvé coupable

2006
- *30 décembre:* Exécution de Saddam Hussein par les Irakiens

Tsunami en Asie

Thaïlande, Asie, 2004

Le 26 décembre 2004, l'un des plus violents tremblements de terre jamais enregistrés survient dans l'océan Indien. Le séisme provoque un important raz-de-marée, appelé tsunami, qui frappe les côtes de plusieurs pays, dont l'Indonésie, la Thaïlande, le Sri Lanka et l'Inde. Le mur d'eau ravage des plages, des villages et des centres de villégiature pendant une période de forte occupation touristique. Les pertes matérielles sont considérables et le bilan des victimes est très lourd: environ 220 000 personnes sont déclarées mortes ou disparues. Les images et les vidéos du tsunami, diffusées à travers le monde, provoquent une importante réaction internationale. Des organismes humanitaires reçoivent près de 5 milliards de dollars en dons pour secourir les survivants et aider à la reconstruction des zones dévastées. Cette grande générosité évoque une solidarité mondiale sans précédent.

Vue aérienne d'une côte dévastée par le tsunami du 26 décembre 2004 en Indonésie.

La Nouvelle-Orléans inondée à la suite de l'ouragan Katrina

États-Unis, Amérique du Nord, 2005

Le 29 août 2005, la Louisiane est frappée par l'un des plus puissants ouragans de l'histoire des États-Unis. Sous la violence des vents de 280 km/h et des vagues de 11 mètres, les digues qui protègent La Nouvelle-Orléans cèdent et la ville est rapidement submergée. Cette catastrophe naturelle cause d'importants dommages matériels et provoque l'une des pires crises humanitaires de l'histoire du pays. Le 24 septembre, une autre tempête, l'ouragan Rita, s'abat cette fois sur le Texas et une partie de la Louisiane, provoquant une nouvelle rupture des digues de La Nouvelle-Orléans. L'ouragan perturbe également la production des raffineries de pétrole à proximité, provoquant une hausse temporaire des prix du pétrole. Cette menace naturelle, que certains scientifiques associent aux changements climatiques, rappelle aux Américains les risques associés à leur dépendance énergétique au pétrole.

Le pape Benoît XVI succède au regretté Jean-Paul II

Vatican, Europe, 2005

En 2005, la mort du pape Jean-Paul II signale la fin d'un des plus longs pontificats de l'Église catholique. Élu pape en 1978, Jean-Paul II est rapidement adulé par les fidèles catholiques, qui admirent sa piété, sa grande mobilité et son message de paix et de réconciliation entre les peuples. Jean-Paul II favorise également l'ouverture d'un dialogue avec les adeptes d'autres religions, tels que les juifs, les musulmans et les chrétiens de toutes les confessions. Au cours de son pontificat de 26 ans, Jean-Paul II visite 117 pays, ce qui a pour effet d'augmenter la visibilité et le prestige de l'Église catholique dans le monde. Après son décès, plusieurs chefs d'État et plus de 3 millions de personnes assistent à ses funérailles. L'un de ses fidèles conseillers, le cardinal Joseph Ratzinger, est ensuite élu pape sous le nom de Benoît XVI. Le nouveau pape reconnaît immédiatement la dignité de son prédécesseur et promet de poursuivre son œuvre.

Le pape Jean-Paul II signe un document en présence du cardinal allemand Joseph Ratzinger, qui sera élu pape en 2005 sous le nom de Benoît XVI.

2004 — *26 décembre:* **Tsunami dans l'océan Indien**

2005 — *9 janvier:* Mahmoud Abbas est élu président de l'Autorité palestinienne
10 février: La Corée du Nord annonce qu'elle possède des armes nucléaires
16 février: Le protocole de Kyoto entre en vigueur
2 avril: Mort de Jean-Paul II
19 avril: **Élection de Benoît XVI**
7 juillet: Attentats terroristes à Londres, au Royaume-Uni

Le président iranien Mahmoud Ahmadinejad (à gauche) serre la main du président russe Vladimir Poutine (à droite) en 2006.

L'Iran soupçonné de vouloir devenir une puissance nucléaire

Iran, Asie centrale, 2005

En 1979, l'Iran devient une république islamique à l'issue d'une révolution visant à mettre fin à l'influence croissante des États-Unis dans le pays. Ce sentiment antiaméricain force l'Iran et les États-Unis à rompre leurs relations diplomatiques en 1980 et à entretenir des rapports tendus pendant plusieurs années. En 2005, la situation s'envenime de nouveau après l'élection du président iranien Mahmoud Ahmadinejad. Celui-ci se montre ouvertement hostile aux États-Unis, qu'il qualifie de « Grand Satan », et souhaite la destruction de l'État d'Israël. De leur côté, les États-Unis et d'autres pays occidentaux soupçonnent l'Iran de vouloir construire des armes nucléaires en enrichissant de l'uranium. Même si Ahmadinejad affirme que l'enrichissement de l'uranium sert à produire de l'énergie nucléaire, l'ONU impose des sanctions contre l'Iran pour l'inciter à mettre fin à ses activités.

Le Liban dévasté par Israël

Liban, Proche-Orient, 2006

Depuis la création de l'État d'Israël en 1948, les Israéliens entretiennent des relations tendues et parfois hostiles avec certains de leurs voisins arabes, tels le Liban et la Syrie. Lorsque l'armée israélienne envahit le sud du Liban en 1982, le groupe armé libanais Hezbollah commence une guerre de guérilla pour récupérer les territoires perdus. Israël se retire de la région en 2000, sans toutefois cesser ses incursions en territoire libanais. La guerre éclate de nouveau en 2006, lorsque le groupe Hezbollah pénètre à son tour en Israël pour enlever deux soldats israéliens. Israël lance alors une opération militaire de grande envergure pour libérer les soldats. Pendant 33 jours, les infrastructures civiles et militaires du Liban sont la cible d'intenses bombardements israéliens, qui font plusieurs morts et des milliers de réfugiés. À l'issue des opérations, l'armée israélienne ne parvient pas à retrouver les soldats enlevés et se retire du Liban.

Premier essai nucléaire en Corée du Nord

Corée du Nord, Asie, 2006

À la fin de la guerre de Corée en 1953, la péninsule coréenne demeure divisée entre le nord communiste et le sud démocratique. Cette situation perdure après la guerre froide et la chute de l'URSS, bien que la Corée du Nord se trouve de plus en plus isolée de la communauté internationale. Le régime nord-coréen, l'un des plus répressifs au monde, fait en effet l'objet de plusieurs sanctions internationales en raison de son hostilité, de ses violations des droits de l'homme et de sa volonté d'acquérir des armes nucléaires. En 2006, la Corée du Nord défie la communauté internationale en effectuant l'essai d'une arme nucléaire dans un complexe souterrain. Le leader nord-coréen Kim Jong-il souligne la nécessité de défendre son régime contre une agression étrangère, notamment une attaque des États-Unis. Plusieurs pays, dont la Chine, la Russie, le Japon et les États-Unis, parviennent toutefois à convaincre les Nord-Coréens de mettre à fin à leur programme nucléaire en 2007 en échange d'une aide financière et d'une diminution des sanctions internationales.

Le leader nord-coréen Kim Jong-il retire son pays du Traité de non-prolifération nucléaire en 2003.

3 août: Accession au pouvoir de Mahmoud Ahmadinejad en Iran
***29 août:* Inondation de La Nouvelle-Orléans**
***30 août:* Début de la crise nucléaire en Iran**

2006
***12 juillet:* Début des opérations militaires d'Israël au Liban**
14 août: L'ONU ordonne un cessez-le-feu dans la guerre israélo-libanaise
***9 octobre:* Premier essai nucléaire en Corée du Nord**

Conférence d'Annapolis

États-Unis, Amérique du Nord, 2007

La création de l'État d'Israël, qui force les Palestiniens à se réfugier dans les enclaves israéliennes de Cisjordanie et de Gaza, a donné lieu à des décennies d'hostilité, de conflits armés et d'attentats meurtriers entre juifs et musulmans. Exigeant le retour des terres qui leur ont été enlevées, les Palestiniens revendiquent le droit de constituer un État indépendant dans une partie de l'État d'Israël. Les Israéliens rejettent cette demande, sous prétexte que ces territoires leur appartiennent pour des raisons stratégiques et religieuses. Après de nombreux pourparlers visant à résoudre le problème, un pas important est franchi en 2007 lors de la conférence d'Annapolis aux États-Unis. À l'issue de cette rencontre, le premier ministre israélien Ehud Olmert et le président palestinien Mahmoud Abbas s'entendent officiellement sur la nécessité de créer deux États séparés, soit un État palestinien et un État israélien, pour mettre fin au conflit israélo-palestinien. Cette ouverture ne constitue toutefois que la première étape d'un long et difficile processus de réconciliation.

Le premier ministre israélien Ehud Olmert (à gauche) serre la main du président palestinien Mahmoud Abbas (à droite) en présence de George W. Bush (au centre) à l'issue de la conférence d'Annapolis en 2007.

Le Pakistan, théâtre de bouleversements politiques

Pakistan, Asie centrale, 2008

Le 20 juin 2001, le général d'armée Pervez Musharraf devient président du Pakistan. Après les attentats terroristes du 11 septembre, Musharraf se range du côté des États-Unis dans la guerre contre le terrorisme et supporte l'invasion de l'Afghanistan, pays voisin du Pakistan. La guerre en Afghanistan et d'autres facteurs internes rendent toutefois Musharraf impopulaire auprès des Pakistanais. En 2007, Musharraf permet le retour de Benazir Bhutto, exilée du Pakistan depuis huit ans. Bhutto, qui avait été première ministre du pays en 1988-1990 et en 1993-1996, annonce son intention de se présenter aux élections présidentielles de 2008 contre Musharraf. Bhutto est toutefois assassinée le 27 décembre 2007, vraisemblablement par Al-Qaïda. L'époux de Benazir Bhutto, Asif Ali Zardari, se présente à son tour aux élections présidentielles. Fort de la popularité de son épouse, Zardari remporte les élections de 2008 et évince Musharraf du pouvoir. Cette victoire annonce toutefois une période d'incertitude pour le Pakistan, notamment en ce qui concerne son rôle sur la scène internationale.

La chef de l'opposition au Pakistan, Benazir Bhutto, salue la foule peu de temps avant son assassinat, le 27 décembre 2007.

Fidel Castro se retire du pouvoir

Cuba, Caraïbes, 2008

Depuis 1959, Fidel Castro dirige l'île de Cuba à la tête d'un parti unique qui ne tolère aucune opposition politique. En diplomatie étrangère, le dictateur cubain

2007
27 novembre : **Conférence d'Annapolis**
27 décembre : **Assassinat de Benazir Bhutto**

2008
17 février : Le Kosovo déclare officiellement son indépendance de la Serbie
18 février : Élections générales au Pakistan ; victoire du parti de Benazir Bhutto
19 février : **Fidel Castro se retire officiellement du pouvoir**

résiste également aux ennemis de son régime et aux adversaires de ses idéaux communistes. Les États-Unis, entre autres, ne parviennent pas à renverser le régime de Castro, malgré le maintien d'un embargo rigide depuis 1962. En 2006, le leader qui a su résister aux pressions de 10 présidents américains, est contraint de céder temporairement le pouvoir à son demi-frère, Raúl Castro, pour des raisons de santé. Après une intervention chirurgicale et plusieurs mois de convalescence, l'état de santé du dictateur demeure incertain. N'ayant plus les capacités requises pour se maintenir au pouvoir, Fidel Castro annonce finalement, le 19 février 2008, son retrait officiel de la présidence de l'État cubain. Raúl, désormais président de Cuba, maintient en grande partie les fondements idéologiques du régime de Fidel. Toutefois, ses politiques plus modérées laissent entrevoir la possibilité de meilleures relations entre son pays et la communauté internationale, dans le but de dénouer une impasse diplomatique vieille de plus de 45 ans.

Crise alimentaire dans le tiers monde

Burkina Faso, Afrique, 2008

À la fin de 2006, le prix des denrées alimentaires de base augmente progressivement sur les marchés mondiaux. Le phénomène s'explique par une baisse mondiale de la production céréalière causée par des sécheresses successives dans plusieurs pays producteurs, et par la hausse mondiale du prix du pétrole, qui augmente les coûts de transport liés à l'alimentation. Entre février 2007 et février 2008, le problème est tel que le prix du blé double sur les marchés mondiaux. Dans certains pays, les prix du lait et du pain doublent aussi. Les pays en développement sont les plus durement touchés: les faibles revenus de leurs populations, qui suffisent souvent à peine à une subsistance quotidienne, ne permettent plus d'acheter des denrées alimentaires de base. La crise atteint son point culminant entre février et avril 2008, lorsque des manifestations et des émeutes éclatent dans les pays les plus affectés, notamment le Burkina Faso, l'Indonésie, le Cameroun et Haïti. En avril, la Banque mondiale et le FMI (Fonds monétaire international) annoncent différentes mesures pour atténuer la crise, mais leurs effets à long terme demeurent inconnus.

Les tensions de la guerre froide refont surface en Ossétie du Sud

Géorgie, Europe-Asie, 2008

La Géorgie, pays situé à l'est de la mer Noire dans le Caucase, est une ancienne république de l'URSS. Bien qu'indépendante depuis 1991, la Géorgie entretient des relations tendues avec la Russie depuis plusieurs années. En effet, la Russie, par crainte de voir son influence régionale diminuer malgré la fin de la guerre froide, s'oppose aux démarches entreprises par la Géorgie pour devenir membre de l'OTAN. Les deux pays, qui partagent une frontière commune, se disputent également une région située en Géorgie, nommée Ossétie du Sud.

Les producteurs de thé au Kenya sont parmi les plus durement touchés par la crise alimentaire mondiale.

21 janvier: La crainte d'une récession aux États-Unis provoque une première baisse des marchés boursiers
***22 février:* Émeutes au Burkina Faso en raison de la crise alimentaire**
24 février: Raúl Castro devient président de Cuba
***7 août:* Début de la guerre en Ossétie du Sud**
8 août: Ouverture des Jeux olympiques à Pékin, en Chine
6 septembre: Asif Ali Zardari, veuf de Benazir Bhutto, est élu président du Pakistan

Cette région, qui désire devenir indépendante, est soutenue par la Russie, mais elle est toujours revendiquée par la Géorgie. Le 7 août 2008, lorsque la Géorgie tente de reprendre l'Ossétie du Sud par la force, la Russie intervient par une offensive militaire musclée. Après avoir expulsé les forces géorgiennes d'Ossétie du Sud, l'armée russe envahit même, pendant quelques jours, une partie de la Géorgie. Malgré la signature d'un cessez-le-feu le 16 août 2008, la question de l'Ossétie du Sud n'est toujours par réglée et le bras de fer entre la Russie et la Géorgie perdure.

Crise financière planétaire

États-Unis, Amérique du Nord, 2008

En février 2007, les premiers signes d'une crise financière se font sentir sur les marchés mondiaux. La crise est attribuable en partie à des prêts hypothécaires et des placements à risque effectués par certaines banques aux États-Unis, qui ont eu pour effet de surchauffer l'économie américaine et de créer une bulle immobilière. Dès 2008, les banques qui n'obtiennent pas les rendements espérés en raison de l'essoufflement du marché immobilier sont secouées par un manque de liquidités et acculées à la faillite. Le 15 septembre 2008, les marchés boursiers mondiaux, fortement ébranlés par la pire crise bancaire depuis 1929, subissent d'importantes baisses en raison de la perte de confiance des investisseurs. La crise financière s'étend rapidement à l'échelle planétaire, en provoquant une baisse marquée des valeurs boursières sur les marchés mondiaux. Plusieurs pays réagissent rapidement pour atténuer la crise, tels les États-Unis, qui injectent 700 milliards de dollars dans le marché financier américain pour relancer l'économie. Les effets à long terme de cette tempête économique demeurent néanmoins inconnus.

La Bourse de New York *(New York Stock Exchange)* sur Wall Street

Barack Obama après sa victoire aux élections présidentielles des États-Unis, le 4 novembre 2008

Élections présidentielles historiques aux États-Unis

États-Unis, Amérique du Nord, 2008

Le 4 novembre 2008, les Américains sont appelés aux urnes pour élire le 44e président des États-Unis. Après plusieurs mois de compétition dans le cadre d'élections primaires, deux candidats sont finalement désignés par les principaux partis du pays pour se présenter aux élections présidentielles: le sénateur John McCain du Parti républicain et le sénateur Barack Obama du Parti démocrate. À différents égards, l'élection présidentielle promet d'être historique: Obama, qui est de race noire, serait le premier président afro-américain, tandis que McCain, un vétéran de la guerre du Viêt Nam âgé de 72 ans, serait le plus vieux président au début de son premier mandat. À l'issue d'une campagne serrée, le peuple américain donne finalement la victoire à Barack Obama. Plusieurs défis attendent toutefois le successeur de George W. Bush, en raison notamment des guerres en Irak et en Afghanistan, et de la crise financière mondiale. Barack Obama est officiellement assermenté comme président des États-Unis le 20 janvier 2009.

2008

15 septembre: Chute importante des marchés boursiers après la faillite de plusieurs banques américaines

3 octobre: Le gouvernement des États-Unis investit 700 milliards de dollars dans le marché financier américain pour atténuer la crise financière

4 novembre: Élection de Barack Obama à la présidence des États-Unis

L'armée israélienne intervient militairement dans la bande de Gaza

Israël, Proche-Orient, 2008-2009

À compter du 27 décembre 2008, l'armée israélienne bombarde la bande de Gaza et commence à l'envahir par voie terrestre quelques jours plus tard. L'objectif principal de cette offensive militaire est d'écraser le Hamas, parti islamiste radical au pouvoir à Gaza. Pour justifier son action, le gouvernement israélien plaide la légitime défense en raison des tirs de roquettes effectués par le Hamas au sud d'Israël. Néanmoins, cette opération militaire suscite l'opprobre de la communauté internationale à cause des nombreuses victimes civiles. Le 18 janvier 2009, le gouvernement d'Israël annonce un cessez-le-feu, rapidement imité par le Hamas. À la fin de février 2009, les négociations entre les deux parties pour parvenir à une trêve durable sont toujours en cours.

La Bolivie adopte une nouvelle constitution

Bolivie, Amérique du Sud, 2009

Le 25 janvier 2009, près de 60 % des Boliviens et Boliviennes votent lors d'un référendum pour l'adoption d'une nouvelle constitution. Depuis 2006, une assemblée constituante élue démocratiquement préparait ce texte d'une importance capitale sous la présidence d'Evo Morales. Pour la première fois, les peuples autochtones de Bolivie se voient reconnaître le droit à l'autodétermination quant à leur identité, leurs valeurs, leurs territoires et leurs ressources. De plus, les langues indigènes obtiennent le statut de langues officielles au même titre que l'espagnol. Les régions les plus riches de La Paz et de l'Est, principalement peuplées par des métis, ont fortement résisté à l'adoption de cette constitution.

Vers une victoire de l'armée au Sri Lanka

Sri Lanka, Asie, 2009

La guerre civile qui oppose le gouvernement sri lankais aux Tigres de libération de l'Eelam tamoul (LTTE), une minorité qui se bat depuis 1983 pour la création d'un État indépendant au nord du Sri Lanka, tire à sa fin. L'armée sri lankaise a repris toutes les villes aux mains des indépendantistes et a isolé ses adversaires avec des dizaines de milliers de civils dans une petite région de la jungle au nord-est du pays.

Evo Morales déposant son bulletin de vote lors du référendum constitutionnel de janvier 2009. Élu en décembre 2005, le socialiste Evo Morales est le premier président bolivien d'origine autochtone. Pourtant, les peuples indigènes représentent près de 70 % de la population du pays.

27 décembre : **Début des bombardements israéliens sur la bande de Gaza**

2009
20 janvier : Investiture de Barack Obama à la présidence des États-Unis
25 janvier : **Référendum constitutionnel en Bolivie**
24 février : **L'armée sri lankaise s'empare de la dernière ville encore aux mains des Tigres tamouls**

Techniques

Dans le programme « Monde contemporain », la démarche d'investigation est au cœur de votre questionnement. Cette démarche est un processus d'enquête qui permet d'approfondir les questionnements portant sur le monde actuel afin de pouvoir en interpréter les principaux problèmes et de prendre position sur différents enjeux. Après les investigations, l'élaboration de réponses et la recherche d'explications ou de justifications débouchent sur l'acquisition de connaissances et de compétences méthodologiques et sur la mise au point de savoir-faire techniques. Pour vous inciter à utiliser ces techniques, nous vous proposons les fiches méthodologiques suivantes.

Bonne recherche !

TABLE DES MATIÈRES

Réaliser un travail de recherche à l'aide de la démarche d'investigation

1 Choisir la situation-problème

Il s'agit du problème à résoudre. Il est essentiel de bien le comprendre. Au besoin, il faut analyser les concepts qui s'y rattachent. De plus, le questionnement à l'aide de la formule 3QPOC (Quand?, Qui?, Quoi?, Pourquoi?, Où? et Comment?) vous aidera à mieux définir le contexte de votre enquête. Il est aussi important de faire ressortir toutes vos connaissances sur le sujet.

2 Formuler une conjecture, une hypothèse explicative

C'est une explication temporaire à la problématique que vous formulez au début du processus. Elle fait appel à vos connaissances et à la compréhension que vous avez du problème à ce moment.

Il ne s'agit pas d'avoir LA bonne réponse, mais plutôt de dégager une piste de réflexion.

3 Faire les investigations nécessaires

C'est la partie du travail où vous êtes à la recherche d'indices pour résoudre la problématique.

Cette recherche d'information peut se faire en classe, à la bibliothèque, dans Internet, dans les médias.

Les documents peuvent être variés : textes, images, photographies, séquences vidéo, articles. Il est important de tenir une liste des documents consultés (fiches de consignation*). Vous ne savez jamais quand l'information qu'ils renferment vous sera utile.

4 Analyser les données et les échanges argumentés

À cette étape du processus de recherche, il faut faire une analyse plus approfondie des documents retenus. Plusieurs techniques vous seront utiles (stratégies de lecture, processus d'analyse d'images et de cartes*, lecture de tableaux et de diagrammes*, conception d'une ligne du temps*). Il faut également critiquer les documents pour s'assurer de leur validité. Cela permet de départager les renseignements trouvés. Il faut séparer l'essentiel du superflu. C'est aussi le temps de confronter les propositions, de débattre en groupe de leur validité, d'élaborer une argumentation.

5 Organiser les idées et les interpréter

Par analogie, les deux étapes précédentes vous ont permis de trouver et de classer les morceaux du casse-tête. Maintenant, vous devez les assembler !

Vous devez établir des liens logiques entre les éléments d'information sélectionnés (cause-conséquence, acteurs et leurs propositions, liens entre l'économie, la société, la politique et la culture). Vous devez également hiérarchiser vos idées (idées principales et idées secondaires). L'objectif est de bâtir une interprétation valable de la problématique. L'utilisation d'un organisateur graphique* peut faciliter le travail.

6 Expliquer la problématique et faire une synthèse

Cette dernière étape consiste à comparer la conjecture, l'hypothèse explicative de départ avec la conclusion que votre recherche vous permet d'en tirer. Le résultat est habituellement communiqué dans un rapport. La rédaction de ce rapport doit répondre à des exigences précises qui démontrent le sérieux du travail effectué. Consultez votre enseignant ou enseignante à ce sujet.

Cette nouvelle interprétation soulèvera d'autres questions auxquelles d'autres personnes voudront trouver des réponses et le processus recommencera. De nouveaux problèmes vous permettront d'utiliser les connaissances acquises, mais dans un autre contexte.

---

* Une fiche méthodologique traite plus spécifiquement de cette partie du processus de recherche.

Formuler une hypothèse

Objectif de l'hypothèse (Pourquoi formuler une hypothèse ?)

L'hypothèse est le fil conducteur qui oriente l'organisation de la recherche. C'est pourquoi il ne faut pas formuler l'hypothèse à la légère.

Caractéristiques d'une bonne hypothèse (Comment faire ?)

- Elle répond à la problématique.
- Elle est courte (1 ou 2 phrases) et précise (choix judicieux du vocabulaire).
- Elle consiste en une affirmation et non en une interrogation.
- Elle peut être simple ou contenir une justification.
- Elle est vérifiable par la démarche d'investigation.
- Elle ne comporte ni jugement de valeur ni préjugé.
- Elle ne démontre aucune émotion, aucun sentiment.

Valider une hypothèse

La validation de l'hypothèse se fait à la fin de la méthode d'investigation. C'est alors qu'on obtient la réponse ou l'explication recherchée.

- Si l'hypothèse concorde avec les résultats obtenus à la suite de la démarche d'investigation, on peut dire qu'elle est **confirmée,** c'est-à-dire qu'elle est vraie.
- Si l'hypothèse concorde avec le travail de recherche, mais qu'elle est incomplète, on peut dire qu'elle est **partiellement confirmée.**
- Si l'hypothèse ne concorde pas avec les résultats obtenus, en totalité ou en partie, on peut dire qu'elle est **infirmée**, c'est-à-dire qu'elle est fausse.

La validation de l'hypothèse fait habituellement l'objet d'un rapport de recherche. Ce document illustre la conclusion de la recherche. Il doit être fait avec beaucoup de sérieux. L'attention que vous porterez à la rédaction du document témoignera de la qualité des efforts que vous avez déployés dans votre recherche.

Voici quelques suggestions pour vous aider à rédiger un bon rapport :

- Rédigez une **introduction** digne de ce nom avec un sujet amené qui introduit la problématique, un sujet posé qui présente votre hypothèse et un sujet divisé qui présente la structure du texte.
- Le **développement** du texte doit présenter votre interprétation historique. N'oubliez pas qu'il faut exposer une seule idée par paragraphe. Des citations ou des références à des documents confèrent de la crédibilité au travail.
- La **conclusion** est le jugement que vous portez sur la validité de votre hypothèse. Pour finir, soumettez une nouvelle question soulevée par votre recherche.

N'oubliez pas la **médiagraphie** !

Regarder et interpréter un téléjournal

Buts (Pourquoi regarder et interpréter un téléjournal ?)

- Pour prendre connaissance de l'actualité par le biais d'entrevues, de reportages, etc.
- Pour suivre au jour le jour l'évolution d'une situation actuelle.
- Pour profiter du support visuel de ce type de média.
- Pour trouver de l'information spécifique sur un sujet.
- Pour pouvoir interpréter un problème du monde contemporain.
- Pour pouvoir éventuellement prendre position sur un enjeu du monde contemporain.
- Pour établir le point de vue d'un acteur.

Méthode (Comment faire ?)

1. **Définir l'intention d'écoute.** Est-ce simplement pour vous tenir au courant des faits d'actualité ou cherchez-vous de l'information sur un sujet en particulier dans le but d'interpréter un problème ou un enjeu du monde contemporain ? Si vous regardez un téléjournal dans le but de recueillir de l'information sur une problématique ou un enjeu du monde contemporain, il serait souhaitable que vous regardiez des bulletins de nouvelles sur différentes chaînes afin de comparer l'information.

2. **Regarder le téléjournal et faire la critique interne.** À cette étape, il est important de prendre des notes sur l'information qui vous intéresse. Il serait également bon d'enregistrer le ou les reportages qui portent sur votre sujet d'étude afin de pouvoir les réécouter.

   Pour faire la critique interne d'un reportage ou d'une entrevue, vous devez tenir compte des mêmes éléments que dans le cas de la critique interne d'un document écrit et différencier les faits des opinions. Pour les entrevues, vous devez aussi :

   - Identifier le groupe auquel est associée la personne interviewée.
   - Mettre en évidence les arguments qui viennent appuyer ses opinions.
   - Vous assurer de bien comprendre le contexte dans lequel les paroles ont été prononcées et celui dans lequel elles sont rapportées.

3. **Faire la critique externe.** Mettre le reportage en contexte :
   - Spécifiez le type de source. La ou le journaliste se trouve-t-il sur les lieux où se déroule l'événement ? Les images proviennent-elles d'une agence de presse ou sont-elles prises par l'équipe du correspondant ou de la correspondante à l'étranger ?
   - Interrogez-vous sur la chaîne qui présente ce téléjournal. À qui appartient cette chaîne ? Quelle est sa position, son idéologie ?

4. **Voir si le téléjournal répond à l'intention de départ.** Si c'est le cas, notez les éléments d'information et les références.

Lorsqu'on dit qu'une citation est hors contexte, c'est que le contexte dans lequel elle s'inscrit n'est pas expliqué. Prise hors contexte, la citation n'a pas la même signification.

Faire des fiches de consignation

Buts (Pourquoi faire des fiches de consignation ?)

- Pour conserver la trace des ouvrages que vous avez consultés au cours d'une recherche.
- Pour résumer les renseignements que vous avez trouvés.
- Pour noter une citation ou un passage significatif.
- Pour noter les idées ou les commentaires qui découlent de la consultation de certains documents.

Méthode (Comment faire ?)

1 La **fiche citation** sert à rapporter mot à mot un passage (la pensée d'un auteur ou d'une auteure, par exemple) qui vous paraît particulièrement intéressant.

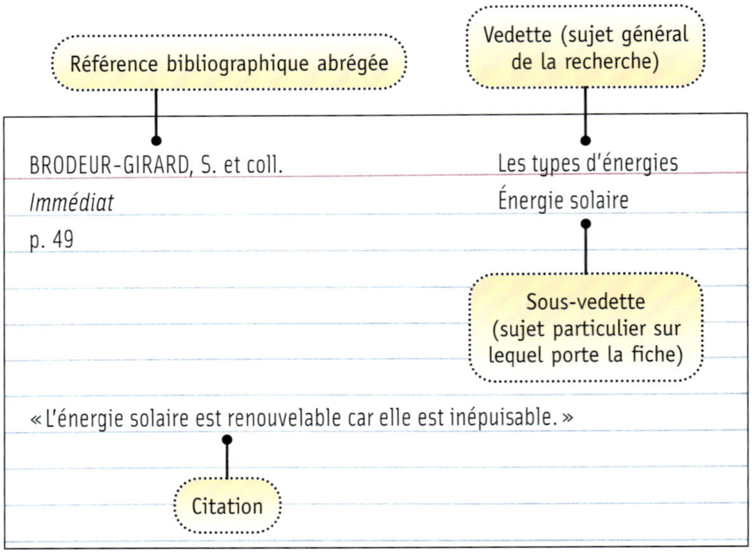

Remarque : Lorsqu'on supprime dans le passage cité une phrase ou une partie de phrase jugée moins essentielle, on utilise des points de suspension entre crochets **[...]** pour indiquer la troncation.

2 La **fiche résumé** sert à reformuler en peu de mots le contenu d'un document.

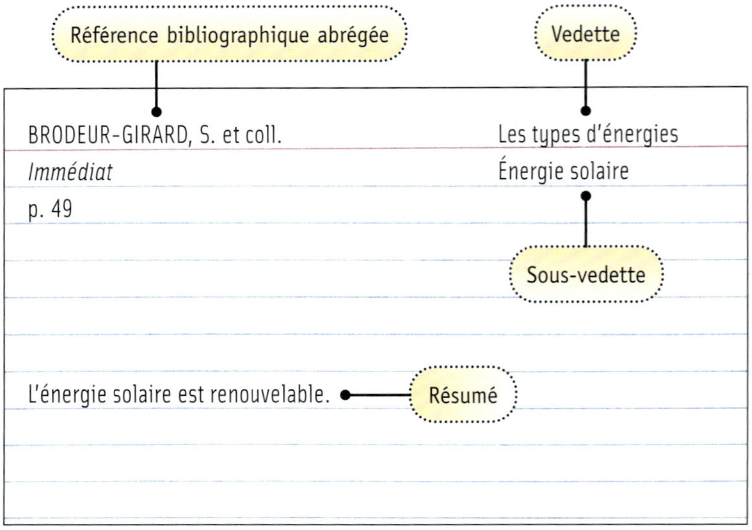

Remarques :

- La vedette et la sous-vedette se résument à deux ou trois mots clés tout au plus.
- Il faut noter une seule idée par fiche.
- Dans la référence bibliographique, l'expression *et coll.* est l'abréviation de « et collaborateurs ». On emploie aussi parfois l'expression latine *et al.* qui signifie « et autres ».

❸ La **fiche commentaire** sert à noter un commentaire personnel sur une partie d'un document (phrase, passage, chapitre) ou une idée sur laquelle vous voulez faire le point.

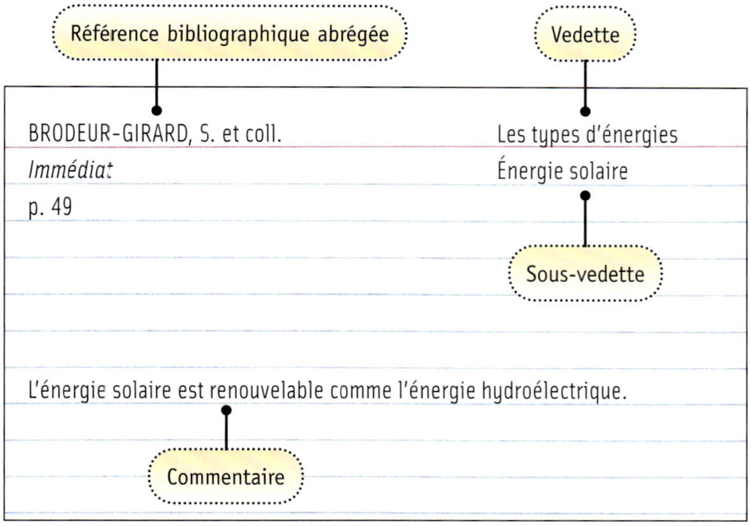

Remarque : Tout comme pour la fiche résumé, il faut noter une seule idée par fiche.

Constituer un dossier de presse

But (Pourquoi constituer un dossier de presse ?)

Pour consigner de façon ordonnée des coupures de journaux et de revues sur un sujet donné.

Méthode (Comment faire ?)

❶ **Trouver le sujet sur lequel portera le dossier de presse.**
Les sujets peuvent être variés et de plus ou moins grande envergure. Par exemple, il peut s'agir d'une problématique internationale (qui touche plusieurs pays de différents continents) ou plus locale (qui touche plusieurs pays d'une même région ou un seul pays).

❷ **Lire les journaux.**
Lisez quotidiennement les actualités dans les journaux et les revues. Il est à noter que plusieurs quotidiens offrent une version Internet.

❸ **Consigner les articles.**
Découpez les articles que vous jugez intéressants et pertinents. Écrivez la source (comprenant au moins le titre du journal ou du périodique, la date de parution et le numéro de la page).

❹ **Commenter les articles.**
Après avoir lu les articles, quels questionnements sont soulevés ? Avez-vous des doutes sur la teneur des articles ? Quelle est votre opinion sur le sujet ?, etc.

Il est possible de procéder à l'inverse. Vous pourriez découper des articles pertinents sans avoir déterminé un sujet précis au départ. Vous devrez alors classer les articles au fur et à mesure selon qu'ils se rapportent à l'un ou l'autre des cinq thèmes au programme.

Réaliser une recherche d'information dans Internet

Buts (Pourquoi réaliser une recherche d'information dans Internet ?)

- Pour trouver de l'information spécifique sur un sujet.
- Pour trouver des documents iconographiques (images, cartes, lignes du temps, diagrammes, etc.).
- Pour trouver rapidement plusieurs sources permettant de vérifier une information.

Méthode (Comment faire ?)

1 Définir l'intention de recherche en spécifiant son sujet.

2 Faire un plan de recherche.

- Dressez une liste de mots associés au sujet. Il est recommandé de classer les mots selon leur degré de pertinence.
- Dressez une liste des sites et des moteurs de recherche à utiliser. Commencez par des sites connus ou ceux qui sont fournis en référence. Ensuite, utilisez un moteur de recherche général.
- Déterminez le temps accordé à la recherche. Vous vous concentrerez ainsi sur votre intention et vous éviterez les pertes de temps.

Liste de mots associés à « droits humains » :
- Déclaration universelle des droits de l'homme
- Amnistie internationale
- ONU
- Cour pénale internationale
- UNESCO

3 Faire la recherche dans Internet.

- Naviguez dans Internet en utilisant les listes établies précédemment. S'il y a beaucoup de texte sur la page consultée, utilisez la fonction de recherche par mot clé offerte par la plupart des navigateurs.
- Dressez une liste des adresses consultées, surtout celles des sites dont le contenu sera utilisé. Vous pouvez copier/coller les adresses dans un logiciel de traitement de texte.
- Déterminez la crédibilité de l'information. Identifiez les auteurs ou auteures, la nature du site (pages personnelles, groupes de pression, institutions gouvernementales, musées, etc.).

4 S'assurer que l'information retenue répond à l'intention. Si c'est le cas, notez les éléments d'information et les références (voir la méthodologie des fiches de consignation).

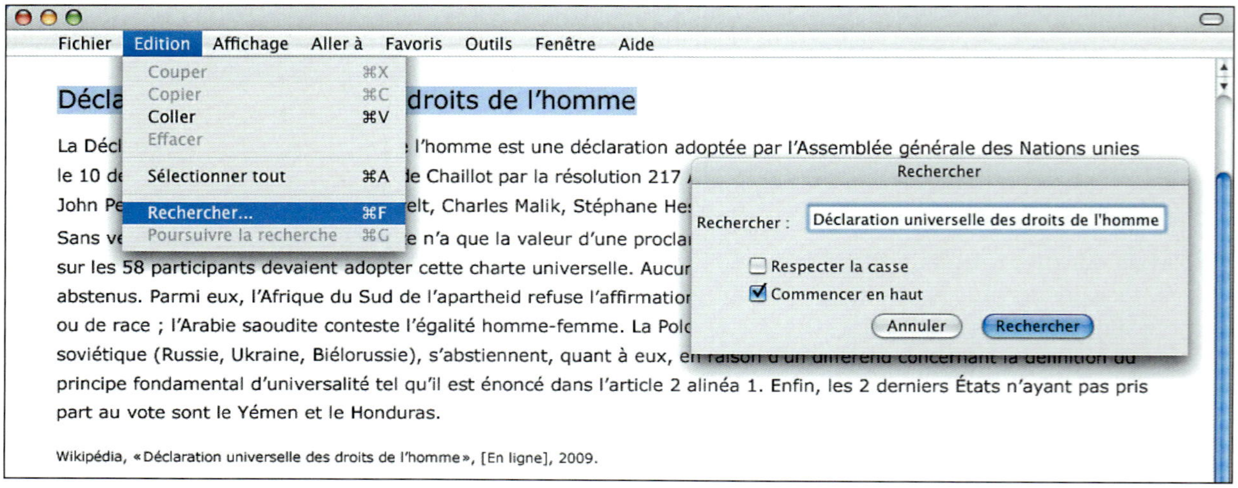

Wikipédia, « Déclaration universelle des droits de l'homme », [En ligne], 2009.

Interpréter un document écrit

Buts (Pourquoi interpréter un document écrit ?)

- Pour définir le cadre général d'un thème.
- Pour trouver une information spécifique.
- Pour établir le point de vue d'un acteur, d'un groupe de pression.

Méthode (Comment faire ?)

1. **Définir l'intention de lecture.** En spécifiant clairement ce que vous cherchez, vous le trouverez plus rapidement.
2. **Faire un survol du document.** Ce premier coup d'œil vous permettra d'évaluer la pertinence du document. Intéressez-vous au titre et aux intertitres, à la conclusion, au paratexte (images, tableaux, diagrammes qui accompagnent le document).
3. **À la deuxième lecture, faire la critique interne.** À cette étape, vous vous attaquez à l'information présentée dans le document :
   - Relevez l'idée principale et les idées secondaires.
   - Mettez en évidence les éléments d'information qui vous paraissent pertinents.
   - Différenciez les faits des opinions.
4. **Faire la critique externe du document.** Il s'agit en fait de mettre le document en contexte :
   - Déterminez le type de document (lettre, journal, document légal, etc.).
   - Spécifiez le type de source (primaire ou secondaire).
   - Repérez la date du document et le lieu où il a été écrit.
   - Identifiez l'auteur et le destinataire, et établissez le lien qui les unit.

   Il est possible que la critique externe vous amène à reconsidérer certains éléments relevés lors de la critique interne.
5. **Voir si le document répond à l'intention de lecture.** Si c'est le cas, notez les éléments d'information et les références (voir la méthodologie des fiches de consignation).

Modélisation

1. Mon intention est de trouver des principes qui gouvernent les relations entre les États à propos des questions environnementales.
2. En survolant le document, je constate qu'il s'agit d'un extrait de texte. Le paragraphe d'introduction me permet de constater que le texte a un lien avec mon but. Le document est pertinent, je vais donc continuer mon analyse.

Protéger son voisin

En 1972, les délégués de la première grande conférence internationale sur l'environnement ont défini les principes qui devraient gouverner les relations entre les États à propos des questions environnementales :

« Conformément à la Charte des Nations Unies et aux principes du droit international, les États ont le droit souverain d'exploiter leurs propres ressources selon leur politique d'environnement et ils ont le devoir de faire en sorte que les activités exercées dans les limites de leur juridiction ou sous leur contrôle ne causent pas de dommage à l'environnement dans d'autres États ou dans des régions ne relevant d'aucune juridiction nationale. »

Source : Déclaration finale de la Conférence des Nations Unies sur l'environnement (1972)

3. En faisant la critique interne du texte, je constate que, depuis 1972, les Nations Unies énoncent que les États ont le droit d'exploiter leurs propres ressources comme ils l'entendent à condition que leurs actions n'aient pas de répercussions sur l'environnement dans d'autres États.
4. Il s'agit d'un extrait d'un document primaire. Cet extrait de la déclaration finale de la Conférence des Nations Unies sur l'environnement est un document légal qui a été rédigé en 1972. Le document consulté est crédible.
5. Le document répond à mon intention puisqu'il me permet d'apprendre qu'il existe au moins un principe gouvernant les relations entre les États à propos des questions environnementales. Un État peut exploiter ses ressources comme il l'entend seulement si ses pratiques n'ont pas de répercussions sur un État voisin. Toutefois, il serait important que je trouve au moins un autre document pour appuyer cette information.

Lire et interpréter un article de journal

Buts (Pourquoi lire et interpréter un article de journal ?)

- Pour prendre connaissance de l'actualité.
- Pour suivre au jour le jour l'évolution d'une situation actuelle.
- Pour trouver de l'information spécifique sur un sujet.
- Pour pouvoir interpréter un problème du monde contemporain.
- Pour pouvoir éventuellement prendre position sur un enjeu du monde contemporain.
- Pour établir le point de vue d'un acteur.

Méthode (Comment faire ?)

1. **Définir l'intention de lecture.** Est-ce simplement pour vous tenir au courant des faits d'actualité ou cherchez-vous de l'information sur un sujet en particulier ? Si vous lisez un article dans le but de recueillir de l'information, il serait souhaitable que vous lisiez des articles portant sur le même sujet dans différents journaux afin de comparer l'information.
2. **Faire un survol de l'article.** Ce premier coup d'œil vous permettra d'évaluer la pertinence de l'article. Intéressez-vous au titre, aux intertitres, au chapeau (texte en gras au début de l'article), au paratexte (images, tableaux, diagrammes).
3. **Faire la critique interne de l'article.** Vous devez tenir compte des mêmes éléments que dans le cas de la critique interne d'un document écrit, mais vous devez aussi :
   - Préciser le contexte dans lequel l'article est présenté. Si le contexte n'est pas clairement présenté, vous devrez faire des recherches afin de le découvrir.
   - Identifier les acteurs mentionnés dans l'article, le groupe de pression auquel ils appartiennent ainsi que leur opinion sur le sujet abordé dans l'article.
   - Vous assurer de bien comprendre le contexte dans lequel les paroles ont été prononcées et celui dans lequel elles sont rapportées.
4. **Faire la critique externe de l'article.** Mettre l'article en contexte :
   - Spécifiez le type d'article. Est-ce un article d'opinion ou d'information ? Est-il écrit par un chroniqueur ou une chroniqueuse ? Est-ce un article sensationnaliste ? Est-il question d'un fait divers ?
   - Spécifiez le type de source. La ou le journaliste se trouve-t-il sur les lieux où se déroule l'événement ? Est-ce un article d'une agence de presse ou un article écrit par un correspondant ou une correspondante à l'étranger ?
   - Exercez votre sens critique. Interrogez-vous sur le journal dans lequel est publié l'article. À qui appartient ce journal ? Quelle est sa position, son idéologie ?
5. **Voir si l'article répond à l'intention de départ.** Si c'est le cas, notez les éléments d'information et les références.

Écrire un texte argumentatif

But (Pourquoi écrire un texte argumentatif ?)

Pour influencer, convaincre ou persuader une personne en recourant à des arguments.

Méthode (Comment faire ?)

1. **Prendre connaissance du thème.** Faites d'abord un survol du thème abordé. Ensuite, assurez-vous de bien comprendre tous les concepts et les aspects relatifs à l'enjeu. Prenez des notes : faites des fiches de consignation pour vous aider à étoffer l'argumentation lorsque vous rédigerez votre texte.

2. **Définir votre position sur l'enjeu.** Définissez votre point de vue. Votre position doit être rationnelle et non émotive. Dressez une liste des arguments qui vous poussent à adopter cette position. Ces éléments constitueront votre « thèse ».

3. **Faire une recherche documentaire pour étoffer la thèse.** Cette recherche vous permet d'approfondir votre compréhension du thème. Cherchez des arguments qui appuient votre thèse (faits, énoncés généraux, valeurs, points de vue d'acteurs, etc.). Profitez-en pour examiner les arguments contraires (contre-thèse) que vos adversaires pourraient soulever. Les arguments peuvent se fonder sur :

La référence à l'autorité : Citer une personne qui fait autorité en la matière, une recherche scientifique, une institution reconnue ou des statistiques qui confirment le propos.

L'invocation d'un fait : Citer un fait reconnu ou un phénomène constaté par l'observation.

L'appel aux valeurs morales : Évoquer des valeurs auxquelles l'adversaire peut difficilement ne pas adhérer.

L'évocation de principes logiques : Placer le destinataire devant une logique implacable. Citer des proverbes pour confirmer qu'il s'agit d'une croyance populaire généralement acceptée, d'une opinion qui fait consensus.

4. **Rédiger le texte.** Le texte argumentatif comprend l'introduction (sujet amené, posé et divisé), le développement (trois arguments soutenant la thèse) et la conclusion (reformulation de la thèse et formulation d'un souhait, d'un conseil, d'une projection, etc.). Pour convaincre, adoptez une stratégie argumentative qui s'organise autour d'un procédé argumentatif dominant. Voici quelques procédés :

La démonstration : Démontrer une thèse autour d'un raisonnement déductif (il est préférable de conserver une distance par rapport au sujet en employant des arguments comme des faits, en employant un vocabulaire dénotatif et un ton neutre).

La réfutation : Répondre à la contre-thèse par diverses techniques de réfutation en déclarant la thèse adverse dépassée, en opposant une exception, en concédant une chose pour mieux en tirer avantage.

Les organisateurs textuels : Une argumentation ordonnée est convaincante. L'utilisation de mots comme « premièrement », « deuxièmement » et « troisièmement » pour ordonner les arguments est efficace.

Le discours rapporté : Rapporter des paroles de personnes expertes ajoute du poids à votre argumentation.

Des procédés stylistiques : Utiliser l'ironie (qui consiste à dire le contraire de ce qu'on veut dire pour faire ressortir l'absurdité du propos) ou la répétition, qui fait ressortir une idée ou un argument.

Interpréter un document iconographique

Buts (Pourquoi interpréter un document iconographique ?)

- Pour trouver des indices sur l'organisation sociale.
- Pour définir l'organisation de l'espace.
- Pour établir les positions d'un acteur ou d'un groupe de pression.
- Pour valider la présence de certains éléments liés à un enjeu précis.

Méthode (Comment faire ?)

1 Définir l'intention de lecture. Comme « une image vaut mille mots », il est préférable de savoir ce que l'on cherche avant d'interpréter un document.

2 Analyser l'information se rapportant à l'image.
- Titre : il révèle souvent le thème de l'image.
- Source : elle révèle le nom de l'auteur ou auteure et la date de création de l'œuvre ou la date à laquelle la photographie a été prise. Il est ainsi possible de vérifier si l'image est d'actualité.
- Note explicative : parfois, les documents iconographiques sont accompagnés d'une note explicative qui fournit de l'information sur le contexte associé à l'image.

3 Analyser le contenu de l'image.
- Premièrement, voyez quels sont les éléments (personnages, objets, actions) représentés dans le document.
- Deuxièmement, comparez le contenu des trois plans (premier plan, plan moyen, arrière-plan) et établissez des liens entre eux.

4 Interpréter l'image. C'est le moment où vous finalisez votre compréhension du document. Pour valider votre interprétation, vous pouvez le comparer avec d'autres.

5 Voir si le document répond à l'intention de lecture. Si c'est le cas, notez les éléments d'information et les références (voir la méthodologie des fiches de consignation).

Modélisation

1 Mon intention est de voir les conditions de vie dans les camps de personnes réfugiées.

3 Voici l'information que révèle l'analyse des plans.

Premier plan : Je vois des gens qui cuisinent par terre sur un feu de bois. L'installation est rudimentaire et les ustensiles de cuisine sont peu nombreux. Le sol semble très aride (terre sèche sans végétation).

Plan moyen : Je vois des abris de fortune constitués d'un amoncellement de toiles et de tissus de toutes sortes. L'espace est restreint et l'ameublement, inexistant.

Arrière-plan : Je vois de nombreuses autres « tentes » un peu partout. Certaines n'ont même pas de toit.

2 Le titre et la note explicative me confirment qu'il s'agit d'un camp de réfugiés, plus précisément un camp au Darfour, une région du Soudan. Cette photographie a été prise le 17 août 2006. Elle est donc représentative des conditions de vie dans ce camp.

Le Soudan – El Fashir – camp de personnes réfugiées au Darfour
Une femme prépare un repas dans un camp d'IDP (personnes intérieurement déplacées). Sept mille soldats de l'Union Africaine sont présentement déployés au Darfour, où le conflit a fait jusqu'ici plus de 100 000 victimes et entraîné le déplacement de millions de personnes dans des camps de réfugiés surchargés. Les forces militaires, présentes à l'origine pour observer un cessez-le-feu, ont vu leurs effectifs augmenter au coup par coup jusqu'à leur nombre actuel.

4 À la lumière de l'information relevée précédemment, j'interprète le document de la façon suivante : Des centaines, voire des milliers de personnes, sont regroupées sur un territoire peu accueillant (aridité du site) et vivent de façon très rudimentaire. Leurs minuscules abris ne sont que des morceaux de tissus qu'ils ont emportés avec eux lorsqu'ils ont abandonné leur maison. Le camp est désorganisé et il n'y a pas d'installations.

5 Le document répond en partie à mon intention. Les conditions de vie dans un camp de réfugiés sont très difficiles. Cependant, ce n'est ici qu'un exemple. Je dois absolument trouver d'autres documents pour valider l'information en comparant ce camp avec d'autres camps de réfugiés.

Interpréter une caricature

Buts (Pourquoi interpréter une caricature ?)

- Pour se divertir.
- Pour relever des personnages ou des événements qui ont marqué l'actualité.
- Pour dégager un point de vue original (humoristique, ironique ou sarcastique).

Méthode (Comment faire ?)

1. **Définir l'intention de lecture.** Comme « une image vaut mille mots », il est préférable de savoir ce que l'on cherche avant d'interpréter une caricature.
2. **Définir la période visée.** Comme les caricatures sont souvent créées quotidiennement ou hebdomadairement, il est essentiel d'avoir une compréhension minimale de la période visée.
3. **Analyser l'information se rapportant à la caricature.**
   - Titre : souvent, il dévoile le thème et peut aider à mettre en contexte les éléments présents dans la caricature.
   - Source : elle révèle le nom de l'auteur ou auteure et la date de création de l'œuvre. Il ne faut pas oublier le nom du journal ou de la revue qui publie la caricature. La ligne éditoriale de la publication peut aider à interpréter la caricature.
   - Note explicative : parfois, les caricatures sont accompagnées d'une note explicative qui fournit des pistes pour l'interprétation.
4. **Analyser le contenu de la caricature.**
   - Identifiez le ou les personnages représentés.
   - Décrivez les actions représentées dans la caricature.
   - Déterminez les aspects de société touchés (économique, politique, social, culturel, territorial, scientifique et technique).
5. **Interpréter la caricature.**
   - Identifiez les éléments exagérés, humoristiques et sarcastiques.
   - Faites la différence entre la réalité et la fiction.
   - Établissez des liens entre les éléments et finalisez votre compréhension de la caricature.
6. **Voir si le document répond à l'intention de lecture.** Si c'est le cas, notez les éléments d'information et les références sur des fiches de consignation.

Modélisation

1 Mon intention est de découvrir si l'augmentation du prix du baril de pétrole incite les gens à changer leurs habitudes de vie.

André-Philippe CÔTÉ, Journal *Le Soleil*, [En ligne], 11 juin 2008.

2 Le titre m'apprend qu'il y a de plus en plus de gens qui font du covoiturage pour économiser sur l'essence. Le journal *Le Soleil* s'adresse à la population de Québec. Il n'y a pas de note explicative.

3 La caricature date du 11 juin 2008. C'est donc une caricature récente, parue pendant une période de forte hausse du prix du pétrole.

4 Cette caricature représente une automobile exagérément bondée de personnes qui désirent faire du covoiturage.

5 Malgré une exagération, l'idée qui se dégage de l'image est que les gens, préoccupés par le prix du baril de pétrole, commencent à changer leurs habitudes de vie et se tournent vers le covoiturage.

6 Le document répond en partie à mon intention. Il semble que l'augmentation du prix du pétrole incite les gens à changer leurs habitudes de vie. Je vais valider cette conclusion à l'aide d'autres documents.

Les composantes d'une ligne du temps

On distingue deux types de lignes du temps :

La ligne du temps

Toute l'information repose sur une simple ligne. Elle est idéale pour présenter des éléments ponctuels.

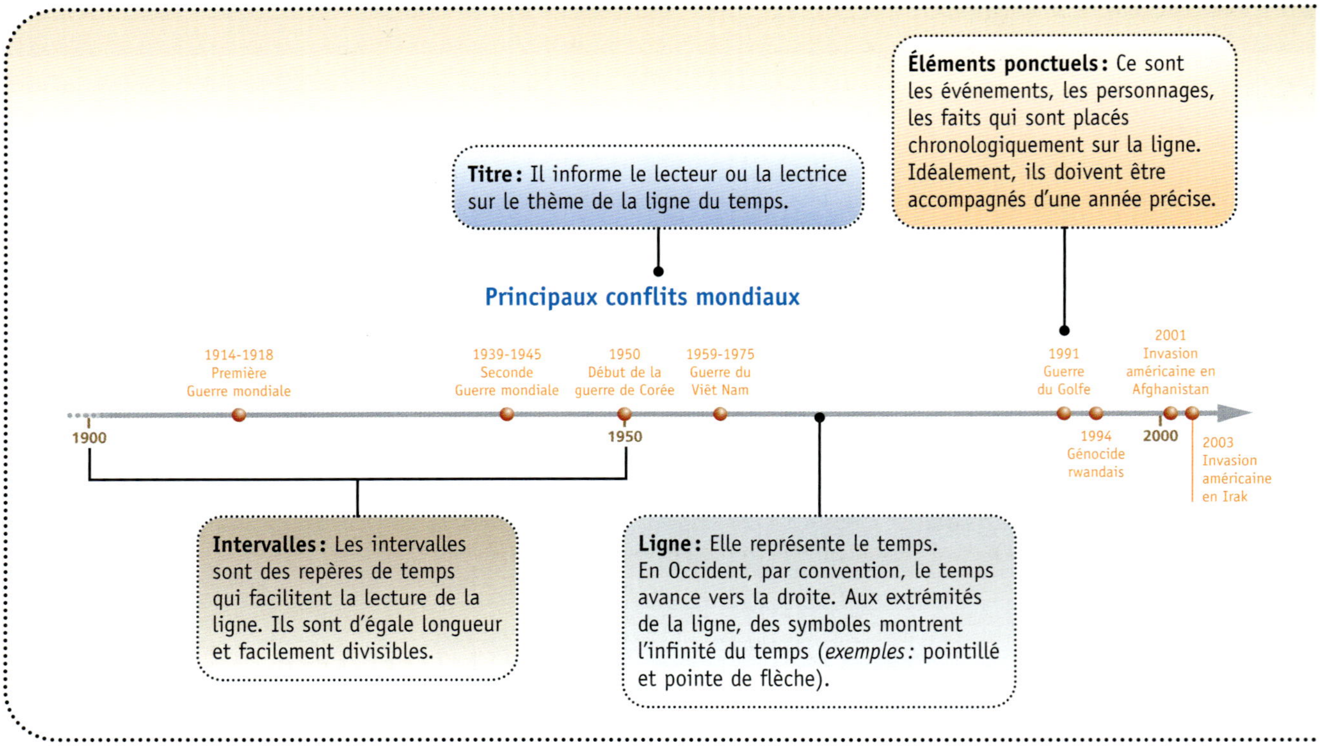

Le ruban du temps

Le ruban du temps est constitué d'une bande plus ou moins épaisse. Comme il procure plus d'espace, il permet d'inclure des périodes et d'ajouter des éléments ponctuels.

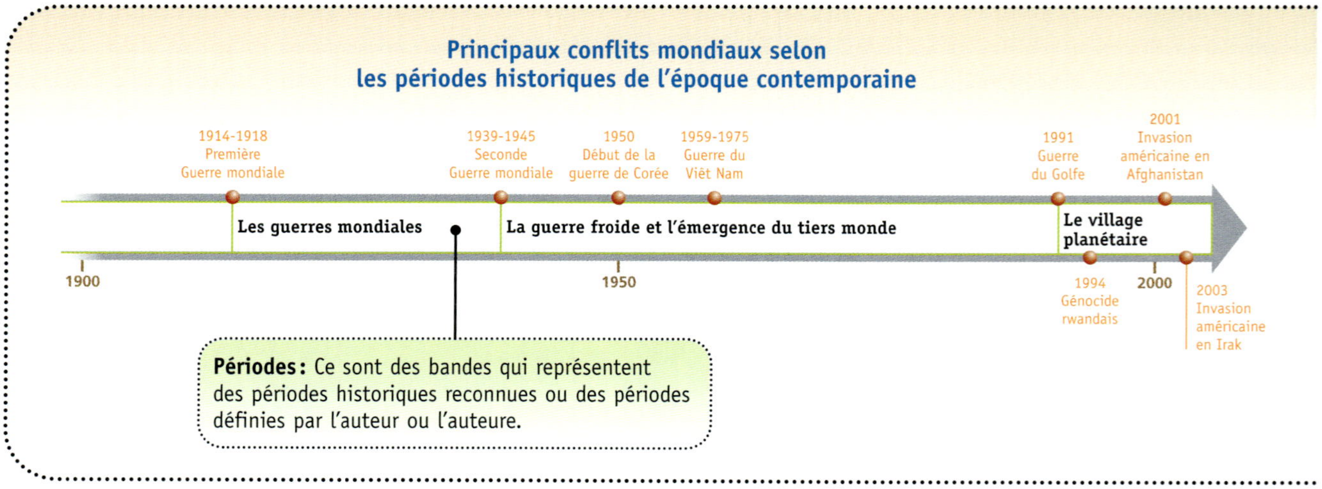

Interpréter une ligne du temps

Buts (Pourquoi interpréter une ligne du temps ?)

- Pour situer les événements les uns par rapport aux autres.
- Pour visualiser le déroulement chronologique des événements.
- Pour apprécier les intervalles de temps (entre les événements du passé, ou entre les événements du présent et ceux du passé).
- Pour faire ressortir des causes et des conséquences.
- Pour distinguer des éléments de changement et de continuité.
- Pour comparer deux sociétés à la même époque ou à des époques différentes.

Méthode (Comment faire ?)

1. **Définir l'intention de lecture.** Il est important que votre intention de lecture soit claire, car le traitement de l'information sera différent selon la raison pour laquelle vous consultez la ligne du temps.
2. **Lire le titre.** Il devrait préciser le thème traité.
3. **Décoder les repères de temps.** Vérifiez les dates indiquées aux extrémités de la ligne et considérez l'échelle de temps qui a été établie.
4. **Analyser et interpréter l'information pour répondre à l'intention.** Prêtez attention aux éléments d'information ponctuels et aux périodes.
5. **Voir si le document répond à l'intention de lecture.** Si c'est le cas, notez les éléments d'information et les références sur des fiches de consignation.

Modélisation

Les grandes dates de l'histoire des droits de l'homme dans le cadre des Nations Unies

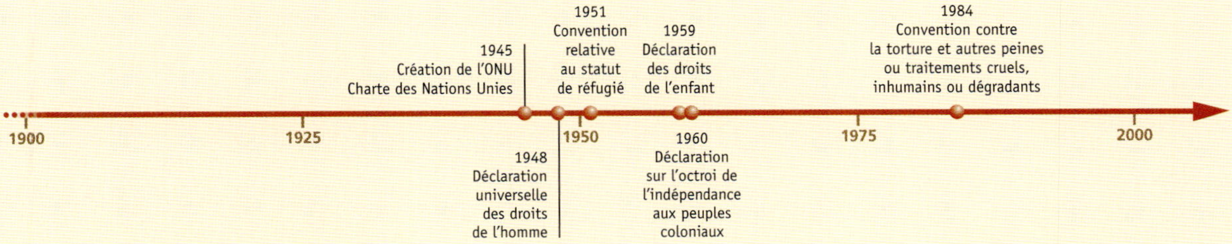

1. J'ai l'intention d'étudier la chronologie des actes des Nations Unies sur la question des droits de l'homme.
2. Le titre confirme que la ligne du temps touche mon sujet d'étude. Donc, c'est une ligne du temps qui me sera utile.
3. La ligne se situe entre 1900 et 2000, soit une période de 100 ans. Elle est divisée en 4 intervalles de 25 ans chacun.
4. La ligne du temps fournit de l'information ponctuelle sans faire de lien avec une période historique. J'en conclus que les actions des Nations Unies se concentrent principalement dans les années qui ont suivi sa création, et que le nombre de déclarations ou de conventions a diminué par la suite.
5. La ligne du temps répond parfaitement à mon intention de lecture.

Construire une ligne du temps

Méthode (Comment faire ?)

1. **Définir l'intention (ce que l'on veut représenter) et le thème, et donner un titre provisoire.**
2. **Dresser la liste des éléments d'information pertinents selon le thème et l'intention.** Déterminez les dates associées à chaque élément et placez-les dans l'ordre chronologique.
3. **Choisir la ligne du temps la plus appropriée (ligne ou ruban) selon le type et la quantité de données à inscrire.**
4. **Établir les intervalles selon l'espace disponible et le nombre d'années à couvrir.** Vous devriez utiliser des intervalles réguliers faciles à diviser (chiffres arrondis).
5. **Tracer et compléter la ligne du temps. Écrire le titre final.** Vous devez prêter une attention particulière à la précision, à la clarté et à la propreté de la ligne, car elle doit traduire votre intention de départ.

Modélisation

Les périodes proposées pour l'utilisation de la perspective historique à travers l'étude des cinq thèmes

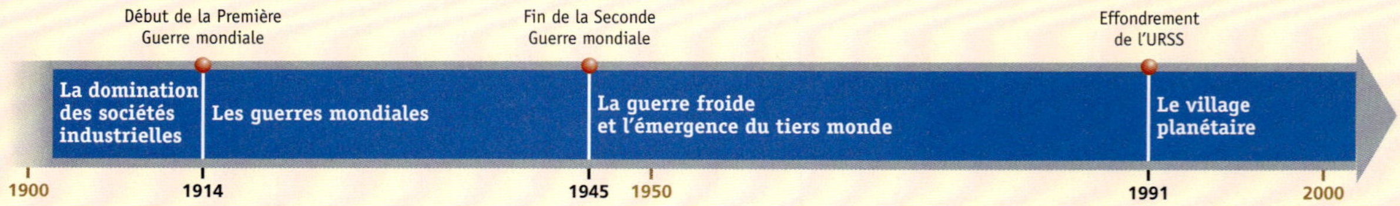

1. Je veux montrer les périodes historiques contemporaines ainsi que les points de rupture qui ont marqué des changements de période. Mon titre provisoire est **Les périodes historiques contemporaines.**
2. Les périodes historiques sont : La domination des sociétés industrielles jusqu'en 1914, Les guerres mondiales jusqu'en 1945, La guerre froide et l'émergence du tiers monde jusqu'en 1991 et Le village planétaire. Les points de rupture sont : 1914 : Début de la Première Guerre mondiale, 1945 : Fin de la Seconde Guerre mondiale, 1991 : Effondrement de l'URSS.
3. Ruban du temps avec des éléments ponctuels et les périodes historiques.
4. Je m'intéresse aux années 1900 à 2009, soit un intervalle de 109 ans. Je vais faire 2 intervalles de 50 ans. Je dispose d'une longueur de 15 cm. Par conséquent, chaque intervalle aura une longueur de 7,3 cm (15 ÷ 2 = 7,27).
5. Je trace la ligne du temps et je lui donne un titre final, soit **Les périodes proposées pour l'utilisation de la perspective historique à travers l'étude des cinq thèmes.**

Les composantes d'une carte

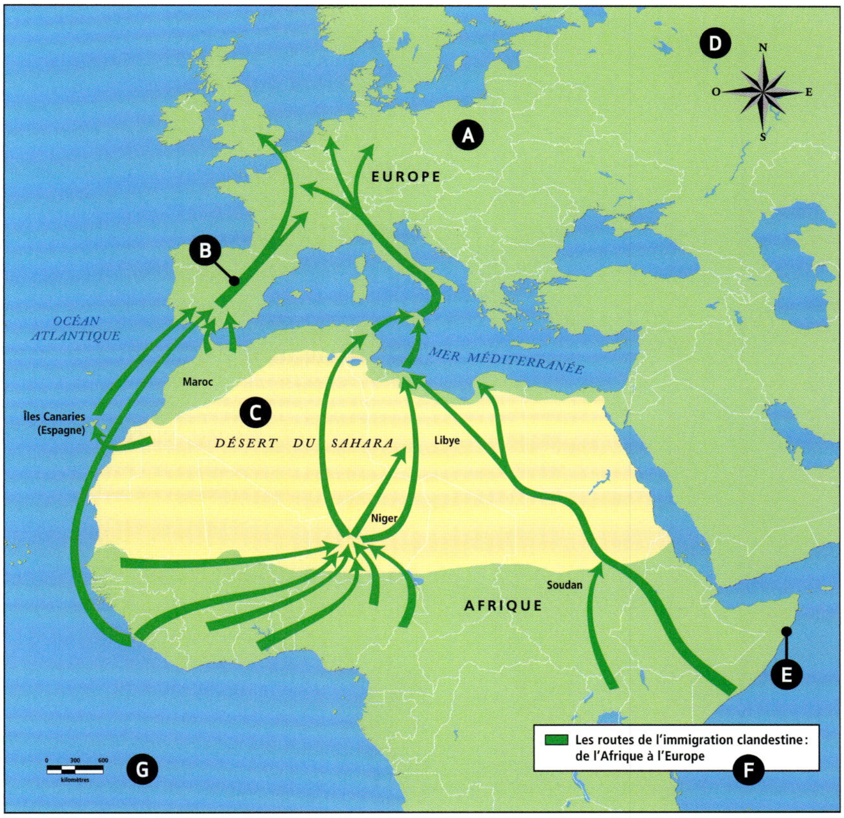

H **Les migrations clandestines**

I Les routes empruntées par les immigrantes et immigrants clandestins changent en fonction de la surveillance plus ou moins étroite des frontières des pays à traverser.

A **Information de surface :** Il s'agit d'une information liée à une zone particulière.

B **Information linéaire :** Il s'agit d'une information qui prend la forme d'une ligne. Il est possible de modifier l'épaisseur de la ligne pour donner une information de quantité.

C **Information ponctuelle :** Il s'agit d'une information indiquée à un point précis sur la carte. Il est possible de modifier la taille du symbole pour donner une information de quantité.

D **Rose des vents :** C'est le symbole qui indique les points cardinaux. La rose des vents doit au moins indiquer le nord.

E **Fond de carte :** C'est le tracé de base, celui sur lequel tout le reste de l'information sera ajouté. Il se résume habituellement aux limites physiques (eau-terre) et aux frontières politiques.

F **Légende :** Elle regroupe, dans un encadré, les symboles utilisés sur la carte. C'est la clé de lecture.

G **Échelle :** C'est le rapport de proportion entre la carte et la réalité. Habituellement, l'échelle est représentée par un trait divisé en sections.

H **Titre :** Il informe le lecteur ou la lectrice sur le thème de la carte et indique la période de temps visée.

I **Commentaire explicatif :** C'est un petit texte qui résume ou explique certains éléments que l'on trouve sur la carte. Il est très utile pour le lecteur ou la lectrice, mais il n'accompagne pas toutes les cartes.

Interpréter une carte

Buts (Pourquoi interpréter une carte ?)

- Pour localiser un territoire ou une société.
- Pour trouver de l'information liée à un thème.
- Pour établir l'étendue territoriale d'une réalité historique.
- Pour visualiser une dynamique sur un territoire.

Méthode (Comment faire ?)

1. **Définir l'intention de lecture.** En spécifiant clairement ce que vous cherchez, vous le trouverez plus rapidement.
2. **Lire le titre.** Il informe sur le thème de la carte et sur la période de temps concernée.
3. **Orienter la carte et situer un point de repère.** Prenez le temps de placer le nord de la carte vers le haut. De plus, situez-vous (ou situez un point de repère que vous connaissez bien) par rapport au territoire représenté sur la carte. Un petit carton pourra vous aider à indiquer le point de repère.
4. **Prendre connaissance de l'échelle.** Elle vous permettra de connaître l'étendue du territoire que vous étudiez. Vous pourrez également estimer plus facilement certaines distances.
5. **Analyser l'information.** Regardez attentivement la légende. Elle est essentielle pour bien comprendre la carte. Utilisez les observations faites à l'aide de la légende pour établir des liens entre les éléments d'information recueillis. Utilisez les commentaires s'il y en a.
6. **Interpréter.** Finalisez votre compréhension de la carte.
7. **Voir si le document répond à l'intention de lecture.** Si c'est le cas, notez les éléments d'information sur des fiches de consignation.

Modélisation

L'indice de développement humain (IDH) (2006)

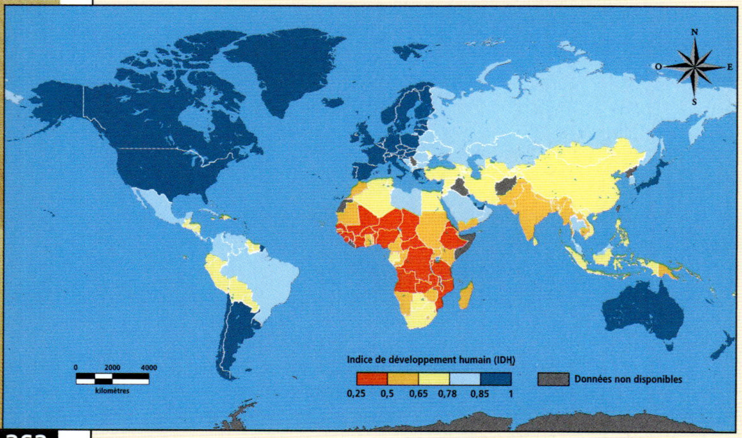

Source : PNUD, « Rapport sur le développement humain », [En ligne], 2007-2008.

1. Mon intention est de voir les différences qui existent entre l'IDH des différents pays du monde.
2. Le titre est simple, mais il se rapporte directement à ma recherche.
3. Il y a une rose des vents et c'est une représentation classique du monde. Je sais donc que la carte est correctement orientée.
4. L'échelle de la carte est indiquée, mais c'est sans importance, puisque je ne veux pas estimer des distances.
5. En consultant la légende, je vois qu'il y a une gradation de couleurs en fonction de la valeur de l'IDH, ce qui facilite l'interprétation de la carte. Il n'y a pas de commentaires.
6. Mon interprétation de la carte est la suivante : la couleur des pays occidentaux indique qu'ils ont l'IDH le plus élevé alors que la majorité des pays d'Afrique ont un très faible IDH.
7. Le document répond à mon intention, car il me présente clairement les différences d'IDH entre les pays du monde.

Construire une carte

Méthode (Comment faire ?)

❶ **Définir l'intention, le thème et la période de temps visée.** Vous pourriez donner un titre provisoire.

❷ **Dresser la liste des éléments d'information pertinents selon le thème et l'intention.** Profitez de l'occasion pour déterminer le format de chaque information (ponctuelle, linéaire ou de surface). Attention ! Il faut éviter de surcharger une carte, car elle sera difficile à lire.

❸ **Déterminer les symboles et les couleurs qui seront utilisés.** Choisissez soigneusement les symboles et les couleurs afin de rendre la carte facile à lire.

❹ **Trouver ou tracer le fond de carte.** Il déterminera l'échelle à utiliser. C'est le moment de penser à inclure un carton pour indiquer un point de repère.

❺ **Ajouter l'information voulue sur le fond de carte.** N'oubliez pas que la clarté et la précision sont de mise lorsqu'on trace une carte.

❻ **Placer la légende, l'échelle et la rose des vents.** Ces composantes ne doivent pas cacher l'information ni nuire à la lecture de la carte.

❼ **Inscrire le titre final et le commentaire explicatif (s'il y a lieu).**

Modélisation

❶ Mon intention est de montrer les pays les plus touchés par l'épidémie de sida et par la crise alimentaire en Afrique. Le titre pourrait être : **Les pays africains les plus touchés par l'épidémie de sida et la crise alimentaire.**

❷ Voici l'information dont je dispose : les pays les plus touchés par l'épidémie de sida, les pays les plus touchés par la crise alimentaire, ainsi que l'indice de développement humain de l'Afrique subsaharienne en 2006.

❸ Voici les symboles que je veux utiliser :
- un ruban pour identifier les pays les plus touchés par le sida ;
- un épi de blé pour identifier les pays en crise alimentaire ;
- différents tons d'orangé pour indiquer l'indice de développement humain.

❹ ❺ ❻ et ❼

J'ai trouvé un fond de carte dans Internet sur lequel j'ajouterai l'information, la légende, la rose des vents, le titre final et la note explicative.

Les pays africains les plus touchés par l'épidémie de sida et la crise alimentaire

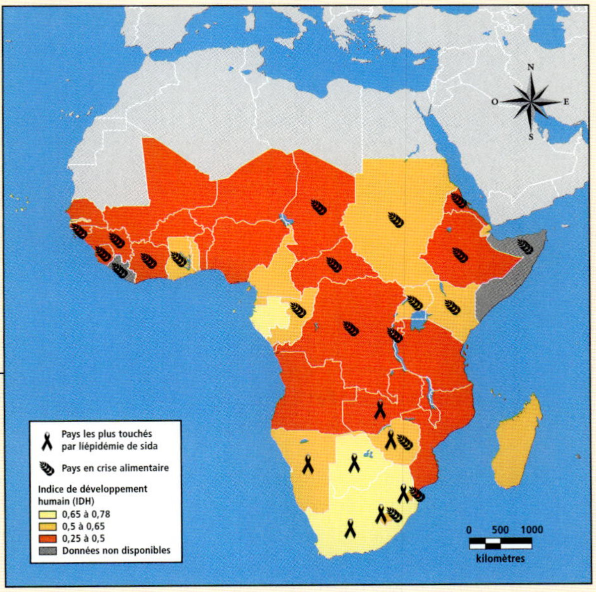

La prévalence du sida

L'Afrique subsaharienne est la région du monde la plus touchée par le virus du sida. Vingt-deux millions de personnes sont infectées. Les femmes sont plus touchées que les hommes : entre 18 et 24 ans, elles courent trois fois plus de risques que les hommes d'être contaminées. Les enfants aussi sont atteints : 1,8 million d'entre eux ont le VIH.

Les composantes d'un tableau à entrées multiples

Unités : Elles permettent de mieux définir les entrées et leur quantité. Elles sont habituellement identifiées dans le titre ou les en-têtes (donc sous-entendues dans le tableau).

Titre : Il informe sur le sujet du tableau. Il fait référence aux données utilisées. Il contient souvent un repère de temps.

En-têtes : Les premières cases des colonnes et parfois, les premières cases des lignes.

Lignes : Chaque section définie horizontalement.

Densité automobile par pays (comparaisons internationales) de 1990 à 2007

Nombre de voitures et de véhicules utilitaires pour 1 000 habitants au 1er janvier.

	1990	1995	2002	2003	2004	2005	2006	2007
Allemagne	512	529	580	583	589	592	597	604
Belgique	419	463	520	523	530	537	538	546
Espagne	403	430	554	562	577	604	600	609
France	495	520	585	587	594	597	595	598
Italie	507	541	638	656	670	666	673	685
Royaume-Uni	454	474	536	554	564	572	571	576
Suède	455	445	502	503	507	513	514	516
Pologne	160	229	325	344	353	377	385	415
Turquie	37	65	89	89	93	108	115	122
Canada	617	562	572	584	587	582	585	601
États-Unis	752	759	785	775	803	794	813	824
Corée du Sud	71	177	273	294	306	311	322	331
Japon	456	527	576	580	581	584	593	594
Argentine	180	167	190	183	184	184	181	196
Brésil	87	89	117	118	120	123	124	127
Chine	5	8	12	14	18	21	23	28
Inde	5	6	8	8	9	10	12	13

Sources : P.-A. Linteau, R. Durocher, J.-C. Robert, *Histoire du Québec contemporain*, 1989, et Institut de la statistique du Québec.

Colonnes : Chaque section définie verticalement.

Données : Les éléments d'information qui se trouvent dans le tableau, qu'il s'agisse de mots, de codes ou de chiffres.

Source et année : La source indique d'où viennent les données et l'année indique le moment où elles ont été recueillies. Vous pouvez ainsi valider l'information fournie.

Interpréter un tableau à entrées multiples

Buts (Pourquoi interpréter un tableau à entrées multiples ?)

- Pour trouver une information précise.
- Pour comparer certaines données.
- Pour établir des liens entre certaines données.
- Pour dégager des tendances.

Méthode (Comment faire ?)

1. **Définir l'intention de lecture.** Les tableaux contiennent parfois beaucoup de données. Vous gagnerez du temps et vous serez plus efficace si vous savez ce que vous cherchez.
2. **Lire le titre.** Il vous informe sur le thème des données présentées dans le tableau.
3. **Valider la source et l'année.** Ces vérifications confirmeront la crédibilité des données.
4. **Lire les en-têtes de chaque colonne (et de chaque ligne s'il y a lieu).** Vous repérerez ainsi les lignes et les colonnes qui sont les plus significatives pour votre recherche.
5. **Analyser les données.** Prenez le temps de bien comprendre ce que chaque information signifie, notamment les données chiffrées.
6. **Interpréter le tableau.** Établissez des liens entre les données sélectionnées (ressemblances/différences, associations, progression/stabilité/décroissance, etc.).
7. **Voir si le document répond à l'intention de lecture.** Si c'est le cas, notez les éléments d'information et les références sur des fiches de consignation.

La consommation aux Etats-Unis et en Chine (2007)

	États-Unis	Chine
Population totale	301 621 000	1 319 982 596
Revenu national brut par habitant (à parité)	46 040 $US	2 360 $US
Dépenses liées aux vêtements et chaussures	429,8 milliards $US [1 425 $/habitant]	95,8 milliards $US [73 $/habitant]
Dépenses liées aux appareils électroniques (sauf les téléphones cellulaires)	162 milliards $US [537 $/habitant]	11,8 milliards $US [9 $/habitant]
Dépenses liées à l'alcool et au tabac	205,6 milliards $US [682 $/habitant]	31,4 milliards $US [24 $/habitant]
Dépenses liées aux fournitures de maison	456,9 milliards $US [1 515 $/habitant]	57,1 milliards $US [43 $/habitant]
Dépenses liées aux loisirs	881 milliards $US [2 921 $/habitant]	34,2 milliards $US [26 $/habitant]
Parc automobile (pour 1 000 habitants)	824	28
% d'abonnés au téléphone (lignes fixes et mobiles)	139 %	69 %
% d'utilisateurs d'Internet	73 %	16 %

Source : Banque mondiale et Euromonitor International, cités par le *New York Times*, [En ligne], 2008.

Modélisation

1. Mon intention est de comparer la consommation des États-Unis avec celle de la Chine.
2. Le titre indique que le tableau porte sur la consommation aux États-Unis et en Chine en 2007. Il peut donc m'aider à trouver ce que je cherche.
3. La source est un organisme public sérieux. Je peux donc m'y fier. Elle donne de la crédibilité aux données.
4. Les lignes ont comme en-têtes différentes données liées à la consommation. Je peux donc comparer la consommation selon différentes catégories. Dans chaque cas, je trouve, entre crochets, le calcul de la consommation par habitant, ce qui me permet de faire une meilleure comparaison.
5. Peu importe la catégorie, la consommation est plus élevée aux États-Unis qu'en Chine.
6. L'analyse des données me permet de dire que même si la population des États-Unis est quatre fois moins nombreuse que celle de la Chine, la consommation, dans tous les domaines présentés ici, y est considérablement plus élevée qu'en Chine.
7. Le tableau répond à mon intention. Maintenant, je vais vérifier si avec les chiffres de 2009, les données sont quelque peu différentes.

Construire un tableau à entrées multiples

Méthode (Comment faire ?)

1. **Définir l'intention (ce que l'on veut représenter) et donner un titre provisoire.**
2. **Sélectionner l'information.** Déterminez les en-têtes de vos colonnes et rassemblez l'information nécessaire pour remplir le tableau.
3. **Construire le tableau.**
   - Tracez le tableau. Évaluez le nombre de colonnes et de lignes nécessaires. N'oubliez pas de tenir compte de l'information pour définir la largeur des colonnes.
   - Écrivez les en-têtes. N'oubliez pas d'inscrire les unités s'il y a lieu.
4. **Remplir le tableau à l'aide de l'information recueillie.** S'il s'agit de chiffres, alignez-les tous de la même façon.
5. **Donner un titre final et inscrire la source et l'année des données.**

Modélisation

1. Mon intention est de construire un tableau qui montre la composition des déchets municipaux de différents pays. Le titre pourrait être : **La composition des déchets municipaux en %.**
2. J'ai besoin d'information sur la composition des déchets municipaux du Canada, de la France, de la Corée du Sud et du Mexique. J'ai trouvé l'information sur le site Internet de l'OCDE.
3. Je construis le tableau.

	Canada	France	Corée du Sud	Mexique
Papier et carton				
Matières organiques				
Plastique				
Verre				
Métaux				
Textiles et autres				

4 et 5

Je complète le tableau en inscrivant les données, le titre et la source. Comme les données sont numériques, je les aligne au centre. Ainsi, je limite les erreurs de lecture.

La composition des déchets municipaux en %

	Canada	France	Corée du Sud	Mexique
Papier et carton	47	20	24	15
Matières organiques	24	32	28	51
Plastique	3	9	8	6
Verre	6	10	5	6
Métaux	13	3	7	3
Textiles et autres	8	26	28	18

Source : OCDE, « Données OCDE sur l'environnement, Compendium 2006/2007 », [En ligne], 2008.

Les composantes d'un diagramme

Titre : Il informe sur le sujet du diagramme. Il fait référence aux données utilisées et contient souvent un repère de temps.

Axes et unités : Les axes suivent un intervalle de graduation constant pour faciliter la lecture du diagramme. Les unités permettent de mieux définir les variables et leur quantité.

Secteurs : Un diagramme circulaire est composé de secteurs. Chacun représente une partie d'un tout.

Ligne brisée : Un diagramme à ligne brisée est composé de points reliés formant la ligne brisée.

Bandes : Dans un diagramme à bandes ou un histogramme, les bandes sont les sections définies verticalement ou horizontalement. Elles sont de largeur identique tout comme les espaces qui les séparent.

Légende : Elle indique les couleurs associées aux données. Cette clé de lecture est essentielle pour le diagramme circulaire et parfois nécessaire pour les autres diagrammes.

Source et année : Elles indiquent l'origine des données.

Note explicative : C'est un commentaire qui fournit des explications.

Les fonctions de chaque type de diagrammes

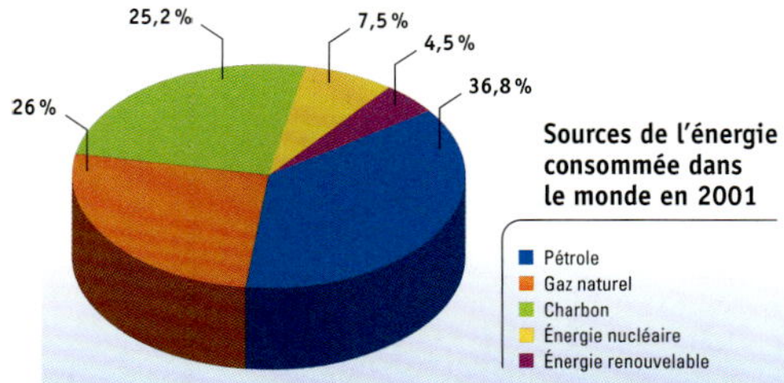

Source : International Energy Association, [En ligne], 2005.

Diagramme circulaire

Il permet de comparer l'**importance relative** (%) des composantes d'un ensemble.

Diagramme à bandes

Il permet de **comparer** des éléments selon un attribut qualitatif ou quantitatif.

Les bandes peuvent être horizontales ou verticales.

Les 10 principales agglomérations urbaines

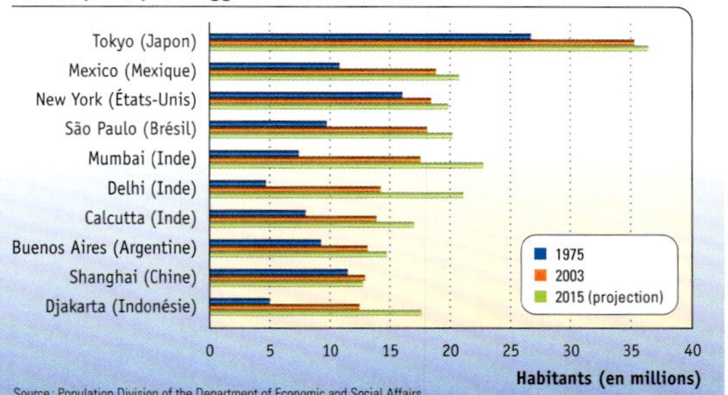

Source : Population Division of the Department of Economic and Social Affairs of the United Nations Secretariat, « Urban Agglomerations 2003 », [En ligne], 2004.

Évolution de la population urbaine en Chine

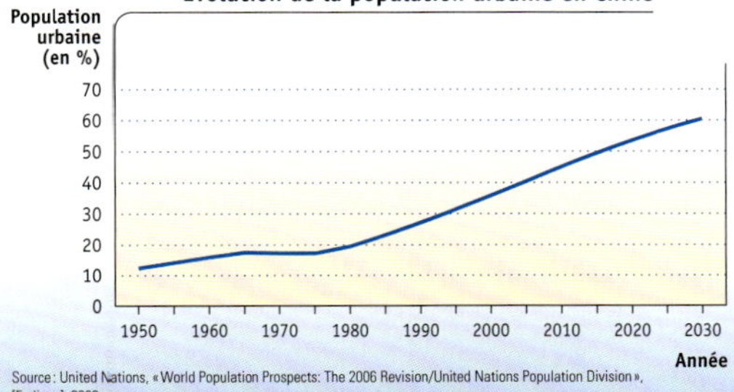

Source : United Nations, « World Population Prospects: The 2006 Revision/United Nations Population Division », [En ligne], 2009.

Diagramme à ligne brisée

Il permet de voir l'**évolution** (progression ou régression) d'un phénomène dans le temps.

Population de nationalité chinoise officiellement registrée au Japon

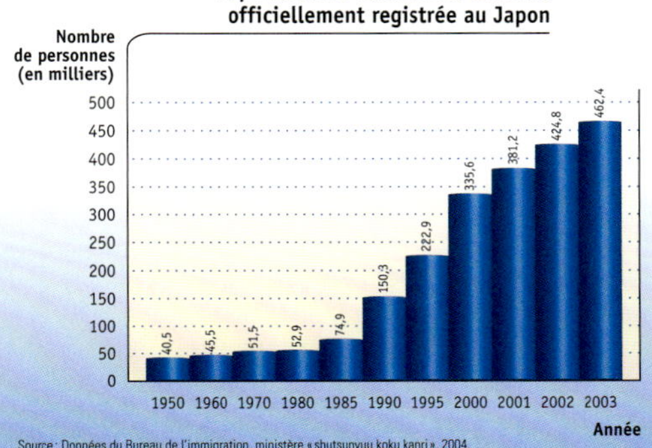

Source : Données du Bureau de l'immigration, ministère « shutsunyuu koku kanri », 2004.

Histogramme

Il permet de voir la **distribution** selon des classes précises.

Interpréter un diagramme

Buts (Pourquoi interpréter un diagramme ?)

- Pour trouver une information précise.
- Pour comparer des données semblables.
- Pour établir des liens entre certaines données.
- Pour dégager rapidement le portrait d'une situation.

Méthode (Comment faire ?)

1. **Définir l'intention de lecture.** Vous serez plus efficace si vous savez ce que vous cherchez.
2. **Lire le titre.** Il vous informe sur le thème des données présentées dans le diagramme.
3. **Déterminer le type de diagramme.** Chaque type de diagramme a ses particularités qui permettent d'orienter la lecture, l'analyse et l'interprétation des données.
4. **Valider la source et l'année des données.** Ces vérifications confirmeront la crédibilité des données.
5. **Prendre connaissance de la légende et des axes.** Les diagrammes à bandes et à ligne brisée sont constitués d'un axe vertical et d'un axe horizontal. Les diagrammes circulaires sont souvent accompagnés d'une légende.
6. **Analyser les données.** Prenez le temps de décortiquer l'information.
7. **Interpréter le diagramme.** Établissez des liens entre les données.
8. **Voir si le document répond à l'intention de lecture.** Si c'est le cas, notez les éléments d'information sur des fiches de consignation.

Modélisation

1. Mon intention est d'évaluer le phénomène de l'exode rural dans la problématique de la mobilité des populations en Chine.
2. Le titre indique que le diagramme à ligne brisée porte sur l'évolution de la population urbaine en Chine. Comme l'augmentation de la population urbaine est un résultat de l'exode rural, je crois que le diagramme peut être significatif.
3. Comme c'est un diagramme à ligne brisée, je sais qu'il montre l'évolution du phénomène dans le temps.
4. La source est fiable. Je peux donc en conclure que les données sont valables.
5. Il n'y a pas de légende. Le titre m'aide à définir les axes. Verticalement, il y a la population urbaine en % et horizontalement, les années.
6. La courbe commence en 1950. Il y a une lente progression jusqu'en 1965, puis le phénomène stagne jusqu'en 1975 (chercher pourquoi). Par la suite, il y a une forte augmentation qui, selon les prévisions, se poursuivra au moins jusqu'en 2030.
7. J'en conclus que le phénomène de l'exode rural en Chine a commencé vers 1975 et qu'il se poursuit puisque la tendance semble vouloir se maintenir.
8. Ce diagramme répond à mon intention. L'évolution de la population urbaine en Chine me permet de constater que le phénomène de l'exode rural fait partie intégrante de la problématique liée à la mobilité des populations en Chine puisque ce phénomène s'accentue.

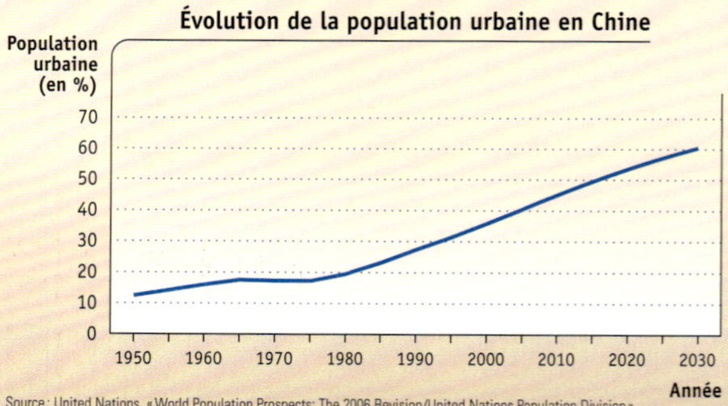

Source : United Nations, « World Population Prospects: The 2006 Revision/United Nations Population Division », [En ligne], 2009.

Construire un diagramme

Méthode (Comment faire ?)

1. **Définir l'intention (ce que l'on veut représenter) et donner un titre provisoire.**
2. **Sélectionner l'information.** L'organisation des données en tableau est généralement très utile pour la construction d'un diagramme.
3. **Choisir et construire le diagramme.** Pensez aux caractéristiques propres à chaque type de diagramme.
4. **Ajouter une légende, s'il y a lieu.**
5. **Donner un titre au diagramme et inscrire la source et l'année des données.**

Modélisation

Voici les données disponibles :

Population mondiale

Continent	2000	2008	2025
Monde (en millions)	6 124	6 750	8 011
Afrique (%)	13,4	14,6	17,4
Amérique latine (%)	8,5	8,6	8,6
Amérique du Nord (%)	5,2	5,1	4,9
Asie (%)	60,5	60,4	59,7
Europe (%)	11,9	10,8	8,9
Océanie (%)	0,5	0,5	0,5

Source : L'État du monde, « Encyclopédie de l'État du monde », [En ligne], 2007.

Diagramme à bandes

1. Mon intention est de montrer la répartition de la population selon le continent en 2008.
2. J'utilise les données du tableau ci-dessus.
3. Je choisis le diagramme à bandes, car il est idéal pour représenter mon intention.
   - Je trace les axes.
   - Je gradue les axes selon l'intervalle que j'ai choisi.
   - J'identifie les unités de chaque axe.

4 et 5

Je fixe le sommet de chaque bande et je trace des bandes de la même largeur. J'écris le titre du diagramme et la source des données.

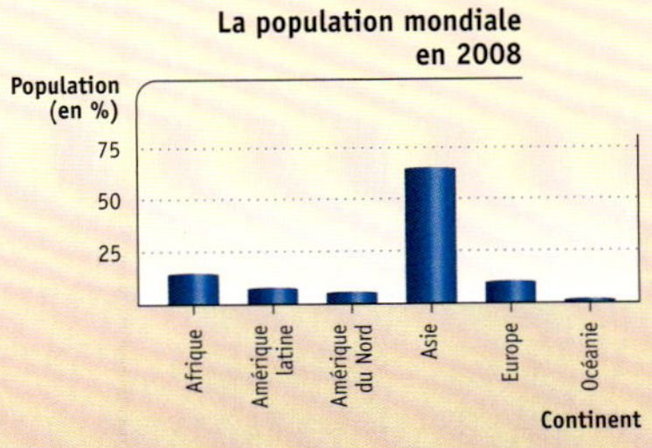

Diagramme à ligne brisée

1. Mon intention est de montrer l'évolution de la population mondiale de 2000 jusqu'en 2025.
2. J'utilise les données du tableau ci-dessus.
3. Je choisis le diagramme à ligne brisée, car il est idéal pour représenter mon intention.
   - Je trace les axes.
   - Je gradue les axes selon l'intervalle que j'ai choisi.
   - J'identifie les unités de chaque axe.

4 et 5

Je trace des points dans le diagramme et je les relie par des lignes droites. J'écris le titre du diagramme et la source des données.

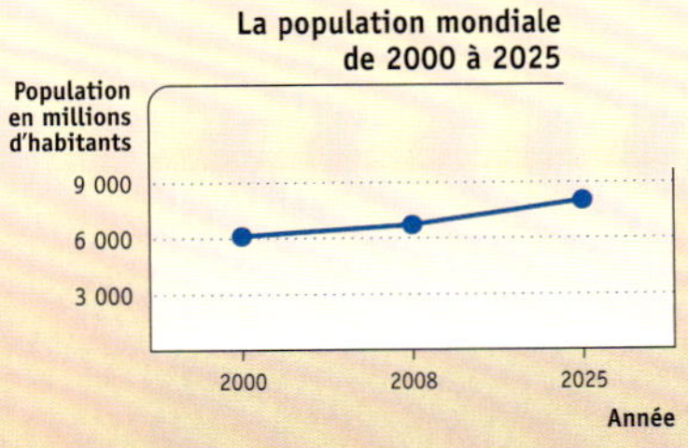

Diagramme circulaire

1. Mon intention est de montrer la part de la population mondiale, en 2008, sur chaque continent.
2. J'utilise les données du tableau ci-dessus.
3. Je choisis le diagramme circulaire, car il est idéal pour représenter mon intention.
   - Je trace un cercle et j'indique son centre.
   - Je considère les données en pourcentage et je calcule la part en degrés de chaque pourcentage.

% × 360 ÷ 100 = part en °

- Afrique = 14,6 % → 14,6 % × 360° ÷ 100 % = 53°
- Amérique latine = 8,6 % → 8,6 % × 360° ÷ 100 % = 31°
- Amérique du Nord = 5,1 % → 5,1 % × 360° ÷ 100 % = 18°
- Asie = 60,4 % → 60,4 % × 360° ÷ 100 % = 217°
- Europe = 10,8 % → 10,8 % × 360° ÷ 100 % = 39°
- Océanie = 0,5 % → 0,5 % × 360° ÷ 100 % = 2°

4 et 5

Je trace les rayons à l'aide d'un rapporteur d'angles et je colorie chaque portion d'une couleur différente. J'explique la signification des couleurs dans une légende. J'écris le titre du diagramme et la source des données.

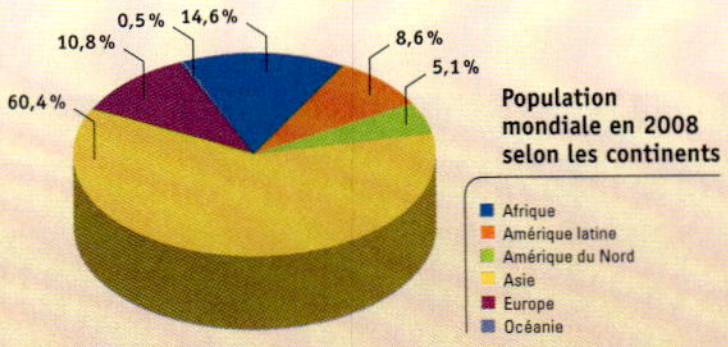

Interpréter et construire un organisateur graphique

Buts (Pourquoi interpréter et construire un organisateur graphique ?)

- Pour faciliter la compréhension d'une explication.
- Pour synthétiser l'information d'un ou de plusieurs documents.
- Pour rappeler des connaissances antérieures et les corriger ou les enrichir à l'aide de nouveaux éléments d'information.
- Pour faire un remue-méninges sur un thème.

Méthode (Comment faire ?)

1. **Définir l'intention (ce que l'on veut représenter) et le thème, et donner un titre provisoire.**
2. **Recueillir l'information ou dresser une liste de concepts devant faire partie du schéma.** Dans le cas d'une démonstration ou d'une analyse de document, l'information peut grandement faciliter la conception. Cette étape n'est pas obligatoire pour le remue-méninges.
3. **Choisir le modèle du schéma.** Cette étape est très importante, car elle oriente la structure du traitement de l'information. Si vous faites un remue-méninges, vous utiliserez généralement un modèle descriptif. Cependant, il est possible d'utiliser un autre modèle selon votre intention de réflexion.
4. **Développer l'organisateur.** Si vous faites un remue-méninges, vous devez partir du concept central et développer la structure selon vos réflexions. Dans le cas d'une démonstration ou d'un résumé, élaborez la structure choisie à l'aide de l'information disponible. Utilisez des symboles clairs et différentes couleurs. N'oubliez pas que l'organisateur graphique doit permettre à la personne qui le consulte de comprendre votre message sans autres explications.
5. **Donner un titre final et s'assurer que le document répond à l'intention.**

Modélisation

1. Mon intention est de résumer le concept de développement durable.
2. J'ai trouvé les éléments d'information suivants : le développement durable se divise en trois volets (Écologique, Social et Économique) et trois sous-concepts (Vivable, Viable et Équitable).
3. Comme je résume de l'information interreliée qui explique un concept central, je choisis un modèle descriptif. Je crois qu'il montre bien les liens qui existent entre les composantes du concept.

4 et 5

Je trace mon organisateur à la mine et j'ajoute les éléments d'information. Si le résultat me satisfait, je trace l'organisateur à l'encre et j'ajoute un titre.

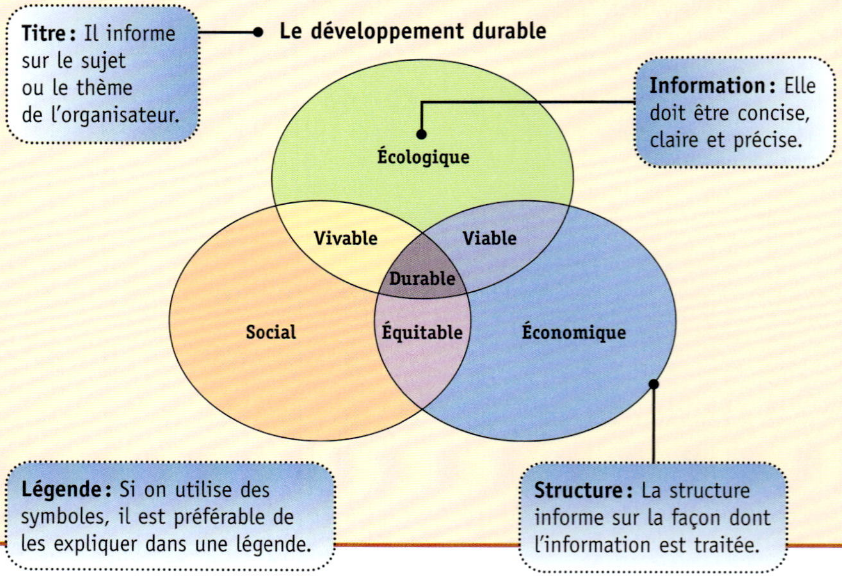

Les différents types d'organisateurs graphiques

Graphiques descriptifs

La case mauve représente la case où doit se trouver le concept central.

Exemple 1

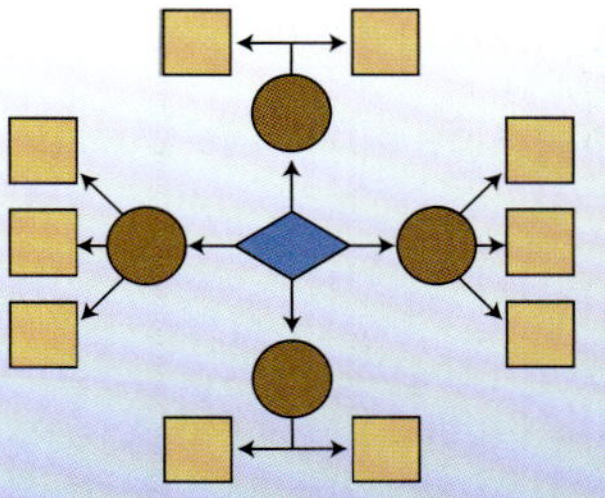

Exemple 2

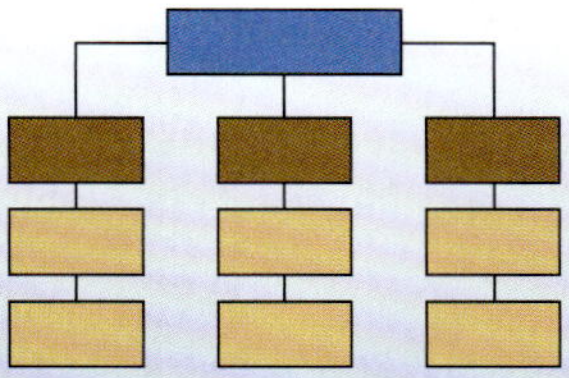

Exemple 3

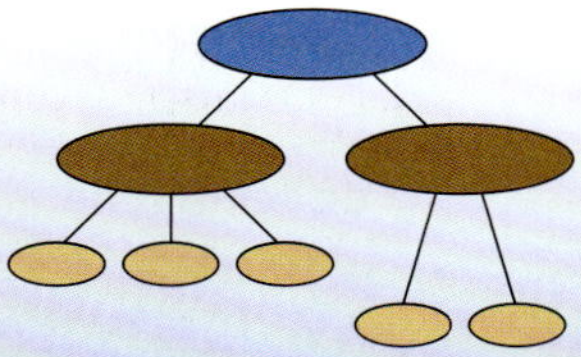

Graphique d'une pyramide sociale

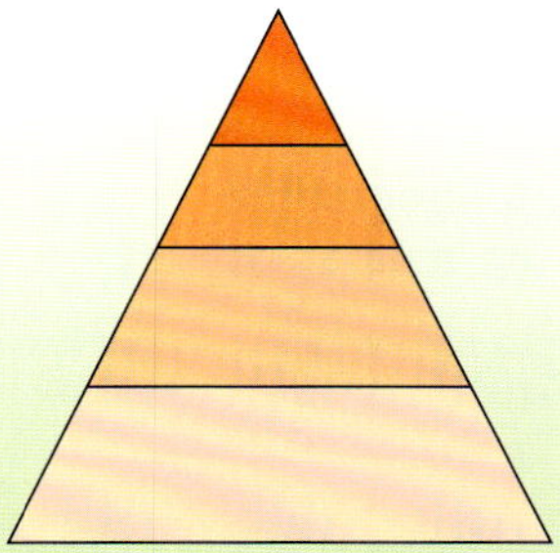

Graphiques de comparaison

Exemple 1

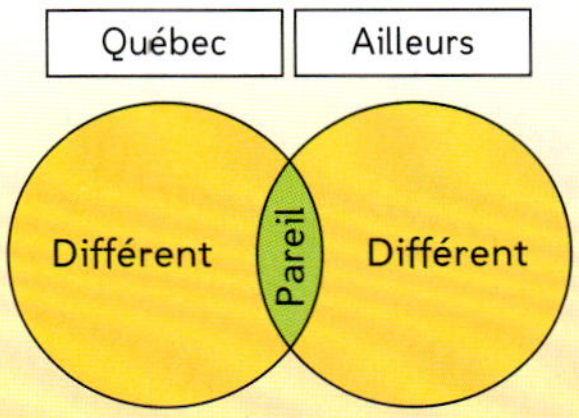

Exemple 2

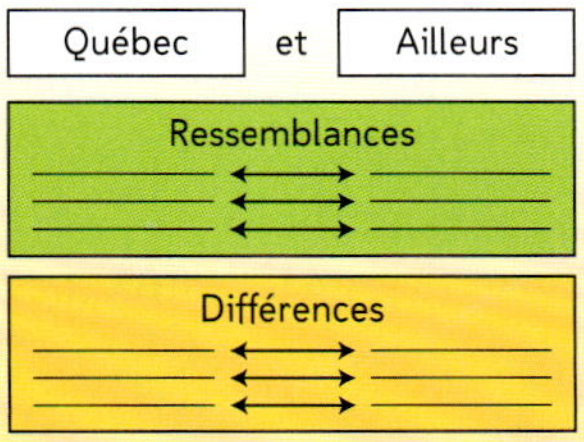

Graphique d'une séquence

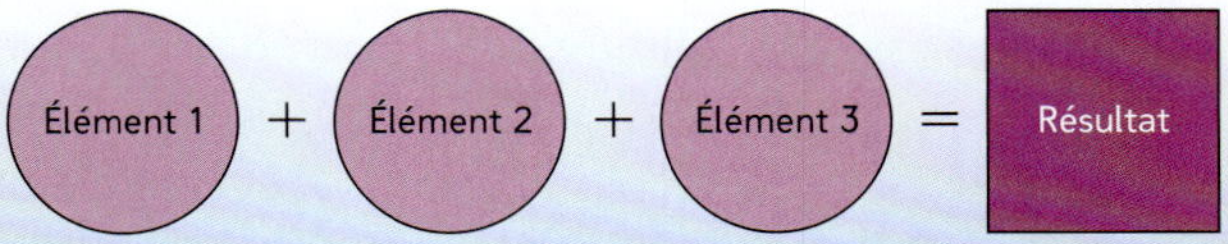

Graphiques « cause-conséquence » ou « cause à effet »

Exemple 1

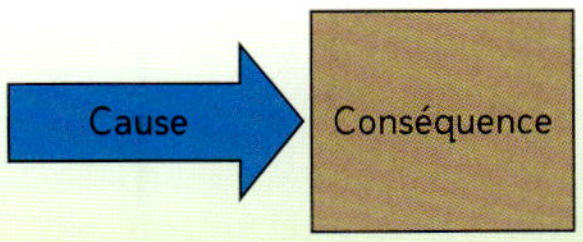

Exemple 2

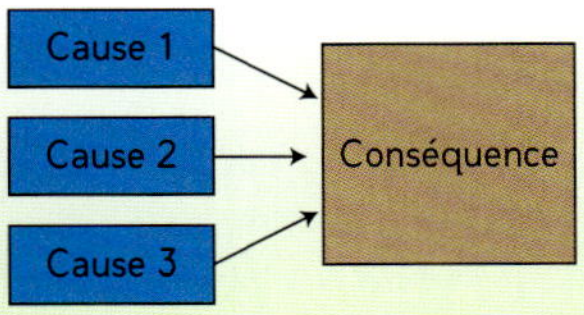

Exemple 3

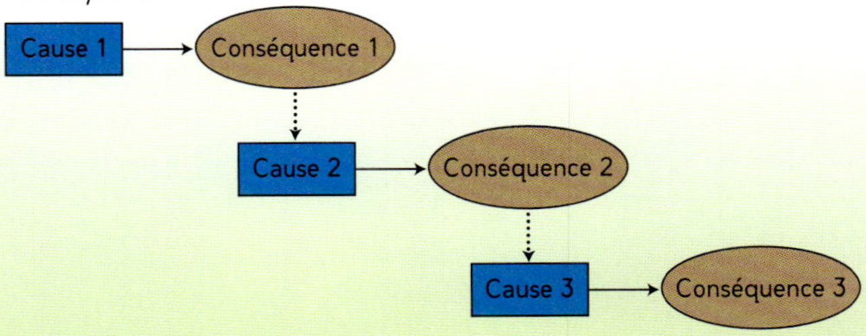

Graphiques « problème-solution »

Exemple 1

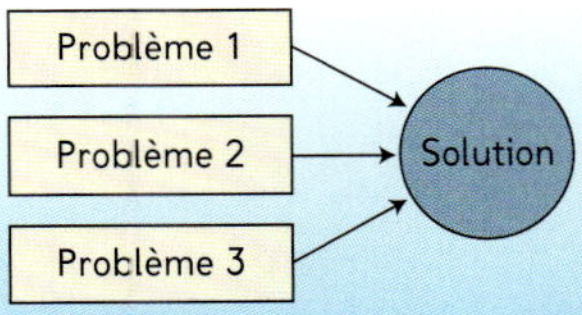

Exemple 2

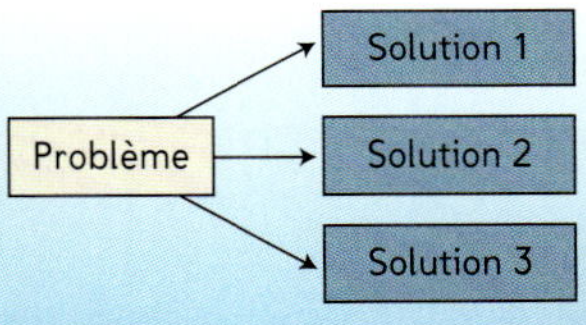

Exemple 3

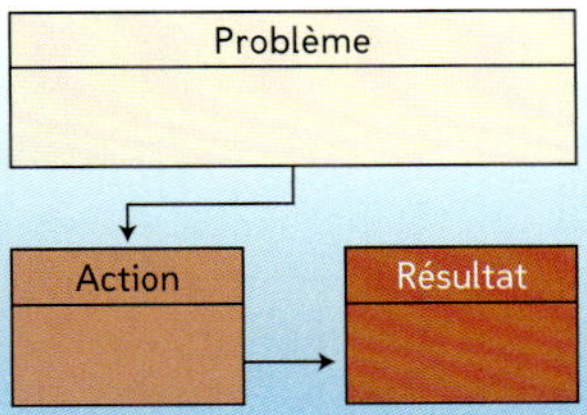

Graphique d'un cycle

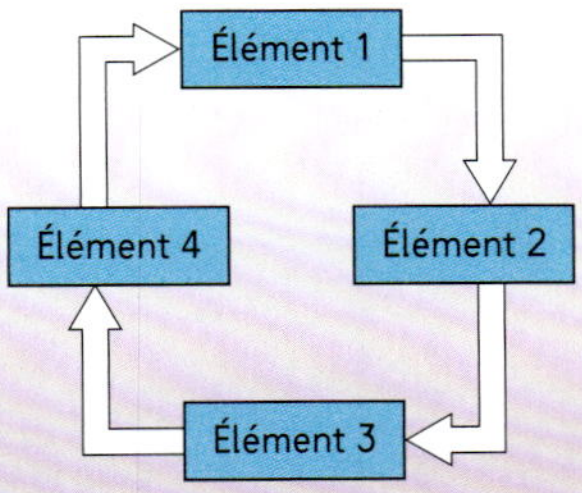

Produire une médiagraphie

Buts (Pourquoi produire une médiagraphie ?)

- Pour indiquer la source des documents qui ont servi.
- Pour permettre d'identifier les auteurs et auteures qui ont alimenté les réflexions.
- Pour permettre aux lecteurs et lectrices de retrouver les documents utilisés.

Bibliographie ou médiagraphie ?

La différence entre les deux est simple. La *bibliographie* est une liste de documents sur papier (livres, revues, rapports de recherche, etc.). La *médiagraphie* énumère tous les documents d'information utilisés, peu importe leur support (livres, cédéroms, documents vidéo, sites Internet, etc.). Comme on utilise de plus en plus l'informatique pour conserver l'information, il est normal d'utiliser de plus en plus la médiagraphie.

Méthode (Comment faire ?)

1. **Dresser une liste de tous les documents qui ont aidé à faire le travail de recherche.** Il faut consulter vos fiches bibliographiques, sinon vous devrez retrouver les documents.

2. **Déterminer l'ordre de présentation et écrire les notices.** Vous pouvez classer les documents selon le type de média et dans l'ordre alphabétique. Pour ce qui est des notices, vous n'avez qu'à reproduire les modèles suivants. Respectez la mise en forme (majuscules, italique et ponctuation).

   - **Un livre avec auteur* :**
     AUTEUR, Prénom. *Titre de l'ouvrage*, numéro de l'édition, lieu d'édition, éditeur, année d'édition, nombre de pages. (Collection).
   - **Un livre sans auteur (dictionnaire, encyclopédie) :**
     Titre de l'ouvrage, numéro de l'édition, lieu d'édition, éditeur, année d'édition, nombre de pages. (Collection).
   - **Un article dans un périodique* :**
     AUTEUR DE L'ARTICLE, Prénom. « Titre de l'article », *Titre du périodique*, date, n°, pages.
   - **Un article sur un cédérom* :**
     AUTEUR, Prénom. « Titre de l'article » dans *Titre du cédérom*, [type de support : cédérom], éditeur, date.
   - **Un document Internet* :**
     AUTEUR, Prénom. *Titre de la page d'accueil*, [type de support : en ligne]. Adresse URL. (page consultée le : date de consultation).
   - **Film, documentaire :**
     Titre, [type de support : DVD ou cassette vidéo], réalisateur ou réalisatrice, maison de production, date, durée.

* Il est également possible d'indiquer la notice ainsi : Prénom et NOM DE L'AUTEUR, *Titre de l'ouvrage,* lieu de publication, éditeur, date de publication, nombre de pages. (Collection).

Participer à un débat

Méthode (Comment faire ?)

❶ **Prendre connaissance du thème.** Premièrement, faites un survol du thème abordé. Ensuite, assurez-vous de bien comprendre tous les aspects et les concepts du sujet débattu. Intéressez-vous aux éléments clés de la question posée ou de l'énoncé du problème.

❷ **Prendre position.** Définissez votre point de vue. Dressez une liste des éléments qui vous poussent à adopter cette position. Ces éléments constitueront votre thèse. Votre position doit être rationnelle et non émotive.

❸ **Vérifier la formule du débat.** Habituellement, les débats se déroulent suivant un processus clairement défini, mais ce processus peut varier d'un débat à l'autre. Considérez le type d'échanges (débat ouvert, débat avec tours de parole, plaidoyer), le sujet et le temps accordé à chacune des parties du débat. Vous devrez en tenir compte dans votre préparation.

❹ **Faire une recherche documentaire pour étoffer la thèse.** Cette recherche vous permet d'approfondir votre compréhension du thème. Cherchez des arguments qui appuient votre thèse (faits, énoncés généraux, valeurs). Profitez-en pour examiner les arguments contraires (contre-thèse) que vos adversaires pourraient soulever.

Remarque : Le débat présente plusieurs similitudes avec l'écriture d'un texte argumentatif. Voir la fiche méthodologique à la page 253, ❸.

❺ **Organiser l'argumentation.**

- Hiérarchisez les arguments selon leur importance et déterminez leur ordre d'utilisation. Des choix s'imposent : quantité ou qualité des arguments, débuter ou finir par le meilleur argument.
- Choisissez les stratégies argumentatives à utiliser : démonstration, réfutation ou explication argumentative.

❻ **Préparer le débat.**

- Trouvez le bon ton et exercez-vous à faire vos interventions selon la structure du débat.
- Élaborez le support documentaire (fiches de consignation, tableaux ou diagrammes, preuve matérielle).

Glossaire

Principaux sigles et acronymes utilisés

ACDI • Agence canadienne de développement international

AIEA • Agence internationale de l'énergie atomique

ALENA • Accord de libre-échange nord-américain

APEC • Coopération économique Asie-Pacifique

ATTAC • Association pour la taxation des transactions financières et pour l'aide aux citoyens

CBI • Commission baleinière internationale

CCNUCC • Convention-cadre des Nations Unies sur les changements climatiques

CECA • Communauté européenne du charbon et de l'acier

CEE • Communauté économique européenne

CEI • Communauté des États indépendants

CICR • Comité international de la Croix-Rouge

CIJ • Cour internationale de justice

CNUCED • Conférence des Nations Unies sur le commerce et le développement

CPI • Cour pénale internationale

FAO • Organisation des Nations Unies pour l'alimentation et l'agriculture

FMI • Fonds monétaire international

G8 • Groupe des 8

G20 • Groupe des 20

GATT • Accord général sur les tarifs douaniers

GES • Gaz à effet de serre

GIEC • Groupe intergouvernemental d'experts sur l'évolution du climat

HCR • Haut Commissariat des Nations Unies pour les réfugiés

IDH • Indice de développement humain

ISO • Organisation internationale de normalisation

MSF • Médecins sans frontières

OACI • Organisation de l'aviation civile internationale

OCDE • Organisation de coopération et de développement économique

OEA • Organisation des États américains

OGM • Organismes génétiquement modifiés

OIF • Organisation internationale de la francophonie

OIT • Organisation internationale du travail

OMC • Organisation mondiale du commerce

OMD • Objectifs du millénaire pour le développement

OMI • Organisation maritime internationale

OMM • Organisation météorologique mondiale

OMS • Organisation mondiale de la santé

ONG • Organisation non gouvernementale

ONU • Organisation des Nations Unies

OPEP • Organisation des pays exportateurs de pétrole

OTAN • Organisation du traité de l'Atlantique Nord

PAM • Programme alimentaire mondial

PED • Pays en développement

PIB • Produit intérieur brut

PMA • Pays les moins avancés

PNUD • Programme des Nations Unies pour le développement

PNUE • Programme des Nations Unies pour l'environnement

PPA • Parité du pouvoir d'achat

RNB • Revenu national brut

RSF • Reporters sans frontières

TPI • Tribunaux pénaux internationaux

UE • Union européenne

UICN • Union internationale pour la conservation de la nature

UNESCO • Organisation des Nations Unies pour l'éducation, la science et la culture

UNICEF • Fonds des Nations Unies pour l'enfance

URSS • Union des Républiques socialistes soviétiques

Définitions

Dans une définition, un mot en gras signifie que ce mot est lui aussi défini dans le présent glossaire.

A

***Accord de libre-échange nord-américain* (ALENA)** • Accord entre le Canada, le Mexique et les États-Unis visant à éliminer les barrières douanières et à faciliter les échanges de biens et de services entre les trois pays.
▸▸▸ Pouvoir • *Les regroupements économiques* (pages 126-127)

Accords de Schengen • Accords signés en 1985 entre plusieurs pays européens dans le but de supprimer graduellement les frontières entre les États membres et d'harmoniser leurs politiques de visas.
▸▸▸ Population • *Franchir les frontières* (pages 90-91)

***Accord général sur les tarifs douaniers* (GATT)** • Accord servant de cadre aux négociations multilatérales (entre plusieurs pays) visant à diminuer les barrières tarifaires et les entraves aux échanges commerciaux internationaux. Il est aujourd'hui intégré à l'Organisation mondiale du commerce.
▸▸▸ Pouvoir • *Le commerce international* (pages 124-125)

Afrique subsaharienne • Région du continent africain au sud du désert du Sahara.

Alliés • Nom donné à la coalition de pays, comprenant notamment le Canada, le Royaume-Uni, les États-Unis, l'URSS, la Chine et la France, qui ont lutté contre les forces de l'**Axe** pendant la Seconde Guerre mondiale.

Altermondialisme • Mouvement de contestation et de sensibilisation qui milite pour une réforme de la mondialisation afin que les droits humains et les principes du développement durable soient respectés.

Anarchisme • Doctrine politique qui considère toute forme de gouvernement comme mauvaise et inutile, jugeant qu'une société devrait plutôt être fondée sur l'entraide mutuelle et une plus grande coopération entre les individus.

Antisémitisme • Racisme manifesté à l'égard des Juifs.

Armes de destruction massive • Armes nucléaires, chimiques ou bactériologiques conçues dans le but de tuer un grand nombre de personnes.

Assemblée générale des Nations Unies • Organe principal des Nations Unies. Composée de tous les États membres, l'Assemblée générale sert de forum de discussion où chacun peut exprimer son point de vue.

Axe • Nom de l'alliance entre l'Allemagne nazie, l'Italie fasciste et le Japon impérial lors de la Seconde Guerre mondiale. Par extension, les forces de l'Axe désignent l'ensemble des pays qui se sont battus contre les Alliés.
▸▸▸ L'histoire à la une • *Section sur la Seconde Guerre mondiale*

B

Banque mondiale • Dans le système des Nations Unies, groupe de cinq institutions financières qui luttent contre la pauvreté en offrant conseils et financement aux États qui éprouvent des difficultés économiques.
▸▸▸ Pouvoir • *La finance internationale* (pages 128-129)

Biodiversité • Diversité, variété des organismes vivants (végétaux et animaux).

Biosphère • Ensemble des organismes vivants (végétaux et animaux) à la surface du globe.

Bolchevisme • Doctrine du parti politique de Vladimir Lénine en Russie entre 1903 et 1922, fondée sur les principes du **socialisme** et annonçant le **communisme.**

Bulle immobilière • Hausse rapide et artificielle de la valeur des biens immobiliers, provoquée par la **spéculation** ou une estimation exagérée de l'évolution des **marchés.**

C

Capital • Somme d'argent destinée à produire un revenu.

Capitalisme • Système socioéconomique basé sur la recherche du profit par des entrepreneurs privés pour leur bénéfice personnel.

Cessez-le-feu • Accord de suspension des hostilités entre deux adversaires en temps de guerre.

Chaîne alimentaire • Suite formée par les êtres vivants qui se nourrissent les uns des autres.

Chancelier • Titre donné au chef du gouvernement en Allemagne et en Autriche.

Chiite • Musulman qui pratique le chiisme, l'une des deux branches principales de l'islam avec le sunnisme.

Citoyen, citoyenne • Individu qui possède la **citoyenneté.**

Citoyenneté • Statut d'une personne reconnue comme membre d'un État et qui peut à ce titre jouir de certains droits civils et politiques.

Coalition • Entente momentanée entre des groupes ou des individus visant un objectif commun.

Colonialisme • Occupation et exploitation économique, politique ou sociale d'un territoire par un État étranger.

Communisme • Doctrine politique qui vise l'abolition de la propriété privée et qui fait la promotion de la propriété collective. Ce système repose sur la mise en commun des ressources et des moyens de production d'une société, afin que les biens de consommation puissent être redistribués en fonction des besoins de chacun et chacune.

Confédération • Voir ***Système gouvernemental confédéral.***

Conseil de sécurité • Organe **exécutif** des Nations Unies chargé de maintenir la paix et la sécurité internationale par l'usage de la force armée si nécessaire.

▸▸▸ Tensions et conflits • *Le Conseil de sécurité des Nations Unies* (pages 200-201)

Convention-cadre • Traité de portée générale qui est complété par l'adoption de **protocoles.**

Conventions de Genève • Ensemble de traités élaborés entre 1864 et 1949 pour définir les règles de protection des personnes en cas de conflit armé, notamment les blessés, les prisonniers de guerre et les civils.

▸▸▸ Tensions et conflits • *Les organisations humanitaires* (pages 214-215)

Coup d'État • Action de renverser illégalement un gouvernement dans le but de s'emparer du pouvoir.

***Cour internationale de justice* (CIJ)** • Institution judiciaire des Nations Unies chargée de se prononcer sur les différends internationaux qui lui sont soumis.

▸▸▸ Pouvoir • *La justice et le droit international* (pages 118-119)

***Cour pénale internationale* (CPI)** • Institution judiciaire des Nations Unies chargée de juger les criminels de guerre selon le droit international. Son champ d'action englobe tous les États qui ont ratifié son statut de fondation et est donc plus vaste que celui des tribunaux pénaux internationaux.

▸▸▸ Tensions et conflits • *Juger les criminels de guerre* (pages 216-217)

Cour permanente d'arbitrage • Organisation internationale chargée de faciliter le règlement des différends internationaux.

D

Décolonisation • Mouvement d'affranchissement des colonies, qui se libèrent ainsi des principaux liens les rattachant à leur **métropole.**

▸▸▸ Richesse • *Les colonisations* (pages 164-165)

Dédouanement • Action de régler les formalités relatives aux **droits de douane.**

Demande • Quantité d'un bien ou d'un service qu'un consommateur est prêt à acheter à un prix donné.

▸▸▸ Introduction • *Les lois du marché ou l'offre et la demande* (pages 14-15)

Dette • Obligation d'une personne (le débiteur) à l'égard d'une autre (le créancier), en particulier le paiement d'une somme d'argent.

Dette extérieure • Ensemble des **dettes** qu'un État doit à des créanciers étrangers (institutions internationales, autres États ou créanciers privés).

▸▸▸ Richesse • *Le poids de la dette* (pages 154-155)

Devise • Unité monétaire propre à un pays ou à un groupe de pays, comme le dollar canadien au Canada, le yen au Japon ou l'euro dans l'Union européenne.

Dictature militaire • Voir ***Régime politique (dictature militaire).***

Dragons et tigres asiatiques • Les dragons asiatiques désignent quatre pays (Corée du Sud, Singapour, Taïwan et Hong Kong) dont l'expansion économique et la modernisation ont été extrêmement rapides à partir de la fin des années 1960. Cette croissance a été suivie par celle d'autres pays, surnommés les tigres asiatiques (Thaïlande, Indonésie, Malaisie et Philippines).

▸▸▸ Richesse • *La croissance économique* (pages 148-149)

Droit d'asile • Droit pour une personne étrangère persécutée dans son pays d'origine d'être protégée par son pays d'accueil.

Droit de veto • Droit accordé à une autorité lui permettant de s'opposer unilatéralement à l'adoption d'une loi, d'une décision commune. Les cinq membres permanents du **Conseil de sécurité des Nations Unies** disposent ainsi d'un droit de *veto* sur les décisions du Conseil.

▸▸▸ Tensions et conflits • *Le Conseil de sécurité des Nations Unies* (pages 200-201)

Droits de douane • Impôt prélevé sur une marchandise au moment où elle franchit une frontière.

E

Économie de marché • Système économique où le principe de l'**offre** et de la **demande** est fixé par des mécanismes dits naturels, libres de toute intervention de l'État.

Élections primaires • Processus électoral préliminaire permettant à un parti politique de désigner le candidat qui le représentera à une élection générale.

Embargo • En politique internationale, mesure diplomatique coercitive ou punitive visant à limiter l'exportation ou l'importation de marchandises et de biens dans un pays.

Enfant soldat • Combattant d'une armée âgé de moins de 18 ans. L'enrôlement d'enfants de moins de 15 ans en particulier est considéré comme un crime de guerre devant la **Cour pénale internationale.**

État providence • État où le gouvernement intervient activement dans les domaines économiques et sociaux, en vue notamment de redistribuer plus équitablement la richesse collective.

Exécutif (pouvoir) • Un des trois pouvoirs des États, avec le pouvoir **législatif** et le pouvoir **judiciaire.** Le pouvoir exécutif vise à mettre en œuvre et à faire appliquer les lois qui ont été décidées par le pouvoir législatif.

▸▸▸ Pouvoir • *Qu'est-ce qu'un État ?* (pages 104-105)

Expansionnisme • Politique d'un État qui cherche systématiquement à étendre son territoire ou son influence à l'extérieur de ses frontières.

Extradition • Procédure judiciaire visant à expulser un individu vers un pays qui le réclame, afin de lui faire subir un procès ou de le condamner à une peine pour une faute commise.

F

Fascisme • Mouvement politique qui fait la promotion d'un **nationalisme** extrême et qui s'appuie sur l'idéal d'un État fort et absolu pour parvenir à ses fins.

Fondamentalisme • Attachement très strict, voire extrémiste, à une idéologie religieuse ou autre. Voir aussi ***Intégrisme.***

***Fonds monétaire international* (FMI)** • Institution des Nations Unies chargée d'assurer la stabilité économique mondiale et d'encourager la coopération monétaire internationale.

▸▸▸ Pouvoir • *La finance internationale* (pages 128-129)

G

***Gaz à effet de serre* (GES)** • Gaz présents dans l'atmosphère qui laissent passer le rayonnement solaire mais emprisonnent la chaleur émise par la surface terrestre. Les gaz à effet de serre sont la principale cause du réchauffement climatique.

▸▸▸ Environnement • *Le réchauffement climatique* (pages 40-41)

Génocide • Extermination intentionnelle d'un groupe ethnique, racial ou religieux. Le génocide est considéré comme un crime contre l'humanité.

▸▸▸ Tensions et conflits • *Les conflits armés (II)* (pages 196-197)

Géostratégie • Étude de la géographie, de l'histoire et de la politique des États sous un angle militaire.

Gouvernement de Vichy • Nom donné au gouvernement de l'État français entre 1940 et 1944, pendant l'occupation allemande de la France. Situé dans la ville de Vichy, ce gouvernement dirigé par le maréchal Pétain collaborait avec l'Allemagne nazie en administrant le territoire et en dénonçant les résistants français.

***Groupe des 8* (G8)** • Sommet international annuel réunissant huit pays parmi les plus puissants économiquement.

▸▸▸ Pouvoir • *Les sommets internationaux* (pages 110-111)

Guérilla • Stratégie de combat basée sur la mobilité, le harcèlement et l'effet de surprise.

▸▸▸ Tensions et conflits • *Les conflits armés (I)* (pages 194-195)

Guerre civile • Conflit qui se déroule au sein d'un État, entre les citoyens d'un même pays.

Guerre sainte • Guerre menée au nom d'un dieu ou d'une religion.

H

***Hectare* (ha)** • Mesure de superficie équivalant à 10 000 mètres carrés.

Hyperinflation • **Inflation** extrêmement élevée, qui échappe à tout contrôle.

I

Indice Big Mac • Indice utilisé pour mesurer la parité du pouvoir d'achat dans le monde en comparant le prix d'un Big Mac dans différents pays.

▸▸▸ Pouvoir • *L'uniformisation de la culture* (pages 134-135)

***Indice de développement humain* (IDH)** • Indice composite permettant d'évaluer la situation d'un État en tenant compte non seulement de la production économique de ses citoyens et citoyennes, mais également de leur santé et de leur éducation.
▸▸▸ Richesse • *L'indice de développement humain (IDH)* (pages 146-147)

Inflation • Déséquilibre économique caractérisé par une hausse du niveau général du prix des biens et des services, entraînant une baisse durable du pouvoir d'achat.

Insolvable • Se dit de quelqu'un qui ne peut faire face à ses obligations financières, telles que des **dettes.**

Intégrisme • Doctrine visant à maintenir les traditions et les préceptes fondamentaux d'une idéologie ou d'une religion et qui se refuse généralement à tout compromis. Voir aussi ***Fondamentalisme.***

Intérêt • En finance, revenu produit par un **capital** qui a été prêté. Le montant de ce revenu est fixé par un pourcentage (un taux) déterminé à l'avance.

Intergouvernemental • Relatif aux relations ou aux interactions entre plusieurs gouvernements.

Interventionnisme • Politique prônant l'implication de l'État dans l'économie du pays.

Isolationnisme • Politique d'un État qui se replie sur lui-même, en limitant les contacts avec la communauté internationale et en refusant toute ingérence du monde extérieur dans ses politiques internes.

Isthme • Bande de terre étroite entre deux étendues d'eau, formant un pont entre deux terres.

J

Judiciaire (pouvoir) • Un des trois pouvoirs des États, avec le pouvoir **législatif** et le pouvoir **exécutif.** Le pouvoir judiciaire vise à résoudre les disputes en interprétant les lois décidées par le pouvoir législatif et appliquées par le pouvoir exécutif.
▸▸▸ Pouvoir • *Qu'est-ce qu'un État?* (pages 104-105)

L

Législatif (pouvoir) • Un des trois pouvoirs des États, avec le pouvoir **exécutif** et le pouvoir **judiciaire.** Le pouvoir législatif permet de créer, de modifier et d'adopter les lois qui permettent de gérer un pays.
▸▸▸ Pouvoir • *Qu'est-ce qu'un État?* (pages 104-105)

Libéralisation • Action de rendre plus libres les échanges commerciaux internationaux, selon les principes du **libre-échange.**

Libre-échange • Politique économique qui repose sur la libre circulation des biens et des services. S'oppose au **protectionnisme.**
▸▸▸ Pouvoir • *Protectionnisme versus libre-échange* (pages 122-123)

Littoral (adjectif) • Qui est situé sur le bord de la mer.

Lobby • Groupe, organisation pratiquant le **lobbyisme.**

Lobbyisme • Action visant à influencer les décisions des autorités publiques.

Loi martiale • Loi qui suspend de manière temporaire les droits et les libertés individuels.

Lois du marché • Règles économiques qui permettent de fixer le prix des biens et des services en fonction de l'**offre** et de la **demande** dans les systèmes économiques de libre entreprise et d'économie mixte.
▸▸▸ Introduction • *Les lois du marché ou l'offre et la demande* (pages 14-15)

M

Marché • Organisation des échanges économiques dans une zone géographique donnée.

Marché commun • Zone économique dans laquelle les échanges de biens et de services se font sans tarifs douaniers ou quotas, où il y a libre circulation et harmonisation des politiques économiques.
▸▸▸ Pouvoir • *Les regroupements économiques* (pages 126-127)

Marché noir • Échanges commerciaux clandestins dans le but d'éviter les réglementations existantes (vente de produits interdits, non-paiement des taxes, etc.)

Métropole • Dans le système colonial, État à la tête de colonies.

Micro-État • État souverain qui possède une petite superficie ou une faible population, ou les deux. *Exemples:* Grenade, Cap-Vert, Saint-Vincent-et-les-Grenadines, Samoa.

Milice • Se dit à la fois des forces auxiliaires d'une armée composée de civils ainsi que d'une armée privée, non gouvernementale.
▸▸▸ Tensions et conflits • *Les conflits armés (I)* (pages 194-195)

Monarchisme • Doctrine politique accordant le pouvoir à un seul individu, qui porte généralement le titre de roi. Voir aussi ***Régime politique (monarchie absolue)*** et ***Régime politique (monarchie constitutionnelle).***

Moratoire • Accord qui permet de suspendre certaines activités.

N

Nappe phréatique • Nappe d'eau la plus rapprochée de la surface du sol, qui alimente les puits et les sources.

Nationalisation • Action de transférer du privé au public (l'État) la propriété de certains biens ou moyens de production. On parle également d'étatisation.

Nationalisme • Conscience de former une nation, c'est-à-dire d'avoir une histoire, une langue et une culture propres.

Nations Unies • Voir ***Organisation des Nations Unies.***

Naturaliser • Accorder à quelqu'un la **citoyenneté** d'un pays.

Nazisme • Mot formé de la contraction du terme « national-socialisme » (de l'allemand *nationalsozialismus*). Désigne l'idéologie développée par Hitler dont le parti nazi faisait la promotion d'un régime fasciste, raciste et antisémite.

Normalisation • Action d'imposer des normes, c'est-à-dire des prescriptions standardisées qui visent à atteindre une plus grande uniformité.

O

***Objectifs du millénaire pour le développement* (OMD)** • Ensemble de huit objectifs généraux comportant des cibles précises et mesurables à atteindre dans le cadre du développement mondial. Ils ont été établis par les Nations Unies en 2000.

▸▸▸ Richesse • *Les Objectifs du millénaire pour le développement* (pages 168-169)

Offre • Quantité d'un bien ou d'un service qu'une productrice ou un producteur est prêt à vendre à un prix donné.

▸▸▸ Introduction • *Les lois du marché ou l'offre et la demande* (pages 14-15)

***Organisation de coopération et de développement économique* (OCDE)** • Organisation internationale d'étude économique regroupant les principaux **pays développés,** attachés aux principes de la démocratie et de l'**économie de marché.**

▸▸▸ Richesse • *La disparité des richesses dans le monde* (pages 152-153)

***Organisation des Nations Unies* (ONU)** • Organisation internationale universelle encourageant la coopération internationale dans une multitude de domaines.

▸▸▸ Pouvoir • *Les Nations Unies* (pages 106-107)

***Organisation des Nations Unies pour l'éducation, la science et la culture* (UNESCO)** • Institution des Nations Unies travaillant à construire la paix universelle en favorisant la collaboration entre les nations par l'éducation, la science, la culture et la communication.

▸▸▸ Pouvoir • *L'UNESCO et la préservation du patrimoine* (pages 138-139)

***Organisation mondiale du commerce* (OMC)** • Institution internationale destinée à gérer les accords commerciaux multilatéraux (entre plusieurs pays), dont ceux du GATT.

▸▸▸ Pouvoir • *Le commerce international* (pages 124-125)

***Organisation non gouvernementale* (ONG)** • Regroupement de citoyens défendant une cause d'intérêt public. Les ONG agissent indépendamment de leurs gouvernements et n'ont pas pour objectif de faire des profits.

***Organisme génétiquement modifié* (OGM)** • Organisme vivant (végétal ou animal) dont le matériel génétique a été modifié par l'homme.

P

Pandémie • Épidémie d'une ampleur exceptionnelle, qui s'étend à la quasi-totalité d'une population.

***Parité du pouvoir d'achat* (PPA)** • Méthode mesurant la quantité de biens et de services qu'il est possible d'acheter avec une **devise** dans chacune des régions ou des pays comparés, ce qui permet de tenir compte du fait que le coût de la vie diffère d'un pays à l'autre.

▸▸▸ Richesse • *Concepts et indicateurs économiques* (pages 144-145)

Pauvreté extrême • Selon une définition de la Banque mondiale, situation dans laquelle une personne dispose de moins de un dollar américain par jour pour vivre.

Pays développés • Pays les plus riches de la planète, qui possèdent un **produit intérieur brut** par habitant et un **indice de développement humain** élevés.

▸▸▸ Richesse • *La disparité des richesses dans le monde* (pages 152-153)

***Pays en développement* (PED)** • Pays qui se trouvent dans une situation intermédiaire, entre les **pays développés** et les **pays les moins avancés.** On utilise parfois cette expression pour désigner l'ensemble des États qui ne sont pas des pays développés.

▸▸▸ Richesse • *La disparité des richesses dans le monde* (pages 152-153)

***Pays les moins avancés* (PMA)** • Pays les plus pauvres de la planète, qui possèdent un **produit intérieur brut** par habitant et un **indice de développement humain** faibles.
▸▸▸ Richesse • *La disparité des richesses dans le monde* (pages 152-153)

Pontificat • Durée du règne d'un pape.

Prix Nobel • Récompense internationale décernée chaque année à des personnalités ayant apporté une contribution remarquable dans divers domaines. Par exemple, le prix Nobel de la paix est attribué à une personnalité ayant contribué au rapprochement entre les peuples et à la propagation de la paix.

***Produit intérieur brut* (PIB)** • Indicateur économique mesurant la production interne de biens et de services dans un pays donné au cours d'une année.
▸▸▸ Richesse • *Concepts et indicateurs économiques* (pages 144-145)

Produit mondial brut • Indicateur économique mesurant la production de biens et de services au cours d'une année dans le monde. Voir aussi ***Produit intérieur brut.***

***Programme des Nations Unies pour l'environnement* (PNUE)** • Principal organisme chargé des questions environnementales au sein des Nations Unies.
▸▸▸ Environnement • *Les Sommets de la Terre des Nations Unies* (pages 56-57)

Protectionnisme • Politique économique adoptée par un État pour protéger sa production nationale et ses entreprises, ou un secteur de son économie. S'oppose au **libre-échange.**
▸▸▸ Pouvoir • *Protectionnisme versus libre-échange* (pages 122-123)

Protocole • Accord qui modifie ou complète un traité déjà existant, désigné alors comme **convention-cadre.**

R

Ratification • Action de confirmer officiellement une entente ou un engagement par sa mise en application.

Raz-de-marée • Mouvement rapide d'un grand volume d'eau, qui se traduit généralement par une énorme vague, aussi appelée tsunami.

Régime politique • Forme d'organisation du pouvoir à l'intérieur d'un État.

Régime politique (dictature militaire) • Régime politique dans lequel un individu ou un groupe d'individus liés à l'armée concentrent dans leurs mains tous les pouvoirs de l'État (**exécutif, législatif** et **judiciaire**).

Régime politique (monarchie absolue) • Régime politique dans lequel un monarque concentre dans ses mains tous les pouvoirs de l'État (**exécutif, législatif** et **judiciaire**).

Régime politique (monarchie constitutionnelle) • Régime politique dans lequel un monarque est reconnu comme chef de l'État mais dont les pouvoirs sont limités par une constitution.

Régime politique (parlementaire) • Régime politique représentatif (démocratique) dans lequel le pouvoir **exécutif** est soumis au pouvoir **législatif.** Les deux pouvoirs doivent donc collaborer à l'intérieur d'un Parlement.

Régime politique (présidentiel) • Régime politique représentatif (démocratique) dans lequel les pouvoirs **exécutif, législatif** et **judiciaire** sont formellement séparés, avec une primauté du pouvoir exécutif (le président).

Résidence permanente • Statut accordé à une personne immigrante qui lui permet de demeurer indéfiniment dans son pays d'accueil et d'y travailler.
▸▸▸ Population • *Recevoir les migrants et migrantes* (pages 94-95)

***Revenu national brut* (RNB)** • Indicateur économique mesurant la somme totale des revenus perçus par la population d'un pays (salaires et revenus financiers) au cours d'une année. Il inclut les investissements et les biens détenus à l'étranger.
▸▸▸ Richesse • *Concepts et indicateurs économiques* (pages 144-145)

Révolution industrielle • Passage historique d'une société basée sur l'agriculture à une société industrielle. Ce phénomène s'est déroulé principalement au 19e siècle.

S

Sanction • Mesure punitive imposée à un groupe ou à un individu pour avoir transgressé une loi, un règlement ou une norme.

Secrétaire d'État américain • Désigne le ou la responsable des affaires étrangères dans le gouvernement fédéral des États-Unis.

Socialisme • Doctrine économique visant à établir une répartition plus équitable des richesses et à abolir les inégalités sociales.

Sommets de la Terre • Conférences internationales majeures organisées par les Nations Unies en 1972, 1992 et 2002 afin de trouver des solutions mondiales aux problèmes environnementaux.
▸▸▸ Environnement • *Les Sommets de la Terre des Nations Unies* (pages 56-57)

Sous-traitance • Mode de production par lequel une entreprise délègue la réalisation d'une partie de son travail à une autre entreprise.

Spéculation • Opération financière ou commerciale qui cherche à tirer profit des variations du marché, par exemple en achetant une certaine quantité d'une marchandise pour la revendre plus tard dans l'espoir que son prix aura augmenté entre-temps.

Stress hydrique • Situation dans certaines régions du monde où la demande en eau dépasse les ressources disponibles.

Suffrage universel • Droit de vote étendu à tous les citoyens et citoyennes adultes, indépendamment de leur richesse, de leur naissance ou de leur statut social.

Supranational • Se dit d'une institution ou d'une autorité détenant un pouvoir supérieur à celui d'une nation.

Syndicalisme • Mouvement visant à unifier les membres d'une même profession dans le but de défendre et de promouvoir leurs intérêts.

Système gouvernemental • Mode d'organisation du gouvernement d'un État.

Système gouvernemental confédéral • Système politique dans lequel des gouvernements régionaux possèdent la majorité des pouvoirs, n'en laissant que quelques-uns à un gouvernement central. Il n'existe actuellement aucun véritable État confédéral, mais la Suisse l'a été avant 1848 et les États-Unis, de 1781 à 1789.

Système gouvernemental fédéral • Système politique dans lequel un gouvernement central détient la majorité des pouvoirs, n'en déléguant qu'une partie à des gouvernements régionaux (provinces, États, cantons, etc.) *Exemples:* Canada, États-Unis, Australie, etc.

Système gouvernemental unitaire • Système politique dans lequel tout le pouvoir est concentré dans les mains d'un gouvernement central. *Exemples:* Japon, Chine, Afrique du Sud, etc.

T

Totalitarisme • Système politique dans lequel n'est toléré qu'un seul parti, sans aucune opposition.

***Tribunaux pénaux internationaux* (TPI)** • Institutions judiciaires des Nations Unies chargées de juger les criminels de guerre selon le droit international. Ils ne s'occupent que de situations bien précises et sont appelés à être remplacés par la Cour pénale internationale.

▸▸▸ Tensions et conflits • *Juger les criminels de guerre* (pages 216-217)

Tsar • Titre porté par les monarques de Russie.

U

***Union européenne* (UE)** • Confédération d'États indépendants sur le continent européen. Il s'agit aujourd'hui de l'un des regroupements politiques internationaux les plus achevés.

▸▸▸ Pouvoir • *L'Union européenne* (pages 114 à 117)

Uranium • Métal lourd radioactif qui est la principale matière première utilisée dans l'industrie nucléaire.

X

Xénophobie • Du grec *xenos* (étranger) et *phobia* (peur). Hostilité à l'égard de ce qui est étranger.

Z

Zones franches • Aires géographiques où les activités industrielles bénéficient d'avantages fiscaux tels que l'absence de contrôle, de **droits de douane,** etc.

▸▸▸ Pouvoir • *Protectionnisme versus libre-échange* (pages 122-123)

Index

A

B

D

E

F

G

N

O

S

T

Références iconographiques

Légende – d : droite, g : gauche, h : haut, b : bas, c : centre, e : extrême

Page couverture : (eg) : © Solus-Veer / Corbis • (g) : © David Turnley / Corbis • (d) : © Louis Schwartzberg / Corbis • ed : © Justin Lane / epa / Corbis.

Liminaires : page III : © Orlando Barría / epa / Corbis • page IV : © Beawiharta / Reuters / Corbis • page V : © Finbarr O'Reilly / Reuters / Corbis • page VI : © Lynsey Addario / Corbis • page IX : © David Pollack / Corbis • page X : © Beawiharta / Reuters / Corbis • page XI (g) : © Henny Ray Abrams / Reuters / Corbis • page XI (d) : © Ashley Cooper / Corbis • page XII (hg) : © Jerome Sessini / Corbis • page XII (cg) : © Sion Touhig / Corbis • page XII (cd) : © Gleb Garanich / Reuters / Corbis • page XII (b) : © Jehad Nga / Corbis • page XIV : © Finbarr O'Reilly / Reuters / Corbis.

Introduction : page 2 (1) : © Leornardo Munoz / epa / Corbis • page 2 (2) : © Uli Deck / dpa / Corbis • page 2 (8) : © Denis Balibouse / Reuters / Corbis • page 2 (10) : © Kin Cheung / Pool / epa / Corbis • page 2 (15) : © Justin Lane / epa / Corbis • page 2 (19) : © Emmanuel Dunand / epa / Corbis • page 2 (20) : © Ian Salas / epa / Corbis • page 3 (4) : © Claudia Daut / Reuters / Corbis • page 3 (5) : © Xinhua Press / Corbis • page 3 (12) : Solarpix.com / CP Photo • page 3 (14) : © Ron Sachs / Pool / CNP / Corbis • page 3 (17) : © Reuters / Corbis • page 3 (21) : CP Photo / Larry MacDougal • page 3 (22) : © Brooks Kraft / Corbis • page 3 (24) : © Korea News Service / Reuters / Corbis • page 5 (b) : © David Pollack / Corbis • page 8 : © Maxime Pelchat • page 9 (h) : © Patrick Robert / Sygma / Corbis • page 9 (b) : akg images • page 10 (hd) : © Peter Maiden / Sygma / Corbis • page 10 (cg) : © Leonard de Selva / Corbis • page 11 (hd) : © Underwood & Underwood / Corbis • page 11 (bg) : © Bettmann / Corbis • page 12 : © Richard Bickel / Corbis • page 13 (h) : © Christopher J. Morris / Corbis • page 16 (g) : © Corbis • page 16 (d) : © Michael St. Maur Sheil / Corbis • page 17 (h) : © Michel Setboun / Corbis • page 17 (b) : © Bettmann / Corbis • page 18 : © Bettmann / Corbis • page 19 : © Bettmann / Corbis • page 20 (h) : © Regis Bossu / Sygma / Corbis • page 20 (g) : © Nasa • page 21 : © Remi Benali / Corbis • page 23 (h) : © Bohemian Nomad Picturemakers / Corbis • page 23 (b) : © Scanpix Photos Limited [2004] all rights reserved • page 25 : © Reporters sans frontières • page 27 (1) : AP Photo / Martin Mejia • page 27 (2) : Photo by Rex Features / CP Photo • page 27 (3) : © Mike Nelson / epa / Corbis • page 27 (4) : © Max Rossi / Reuters / Corbis • page 27 (5) : © Maxime Pelchat • page 27 (6) : AP Photo / Burhan Ozbilici • page 27 (7) : AP Photo / Pat Roque.

Environnement : page 29 : © Orlando Barría / epa / Corbis • page 30 : © Paulo Fridman / Corbis • page 31 (h) : © Natalie Fobes / Corbis • page 31 (b) : © Corbis • page 39 (h) : © Igor Kostin / Sygma / Corbis • page 39 (cg) : © Visuals Unlimited / Corbis • page 39 (cd) : © Nasa / Corbis • page 39 (b) : © Zen Icknow / Corbis • page 41 (c) [1979] : Nasa / Science photo library / Publiphoto • page 41 (c) [2008] : Nasa / GSFC / Scientific Visualization Studio / Science photo library / Publiphoto • page 42 : © Bettmann / Corbis • page 43 : CP Photo / Larry MacDougal • page 44 (g) : © Corbis • page 44 (d) : © Bettmann / Corbis • page 45 (h) : © Szilard Koszticsak / epa / Corbis • page 45 (g) : © Wendy Stone / Corbis • page 45 (cd) : © Jens Kristian Vang / epa / Corbis • page 45 (bd) : © Maurizio Gambarini / dpa / Corbis • page 46 : © Henny Ray Abrams / Reuters / Corbis • page 47 (h) : © Ashley Cooper / Corbis • page 49 (hd) : © Frans Lemmens / zefa / Corbis • page 50 (h) : © Patrice Latron / Corbis • page 50 (g) : © John Hillery / Reuters / Corbis • page 51 : © Tony Savino / Corbis • page 52 : © Hulton-Deutsch Collection / Corbis • page 53 (hg) : © Natalie Fobes / Corbis • page 53 (hd) : © Roy Corral / Corbis • page 57 (b) : © David Turnley / Corbis • page 58 : © William Coupon / Corbis • page 58 : © Wolfgang Kaehler / Corbis • page 59 : © Christinne Muschi / Reuters / Corbis • page 60 : © Gavin Hellier / JAI / Corbis • page 61 (h) : © Arnd Wiegmann / Reuters / Corbis • pages 62-63 : © Reza / Webistan / Corbis • pages 64-65 (b) : © Remi Benali / Corbis • page 65 (h) : © Bettmann / Corbis.

Population : pages 66-67 : © Beawiharta / Reuters / Corbis • page 69 (h) : © Peter Turnley / Corbis • page 69 (b) : © Nic Bothma / epa / Corbis • page 70 (h) : © Bettmann / Corbis • page 70 (b) : © The Mariners' Museum / Corbis • page 71 : © JP Laffont / Sygma / Corbis • page 72 : © Hulton-Deutsch Collection / Corbis • page 73 (c) : Bibliothèque et Archives Canada • page 73 (b) : © Lawrence Manning / Corbis • page 76 : © Reuters / Corbis • page 77 : © Ed Bock / Corbis • page 76 (h) : Paul Avis / Getty images • page 80 (c) : © Peter Turnley / Corbis • pages 80-81 (b) : © David Turnley / Corbis • page 81 (h) : © Alison Wright / Corbis • page 83 (h) : © Peter Turnley / Corbis • page 83 (b) : © Smiley N. Pool / Dallas Morning News / Corbis • page 84 : © Bettmann / Corbis • page 87 : © Sherwin Crasto / Reuters / Corbis • page 90 (cd) : © Patrick Pleul / epa / Corbis • page 91 (h) : © Bettmann / Corbis • page 92 : © Les Stone / Sygma / Corbis • page 93 : © Greg Smith / Corbis • page 94 : © Rudy Sulgan / Corbis • page 95 : © Gideon Mendel / Corbis • page 97 : © Gregor M. Schmid / Corbis • page 99 : © Latin Stock / Corbis • page 100 (c) : © moodboard / Corbis • page 100 (bg) : © Ron Chapple / Corbis • page 100 (bd) : © Jon Hicks / Corbis • page 101 (h) : © Bob Krist / Corbis • page 101 (c) : © Toronto Star Syndicate [2003] all rights reserved • page 101 (b) : © Sergio Dorantes / Corbis.

Pouvoir: pages 102-103: © Justin Lane / epa / Corbis • page 108 (g): © Leif Skoogfors / Corbis • page 108 (d): © Micheline Pelletier / Corbis • page 109 (h): © Howard Davies / Corbis • page 109 (b): © Kena Betancur / epa / Corbis • page 110 (c): © Photo Itar Tass/ Itar Tass / Corbis • page 110 (b): © Reuters / Corbis • page 112 (g): © Reuters / Corbis • page 112 (d): The Canadian Press / Ryan Remiorz • page 115: © Aldo Pavan / Grand Tour / Corbis • page 119: © Michael Kooren / Reuters / Corbis • page 120: © Marcel Mettelsiefen / epa / Corbis • page 121: © Sebastian Derungs / Reuters / Corbis • page 123: © Atlantide Phototravel / Corbis • page 124: © Atlantide Phototravel / Corbis • page 128: © Bettmann / Corbis • page 129 (h): © Bettmann / Corbis • page 129 (bc): © Matthew Cavanaugh / epa / Corbis • page 130: © Jean-Marc Petit / Publiphoto • page 131: The Granger Collection, New York • page 133: © Ren Junchuan / Xinhua Press / Corbis • page 135: © FCCM • page 136: © Jean Marie Leroy / Corbis • page 137: © Rudy Sulgan / Corbis • page 139 (b): © Reuters / Corbis • page 140 (h): © Gero Breloer / epa / Corbis.

Richesse: pages 142-143: © Finbarr O'Reilly / Reuters / Corbis • page 145 (h): © Aaron Ufumell / epa / Corbis • page 146: © Amanda Koster / Corbis • page 147: © Sam Kiley / Sygma / Corbis • page 150: © Macduff Everton / Corbis • page 154: © Peter Turnley for Harper's / Corbis • page 155: © David Bergman / Corbis • page 157 (h): © Philippe Body / Hemis / Corbis • page 157 (b): © Reuters / Corbis • page 159 (g): © Joseph Sohm / Visions of America / Corbis • page 159 (ch): © Howard Davies / Corbis • page 160: © Hulton-Deutsch Collection / Corbis • page 162: © Phillipe Lissac / Godong / Corbis • page 163: © Michel Setboun / Corbis • page 165 (h): © Bettmann / Corbis • page 165 (d): © / Belga / epa / Corbis • page 165 (b): © Ed Kashi / Corbis • page 166: © Bill Gentile / Corbis • page 167 (h): The Canadian Press / The Intelligencer – Luke Hendry • page 167 (c): © Ronald Ssekandi / XinHua / Xinhua Press / Corbis • page 168: © Jeremy Horner / Corbis • page 169: © Yann Arthus-Bertrand / Corbis • page 170 (h): © Stephanie Maze / Corbis • page 170 (b): © Karen Kasmauski / Corbis • page 172: © Jeremy Horner / Corbis • page 174: © Howard Davies / Corbis • page 175 (h): © Pool / Pool / epa / Corbis • page 175 (cg): © Patrick Robert / Sygma / Corbis • page 175 (cd): © Bernard Bisson / Sygma / Corbis • page 175 (b): © Howard Davies / Corbis • page 176 (g): © Baci / Corbis • page 176 (d): © David Turnley / Corbis • page 177: © Morteza Nikoubazl / Reuters / Corbis.

Tensions et conflits: pages 178-179: © Reza / Webistan / Corbis • page 181 (h): © Peter Turnley / Corbis • page 181 (b): © Ed Kashi / Corbis • page 182: © Antoine Gyori / Corbis Sygma • page 182 (h): © Peter Macdiarmid / epa / Corbis • page 182 (b): © Sean Adair / Reuters / Corbis • page 183: © Rob Howard / Corbis • page 185 (h): © Pallava Bagla / Corbis • page 185 (b): © Manuel Litran / Corbis • page 186 (h): © Richard Dudman / Sygma / Corbis • page 186 (b): © Corbis • page 188: © Attar Maher / Corbis Sygma • page 189: © David Turnley / Corbis • page 191: © Reuters / Corbis • page 193: © Bettmann / Corbis • page 195 (h): © Corbis • page 195 (b): © Roger Hutchings / Corbis • page 196: © Lynsey Addario / Corbis • page 197 (c): © Bettmann / Corbis • page 197 (b): CP Photo / Fred Chartrand • page 198: © Bettmann / Corbis • page 199 (h): © Baci / Corbis • page 199 (b): © Leslie Neuhaus / epa / Corbis • page 200: © Reuters / Corbis • page 201 (h): © Hulton-Deutsch Collection / Corbis • page 201 (b): © Reinhard Krause / Reuters / Corbis • page 201: © Hulton-Deutsch Collection / Corbis • page 202 (h): © Patrick Robert / Corbis • page 202 (b): © Les Stone / Sygma / Corbis • page 204: © epa / Corbis • page 205: © Jacques Langevin / Corbis Sygma • page 206: © Peter Turnley / Corbis • page 207 (c): © Dominique Aubert / Sygma / Corbis • page 207 (b): © Robert Wallis / Corbis • page 208 (g): © Jose Goitia / Corbis • page 208 (d): © Reuters / Corbis • page 209: © Michael S. Yamashita / Corbis • page 210: © Kote Rodrigo / efe / Corbis • page 211: © Bettmann / Corbis • page 212: © Syed Jan Sabawoon / epa / Corbis • page 213 (h): © Luc Gnago / Reuters / Corbis • page 213 (b): © Howard Davies / Corbis • page 214: © Filippo Monteforte / epa / Corbis • page 215: © David Turnley / Corbis • page 217 (h): © Denis Balibouse / Reuters / Corbis • page 217 (b): © Michael Kooren / Reuters / Corbis.

Annexes: L'histoire à la une: page 218 (g): © Underwood & Underwood / Corbis • page 218 (d): © Stapleton Collection / Corbis • page 219 (c): © Hulton-Deutsch Collection / Corbis • page 219 (d): © Bettmann / Corbis • page 219: © Bettmann / Corbis • page 221: © Bettmann / Corbis • page 222: © Bettmann / Corbis • page 223: © Corbis • page 224: © Bettmann / Corbis • page 226 (g): © Bettmann / Corbis • page 226 (d): © Corbis • page 227: © Bettmann / Corbis • page 228 (g): © Bettmann / Corbis • pages 228-229 (c): © Terry Arthur / White House / Sygma / Corbis • page 229: © Regis Bossu / Sygma / Corbis • page 230: © Reuters / Corbis • page 231 (g): © Peter Turnley / Corbis • page 231 (d): © Reuters / Corbis • page 232 (g): © Reuters / Corbis • page 232 (d): © David Turnley / Corbis • page 233 (h): © Paul Souders / Corbis • page 233 (b): © Pascal Parrot / Corbis Sygma • page 234 (g): © Sean Adair / Reuters / Corbis • page 234 (d): © epa / Corbis • page 235 (c): © Imagemore Co., Ltd. / Corbis • page 235 (b): © Lynsey Addario / Corbis • page 236 (h): © Jerome Sessini / Corbis • page 236 (b): © Sion Touhig / Corbis • page 237: © Gleb Garanich / Reuters / Corbis • page 238 (g): © Xinhua / Xinhua / Corbis • page 238 (d): © Bettmann / Corbis • page 239 (h): © Astaxov Dmitriy / Itar-Tass / Corbis • page 239 (b): © Reuters / Corbis • page 240 (g): © Ron Sachs / CNP / Corbis • page 240 (d): © T.Mughal / epa / Corbis • page 241: © Stephen Morrison / epa / Corbis • page 242 (g): © Gero Breloer / dpa / Corbis • page 242 (d): © Tannen Maury / epa / Corbis • page 243: © Jorge Abrego / epa / Corbis.

Techniques: page 255: © Jehad Nga / Corbis • page 257: © André-Philippe Côté / *Le Soleil.*

Atlas

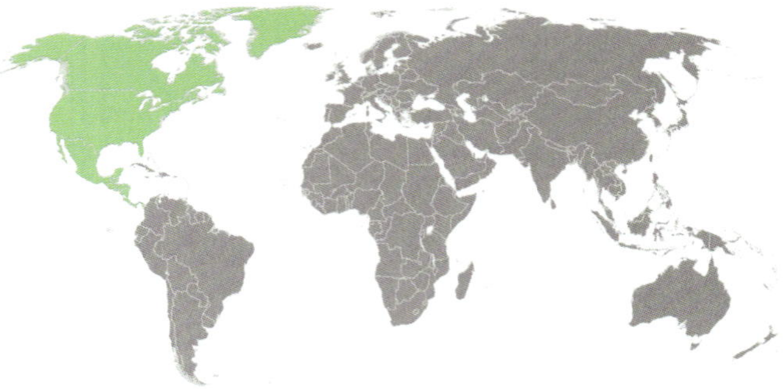

L'Amérique du Nord et l'Amérique centrale

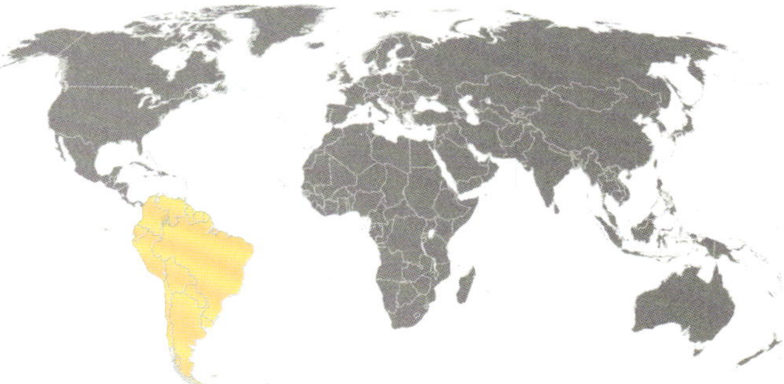

L'Amérique du Sud

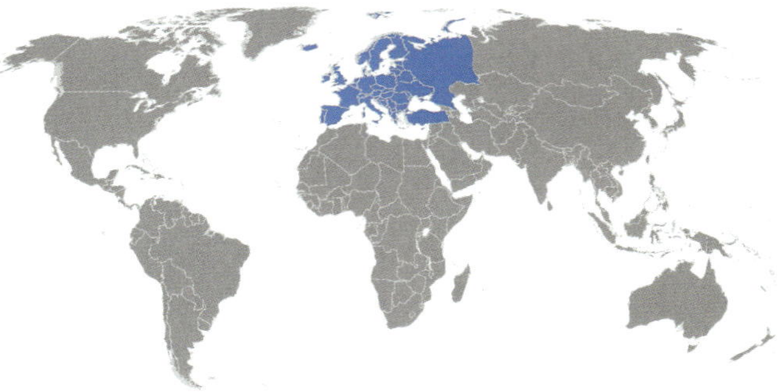

L'Europe

N
E
S
O
Russie
Moscou
Finlande
Helsinki
Tallinn
Estonie
Lettonie
Riga
Lituanie
Vilnius
Russie
Minsk
Bélarus
Kiev
Ukraine
Moldavie
Chisinau
Roumanie
Bucarest
Sofia
Bulgarie
Skopje
Ancienne République yougoslave de Macédoine
Grèce
Athènes
Albanie
Tirana
Podgorica
Monténégro
Serbie
Belgrade
Bosnie-Herzégovine
Sarajevo
Croatie
Zagreb
Slovénie
Ljubljana
Hongrie
Budapest
Slovaquie
Bratislava
Vienne
Autriche
République tchèque
Prague
Pologne
Varsovie
Suède
Stockholm
Norvège
Oslo
Danemark
Copenhague
Allemagne
Berlin
Pays-Bas
Amsterdam
Belgique
Bruxelles
Luxembourg
Luxembourg
Liechtenstein
Vaduz
Suisse
Berne
France
Paris
Monaco
Saint-Marin
Italie
Rome
Corse
Sardaigne
Sicile
Malte
La Vallette
Royaume-Uni
Londres
Irlande
Dublin
Islande
Reykjavik
Îles Féroé (Dan.)
Andorre
Andorre-la-Vieille
Espagne
Madrid
Portugal
Lisbonne
Gibraltar (R.-U.)
Turquie
Ankara
Chypre
Nicosie
Géorgie
Tbilissi
Arménie
Erevan
Azerbaïdjan
Bakou
Az.
ASIE
AFRIQUE
MER CASPIENNE
MER NOIRE
MER MÉDITERRANÉE
MER DE NORVÈGE
MER DU NORD
OCÉAN ATLANTIQUE
0
400
800
kilomètres

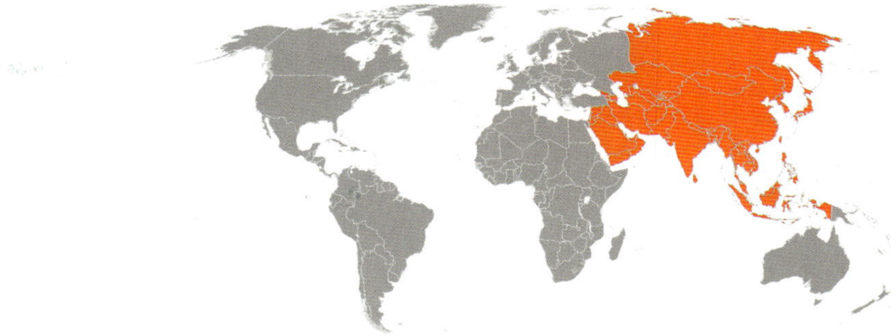

L'Asie

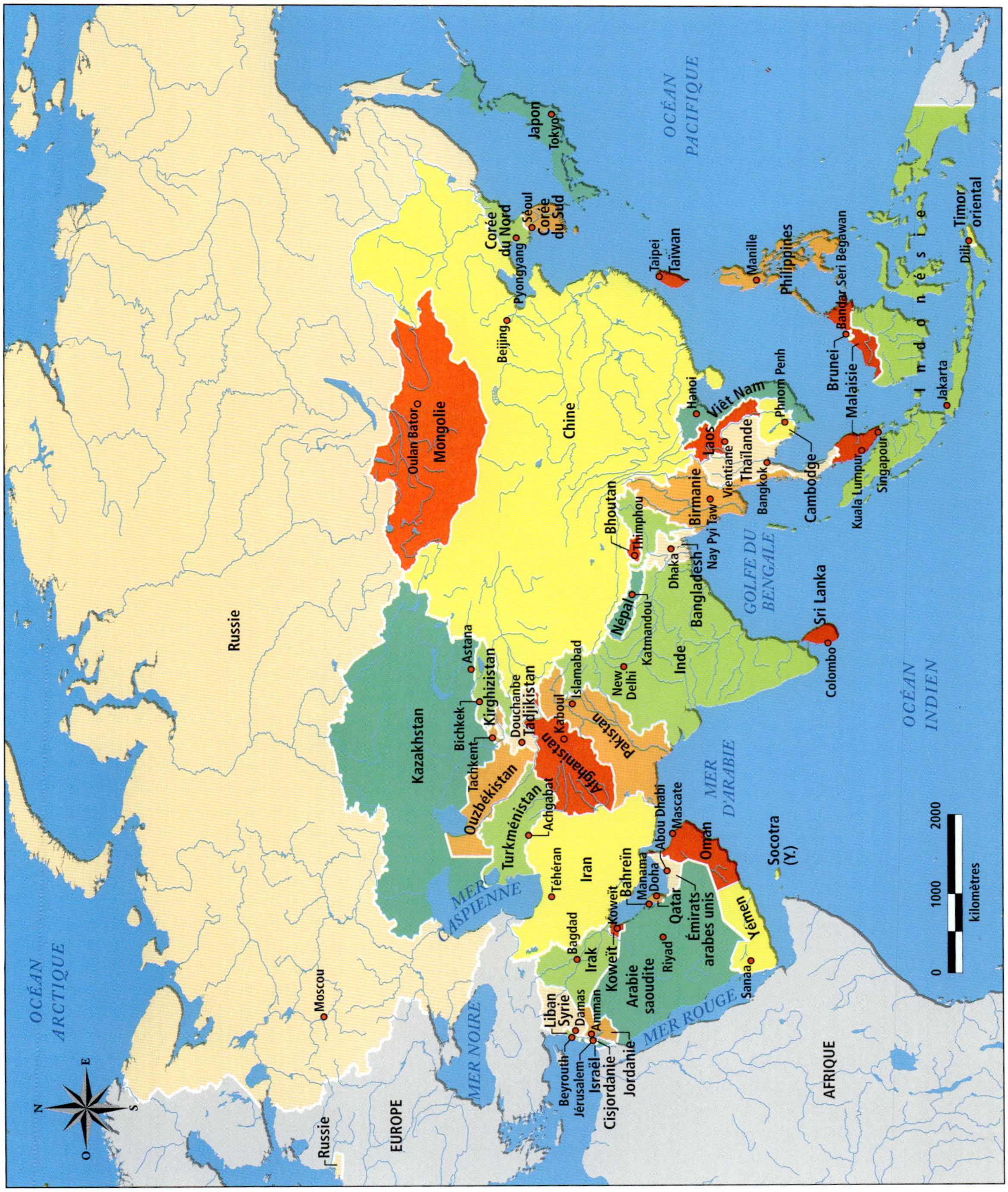
OCÉAN ARCTIQUE
OCÉAN PACIFIQUE
OCÉAN INDIEN
MER D'ARABIE
GOLFE DU BENGALE
MER CASPIENNE
MER NOIRE
MER ROUGE
EUROPE
AFRIQUE
Russie
Moscou
Kazakhstan
Astana
Kirghizistan
Bichkek
Ouzbékistan
Tachkent
Tadjikistan
Douchanbe
Turkménistan
Achgabat
Afghanistan
Kaboul
Pakistan
Islamabad
Inde
New Delhi
Népal
Katmandou
Bhoutan
Thimphou
Bangladesh
Dhaka
Birmanie
Nay Pyi Taw
Chine
Beijing
Mongolie
Oulan Bator
Corée du Nord
Pyongyang
Corée du Sud
Séoul
Japon
Tokyo
Taïwan
Taipei
Philippines
Manille
Viêt Nam
Hanoi
Laos
Vientiane
Thaïlande
Bangkok
Cambodge
Phnom Penh
Malaisie
Kuala Lumpur
Singapour
Brunei
Bandar Seri Begawan
Indonésie
Jakarta
Timor oriental
Dili
Sri Lanka
Colombo
Iran
Téhéran
Irak
Bagdad
Syrie
Damas
Liban
Beyrouth
Israël
Jérusalem
Cisjordanie
Jordanie
Amman
Arabie saoudite
Riyad
Koweït
Bahreïn
Manama
Qatar
Doha
Émirats arabes unis
Abou Dhabi
Oman
Mascate
Yémen
Sanaa
Socotra (Y.)
0
1000
2000
kilomètres
N
S
E
O

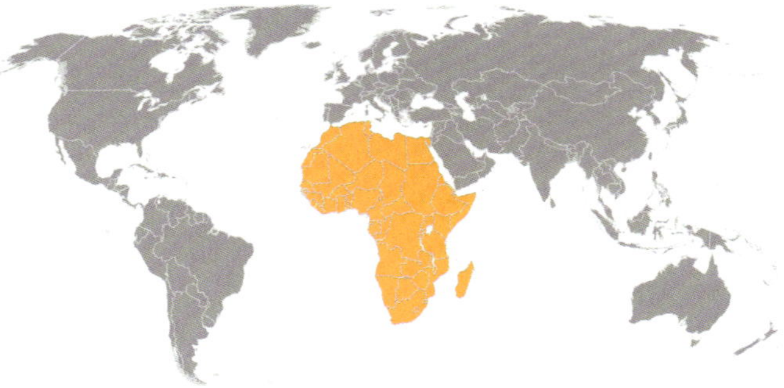

L'Afrique

N
S
E
O
MER MÉDITERRANÉE
MER ROUGE
OCÉAN ATLANTIQUE
OCÉAN INDIEN
Ceuta (Esp.)
Melilla (Esp.)
Alger
Tunis
Rabat
Tunisie
Tripoli
Maroc
Îles Canaries (Esp.)
Algérie
Libye
Le Caire
Égypte
Sahara occidental
Mauritanie
Nouakchott
Mali
Niger
Tchad
Khartoum
Érythrée
Asmara
Soudan
Dakar
Sénégal
Gambie
Banjul
Bamako
Bissau
Guinée-Bissau
Guinée
Conakry
Freetown
Sierra Leone
Monrovia
Liberia
Burkina Faso
Niamey
Ouagadougou
Bénin
Nigeria
Abuja
Ndjamena
Djibouti
Djibouti
Addis-Abeba
Éthiopie
Côte d'Ivoire
Yamoussoukro
Ghana
Togo
Accra
Lomé
Porto-Novo
Cameroun
Yaoundé
République centrafricaine
Bangui
Somalie
Mogadiscio
Malabo
Guinée équatoriale
Sao Tomé-et-Principe
Sao Tomé
Libreville
Gabon
Congo
Ouganda
Kampala
Kenya
Nairobi
Rwanda
Burundi
Kigali
Bujumbura
Brazzaville
Kinshasa
Angola
République démocratique du Congo
Dodoma
Tanzanie
Luanda
Angola
Comores
Moroni
Malawi
Lilongwe
Mayotte (Fr.)
Zambie
Lusaka
Sainte-Hélène (R.-U.)
Harare
Mozambique
Antananarivo
Zimbabwe
Madagascar
Namibie
Windhoek
Botswana
Gaborone
Pretoria
Maputo
Mbabane
Swaziland
Maseru
Lesotho
Afrique du Sud
0
750
1500
kilomètres

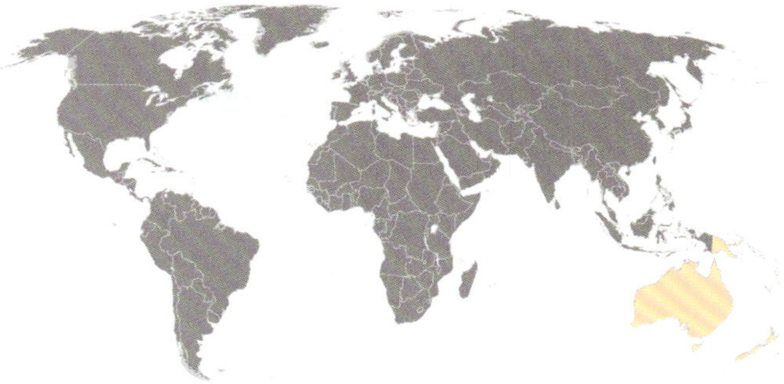

L'Océanie

OCÉAN PACIFIQUE
N
E
S
O
0
750
1500
kilomètres
Ligne de changement de date
ASIE
MER DES PHILIPPINES
MER DE JAVA
MER DE TIMOR
GOLFE DE CARPENTARIE
MER DE CORAIL
MER DE TASMAN
GRANDE BAIE AUSTRALIENNE
Australie
Canberra
Île de Tasmanie (Australie)
Îles Macquarie (Australie)
Îles Auckland (N.-Z.)
Campbell (N.-Z.)
Îles Antipodes (N.-Z.)
Îles Bounty (N.-Z.)
Îles Chatham (N.-Z.)
Nouvelle-Zélande
Wellington
Île du Nord (Île Fumante)
Île du Sud (Île de Jade)
Îles Kermadec (N.-Z.)
Norfolk (Australie)
Nouvelle-Calédonie (France)
Noumea
Îles Loyauté (France)
Port-Vila
Archipel des Hébrides
Vanuatu
Fidji
Suva
Viti Levu
Rotuma
Tonga
Nukualofa
Wallis et Futuna (Fr.)
Funafuti
Tuvalu
Samoa Occ.
Apia
Samoa (États-Unis)
Pago Pago
Niue (N.-Z.)
Alofi
Tokelau (N.-Z.)
Îles Cook (N.-Z.)
Avarua
Rarotonga
Aitutaki
Suwarrow
Penrhyn
Polynésie française
Papeete
Tahiti
Îles de la Société
Îles Tubuai
Rapa
Mururoa
Îles Gambier
Archipel des Tuamotu
Îles Marquises
Pitcairn (R.-U.)
Flint
Caroline
Starbuck
Malden
Îles Line
Kiritimati
Tabuaeran
Teraina
Palmyra (États-Unis)
Kiribati
Bairiki
Îles Gilbert
Banaba
Îles Phoenix
Enderbury
Abariringa
Baker (États-Unis)
Howland (États-Unis)
Johnston (États-Unis)
Î. Midway (États-Unis)
Îles Hawaii (États-Unis)
Honolulu
Oahu
Hawaii
Îles Marshall
Majuro
Îles Ratak
Îles Ralik
Bikini
Enewetak
Wake (États-Unis)
Nauru
Yaren District
Îles Salomon
Honiara
Santa Cruz
Île Bougainville
Archipel de la Louisiade
Papouasie Nouvelle-Guinée
Port Moresby
Archipel Bismarck
Île de Nvlle-Bretagne
États fédérés de Micronésie
Palikar
Carolines
Îles Yap
Îles Palaos
Koror
Mariannes du Nord (États-Unis)
Capitol Hill
Mariannes
Guam (É.-U.)
Agana
MICRONÉSIE
MÉLANÉSIE
POLYNÉSIE

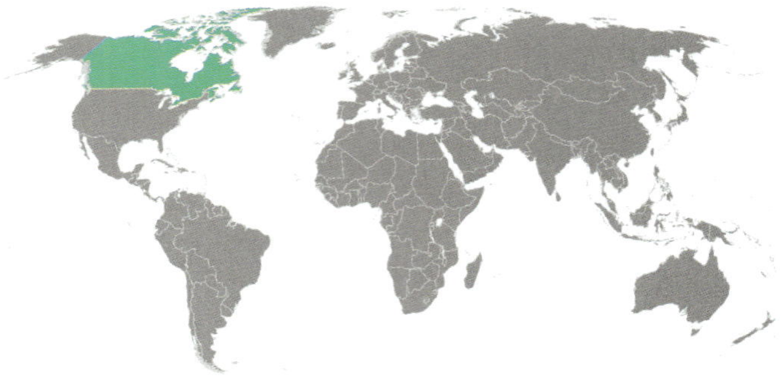

Le Canada

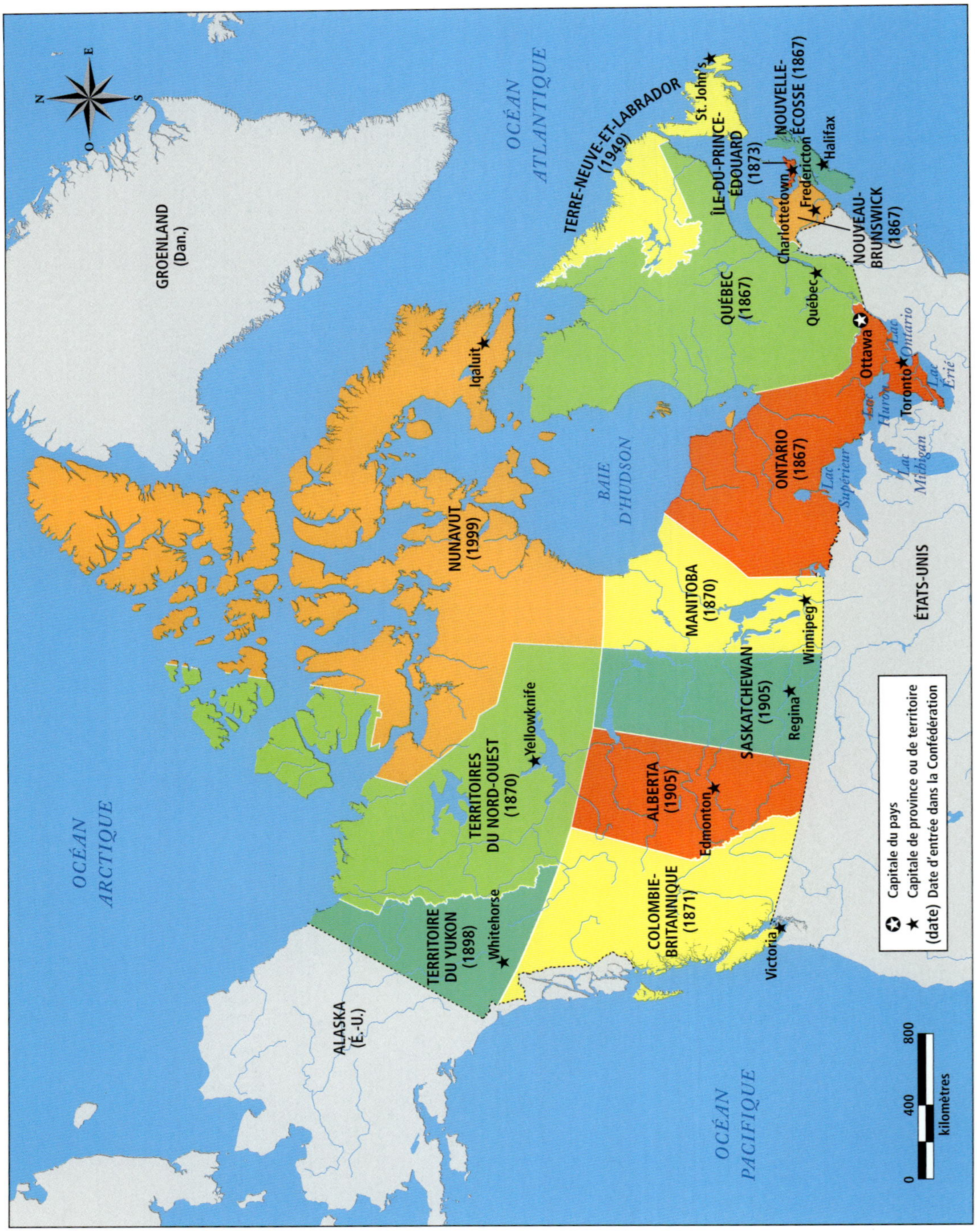
GROENLAND
(Dan.)
OCÉAN ATLANTIQUE
OCÉAN ARCTIQUE
OCÉAN PACIFIQUE
BAIE D'HUDSON
TERRE-NEUVE-ET-LABRADOR
(1949)
St. John's
ÎLE-DU-PRINCE-ÉDOUARD
(1873)
NOUVELLE-ÉCOSSE (1867)
Halifax
Charlottetown
Fredericton
NOUVEAU-BRUNSWICK
(1867)
QUÉBEC
(1867)
Québec
Ottawa
Toronto
Lac Ontario
Lac Érié
Lac Huron
Lac Michigan
Lac Supérieur
ONTARIO
(1867)
Iqaluit
NUNAVUT
(1999)
MANITOBA
(1870)
Winnipeg
ÉTATS-UNIS
SASKATCHEWAN
(1905)
Regina
ALBERTA
(1905)
Edmonton
TERRITOIRES DU NORD-OUEST
(1870)
Yellowknife
COLOMBIE-BRITANNIQUE
(1871)
Victoria
TERRITOIRE DU YUKON
(1898)
Whitehorse
ALASKA
(É.-U.)
N
E
S
O
Capitale du pays
Capitale de province ou de territoire
(date) Date d'entrée dans la Confédération
0
400
800
kilomètres

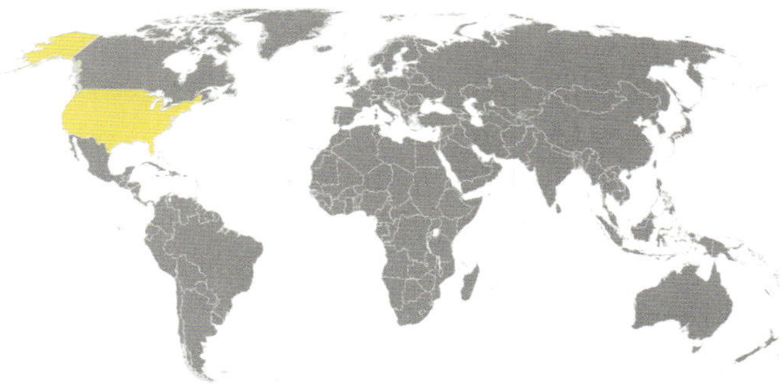

Les États-Unis

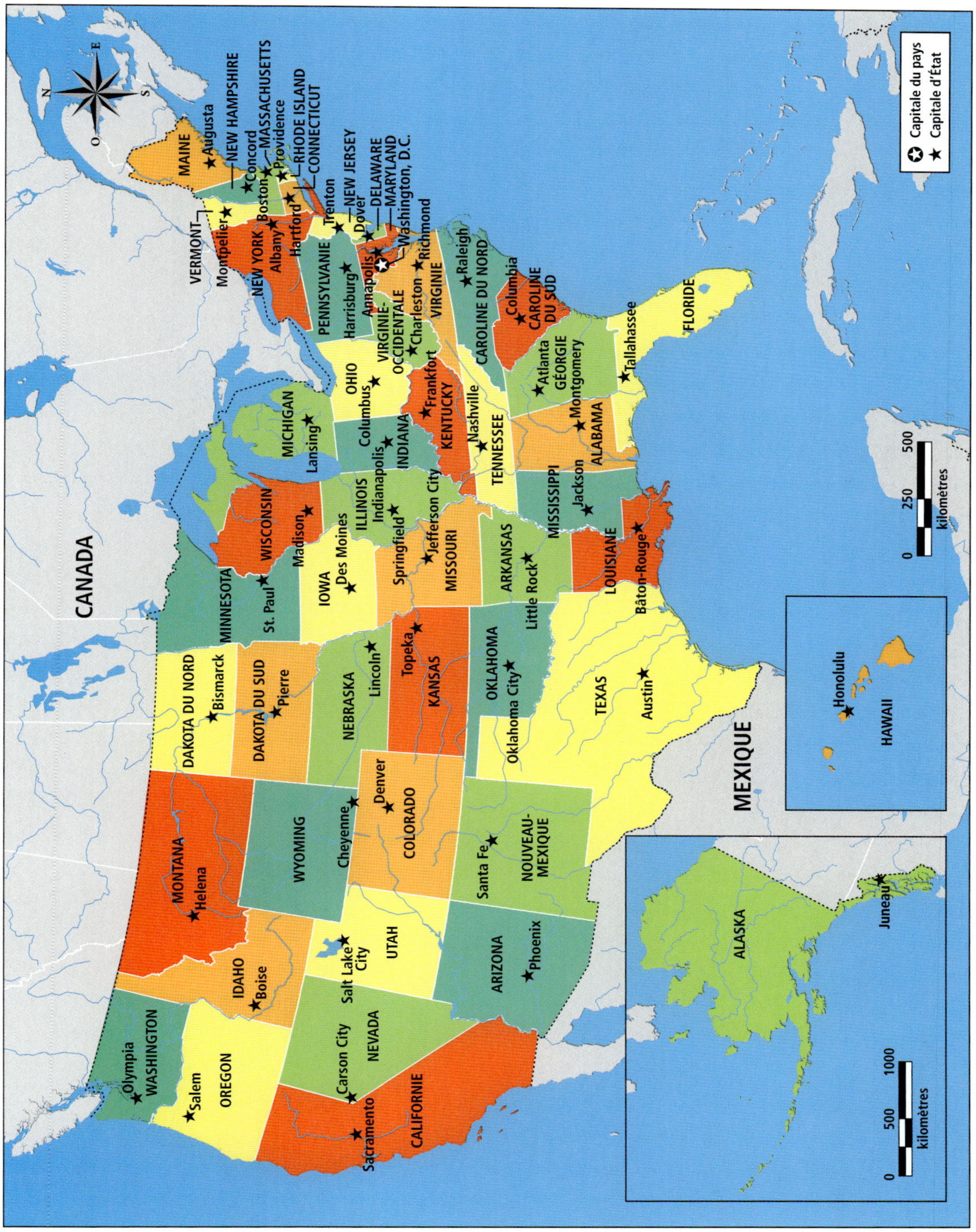